# ARCTIC SEA ICE REMOTE SENSING: METHODS AND APPLICATION

# 北极海冰遥感反演方法及应用

程 晓 惠凤鸣 庞小平 李乐乐 等 著

海洋出版社

2021年 · 北京

图书在版编目(CIP)数据

北极海冰遥感反演方法及应用 / 程晓等著. — 北京:
海洋出版社, 2021.5
ISBN 978-7-5210-0669-8

Ⅰ. ①北… Ⅱ. ①程… Ⅲ. ①北极－海冰－海洋遥感
－研究 Ⅳ. ①P731.15

中国版本图书馆CIP数据核字(2021)第100539号

北极海冰遥感反演方法及应用
BEIJI HAIBING YAOGAN FANYAN FANGFA JI YINGYONG

责任编辑：朱　林　高　英
责任印制：安　淼

海洋出版社 出版发行
http://www.oceanpress.com.cn
北京市海淀区大慧寺路 8 号　邮编：100081
中煤（北京）印务有限公司印刷　新华书店北京发行所经销
2021年5月第1版　2021年5月第1次印刷
开本：787 mm × 1092 mm　1 / 16　印张：17.5
字数：365千字　定价：158.00元
发行部：010-62100090　邮购部：010-62100072　总编室：010-62100034
海洋版图书印、装错误可随时退换

# 前言

全球变暖已成为近年来威胁地球系统稳定性的重要因素，《巴黎协定》指出，各方应加强对全球气候变化的应对能力，在21世纪末将全球平均气温较工业化前水平的升高控制在2℃之内，并应为控制该升温在1.5℃之内而努力。

北极由于特殊的冰—海—气反馈机制，其增温速率是全球平均速率的两倍以上（研究显示北极大部分地区在1960—2019年的升温达到4℃），亦称为“北极放大效应”。北极变暖加速了北极海冰的退缩，而海冰的变化又将直接或间接地反馈到气候系统中，从而影响全球的能量平衡，并可能诱发一系列天气灾害，如研究显示近年来全球频发的极端天气事件与北极海冰快速变化有较大关联。

北极海冰的快速变化已成为世界各国政府和全球科学家关注的热点问题。卫星观测显示，自1972年以来，北极海冰范围呈现显著的减小趋势，尤以夏季减少最为突出，如1979—2017年间北极海冰面积在9月份（夏季）平均每十年的减小速率达13.2%，2000年以来，夏季北极海冰退缩速率更是之前的两倍以上。部分气候模式预测，21世纪中叶北极或将出现夏季无冰期。

由于北极地区特殊的地理区位、自然和地缘政治环境，对北极海冰开展的现场观测非常有限。目前海冰观测主要以卫星、无人机等遥感观测为主，以船舶、浮标、自动气象站等实地观测为辅。基于多源数据的海冰观测一方面可获得北极海冰变化的直接数据，如海冰范围；另一方面可通过进一步的遥感反演手段提取更详细的海冰参数，如海冰种类、海冰密集度、海冰厚度、冰上积雪厚度、海冰表面融化程度等等。此外，随着观测技术的进步，海冰观测的精度也在不断提高，近年来更是出现厘米级精度的观测数据。随着海冰观测技术的逐渐提升，世界各国科学家现已研发出多套北极海冰系列产品。这些产品将有效助力北极气候变化的分析，尤其在提升北极海冰的预测方面，同化遥感观测的海冰参数数据，可帮助模式提升其对海冰的评估能力，从而获得更加准确的未来气候信息。

2018年1月，我国发布了《中国的北极政策》白皮书，明确了北极研究的重要意义及我国在北极保护与研究中应承担的重要责任，并强调我国应成为北极事务的积极参与者、建设者和贡献者。虽然我国北极海冰研究的起步较晚，但近年来已取得迅猛的进展，国内多所大学、研究所都已建立极地海冰研究的科研团队。在观测设备建设方面，

2019年我国发射了专门面向极地观测的小卫星——“冰路卫星”，增强了我国的极地卫星遥感观测能力。在科研成果方面，我国研究人员已在国际上发布多套北极海冰相关的数据产品，其中部分产品达国际先进水平；海冰方面的研究论文不断发表，不少发表于国际顶级刊物。目前，我国正逐渐开展与部署针对北极的长期观测项目，以求提高对北极未来环境的系统监测能力。相信基于逐渐提升的遥感观测技术，我国北极海冰的研究将取得更大进步。

编撰本书的主要目的是归纳总结我国在北极海冰遥感研究方面取得的主要进展，同时阐述了北极海冰的重要意义，对北极海冰主要参数的遥感反演取得的结论、成果等进行细致的梳理与总结。本书共有9章，分别为绪论、海冰遥感原理、北极海冰分类研究、北极海冰密集度遥感反演研究、北极海冰表面积雪深度遥感反演研究、北极海冰厚度遥感反演研究、北极冰间水道遥感反演研究、北极海冰冰面融池遥感反演研究、北极冰区航行风险量化与通航能力变化研究。各章节的主要作者有：第1章 程晓、惠凤鸣、李新情；第2章 惠凤鸣、于亦宁、李新情；第3章 张智伦、惠凤鸣、程晓；第4章 石立坚、曾韬、王其茂、邹斌、冯倩；第5章 李乐乐、陈海花、管磊、苏洁；第6章 季青、赵羲、张胜凯、庞小平；第7章 张媛媛、程晓、刘骥平、惠凤鸣；第8章 丁一凡、程晓、刘骥平、惠凤鸣；第9章 曹云锋、于萌、陈诗怡、惠凤鸣、程晓。

本书的编撰得到了中山大学测绘科学与技术学院、南方海洋科学与工程广东省实验室（珠海）、北京师范大学全球变化与地球系统科学研究院等机构的大力支持。本书得以顺利出版也离不开徐冠华院士的悉心指导，及高英副总编、朱林编辑、王坤、陈苓等工作人员的积极帮助和密切配合。在此一并表示由衷的感谢！

本书得到了国家重点研发计划课题（2016YFC1402704）、南方海洋科学与工程广东省实验室（珠海）极地海洋与气候变化创新团队建设项目（311020007）、国家出版基金项目的共同资助，特致谢忱！

本书主要面向高等院校相关专业的师生和科研机构的科技人员。由于学科发展迅速，加上作者经验不足，学识有限，书中疏漏或不足之处在所难免，敬请批评指正！

著者

2019年12月3日 珠海

# 目 录

## 第1章　绪论

1.1　海冰研究的意义 …… 1
1.2　海冰遥感的现状及趋势 …… 4
　1.2.1　海冰密集度和范围 …… 4
　1.2.2　海冰厚度 …… 5
　1.2.3　海冰漂移 …… 6
　1.2.4　海冰冰龄 …… 7
　1.2.5　海冰表面融化与冻结 …… 9
　1.2.6　海冰反照率与冰面融池 …… 9
　1.2.7　海冰表面温度 …… 10
　1.2.8　冰间水道 …… 11
　1.2.9　小结 …… 13
1.3　海冰遥感发展简史 …… 13
1.4　海冰遥感常用卫星平台及传感器 …… 21
　1.4.1　可见光/红外传感器 …… 21
　1.4.2　被动微波辐射计 …… 24
　1.4.3　主动微波散射计 …… 25
　1.4.4　合成孔径雷达 …… 26
　1.4.5　卫星高度计 …… 26
参考文献 …… 27

## 第2章　海冰遥感原理

2.1　海冰物理特性 …… 33
　2.1.1　海冰发育过程 …… 33

2.1.2 海冰热力学性质 ······ 38
2.1.3 海冰电学性质 ······ 39
2.1.4 海冰光学性质 ······ 40
2.2 海冰遥感原理 ······ 42
2.2.1 遥感电磁辐射原理 ······ 43
2.2.2 光学遥感 ······ 46
2.2.3 热红外遥感 ······ 47
2.2.4 微波遥感 ······ 48
2.2.5 卫星高度计 ······ 57
2.2.6 冰雷达 ······ 58
2.2.7 重力卫星 ······ 59
参考文献 ······ 61

## 第3章　北极海冰分类研究

3.1 北极海冰类型研究进展 ······ 66
3.1.1 北极海冰类型及变化趋势 ······ 66
3.1.2 海冰分类研究进展 ······ 67
3.1.3 现有大尺度海冰分类产品对比 ······ 72
3.2 海冰分类研究数据 ······ 74
3.2.1 后向散射数据 ······ 74
3.2.2 亮温数据 ······ 75
3.3 海冰分类研究方法 ······ 76
3.3.1 基于阈值分割的冰水分离 ······ 76
3.3.2 基于K-means聚类的海冰分类 ······ 78
3.3.3 基于多年冰运动范围和海冰边缘带的分类结果优化 ······ 80
3.4 产品生成与结果验证 ······ 82
3.4.1 基于SAR人工解译的精度验证 ······ 82
3.4.2 现有主流海冰分类产品与本产品的对比分析 ······ 87
3.5 北极多年冰与一年冰时空变化分析 ······ 89
3.5.1 北极多年冰与一年冰的时序变化分析 ······ 89

3.5.2 北极多年冰与一年冰的空间变化分析 …… 91
3.6 小结 …… 92
参考文献 …… 93

## 第4章 北极海冰密集度遥感反演研究

4.1 研究意义与进展 …… 100
4.2 研究数据介绍 …… 102
4.3 海冰密集度反演方法 …… 103
4.4 研究结果 …… 108
4.5 空间分析与讨论 …… 110
4.5.1 海冰变化的季节差异 …… 110
4.5.2 海冰变化的区域差异 …… 111
4.6 小结 …… 112
参考文献 …… 113

## 第5章 北极海冰表面积雪深度遥感反演研究

5.1 研究意义与进展 …… 115
5.2 积雪深度反演算法及数据产品 …… 123
5.2.1 反演算法 …… 123
5.2.2 数据产品 …… 127
5.3 研究数据介绍 …… 128
5.3.1 FY3B/MWRI数据 …… 128
5.3.2 Aqua/AMSR-E数据 …… 128
5.3.3 海冰密集度印证数据 …… 129
5.3.4 积雪深度印证数据 …… 129
5.3.5 辅助数据 …… 130
5.4 北极一年冰表面积雪深度反演 …… 131
5.4.1 卫星数据交叉定标 …… 132
5.4.2 计算海冰密集度 …… 135

5.4.3 计算单日积雪深度 …… 137
5.4.4 计算周平均积雪深度 …… 137
5.4.5 对比印证 …… 138
5.4.6 讨论 …… 140
5.5 北极一年冰上积雪深度变化分析 …… 141
5.5.1 积雪深度的空间分布特征分析 …… 141
5.5.2 周平均积雪深度的时间序列分析 …… 145
5.5.3 积雪深度的月际和年际变化分析 …… 146
5.6 小结 …… 149
参考文献 …… 149

## 第6章 北极海冰厚度遥感反演研究

6.1 研究现状 …… 157
6.1.1 卫星测高反演冰厚研究现状 …… 157
6.1.2 热红外遥感反演冰厚研究现状 …… 158
6.1.3 被动微波遥感反演冰厚研究现状 …… 159
6.2 卫星测高及遥感数据 …… 160
6.2.1 卫星测高数据 …… 160
6.2.2 MODIS表面温度数据 …… 162
6.2.3 SMOS遥感数据 …… 163
6.2.4 被动微波遥感数据 …… 164
6.3 海冰厚度反演原理与方法 …… 165
6.3.1 卫星测高薄冰冰厚反演 …… 165
6.3.2 热力学薄冰冰厚反演 …… 174
6.3.3 被动微波遥感薄冰冰厚反演 …… 178
6.4 结果验证与产品生成 …… 181
6.4.1 卫星反演海冰厚度结果验证 …… 181
6.4.2 被动微波遥感数据反演海冰厚度结果验证 …… 186
6.4.3 产品生成 …… 186
6.5 北极海冰厚度变化分析 …… 188

6.6 小结 …… 189
参考文献 …… 189

## 第7章 北极冰间水道遥感反演研究

7.1 研究背景和意义 …… 195
7.2 基于卫星数据的北极冰间水道提取方法和产品 …… 196
7.2.1 北极冰间水道的提取方法 …… 196
7.2.2 现有全北极尺度北极冰间水道产品介绍 …… 200
7.3 北极冰间水道时空变化特征与预报能力评估 …… 203
7.3.1 北极冰间水道时空变化特征分析 …… 203
7.3.2 北极冰间水道预报能力评估 …… 207
7.4 小结 …… 211
参考文献 …… 211

## 第8章 北极海冰冰面融池遥感反演研究

8.1 融池发育 …… 214
8.2 研究意义 …… 216
8.3 研究进展 …… 217
8.3.1 融池的发育机制 …… 217
8.3.2 融池的观测及反演 …… 219
8.3.3 融池的模拟 …… 221
8.3.4 融池对北极生态环境的影响 …… 223
8.3.5 融池对北极海冰的影响 …… 223
8.3.6 融池研究主要问题 …… 224
8.4 融池反演方法 …… 224
8.4.1 卫星数据 …… 225
8.4.2 实测融池数据 …… 225
8.4.3 神经网络训练 …… 226
8.5 产品验证 …… 227

8.6 融池时空变化分析 …… 228
8.7 小结 …… 232
参考文献 …… 233

## 第9章 北极冰区航行风险量化与通航能力变化研究

9.1 北极航道通航能力变化研究现状 …… 238
9.1.1 北极航道概述 …… 238
9.1.2 研究背景 …… 240
9.1.3 研究意义 …… 240
9.1.4 国内外研究现状 …… 241
9.2 北极航道通航能力变化研究方法 …… 246
9.2.1 冰区航行风险量化 …… 246
9.2.2 冰区通航路径规划 …… 251
9.2.3 航道通航关键期判定 …… 253
9.3 基于遥感观测的2010—2017年北极东北航道通航能力变化研究 …… 253
9.3.1 研究区域与数据 …… 253
9.3.2 SMOS海冰厚度数据重建 …… 254
9.3.3 北极冰区通航风险评估与变化分析 …… 255
9.3.4 东北航道关键海峡通航能力变化分析 …… 257
9.3.5 东北航道关键海峡通航结束日期年际变化 …… 259
9.3.6 普通商船东北航道通航能力时空变化 …… 260
9.3.7 通航结束期北极冰区通航风险评估与变化分析 …… 261
9.3.8 讨论 …… 262
9.4 小结 …… 263
参考文献 …… 265

# 第1章 绪论

## 1.1 海冰研究的意义

海冰由海水冻结而成，其结冰温度会随海水盐度不同而发生变化，通常为−1.8℃。海冰是南北极地区的一种重要的自然现象。南极最大海冰范围约占整个南半球表面积的8%，大约为南极洲面积的1.5倍（Zwally et al., 1985），而北极海冰最大范围约占整个北半球表面积的5%（Gloersen et al., 1993）。极地海冰具有显著的季节性（Cavalieri and Parkinson, 2012; Parkinson and Cavalieri, 2012; Parkinson and DiGirolamo, 2016），其每年周期性的生长和消融是地球上最剧烈和壮观的地球物理变化。南极海冰范围季节变化率可超过500%，其最小范围通常出现在2月，约为$3 \times 10^6 \sim 4 \times 10^6$ km$^2$，而最大范围通常出现在9月，约为$18 \times 10^6 \sim 20 \times 10^6$ km$^2$（Parkinson and Cavalieri, 2012）。不同于南极，北冰洋是被大陆包围的海洋，其大气和海洋环流机制使得北极海冰范围的季节性变化没有南极的剧烈，通常其最大范围出现在3月，约为$14 \times 10^6 \sim 16 \times 10^6$ km$^2$，最小范围出现在9月，约为$4.3 \times 10^6 \sim 7.5 \times 10^6$ km$^2$（Cavalieri and Parkinson, 2012），2018年3月和9月的北极海冰密集度如图1.1所示。从全球范围来看，约有7%的地表被季节性海冰覆盖，最大比例可达到13%（Gloersen et al., 1993）。

根据海冰存在的时间长短，通常将其分为新冰、一年冰和多年冰3种类型。新冰通常是指从单个冰晶到大约1 m厚的冰体过程中的海冰，其存在时间较短。一年冰是季节性的、消失于夏季的海冰，而多年冰是指至少经过了一个融化期的海冰。在海冰生长过程中，会在风和洋流等外力作用下发生碰撞导致形变，进而导致海冰厚度、表面粗糙度的变化，而且热力学的过程也会导致海冰生长增厚。

海冰在全球气候系统中具有极其重要的作用，在20世纪90年代就已被集成到气候模式中。海冰对极地和全球的气候、海洋和生态系统具有重要的意义，主要表现在：（1）冰雪表面具有很高的反照率，能够将80%～90%的太阳辐射能量反射回太空，而海

本章作者：程晓[1,2]，惠凤鸣[1,2]，李新情[1]

1. 中山大学 测绘科学与技术学院，广东 珠海 519082；

2. 北京师范大学 全球变化与地球系统科学研究院 遥感科学国家重点实验室，北京 100875

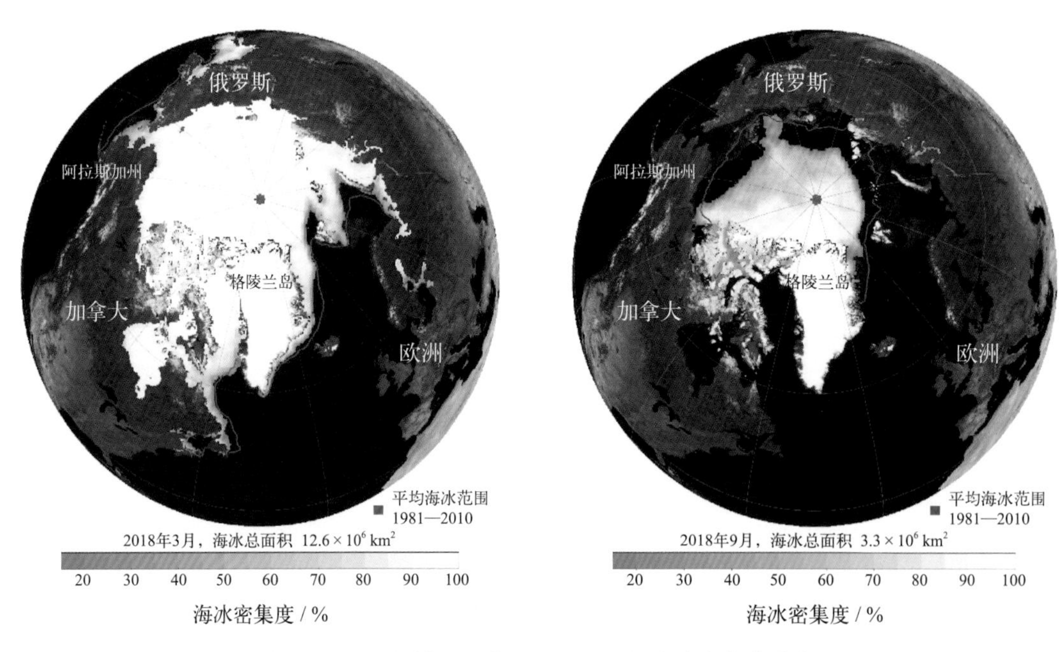


图1.1 卫星观测的2018年3月和9月北极海冰密集度分布

数据来源于美国国家冰雪数据中心

水的反照率仅有5% ~ 9%，大部分入射到海水的太阳辐射都会被海洋吸收，海水吸收太阳辐射的能力大约是海冰的10倍。因此，海冰的存在会极大地改变海洋的能量收支；（2）海冰的热传导系数较低，海冰的存在会阻隔大气和海洋之间的热量和水汽交换。特别是在冬季，通过海冰进入大气的海洋热量非常少，冰区热通量通常只有几瓦每平方米到十几瓦每平方米，而在开阔水面，由于大气和海洋间的温差达到20℃以上，其海洋–大气间热通量一般在300 W/m$^2$以上。因此，海冰的存在与否会对海洋–大气间的热量交换产生显著的影响；（3）在海冰冻结期，海水冻结为海冰的过程中会释放热量，在一定程度上减缓了气温下降的趋势。在海冰融化期，海冰会吸收外界热量，减缓气温上升的趋势。因此，海冰能够通过季节性冻结和消融过程对极地区域的温度变化起到一定的平衡作用；（4）海水冻结成海冰过程中会将其中的大部分盐分排出，使得海洋表层水的盐度和密度增大，进而导致了海洋表层水和深层水之间的垂向对流与混合，改变了海洋温盐环流。海冰融化时，向海洋中释放相对较淡的水，导致海洋表层水盐度和密度降低，影响海洋的垂向对流。因此，海冰的冻结和消融过程会对海洋温盐属性和分层结构稳定性产生影响，进而对大洋环流产生影响；（5）海冰底部是很多微生物的栖息地和繁殖地，因此也为很多以微生物为生的海洋生物提供了重要的捕食场所。海冰也是北极熊进行捕猎的重要场所。此外，海冰也会影响人类在极地的科研、生产活动，海冰是威胁人类在北极边缘海域的船舶航行和海上石油平台安全的一个主要因素。

海冰是全球气候系统中重要的组成部分，也是气候变化的重要指示器。气候变暖已成为当前严峻的全球性气候问题，而北极地区的气温升高速度是全球平均气温升高速度的两倍，这种现象被称为“北极放大效应”（Serreze et al., 2009）。受此影响，北极海冰范围在过去几十年呈现出快速减小趋势，特别是2000年以后北极海冰范围减小趋势加快，使得近十几年北极海冰最小范围屡次出现历史最小值。总体上，北极夏季海冰面积自20世纪80年代以来已减小了约40%（图1.2给出了卫星观测的北极3月和9月海冰范围历史变化趋势）。有模式预测到21世纪中叶，北极夏季将出现无冰现象。观测和模拟表明，北极海冰通过热力学和动力学过程对北半球水/气环流的强度、极地温盐循环、全球热平衡和气候变化，如温度、降水分布都产生明显的影响，由此对全球气候变化产生显著的反馈作用。因此，研究北极海冰及其变化规律，对于准确认识和把握极地海冰对全球气候系统的影响及全球生态系统的演变都有着重大的意义。

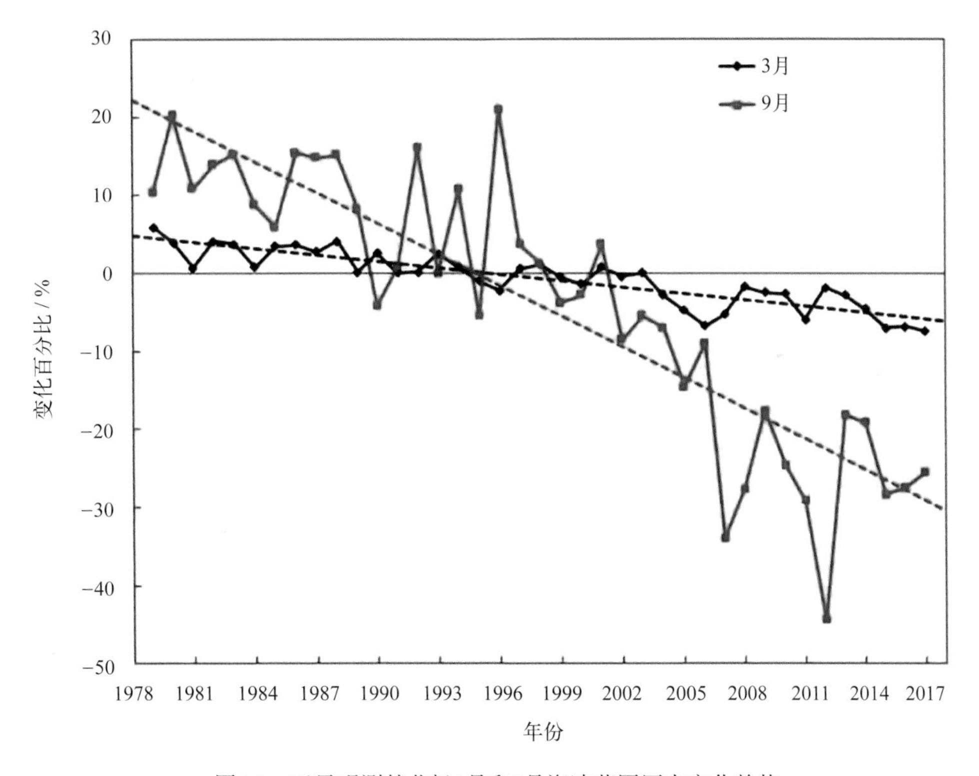


图1.2 卫星观测的北极3月和9月海冰范围历史变化趋势

海冰的面积、范围、密集度、厚度、漂移、冰块大小、冰间水道、冰面积雪和冰面融池等变量的变化都会对局地和全球的气候系统产生影响，通过遥感的方法可以对海冰的这些变量进行观测和研究，有助于全面了解海冰对全球气候系统的影响及对气候变化的响应。

## 1.2 海冰遥感的现状及趋势

北极地区面积广阔，环境恶劣，且不易到达，对其进行现场观测非常困难，需要消耗大量的人力、物力和财力，而且具有很高的危险性。卫星遥感技术可以连续、快速地对北极海冰进行大范围的观测，因此其成为当前对北极进行长时间、大范围观测的唯一和最优的方法。根据当前北极海冰观测、研究中常用的传感器类型，可将其分为3类：（1）可见光/红外遥感。海冰和海水的反射率具有很大的差异，使用可见光影像能够很容易地将它们区分开。但是北极地区多云和极夜等因素限制了可见光遥感的应用。红外遥感虽然不受极夜的影响，但当有云存在时，也无法获得云下的地表信息。（2）被动微波遥感。被动微波辐射计能够测量地表发射的微波辐射，而且不受云和极夜的影响。与海水相比，海冰的发射率更高，即能发射更多的微波能量，因此被动微波辐射计能很容易地区分海冰和海水。但是由于地物发射的微波能量级较低，微波辐射计对小区域的地表微波辐射不敏感，导致其分辨率较低，无法测量海冰的细节信息，但适用于大尺度的海冰研究。而且微波辐射计的成像幅宽很大，能够每天完成一次对北极的完整覆盖，具有很高的时间分辨率。（3）主动微波遥感。卫星传感器也可以主动向地表发射微波信号，这些信号经地表反射和散射后会有一部分返回到传感器中。地表物体的物理属性、入射角度等条件决定了返回传感器的微波辐射能量的多少。主动微波遥感主要包含了3种类型的传感器：微波散射计、合成孔径雷达（SAR）和雷达高度计。微波散射计可以获得北极每天的地表信息，SAR可以获取高分辨率影像，揭示海冰的细节信息，而雷达高度计能够测量地表高程信息，可用于海冰厚度和雪厚的测量。此外，激光高度计通过发射可见光波段的激光脉冲来测量地表的高程信息，已被用于计算北极海冰出水高度和冰厚。这些传感器各有优势和不足，在测量北极海冰各项参数中发挥了重要的作用。

### 1.2.1 海冰密集度和范围

海冰密集度和范围是描述海冰的重要指标。海冰密集度是指单位面积内海冰面积所占的比例，而海冰范围是指一定区域内被海冰覆盖的海洋表面总和，可以通过海冰密集度计算得到。海冰密集度和范围的大小反映了海洋表面被海冰覆盖的程度，这能够直接影响海洋和大气间的能量和水汽交换。目前，被动微波辐射计数据是用于反演海冰密集度的最主要数据源。美国国家航空航天局（NASA）自20世纪70年代先后发射了多通道扫描微波辐射计（Scanning Multichannel Microwave Radiometer，SMMR）、专用传感器微波成像仪（Special Sensor Microwave/Imager，SSM/I）、专用传感器微波成像仪/探测仪（Special Sensor Microwave Imager Sounder，SSMIS）等多个星载微波辐射计，至今已获取了超过40年的北极海冰每日观测数据，反演得到了北极海冰密集度数据和范围，时间分辨率为1 d，空间分辨率为25 km和12.5 km，这些数据揭示了北极海冰范围在过去40年快速下降的趋势。另外，2002年发射的先进微波扫描辐射计（Advanced Microwave Scanning Radiometer–EOS，AMSR-E）及其后续先进微波扫描辐射计2（Advanced Microwave Scanning Radiometer 2，AMSR2）可以提供更高分辨率（6.25 km和3.125 km）的海冰密集度数据，这些数据同样揭示了北极海冰快速减少的趋势。海冰密集度数据是当前时间序列最长的北极海冰卫星观测数据集，并且现在每天都会有新的数据生成。

虽然基于微波辐射计数据反演海冰密集度的平均精度相对较高，但不同传感器和不同算法得到的结果在有些情况下存在较大的差异（Andersen et al., 2007; Steffen and Schweiger, 1991）。主要的影响因素来自大气和夏季冰面融化，因此需要继续改进反演算法的精度。SSM/I和SMMIS系列传感器在2018年前后达到预期的设计寿命，尽管这两种传感器目前仍在正常运行，但仍需要通过发展新的微波辐射计来保证未来对北极海冰观测的延续性。

### 1.2.2 海冰厚度

海冰厚度是计算极地总海冰体积必不可少的参数。海冰厚度的变化直接影响了大气和海洋之间的热通量，输入准确的海冰厚度数据能够改进和提升气候模式的模拟结果，近岸海冰厚度数据也会对冰上作业具有重要的指导意义。无论是可见光/红外遥感，还是微波辐射计和散射计都无法直接用于获取海冰厚度，而卫星高度计可以测量海冰表面和海洋表面高程，进而得到海冰出水高度，然后通过流体静力学平衡方程估算海冰的厚度。最早搭载在ERS和Envisat卫星上的雷达高度计揭示了北极海冰厚度变薄的趋势。2003年发射的ICESat卫星搭载了GLAS激光高度计，获取了2003—2008年的北极海冰出水高度和海冰厚度（Yi and Zwally, 2009），但由于受卫星高度计观测模式的限制，ICESat得到的海冰观测数据并不是连续的。欧洲航天局（ESA）于2010年发射了载有新型雷达高度计的CryoSat-2卫星，伦敦大学学院（UCL）极地观测与模拟中心使用该卫星数据生产了近实时的北极海冰厚度数据（图1.3），实现了对北极海冰厚度的常规遥感观测。由于夏季冰面融池的影响，CryoSat-2数据只能用于计算春季、秋季和冬季的海冰厚度。Lindsay和Schweiger（2015）综合使用了声呐数据、机载电磁传感器和卫星高度计等多源数据计算了2000—2012年的北极海冰厚度，其结果误差小于0.15 m，并使用其方法计算了1975—2012年北极中央海盆区冰厚，结果表明北极中央海盆区海冰年平均厚度从1975年的3.59 m减小到了2012年的1.25 m，减小幅度达65%。这也是目前获取的时间序列最长的北极海冰厚度数据集。2018年9月，NASA成功发射了ICESat-2卫星，其搭载了最新型的激光高度计，数据于2019年开始对外发布，这延长了北极海冰厚度卫星遥感观测的时间序列。

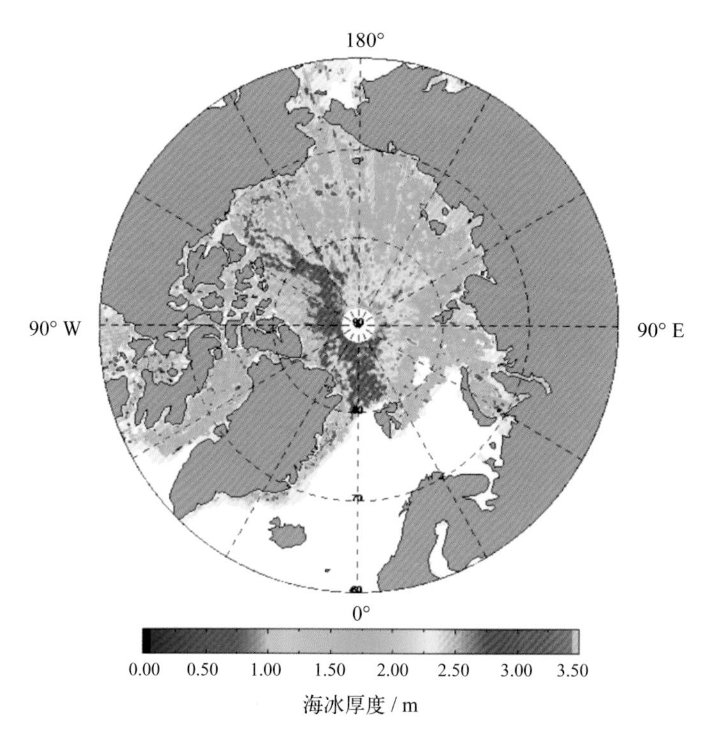


图1.3 2015年3月29日至4月25日北极海冰厚度
数据来源于伦敦大学学院

## 1.2.3 海冰漂移

海冰在风和洋流的影响下会发生漂移，其漂移轨迹还会受到重力、科氏力和冰内部强度的影响。海冰的漂移会导致海冰的空间位置变化和再分布，不但会影响海冰的物质平衡，而且也会影响北极在空间上的潜热和感热通量的变化（Zhao and Liu, 2007）。海冰漂移数据可被用于验证气候模式结果，估算海冰通量以及改进海冰模型（Martin and Augstein, 2000; Spreen et al., 2006; Zhang et al., 2003）。

由于受云、极夜和海冰自身的动力学特征影响，通过遥感影像获取可靠的海冰漂移数据具有很大的难度，特别是在沿岸区域和海冰边缘区。夏季海冰表面的融化也会加大遥感监测海冰漂移的难度（Liu and Cavalieri, 1998）。基于两景不同时相的遥感数据，通过特征追踪的算法可以获取海冰的漂移矢量。常用的方法有两种：一种是互相关法，该方法是在第二景影像中搜索与第一景影像特征相关性达到峰值的特征（Emery et al., 1991）；另一种方法是使用小波变换和局部傅里叶变换来对两景影像进行特征匹配（Liu and Cavalieri, 1998）。

通常，使用SSM/I 85 GHz通道和AMSR-E 89 GHz通道的数据计算北极海冰漂移数据，但是这些高频通道容易受到大气和海冰表面融化的影响。美国国家冰雪数据中心（National Snow and Ice Data Center，NSIDC）基于AMSR-E数据，使用小波变换方法生产了南北极海冰漂移数据（Cavalieri et al., 2011），其产品已对外公开发布，该数据包含了海冰移动速度和方向两个变量，数据分辨率为6.25 km，但数据覆盖时间段仅限于2011年5月30日至10月3日。此外，微波散射计数据也可用于计算海冰的漂移（Girard-Ardhuin et al., 2008）。如图1.4，就是结合了微波辐射计和散射计数据计算得到的北极海冰漂移结果。SAR影像也可用于海冰漂移的观测，但由于其影像覆盖范围小、重访周期长，无法同时获得全北极海冰漂移数据，通常用于局部的海冰漂移观测和验证微波数据计算海冰漂移的结果。未来需要具有更高分辨率、重访周期短的新型传感器来计算海冰漂移，并发展多源遥感数据融合的方法。

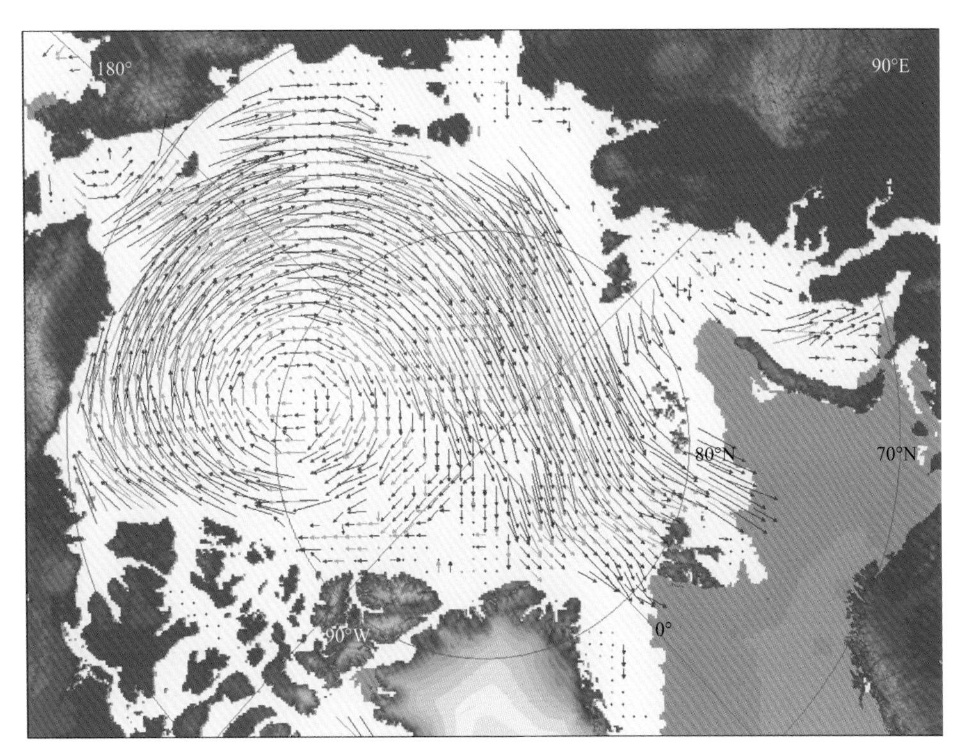


图1.4　基于SSM/I辐射计数据和QuikSCAT散射计数据得到的北极海冰漂移结果
时间为2007年4月24—30日，分辨率为6.25 km

## 1.2.4　海冰冰龄

海冰冰龄能反映出海冰表面粗糙度、海冰厚度等物理特性。通常冰龄越短，海冰的厚度越薄，不同冰厚对海洋-大气间热通量的影响程度不同。卫星传感器通常只能获取海冰表面和近表面的特性，不同冰龄的海冰表面的粗糙度和盐度会有差异，因此可以将遥感探测到的海冰表面特性与冰厚联系起来，用来区分海冰的类型，但这种方式只能将海冰分为一年冰和多年冰，而且存在较大的误差。而直接使用微波辐射计数据反演海冰冰龄的方法也被证明不可行（Cavalieri et al., 1984; Comiso, 1986; Thomas, 1993）。同样，主动微波遥感（微波散射计和SAR）也仅能区分出一年冰和多年冰。美国国家冰雪数据中心发布了海冰冰龄产品数据集，包含了自1984年至今的北极海冰冰龄数据，该数据集是以海冰漂移数据作为输入数据，然后通过追踪每个网点海冰变化来确定海冰冰龄（Tschudi et al., 2016, 2019），数据产品中将海冰冰龄分为了0 ~ 1年、1 ~ 2年、2 ~ 3年、3 ~ 4年和4年以上5种类型（图1.5）。

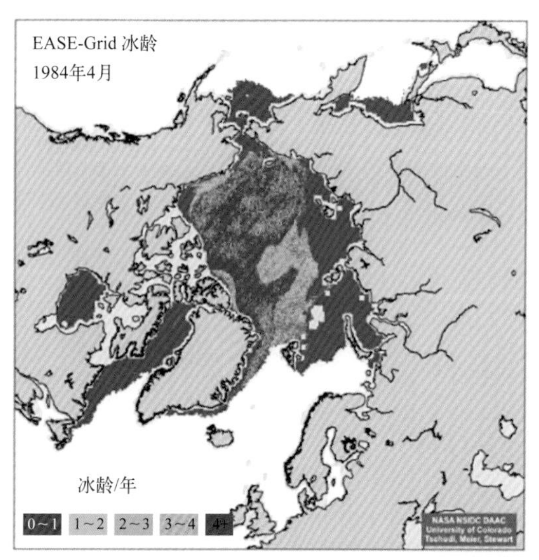


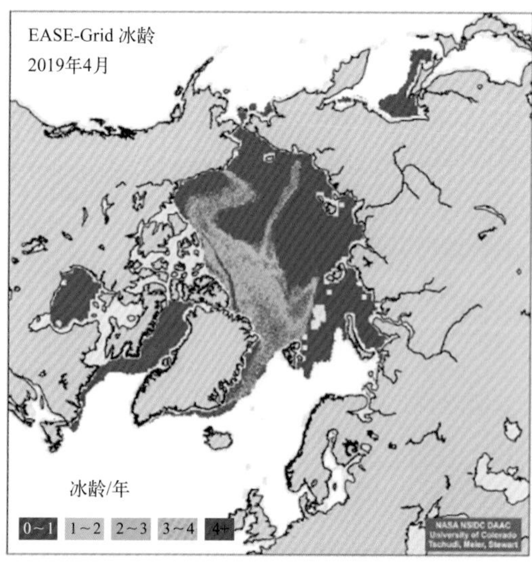


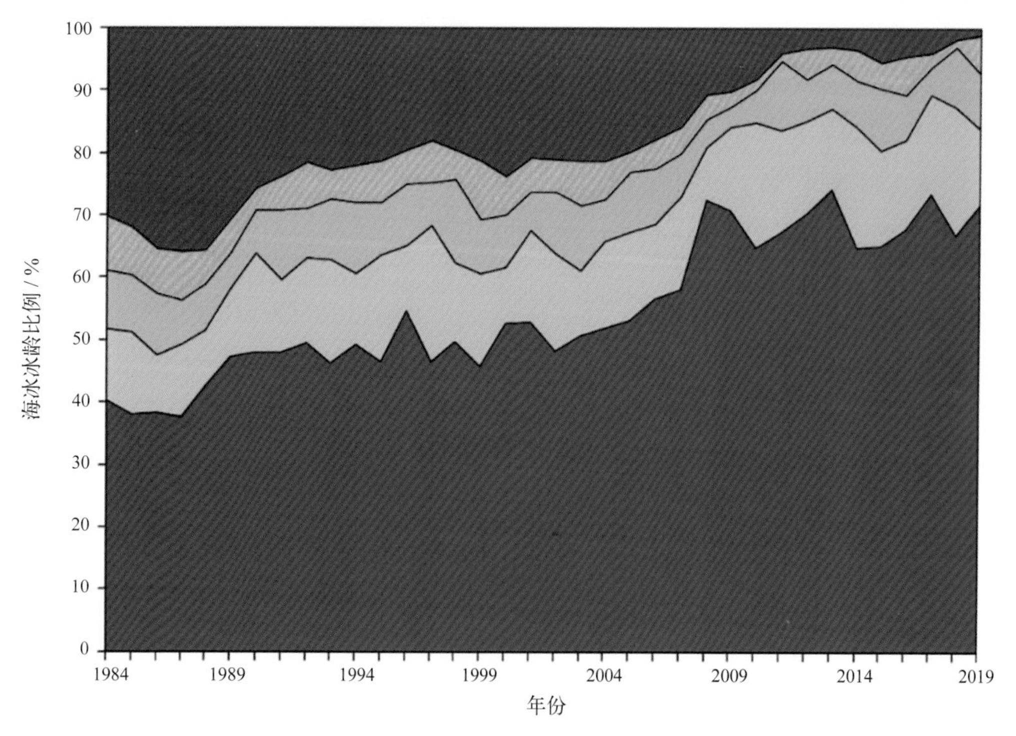


图1.5　1984—2019年北极海冰冰龄结构变化

数据来源于美国国家冰雪数据中心

### 1.2.5 海冰表面融化与冻结

海冰表面积雪的融化开始日期对于预测当年夏季海冰消融状态具有重要的作用。雪层中含水量的增加会导致其微波发射率迅速增大，从而导致微波辐射计探测到的亮温也迅速增大，因此可以用来监测海冰表面积雪融化开始时间。最直接的方法是使用微波辐射计19 GHz和37 GHz的亮温数据，通过设置阈值来确定海冰表面是否融化（Bliss and Anderson, 2014a, 2014b; Drobot and Anderson, 2001）。昼夜温差变化会导致海冰在一天内发生融化和再冻结的过程，使得观测到的微波信号复杂，因此需要使用时间滤波去除假的融化信号。此外，也可以使用不同的阈值和波段比值的方法来确定融化开始时间和冻结时间（Markus et al., 2009; Smith, 1998）。主动微波遥感（微波散射计和SAR）也可用于海冰融化的监测（Drinkwater and Liu, 2000; Kwok et al., 2003）。热红外遥感可以通过观测海冰表面温度来判断是否发生融化，但其结果通常与微波遥感观测结果之间存在差异，这是由于微波对雪具有一定的穿透性，观测到的微波信号包含了一部分雪层内部发射或散射的辐射能量。一般使用多种类型遥感数据能获得更加准确的海冰融化和冻结监测结果（Drinkwater and Liu, 2000）。

### 1.2.6 海冰反照率与冰面融池

海冰表面一旦开始融化，其反照率就会快速降低，从而导致海冰表面融化区域吸收更多的太阳辐射能量，进一步加快海冰的融化，在海冰表面形成融池。北极海冰反照率变化的时间是影响其夏季吸收总的太阳辐射能量的一个重要因素（Perovich et al., 2007）。可见光影像经过去云、非各向同性矫正和大气干扰去除等处理后可以用于计算表观反射率（大气顶层），并可基于窄波反照率和宽波反照率的线性关系，以各波段入射通量与总入射通量的比例作为反演参数，实现窄波段到宽波段反照率的反演（Lindsay and Rothrock, 1994; Liu et al., 2004）。为了校正云对冰面反照率反演的影响，Key等（2001）利用辐射传输模型使用甚高分辨率辐射计（Advanced Very High Resolution Radiometer，AVHRR）影像生成了全天空反照率数据。

融池的形成和发展是导致北极夏季海冰反照率下降的一个重要因素。融池的尺寸通常在10 ~ 100 m，其光谱特性与周围的海冰、雪和海洋具有很大的差异，因此中、高分辨率的可见光影像可以用于北极海冰融池的提取。线性混合、最大似然和神经网络等方法都被用于北极冰面融池的研究，并取得了满意的结果（Fetterer et al., 2008; Rösel et al., 2012; Tschudi et al., 2008），如图1.6展示了基于中分辨率成像光谱仪（MODIS）影像反演的北极冰面融池季节变化。

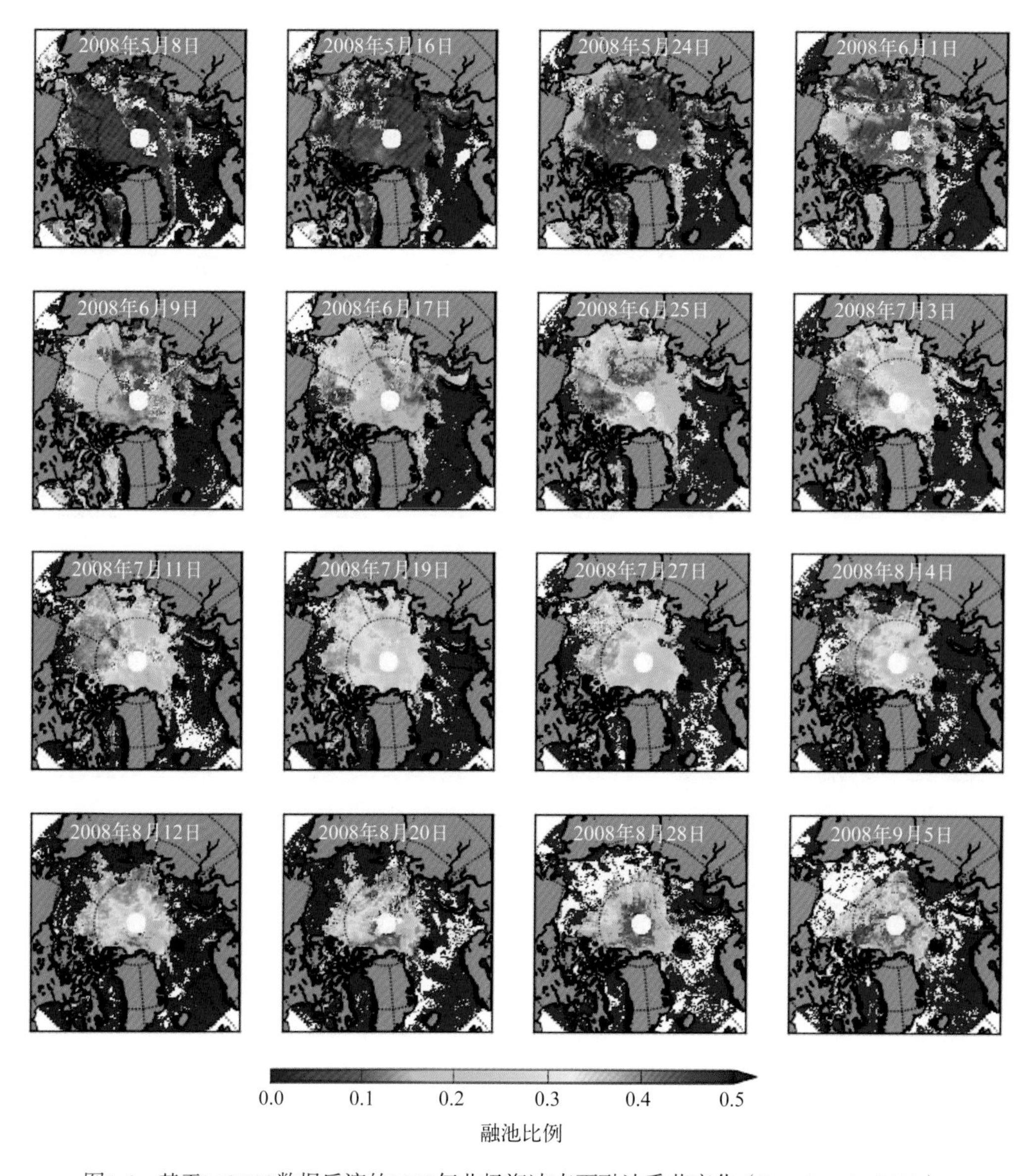


图1.6 基于MODIS数据反演的2008年北极海冰表面融池季节变化（Rösel et al., 2012）

## 1.2.7 海冰表面温度

海冰表面温度在海冰的融化和生长过程中起到了重要作用，并会影响大气和海洋之间的热交换。被动微波辐射计观测到的海冰亮温是海冰表面温度的函数，在已知海冰发射率的情况下，可以直接从亮温数据计算得到海冰表面温度。但是在现实情况中，海冰发射率会随着海冰表面积雪和盐度等属性的变化而发生改变，被动微波辐射计数据基本不能用于海冰表面温度的反演。热红外数据是反演表面温度最常用和有效的数据。基于11 μm和12 μm两个红外波段数据的劈窗算法已被广泛应用于地表温度的遥感反演中，将该算法与辐射传输模型结合，并考虑大气水汽校正，可以反演海冰表面的温度（Hall et al., 2004, 2015; Key et al., 1997; Scambos et al., 2006）。云是影响表面温度反演的一个最重要的因素，即便是很薄的卷云也会使反演结果产生很大的误差，因此精确的云掩模数据有助于提升海冰表面温度的反演精度。当前，MODIS和可见光红外成像辐射仪（Visible Infrared Imaging Radiometer Suite，VIIRS）热红外数据都被用于反演北极海冰表面温度，NSIDC发布了由这两种传感器数据反演的自2002年至今的北极海冰表面温度数据产品（Hall and Riggs, 2015; Tschudi et al., 2017）。图1.7展示了基于VIIRS数据反演的北极海冰表面温度结果。

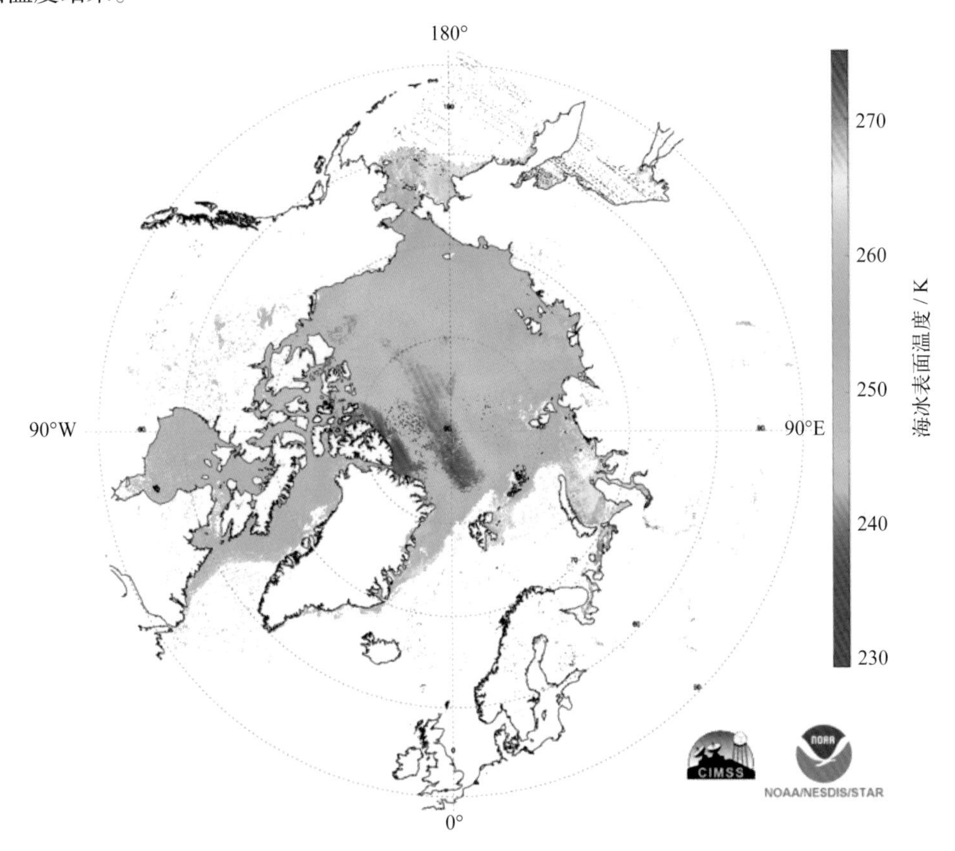


图1.7　2016年4月1日基于VIIRS数据反演的北极海冰表面温度

### 1.2.8　冰间水道

冰间水道是北极冰区中狭长的线状水道，它是海冰在运动过程中发生离散或剪切时产生的，其形成类似于地球板块运动造成的洋中脊或剪切区。冰间水道宽度从几米到几千米不等，相互之间形成交叉或分支，在北极冰区形成复杂的网络。冰间水道面积虽然占冰区面积的很小一部分，但它会对局地的海洋-大气之间热通量和海洋吸收太阳辐射产生显著的影响（Lüpkes et al., 2008），冰间水道在北极海冰季节变化中具有重要的影响，可以用于提高北极海冰预测的准确性（Zhang et al., 2018）。

冰间水道和周围海冰的光谱特性及对微波辐射和散射特性都具有比较明显的差异，因此，可见光/红外和主/被动微波传感器都可用于冰间水道的观测。AMSR-E的19 GHz和89 GHz通道的亮温数据比值能够很好地将冰间水道从周围地物中识别出来，但由于其数据本身分辨率太低，只有宽度大于3 km的冰间水道才能被识别出来（Bröhan and Kaleschke, 2014; Rösel et al., 2012）。SAR影像具有很高的分辨率，可以得到详细的冰间水道结果，但其单景影像覆盖范围小，轨道重复周期长，时间连续性差，难以用于全北极的观测。MODIS热红外影像能很好地识别冰间水道和海冰，其分辨率远高于被动微波辐射计数据，并且能够实现对全北极每天一次的观测，因此被用于逐日的全北极冰间水道的观测和提取（Willmes and Heinemann, 2015）。图1.8展示了使用MODIS热红外数据反演的2015年1—4月的北极冰间水道结果，反映出了北极冰间水道的空间分布及变化。

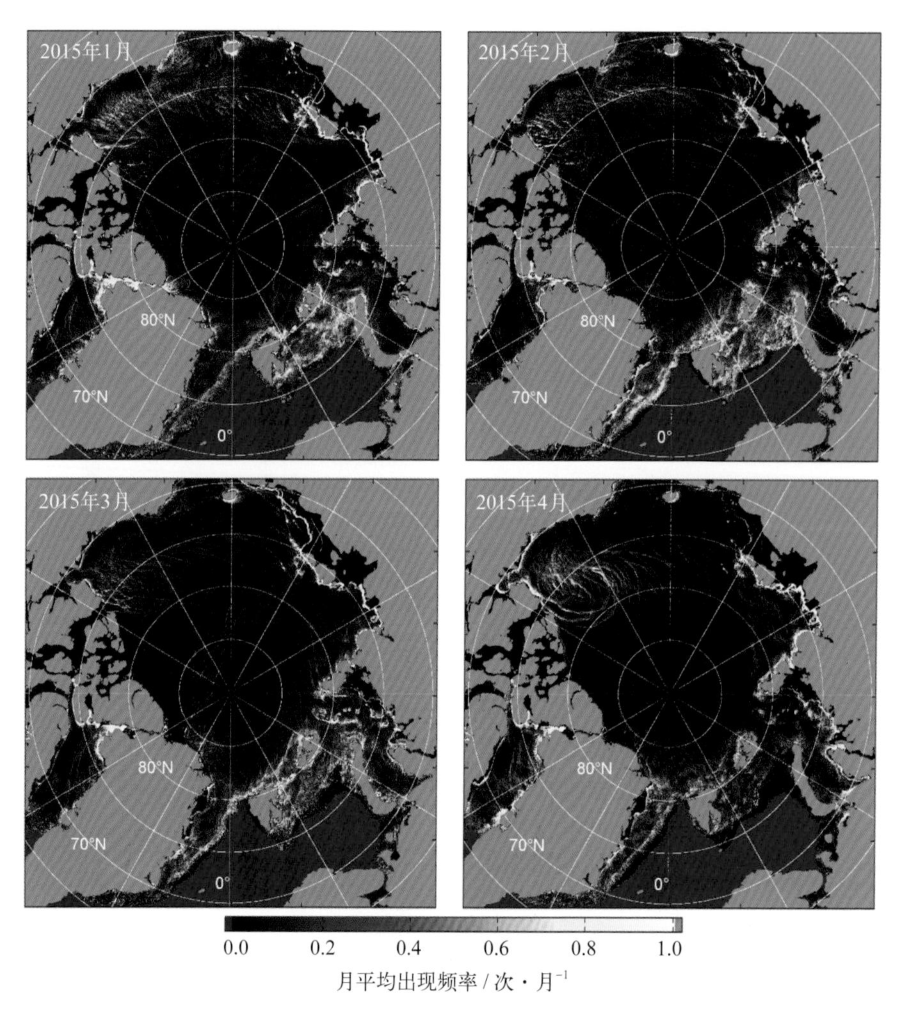


图1.8　基于MODIS热红外数据反演的2015年1—4月北极冰间水道月平均出现频率（Willmes and Heinemann, 2015）

### 1.2.9 小结

遥感是观测海冰特征必不可少的手段。由于北极海冰面积广阔，所处环境恶劣且变化多端，对其进行现场观测需要消耗大量的人力、物力和财力，观测数据时空连续性差。因此，只有卫星遥感技术能够对其进行长时间的全面观测。

自1970年以来，卫星技术的发展为研究北极海冰变化提供了大量的宝贵数据，近10年发射的CryoSat-2、SMOS、VIIRS、Sentinel系列卫星搭载的传感器，一方面延续了对北极海冰的观测，另一方面也提升了卫星观测的能力，丰富了传感器类型，为更加全面地研究和了解北极海冰提供了重要的数据支持。欧洲航天局于2010年发射的CryoSat-2已超期服役近6年，Sentinel-6卫星搭载了雷达高度计，于2020年发射，以延续CryoSat-2对北极海冰的观测。此外，欧洲航天局于2016年和2018年分别发射的Sentinel-3A和Sentinel-3B卫星也搭载了雷达高度计，可用于海冰出水高度和厚度的观测。最新的激光高度计搭载的ICESat-2卫星也于2018年成功发射，并于2019年对外公开发布数据。但是，我们也将面临一些问题，属于美国国防气象卫星计划（DMSP）的SMMIS微波辐射计和日本宇宙航空研究开发机构（JAXA）全球变化观测计划（GCOM）的AMSR2微波辐射计都于2020年前后达到预计工作寿命，而且目前还没有对其后续的任务计划。因此，当前迫切需要新的微波辐射计，以延续对北极海冰持续了40年之久的卫星观测。

保证多类型卫星传感器的连续性对于研究海冰的变化具有重要的意义，在发射任务设计时应保证后续卫星与当前卫星的工作时间上有一定的重叠，以防现役卫星的突发故障，同时卫星传感器之间可以进行相互的校准，有助于海冰观测参数的连续性和一致性。

## 1.3 海冰遥感发展简史

基于海岸观测站与船舶走航进行海冰观测的时间已经超过百年，但基于卫星遥感技术进行海冰观测的时间还比较短，这与卫星遥感技术的发展历史息息相关。海冰遥感是一项相对较新的技术。北极地区自然环境恶劣，天气变化多端，光学遥感数据发挥的作用远不如微波遥感数据。因此，目前海冰遥感的研究中，微波遥感多被用于海冰监测以及参数提取。本节重点阐述微波遥感在海冰监测中的几个重要的历史阶段。

世界上最早用于海冰观测的卫星数据是20世纪60年代NASA发射的热红外OS与Nimbus等系列气象卫星数据。第一张海冰卫星影像数据获取于1960年4月2日（热红外OS-1卫星发射后的第2天），卫星所携带的电视摄像机拍摄得到了加拿大圣劳伦斯湾地区的影像（图1.9），通过与加拿大气象服务站同时期的航空相片进行对比，解译了影像上的云与海冰。这是历史上第一次验证了卫星遥感数据对海冰观测的能力，是船舶、飞机以及地面观测站等传统海冰监测手段的一种重要补充。Nimbus系列卫星在1964—1978年期间共成功发射了7颗，卫星轨道均为近极地太阳同步轨道，该系列卫星是NASA的研究型气象卫星，从最简单到最复杂的传感器均在该系列卫星上进行试验，一旦成效良好，再正式安装到其他气象卫星上。前4颗卫星携带有可见光与近红外传感器，从20世纪60年代开始获取海冰数据，但可见光与近红外传感器的应用在漫长的极夜以及极区频繁多云天气中受到了很大限制。因此，天气因素使得采用微波传感器进行海冰观测的要求越来越高。

图1.9 由OS-1卫星于1960年4月2日获取的第一张海冰卫星影像

影像显示该地为加拿大的圣劳伦斯湾，湾上覆盖有海冰（位于图像的中部区域）

世界上第一组被动微波传感器是苏联发射的，1968年9月23日以及1970年12月10日苏联的Kosmos-243和Kosmos-384卫星相继发射升空。美国的第一个被动微波传感器电子扫描微波辐射计（Electrically Scanning Microwave Radiometer，ESMR）于1972年12月10日搭载Nimbus-5卫星发射升空。ESMR为交叉扫描传感器，该传感器为19.35 GHz（波长为1.55 cm）的水平极化辐射计，数据处理后，可以很好地区分海冰与开阔水域。ESMR在天底点的空间分辨率为25 km × 25 km，而在扫描边缘的空间分辨率则降低为160 km × 45 km。对ESMR在1972年12月12日至1976年12月31日间获得的数据进行处理，计算得到了南、北极地区的日均与月均海冰密集度（分辨率为25 km），这是第一次利用卫星遥感数据对海冰密集度进行估算。该数据可以从NSIDC网站下载。Zwally 等

（1985）利用ESMR数据制作的南极海冰数据集，首次发现了南极大陆被海冰包围的事实和冰间湖的存在（冰间湖是指达到结冰温度的天气条件下仍长期或较长时间保持无冰或仅被薄冰覆盖的冰间开阔水域，按照其形成机制分为潜热冰间湖和感热冰间湖）。

ESMR后来发展为应用更为广泛的多通道扫描微波辐射计（SMMR），该传感器搭载于Nimbus-7卫星上，在1978—1987年间共运行了9年的时间。SMMR以及后来所有的被动微波辐射计均采用圆锥扫描的方式，但SMMR受卫星电源功率的限制，每隔一天采集一次数据。SMMR分别在6.63 GHz、10.69 GHz、18.0 GHz、21.0 GHz以及37.0 GHz 5个频段上以双极化的方式测量地表微波发射值。SMMR数据可用于海冰密集度制图以及海冰类型（一年冰与多年冰）的区分。基于SMMR数据的海冰密集度算法包括NORSEX（Svendsen et al., 1983）、NASA Team（Cavalieri et al., 1984）以及Bootstrap（Comiso, 1986）。SMMR的亮温数据以及基于NASA Team算法得到的海冰密集度数据均采用极方位投影，栅格大小为25 km × 25 km，可以从NASA戈达德飞行中心（GSFC）的网站上获取到（Gloersen, 1993）。

SSM/I传感器是代替SMMR的新型传感器，搭载于1978年开始发射的美国国防气象卫星（DMSP）系列上，包括F8-11和F13-15。SSM/I传感器除了22.2 GHz频率为垂直极化模式，其余几个频率（19.3 GHz、37.0 GHz和85.5 GHz）均为双极化模式，85.0 GHz通道的数据格点大小为12.5 km × 12.5 km，其余3个通道的数据格点大小为25 km × 25 km。关于该传感器更多的细节可以查看Hollinger等（1987）的介绍，对该传感器增益的稳定项、辐射定标、配准、电子噪声以及敏感度等的评估可以参考Hollinger等（1990）。利用SSM/I数据制作的自1978年以来的、时间序列最长的海冰密集度与海冰范围数据集，是气候变化研究的宝贵数据集。

SSM/I的下一代传感器是搭载于DMSP系列F16-18卫星上的SSMIS。第一个SSMIS传感器于2003年10月发射，使用其获取的数据，基于已有算法对海冰以及积雪状况进行了最优估算。为了保持数据前后的一致性，数据都进行了交叉定标，其数据产品可以从NSIDC网站（http://nsidc.org/data/nise1.html）获取。

2002年5月，NASA Aqua卫星发射成功，其搭载的AMSR-E传感器获取的数据使得科学家们发现被动微波遥感在海冰研究中有更多的应用。AMSR-E传感器由JAXA与美国NASA的科学家共同开发，测量地物在6.9 GHz、10.7 GHz、18.7 GHz、23.8 GHz、36.5 GHz和89.0 GHz通道的双极化下的亮温值，空间分辨率优于SSM/I（例如，在89.0 GHz频率的分辨率为6 km × 4 km，而SSM/I传感器在85.5 GHz频率的分辨率为15 km × 13 km；36.5 GHz频率的为14 km × 8 km，而SSM/I传感器在36.5 GHz频率的分辨率为37 km × 28 km）。在2011年10月失效前，该传感器获取的数据被广泛应用于海冰观测以及积雪研究。AMSR-E数据除了用于海冰密集度估算外，还可以用于确定薄海冰的厚度以及表面温度等。

2012年5月18日，全球变化监测任务（GCOM-C1）卫星搭载AMSR2传感器发射升空，作为AMSR-E的后继传感器继续提供极区观测的服务。AMSR2辐射计与AMSR-E辐射计的工作波长一致，但分辨率有了进一步提高。

被动微波遥感影像的分辨率都比较低（几千米或几十千米），适用于大尺度观测等气候应用研究，但对于局部小尺度的海冰应用研究（如冰区航线导航）并不能发挥重要作用。主动微波传感器在大尺度海冰观测中会发挥更大的作用。主动微波传感器可获取分辨率为百米、几十米甚至几米的影像，这对于观测和研究冰脊、冰间水道以及沿岸冰间湖等中小尺度的海冰、海洋特征具有重要意义。

SAR是主动微波传感器中最常用的系统。第一个星载SAR搭载于1978年6月28日发射的Seasat卫星上，其工作波段是L波段，极化方式是单极化HH。但在同年10月9日因电能不足失效。尽管Seasat卫星仅仅运行了105 d，但提供了大量具有重要科学价值的影像数据，这些数据对海洋与海冰观测的结果证明了SAR在海冰观测中具有重要的应用，这也标志着后续星载SAR海冰观测任务的开始。浮冰可以使用时间序列的影像进行识别，这使得利用SAR数据监测海冰漂移成为可能（Hall and Rothrock, 1981），海风对海冰边缘区域冰漂移速度的影响也可以利用Seasat数据获取（Carsey and Holt, 1987）。利用Seasat数据研制的海冰形变数据，可以确定海冰区域的开阔水域，并用于海–气之间的热量交换计算（Fily and Rothrock, 1987）。基于上述研究成果，在NASA的支持下，阿拉斯加大学费尔班斯分校卫星接收站开发了地球物理处理机系统（GPS）。该系统一直致力于利用SAR影像生产海冰及海洋产品（Kwok and Baltzer, 1995; Kwok et al., 1990）。1999年，该系统经过升级，可以处理其他卫星上的SAR数据，获取海冰影像并得到相应的海冰产品。

Seasat卫星发射之后，欧洲航天局在1991年7月成功发射了搭载SAR传感器的ERS-1卫星，1995年4月发射的ERS-2卫星上也搭载了同样类型的SAR。两台传感器工作波长均为C波段（频率为5.3 GHz），极化方式为VV垂直极化，入射角在20°～26°之间，分辨率为30 m，幅宽为100 km。ERS-1卫星与ERS-2卫星分别在2000年3月与2011年9月终止了运行。ERS-1/2卫星在1995年8月至1996年5月为期9个月的时间里，开展了编队串联飞行任务（Tandem Mission），调整两颗卫星的轨道对同一地区以1 d的时间间隔进行扫描，采用重复轨道干涉测量模式对冰川以及地表形变进行了监测。ERS-1/2卫星的编队串联飞行任务对于卫星编队技术以及精密定轨技术的发展和应用具有重要意义。2002年，Envisat卫星发射升空，该卫星携带的主要传感器为先进合成孔径雷达（ASAR），Envisat卫星与ERS-2卫星沿同一轨道飞行，组成新的卫星编队串联飞行（ERS-Envisat Tandem, EET），为干涉测量提供了新数据源。ERS-2与Envisat ASAR对地面同一区域的过境时间间隔约为30 min，生成了时间基线最小的雷达干涉影像对。EET有力地确保了ERS-1/2卫星对地观测任务的延续，保持了对地观测数据的持续性和稳定性，对InSAR重复轨道干涉测量的研究也具有重大的意义。EET共执行了4期观测任务，观测时间分别为2007年9月至

2008年2月（覆盖北半球中高纬地区）、2008年11月至2009年4月（主要覆盖北半球中纬地区）、2010年2月至4月（覆盖南极地区）、2010年7月至10月（主要覆盖北半球中纬地区）。ERS-1/2与ASAR的数据经过挑选，符合条件的也可以用于干涉测量。InSAR干涉数据可以很好地对陆地表面变形进行监测，但估计海冰的相对运动速度以及表面变形并不可行，这与海冰实时运动密切相关（Dammert and Lepparanta, 1998）。

20世纪90年代，大量的海冰研究与应用都是基于ERS-1/2的SAR数据完成的。在SAR数据应用于海冰研究的早期，研究内容主要有：（1）海冰表面特征如冰脊、断裂、融池以及浮冰等的目视判读；（2）不同类型海冰的区分（Fetterer et al., 1994; Kaleschke and Kern, 2002; Smith et al., 1995）；（3）评估SAR数据在海冰业务化观测项目中的用途（Ramsey et al., 1998; Shokr et al., 1996; Shokr and Sinha, 1994）。海冰类型的区分主要是依据不同类型海冰表面的后向散射系数来进行的。大量的研究是利用直接观测或者微波散射模型对不同类型海冰的后向散射系数进行测量与模拟（Askne et al., 1994; Morris et al., 2013; Ulander and Carlstrom, 1993）。不同海冰类型的后向散射系数有重叠是导致采用单极化SAR进行海冰分类产生问题的重要因素，这也是开发自动海冰分类系统的一个主要障碍。

日本国家空间开发署（National Space Development Agency of Japan，NASDA）（2003年NASDA与其他几所机构合并为JAXA）在1992年2月发射了搭载L波段（频率为1.275 GHz）、HH极化SAR传感器的JERS-1卫星。L波段波长相对较长，穿透海冰的能力更强，因此，该传感器可以获取到更多的冰下信息。实际上，L波段在冰脊、乱冰区与碎冰群识别等方面比C波段表现更好。此外，JERS-1卫星的低入射角也能够更好地发现冰脊以及其他冰面变形。 Dierking和Busche（2006）将JERS-1卫星L波段数据以及ERS-1卫星的C波段数据进行了对比，发现这两个不同波长的传感器之间可以互相补充，获得更多的海冰覆盖状态的详细信息。

加拿大航天局（Canadian Space Agency，CSA）在1995年11月发射了搭载其第一颗SAR系统的RADARSAT-1卫星，在2007年12月发射了RADARSAT-2卫星。这两颗卫星搭载了C波段（频率为5.3 GHz）SAR传感器。两颗卫星的主要目的就是对极区的海冰以及加拿大海域进行日常监测，目前两颗卫星数据的应用已经扩展到了很多其他领域。RADARSAT-1卫星由CSA研发和运行，RADARSAT-2卫星由麦克唐纳德特威尔有限公司（MacDonald Dettwiler Associates Ltd，MDA）负责研发并运行。RADARSAT-1卫星设计寿命是5年，但实际运行时间大大超出了预期，在2013年3月因技术问题失效，运行超过17年。RADARSAT-2卫星设计寿命是7年，预期可达12年。RADARSAT-2卫星拥有7种不同观测角及分辨率的成像模式。标准模式中，传感器发射7条波束，每一条波束以不同的视场角覆盖100 km宽的地面范围，所获取的影像分辨率为25 m、像元间隔12.5 m。目前使用最多的是宽幅扫描模式（ScanSAR-Wide），也是海冰监测的首选模式。该模式影像幅宽500 km、分辨率为100 m。关于RADARSAT-2卫星及产品的细节以及技术说明可以在文献Livingstone等（2008）和MDA网站（https://mdacorporation.com/geospatial/international/satellites/RADARSAT-2）中查看。

最初搭载于Seasat卫星、ERS-1卫星、ERS-2卫星、JERS-1卫星以及Radarsat-1卫星上的SAR系统为单通道、发射信号以及接受信号均为单极化方式。研究发现单通道SAR进行海冰监测具有局限性，因此后续的星载SAR系统考虑了搭载多极化的传感器。

世界上第一个多极化的SAR传感器是搭载在Envisat卫星上的ASAR传感器。其工作波段是C波段，共有5种极化模式，包括两种单极化模式HH或VV与3种同极化或交叉极化模式：HH+HV、VV+VH以及HH+VV，这3种转换模式被称为交替极化模式（Alternating Polarization Mode，AP）。AP模式获取的数据可以为海冰类型识别提供更丰富的信息（Scheuchi et al., 2004）。Envisat卫星在2012年4月8日突然失效，在卫星运行10年期间内获取了大量数据，被广泛用于海冰研究。RADARSAT-2卫星也可以获取双极化影像数据：HH和HV或者VV和VH，用于海冰研究。

Dierking和Pedersen（2012）总结了利用ASAR数据开展的海冰研究，指出在海冰研究中双极化数据发挥作用更大。Dierking和Busche（2006）指出交叉极化（HV）数据相比于同极化数据对入射角敏感性低，HV影像中开阔水域对因风引起海面粗糙度的增加并不敏感。这使得在HV影像中识别开阔水域中的船舶与冰山更容易。

全极化SAR是多通道SAR技术进一步发展的结果。在全极化SAR数据中，传感器同时记录同极化与交叉极化（HH, HV, VV和VH）的振幅和相位。全极化SAR数据用于海冰研究开始于20世纪80年代末90年代初，即1987年NASA/JPL机载SAR（AIRSAR）系统运行之后。该系统在P波段、L波段与C波段进行全极化模式运行。Drinkwater等（1991）总结了AIRSAR全极化数据在海冰研究中的潜在应用价值。90年代末，由于AIRSAR传感器失效出现数据空缺导致该项研究逐渐减少。加拿大遥感中心（CCRS）在1991年升级了搭载于Convair 580飞机上的机载SAR设备使其成为全极化设备。利用该飞机获取的机载SAR数据用于RADARSAT-2卫星发射前星载极化SAR数据的模拟，同时也用于开发SAR数据处理器以及陆表参数提取算法。2006年，ALOS卫星上搭载的相控阵L波段SAR（PALSAR）传感器与2007年12月发射的RADARSAT-2卫星开始提供全极化数据之后，关于全极化SAR的应用研究重新恢复。值得注意的是，目前全极化数据只有在PALSAR传感器的精细模式以及RADARSAT-2卫星上的精细模式和标准模式中获得。ScanSAR模式的数据目前还无法得到全极化数据，尽管该模式下的数据是最适合进行海冰研究的。欧洲、加拿大以及日本的宇航局正计划发射同时具有线极化与圆极化功能的极化SAR系统。

在ALOS卫星运行的6年时间中，PALSAR提供了可用于海冰研究的大量数据，包括对比PALSAR传感器L波段与RADARSAT-2 C波段单通道同极化数据在海冰制图中的差异，利用L波段更深的穿透性对海冰厚度进行估算，以及HH极化数据的后向散射系数与实测海冰厚度与表面粗糙度的关系研究等。2014年5月24日，ALOS-2搭载L波段PALSAR升空，相对于ALOS-1，ALOS-2的数据传输能力大大增强，图像分辨率更高，由原来的10 m提高到现在的3 m，观测范围由原来的890 km扩展到2 320 km，重复观测的周期也由原来的46 d缩减到现在的14 d。

德国宇航中心（DLR）与欧洲航空防务航天公司（EADS-Astrium）共同开发出了X波段（频率为9.6 GHz）的SAR，即TerraSAR-X，于2007年6月15日成功发射，其对地观测任务目标有两个：一是为水文地理学、地质学、气候学、海洋学、制图学、环境或灾害监测、干涉测量研究等领域提供多模式X波段SAR数据；二是在欧洲建立一个商业的地球观测市场，发展可持续的地球观测服务行业，资助后续系统的开发。实际上TerraSAR-X的数据用于海冰观测的并不多。Eriksson等（2010）使用L波段ALOS、C波段ASAR、C波段RADARSAT-2与X波段TerraSAR-X数据对波罗的海2009年的海冰进行了制图比较，结果表明，以C波段同极化数据作为海冰制图的参考，X波段和C波段数据的信息量对海冰制图相差无几，而L波段SAR数据则可以为海冰制图提供更多的信息，这与L波段SAR数据对海冰上的湿雪不敏感有关，可以更容易地识别冰脊。交叉极化数据在海冰与开阔水域区的识别区分中发挥的作用更大。

欧洲航天局于2014年4月与2016年4月分别发射了Sentinel-1A与Sentinel-1B卫星，这是Envisat任务后工作于C波段的卫星星座，两颗卫星在同一轨道运行，单星重访周期为12 d，双星重访周期为6 d，增加了对地球上相同地点的观测频率，这对于观测快速变化的地球表面具有非常重要的意义。两颗卫星上的传感器具有多种成像方式，可实现单极化、双极化等不同的极化方式，共有4种工作模式：条带（Strip Map, SM）模式，超宽幅（Extra Wide Swath, EW）模式，宽幅干涉（Interferometric Wide Swath, IW）模式和波（Wave, WV）模式。波模式有两种可选极化方式（HH和VV），另外3种模式可选双极化（VV和VH、HH和HV）。

加拿大于2018年发射搭载C波段SAR的星座任务（RADARSAT Constellation Mission, RCM）。RCM采用3颗卫星组成星座，以确保目前正在运行的RADARSAT-2卫星的数据连续性。该系统旨在利用尽可能低的成本支持加拿大政府可持续发展、自然资源管理、行使主权、保卫国家安全等事务，尤其是在北极地区。该星座继续为全球灾害管理和救援行动提供重要支持，提供全极化数据以及圆极化数据。该系统的亮点之一就是ScanSAR模式下首次获取全极化数据，这也是科学家们最期待的数据。

微波散射计是另外一种重要的海冰制图的主动微波传感器。最初微波散射计一直用于海面风速风向制图（Pan et al., 2003）。后来发现逐日低分辨率（25 ~ 30 km）的散射计数据可以对南、北极地区的海冰进行制图，并取得了较好的结果（Anderson and Long, 2005; Ezraty and Cavanie, 1999）。第一个星载的散射计是NASA于1978年发射的Seasat卫星上搭载的Ku波段（频率为13.8 GHz）的散射计。ERS-1/2上均搭载了C波段（频率为5.3 GHz）的散射计，被称为主动微波仪（AMI）。1996年，NASA发射了Ku波段的NSCAT散射计，但是该仪器于9个月后失效。为了尽快接替NSCAT，NASA在1999年6月19日发射了搭载有SeaWinds散射计的QuikSCAT卫星。该传感器在2009年12月23日停止运行，连续获取了超过10年的极地海冰观测数据。QuikSCAT之后，印度空间研究组织（ISRO）于2009年9月23日发射了搭载Ku波段海洋散射计（OSCAT）的Oceansat-2卫星。根据扫描几何关系和天线模式，SeaWinds与OSCAT的数据可以重建极方位投影的网格数据，与原始数据相比，该数据可以制作更高分辨率（几千米）的逐日后向散射系数图（Early and Long, 2001）。由美国国家海洋和大气管理局（NOAA）和欧洲气象卫星开发组织（EUMETSAT）共同研制的Metop-A/B/C系列卫星分别于2006年、2012年和2018年发射，Metop系列卫星携带了C波段（频率为5.255 GHz）的先进散射计（ASCAT），可被用于海冰的观测，目前3颗卫星同步运行，预计Metop-A卫星将工作至2022年。

星载高度计一直被用来测量冰盖表面高程，后来也用于海冰与积雪厚度的估算。研究已经证明高度计相对于其他传感器，是海冰厚度估算的最优选择。依据脉冲发射的不同，高度计分为雷达高度计与激光高度计。高度计测量由卫星与地表的距离决定的脉冲往返时间与回波的形状。雷达可以穿透干雪，因此雷达高度计接收到的信号来自雪下冰面，而激光不能穿透雪层，因此回波信号是覆盖在冰面上的雪面返回。因此，雪深也包含在雷达高度计的冰厚测量中。高度计冰厚测量是根据海冰高度计测量得到的出水高度与阿基米德浮力定律计算得到的。

ERS-1/2卫星与Envisat卫星都曾搭载过雷达高度计，工作波段均为Ku波段（频率为13.8 GHz）。这些卫星在倾角为98.52°的太阳同步轨道运行，不能获取地理极点的数据。之后ESA设计了仅搭载雷达高度计的CryoSat卫星，其任务为“海冰探测”，要求尽可能多覆盖极地区域。因此，卫星的轨道倾角被设计为92°（接近90°）。CryoSat-1卫星在2005年发射失败，但是在2010年4月8日成功发射了第二颗卫星CryoSat-2。CryoSat-2卫星在极地获取数据的范围可达到南北纬88°，它有3种工作模式，低分辨率模式（LRM）、合成孔径模式（SAR模式）和合成孔径干涉模式（SARIn模式）。SAR模式飞行方向分辨率可达250 m，可用于海冰厚度估算。目前，包括德国阿尔弗雷德·魏格纳研究所（AWI）、英国利兹大学的极地观测与模式数据中心（CPOM）等研究机构利用CryoSat-2的数据反演北极冬季的冰厚或者出水高度，相关的研究与产品也在进一步的研发中。

第一颗激光高度计由NASA研发，于2003年1月搭载在ICESat卫星发射，2010年8月终止工作。ICESat卫星仅携带了地学激光高度系统（GLAS）传感器，该仪器为LiDar的星载版。GLAS在2003—2009年期间，获取了南、北极地区的海冰表面高程数据。但GLAS受厚云及其他天气系统的影响，加上间歇性地工作，因此，获取的数据是不连续的。搭载新一代GLAS的ICESat-2卫星于2018年9月发射，并于2019年对外发布数据。表1.1列出了过去及将来应用于海冰研究的星载雷达传感器。

表1.1 过去及将来应用于海冰研究的星载雷达传感器

| 卫星 | 国家/机构 | 传感器 | 波段 | 极化 | 工作时间 | 分辨率 / m | 幅宽 / km |
|---|---|---|---|---|---|---|---|
| Seasat | 美国 | SAR | L | HH | 1978年 | 25 | 100 |
| Almaz-1 | 俄罗斯 | SAR | S | HH | 1991—1992年 | 10 ~ 100 | 350 |
| ERS-1 | 欧洲航天局 | SAR | C | VV | 1991—1999年 | 30 | 100 |
| ERS-2 | 欧洲航天局 | SAR | C | VV | 1995—2011年 | 30 | 100 |
| ERS-1/2 | 欧洲航天局 | 散射计 | Ku | VV | 1991—2011年 | 25/50 | 500 |
| JERS-1 | 日本 | SAR | L | HH | 1992—1998年 | 18 × 24 | 75 |
| RADARSAT-1 | 加拿大 | SAR | C | HH | 1995—2012年 | 10 ~ 100 | 50 ~ 500 |
| QuikSCAT | 美国 | 散射计 | Ku | HH, VV | 1999—2009年 | 4 500 | 1 400, 1 836 |
| Envisat | 欧洲 | SAR | C | 单极化，双极化 | 2002—2012年 | 30 ~ 500 | 5 ~ 406 |
| PAL-SAR-ALOS-1 | 日本 | SAR | L | S, D, Q | 2006—2011年 | 7 ~ 100 | 20 ~ 350 |
| RADARSAT-2 | 加拿大 | SAR | C | S, D, Q | 2007年至今 | 3 ~ 100 | 10 ~ 500 |
| TerraSAR-X | 德国 | SAR | X | S, D, Q | 2007年至今 | 1 ~ 18 | 100 × 150 |
| OSCAT系列 | 印度 | 散射计 | Ku | HH, VV | 2009—2014年 | 4 500 | 1 400, 1 836 |
| CryoSat-2 | 欧洲航天局 | 极地高度计 | Ku |  | 2010年至今 | 250 |  |
| Sentinel-1 | 欧洲航天局 | SAR | C | S, D | 2014年至今 | 5 × 20 | 80 ~ 400 |
| PAL-SAR-ALOS-2 | 日本 | SAR | L | S, D, Q | 2014年至今 | 3 ~ 100 | 25 ~ 350 |
| RCM | 加拿大 | SAR | C | S, D, Q | 2018年至今 | 可调整 | 可调整 |

注：S、D、Q分别表示单极化、双极化以及全极化。

## 1.4 海冰遥感常用卫星平台及传感器

### 1.4.1 可见光 / 红外传感器

可见光/红外遥感发展时间较早，可以提供相对长时间的系列数据，在观测海冰方面具有重要的价值。Landsat系列卫星自1972年开始提供了地球表面40多年的可见光和红外影像，但其影像覆盖范围小（约180 km），重复周期长（16 ~ 18 d），且最高观测到82.5°N，因此并不适用于北极海冰长时间、大尺度的观测。

高级星载热发射和反辐射计（ASTER）是搭载在Terra卫星上的一种成像辐射计，该卫星由美国国家航空航天局（NASA）于1999年12月发射，是地球观测系统（EOS）的一部分。ASTER包含了3个子系统：可见光/近红外（VNIR）、短波红外（SWIR）和热红外（TIR），共有14个波段，其中波段3有两个通道。关于该传感器的具体特征见表1.2。ASTER的热红外波段（波段10 ~ 14）可以用于海冰表面温度的研究，但由于其影像幅宽仅有60 km，因此其应用通常仅限于小尺度的海冰研究。

表1. 2 ASTER系统特征

| 子系统 | 波段 | 光谱范围 / μm | 地面分辨率 / m | 影像幅宽 / km | 定量化 / bits |
|---|---|---|---|---|---|
| VNIR | 1 | 0.52～0.60 | 15 | 60 | 8 |
| | 2 | 0.63～0.69 | 15 | 60 | 8 |
| | 3N | 0.78～0.86 | 15 | 60 | 8 |
| | 3B | 0.78～0.86 | 15 | 60 | 8 |
| SWIR | 4 | 1.60～1.70 | 30 | 60 | 8 |
| | 5 | 2.145～2.185 | 30 | 60 | 8 |
| | 6 | 2.185～2.225 | 30 | 60 | 8 |
| | 7 | 2.235～2.285 | 30 | 60 | 8 |
| | 8 | 2.295～2.365 | 30 | 60 | 8 |
| | 9 | 2.360～2.430 | 30 | 60 | 8 |
| TIR | 10 | 8.125～8.475 | 90 | 60 | 12 |
| | 11 | 8.475～8.825 | 90 | 60 | 12 |
| | 12 | 8.925～9.275 | 90 | 60 | 12 |
| | 13 | 10.25～10.95 | 90 | 60 | 12 |
| | 14 | 10.95～11.65 | 90 | 60 | 12 |

甚高分辨率辐射计（AVHRR）也是一种常用于海冰观测的星载传感器。AVHRR可在可见光、近红外和热红外波段进行探测，幅宽为2 900 km，星下点分辨率为1.1 km。传感器搭载在美国国家海洋和大气管理局（NOAA）极地轨道环境系列卫星上，开始搭载于1978年的TIROS-N卫星。AVHRR包含了4个通道，AVHRR/2通道数增加至5个，而AVHRR/3则具有6个观测通道。表1.3列出了各代AVHRR传感器的参数。1978年至今，至少有1颗搭载AVHRR的卫星在运行，以保证观测的连续性，截至2019年5月，一共发射了15颗卫星。AVHRR的大幅宽和适中的分辨率很好地补充了Landsat等高分辨率系列卫星在北极海冰观测中的不足，它可以对白天无云的海冰覆盖进行观测。其红外波段数据可被用于海冰表面温度（SST）的反演。

表1.3 AVHRR系列传感器参数

| 特征 | AVHRR | AVHRR/2 | AVHRR/3 |
|---|---|---|---|
| 光谱范围 / μm | 波段1: 0.55 ~ 0.68 | 波段1: 0.55 ~ 0.68 | 波段1: 0.55 ~ 0.68 |
| | 波段2: 0.725 ~ 1.10 | 波段2: 0.725 ~ 1.10 | 波段2: 0.725 ~ 1.00 |
| | 波段3: 3.55 ~ 3.93 | 波段3: 3.55 ~ 3.93 | 波段3: 1.58 ~ 1.64 |
| | 波段4: 10.5 ~ 11.5 | 波段4: 10.3 ~ 11.3 | 波段4: 3.55 ~ 3.93 |
| | | 波段5: 11.5 ~ 12.5 | 波段5: 10.3 ~ 11.3 |
| | | | 波段6: 11.5 ~ 12.5 |
| 卫星平台 | TIROS-N, NOAA-6, 8,10 | NOAA-7, 9,10,11,12,13,14 | NOAA-15,16,17,18,19 |
| 幅宽 / km | | 2 900 | |
| 分辨率 / km | | 1.1 | |
| 重访周期 / d | | 1 | |
| 运行时间 | 1979—2001年 | 1981—2007年 | 1998年至今 |

中分辨率成像光谱仪（MODIS）包含可见光到热红外共36个波段。首个MODIS传感器搭载在NASA EOS系列Terra卫星上，于1999年12月发射。2002年4月发射的Aqua卫星上也携带了MODIS传感器，现在两个MODIS传感器依然处于正常运行状态，每天可完成一次对全北极的覆盖观测。MODIS的1 ~ 7，31和32波段常被用于冰冻圈遥感观测，1和2波段分辨率为250 m，3 ~ 7波段分辨率为500 m，31和32波段分辨率为1 km（表1.4）。MODIS具有AVHRR等所没有的可见光、近红外和热红外校准器，因此，可以测量冰雪地表的辐射强度。相对于AVHRR，MODIS可以获取更高分辨率的数据，且具有很大的幅宽（2 230 km），因此已被广泛地应用于极地海冰的观测研究中，基于MODIS数据已生产了海冰范围、海冰表面温度和冰间水道等产品，有关其海冰产品的描述可见https://nsidc.org/data/modis/data_summaries#sea-ice。

表1. 4 MODIS 1 ~ 7, 31和32波段特征描述

| 波段 | 光谱范围 / μm | 分辨率 / m | 主要用途 |
|---|---|---|---|
| 1 | 0.62 ~ 0.67 | 250 | 陆地/云边界 |
| 2 | 0.841 ~ 0.876 | 250 | 陆地/云边界 |
| 3 | 0.459 ~ 0.479 | 500 | 陆地/云性质 |
| 4 | 0.545 ~ 0.565 | 500 | 陆地/云性质 |
| 5 | 1.23 ~ 1.25 | 500 | 陆地/云性质 |
| 6 | 1.628 ~ 1.652 | 500 | 陆地/云性质 |
| 7 | 2.105 ~ 2.155 | 500 | 陆地/云性质 |
| 31 | 10.78 ~ 11.28 | 1 000 | 表面/云温度 |
| 32 | 11.77 ~ 12.27 | 1 000 | 表面/云温度 |

可见光/红外成像辐射仪（VIIRS）是美国国家极轨业务环境卫星系统（National Polar-orbiting Operational Environmental Satellite System）框架下发展的新型可见光/红外传感器。VIIRS包含了从可见光到近红外共22个通道（表1.5），其中有6个通道分辨率为375 m，16个通道分辨率为750 m，影像幅宽为3 000 km，可以实现对全球地表一天两次的观测。目前已有4个VIIRS传感器发射，其中美国国防气象卫星系统（Defense Weather Satellite System, DWSS）中的DWSS-1和DWSS-2卫星分别携带了VIIRS，由于这两颗卫星隶属于美国国防部，因此数据不对外公开。联合极地卫星系统（Joint Polar Satellite System, JPSS）中的SNPP和NOAA-20卫星也携带了VIIRS传感器，分别于2011年和2017年发射，目前两颗卫星都处于正常运行状态。JPSS系列后续卫星JPSS-2/3/4也将携带VIIRS传感器，该系列卫星计划工作至2038年。VIIRS很好地延续了MODIS对地观测任务，NSIDC以基于VIIRS可见光和红外数据生产发布了冰雪数据产品，并且针对算法进行了专门的设计，使其产品能够跟MODIS的冰雪产品有很好的兼容性，进一步延长极地冰雪数据产品时间序列。

表1.5　VIIRS波段参数

| 中心波长 / nm | 带宽 / nm | 分辨率 / m | 中心波长 / μm | 带宽 / μm | 分辨率 / m |
|---|---|---|---|---|---|
| 412 | 20 | 750 | 3.70 | 0.18 | 750 |
| 445 | 18 | 750 | 4.05 | 0.155 | 750 |
| 488 | 20 | 750 | 8.55 | 0.30 | 750 |
| 555 | 20 | 750 | 10.763 | 1.00 | 750 |
| 672 | 20 | 750 | 12.013 | 0.95 | 750 |
| 746 | 15 | 750 | 0.7 | 0.5 ~ 0.9 | 375 |
| 865 | 39 | 750 | 0.64 | 0.60 ~ 0.68 | 375 |
| 1 240 | 20 | 750 | 0.865 | 0.845 ~ 0.884 | 375 |
| 1 378 | 15 | 750 | 1.61 | 1.58 ~ 1.64 | 375 |
| 1 610 | 60 | 750 | 3.74 | 3.55 ~ 3.93 | 375 |
| 2 250 | 50 | 750 | 11.45 | 10.5 ~ 12.4 | 375 |

### 1.4.2　被动微波辐射计

被动微波辐射计用来测量地面或大气的微波辐射。相对于可见光/红外传感器，被动微波辐射计不受云和光照条件的限制，因此被广泛地应用于北极海冰的观测研究中。1972年首次发射了用于冰川观测的电子扫描微波辐射计（ESMR），它也被成功地应用于南北极海冰范围的时间序列观测中。1978—1987年，Nimbus卫星携带的多通道微波扫描辐射计（SMMR）替代了单通道的ESMR，提供了5个频率双极化的观测数据。1987年起搭载在DMSP的系列卫星F-08、F-10至F-15上的SSM/I和F-16至F-19上的SSMIS提供了自1987年至今的北极逐日的海冰观测数据。搭载在Aqua卫星上的AMSR-E于2002年发射，它具备获取更高分辨率数据的能力，其后继者AMSR2于2012年搭载在GCOM-W卫星上成功发射，为北极海冰观测提供了将近20年的高分辨率微波辐射计数据（表1.6）。

表1.6 常用于海冰观测的星载微波辐射计

| 传感器 | 频率 / GHz | 分辨率 / km | 幅宽 / km | 入射角 /(°) | 工作时间 | 极化方式 |
|---|---|---|---|---|---|---|
| ESMR | 19.4 | 25 ~ 150 | 1 280 | 0 ~ 50 | 1972—1976年 | H |
| SMMR | 6.6, 10.7, 18.0, 21.0, 37.0 | 30 ~ 150 | 780 | 50 | 1978—1987年 | H,V |
| SSM/I | 19.35,22.235,37.0,85.5 | 15 ~ 50 | 1 400 | 53 | 1987—2009年 | H,VV (22.235 GHz) |
| SSMIS | 19.35,22.235,37.0,50.3,52.8,53.596,54.4,55.5,57.29,59.4,60.79+,91.655,150,183.31+ | 15 ~ 50 | 1 707 | 53 | 2003年至今 | H,VV (22.235 GHz) |
| AMSR-E | 6.925,10.65,18.7,23.8,36.5,89 | 5 ~ 50 | 1 450 | 55 | 2002—2011年 | H,V |
| AMSR2 | 6.925,7.3,10.65,18.7,23.8,36.5,89 | 5 ~ 50 | 1 450 | 55 | 2012年至今 | H,V |

## 1.4.3 主动微波散射计

散射计是另一种采用微波进行工作的传感器，它通过主动发射微波信号，测量地物的反射和散射信号实现对地表的观测。尽管最早的星载散射计已于1978年就由NASA发射升空，但北极海冰的连续长时间序列散射计数据集开始于1991年ERS-1卫星的发射，ERS-1/2卫星搭载了C波段的微波散射计。随后，QuikSCAT、OSCAT、ASCAT等星载散射计也都相继发射，它们都采用C波段或Ku波段。具体参数见表1.7。

表1.7 常用于海冰观测的星载微波散射计

| 传感器 | 卫星平台 | 频率 / GHz | 分辨率 / km | 幅宽 / km | 入射角 / (°) | 工作时间 | 极化方式 |
|---|---|---|---|---|---|---|---|
| AMI-SCAT | ERS-1/2 | 5.3 | 50 | 500 | 18 ~ 59 | 1991—2011年 | V |
| SeaWinds | QuikSCAT | 13.4 | 25 × 6 | 1 800 | 46 ~ 54 | 1999—2009年 | H, V |
| OSCAT | OceanSat-2, ScatSat-1 | 13.5 | 50 | 1 440 | 49 ~ 58 | 2009年至今 | H, V |
| ASCAT | Metop-A/B/C | 5.3 | 50 | 550（双列） | 25 ~ 65 | 2006年至今 | V |

### 1.4.4 合成孔径雷达

无论是微波辐射计还是微波散射计，都存在分辨率相对较低的问题，而SAR则很好地解决了这个问题。1991年欧洲航天局发射了第一颗搭载了C波段SAR的欧洲遥感卫星ERS-1后，SAR就成为了探测海冰的有力工具。典型的代表有欧洲航天局的ERS-1/2、Envisat ASAR、Sentinel-1A/B，加拿大的RADARSAT-1/2，JAXA的ALOS PLASAR、JERS-1等（表1.8）。

表1.8 常用于海冰观测的星载SAR

| 平台 | 频率 / GHz | 分辨率 / m | 幅宽 / km | 入射角 / (°) | 时间 | 极化方式 |
|---|---|---|---|---|---|---|
| ERS-1 | 5.3 | 30 | 100 | 20 ~ 26 | 1991—1995年 | VV |
| ERS-2 | 5.3 | 30 | 100 | 20 ~ 26 | 1995—2011年 | VV |
| RADARSAT-1 | 5.3 | 10 ~ 100 | 20 ~ 500 | 20 ~ 49 | 1995—2012年 | HH |
| Envisat | 5.3 | 30 ~ 1 000 | 100 ~ 400 | 15 ~ 45 | 2002—2012年 | VV, HH, VH, HV |
| RADARSAT-2 | 5.4 | 3 ~ 100 | 20 ~ 500 | 10 ~ 60 | 2003年至今 | 全极化 |
| Sentinel-1A | 5.405 | 4 ~ 80 | 80 ~ 400 | 15 ~ 45 | 2014年至今 | 全极化 |
| Sentinel-1B | 5.405 | 4 ~ 80 | 80 ~ 400 | 15 ~ 45 | 2016年至今 | 全极化 |
| JERS-1 | 1.275(L) | 18 | 75 | 32 ~ 38 | 1992—1998年 | HH |
| TerraSAR-X | 9.65(X) | 1 ~ 16 | 10 ~ 100 | 15 ~ 60 | 2007年至今 | 全极化 |
| ALOS | 1.27(L) | 7 ~ 100 | 40 ~ 350 | 10 ~ 51 | 2006—2011年 | 全极化 |
| ALOS-2 | 1.27(L) | 1 ~ 100 | 25 ~ 350 | 8 ~ 70 | 2014年至今 | 全极化 |
| COSMO-Skymed | 9.60(X) | 1 ~ 100 | 10 ~ 200 | 20 ~ 50 | 2007年至今，4颗卫星同时运行 | 双极化 |

### 1.4.5 卫星高度计

卫星高度计是主动式的，它向地面发射微波脉冲或激光脉冲，然后测量脉冲从卫星到地面，再由地面返回的总时间。早在20世纪60年代初期就提出了利用主动测距方法绘制冰盖高度的设想，但直到1978年发射了Seasat卫星，该设想才得到了验证，Seasat卫星只能覆盖到72°N以南的区域，因此对北极海冰的观测数据并不多。欧洲航天局ERS-1/2卫星上携带了Ku波段的雷达高度计，覆盖范围可到81.5°N，提供了时间连续性和空间覆盖范围更好的测高数据，被用于北极海冰厚度的测量，尽管得到的海冰厚度数据格点大小为100 km，但该技术标志着海冰厚度测量方面的一大进步。NASA发射的ICESat/GLAS激光高度计和ESA的CryoSat-2雷达高度计则针对海冰表面高程和冰厚测量进行了专门的设计。表1.9为常用于北极海冰观测的卫星高度计。

表1.9　常用于北极海冰观测的卫星高度计

| 卫星 | 性能 | 运行时间 | 覆盖范围/(°) |
|---|---|---|---|
| ERS-1 | Ku(13.8 GHz) | 1991—2000年 | ± 81.5 |
| ERS-2 | Ku(13.8 GHz) | 1995—2011年 | ± 81.5 |
| Envisat | S (3.2 GHz)<br>Ku (13.6 GHz) | 2002—2012年 | ± 81.5 |
| CryoSat-2 | Ku (13.56 GHz) | 2010年至今 | ± 82 |
| ICESat | 532 nm, 1 064 nm | 2003—2009年 | ± 86 |
| ICESat-2 | 532 nm | 2018年至今 | ± 86 |

# 参考文献

Andersen S, Tonboe R, Kaleschke L, et al., 2007. Intercomparison of passive microwave sea ice concentration retrievals over the high-concentration Arctic sea ice[J]. Journal of Geophysical Research, 112: C08004.

Anderson H S, Long D G, 2005. Sea ice mapping method for SeaWinds[J]. IEEE Transactions on Geoscience and Remote Sensing, 43(3): 647−657.

Askne J, Carlstrom A, Dierking W, et al., 1994. ERS-1 SAR backscatter modeling and interpretation of sea ice signatures, in Geoscience and Remote Sensing Symposium[C]. International Geoscience & Remote Sensing Symposium. IEEE.

Bliss A C, Anderson M R, 2014a. Daily area of snow melt onset on Arctic sea ice from passive microwave satellite observations 1979−2012[J]. Remote Sensing, 6(11): 11283−11314.

Bliss A C, Anderson M R, 2014b. Snowmelt onset over Arctic sea ice from passive microwave satellite data: 1979−2012[J]. The Cryosphere, 8(3): 3037−3055.

Bröhan D, Kaleschke L, 2014. A nine-year climatology of Arctic sea ice lead orientation and frequency from AMSR-E[J]. Remote Sensing, 6(2):1451−1475.

Carsey F D, Holt B, 1987. Beaufort-Chukchi ice margin data from Seasat: Ice motion[J]. Journal of Geophysical Research, 92(C7): 7163−7172.

Cavalieri D J, Gloersen P, Campbell W J, 1984. Determination of sea ice parameters with the NIMBUS 7 SMMR[J]. Journal of Geophysical Research, 89(D4): 5355−5369.

Cavalieri D J, Markus T, Ivanoff A, et al., 2011. AMSR-E/Aqua daily L3 6.25 km sea ice drift polar grids, Version 1[DB/OL]. https://cmr.earthdata.nasa.gov/search/concepts/C186290274-NSIDC_ECS.html.

Cavalieri D J, Parkinson C L, 2012. Arctic sea ice variability and trends, 1979−2010[J]. The Cryosphere, 6(4): 881−889.

Comiso J C, 1986. Characteristics of Arctic winter sea ice from satellite multispectral microwave observations[J]. Journal of Geophysical Research, 91(C1): 975−994.

Dammert B G, Lepparanta M L, 1998. SAR interferometry over Baltic Sea ice[J]. International Journal of Remote Sensing, 19(16): 3019−3037.

Dierking W, Busche T, 2006. Sea ice monitoring by L-band SAR: An assessment based on literature and comparisons of JERS-1 and ERS-1 imagery[J]. IEEE Transactions on Geoscience and Remote Sensing, 44(2): 957−970.

Dierking W, Pedersen T, 2012. Monitoring sea ice using ENVISAT ASAR−a new era starting 10 years ago[C]. IEEE International Geoscience and Remote Sensing Symposium. IEEE.

Drinkwater M R, Kwok R, Winebrenner D P, et al., 1991. Multifrequency polarimetric synthetic aperture radar observations of sea ice[J]. Journal of Geophysical Research, 96(C11): 20679−20698.

Drinkwater M R, Liu X, 2000. Seasonal to interannual variability in Antarctic sea ice surface melt[J]. IEEE Transactions on Geoscience and Remote Sensing, 38(4): 1827−1842.

Drobot S, Anderson M, 2001. Comparison of interannual snowmelt onset dates with atmospheric conditions[J]. Annals of Glaciology, 33(1): 79−84.

Early D S, Long D G, 2001. Image reconstruction and enhanced resolution imaging from irregular samples[J]. IEEE Transactions on Geoscience and Remote Sensing, 39(2): 291−302.

Emery W J, Fowler C W, Hawkins J, et al., 1991. Fram Strait satellite image-derived ice motion[J]. Journal of Geophysical Research, 96(C3): 4751−4768.

Eriksson L E B, Borenäs K, Dierking W, et al., 2010. Evaluation of new spaceborne SAR sensors for sea-ice monitoring in the Baltic Sea[J]. Canadian Journal of Remote Sensing, 36(S1): S56−S73.

Ezraty R, Cavanie A, 1999. Construction and evaluation of 12.5-km grid NSCAT backscatter maps over Arctic sea ice[J]. IEEE Transactions on Geoscience and Remote Sensing, 37(3): 1685−1697.

Fetterer F, Gineris D, Kwok R, 1994. Sea ice type maps from Alaska Synthetic Aperture Radar Facility imagery: An assessment[J]. Journal of Geophysical Research, 99(C11): 22443−22458.

Fetterer F, Wilds S, Sloan J, 2008. Arctic sea ice melt pond statistics and maps, 1999−2001[DB/OL]. http://nsidc.org/data/g02159.html.

Fily M, Rothrock D A, 1987. Sea ice tracking by nested correlations[J]. IEEE Transactions on Geoscience and Remote Sensing, GE-25(5): 570−580.

Girard-Ardhuin F, Ezraty R, Croizé-Fillon D, 2008. Arctic and Antarctic sea ice concentration and sea ice drift satellite products at Ifremer/CERSAT[J]. Mercator-Ocean Quarterly Newsletter(1): 31−39.

Gloersen P, Campbell W J, Cavalieri D J, et al., 1993. Satellite passive microwave observations and analysis of Arctic and Antarctic sea ice, 1978−1987[J]. Annals of Glaciology, 17: 149−154.

Hall D K, Key J, Casey K A, et al., 2004. Sea ice surface temperature product from the Moderate Resolution Imaging Spectroradiometer (MODIS)[J]. IEEE Transactions on Geoscience and Remote Sensing, 42(5): 1076−1087.

Hall D K, Nghiem S V, Rigor I G, et al., 2015. Uncertainties of temperature measurements on snow-covered land and sea ice from in situ and MODIS data during BROMEX[J]. Journal of Applied Meteorology and Climatology, 54(5): 966−978.

Hall D K, Riggs G A, 2015. MODIS/Aqua sea ice extent and IST daily L3 global 4 km EASE-grid day v005[DB/OL]. https://cmr.earthdata.nasa.gov/search/concepts/C115003861-NSIDC_ECS.html.

Hall R T, Rothrock D A, 1981. Sea ice displacement from seasat synthetic aperture radar[J]. Journal of Geophysical Research, 86(C11): 11078−11082.

Hollinger J P, Lo R, Poe G A, et al., 1987. SMMI Users Guide[S]. Washington DC: Naval Research Laboratory.

Hollinger J P, Peirce J L, Poe G A, 1990. SSM/I instrument evaluation[J]. IEEE Transactions on Geoscience and Remote Sensing, 28(5): 781−790.

Kaleschke L, Kern S, 2002. ERS-2 SAR image analysis for sea ice classification in the marginal ice zone[C]. IEEE International Geoscience and Remote Sensing Symposium. Toronto, Ontario, Canada, doi:10.1109/IGARSS.2002.1026862.

Key J, Collins J, Fowler C, et al., 1997. High-latitude surface temperature estimates from thermal satellite data[J]. Remote Sensing of Environment, 61(2): 302−309.

Key J R, Wang X, Stoeve J C, et al., 2001. Estimating the cloudy-sky albedo of sea ice and snow from space[J]. Journal of Geophysical Research, 106(D12): 12489−12497.

Kwok R, Baltzer T, 1995. The geophysical processor system at the Alaska-SAR-facility[J]. Photogramm Engd Remote Sensing, 61(12): 1445−1453.

Kwok R, Cunningham G F, Nghiem S V, 2003. A study of melt onset in RADARSAT SAR imagery[J]. Journal of Geophysical Research, 108(C11): 3363.

Kwok R, Curlander J C, Ross M, et al., 1990. An ice-motion tracking system at the Alaska SAR facility[J]. IEEE Journal of Oceanic Engineering, 15(1): 44−54.

Lindsay R W, Rothrock D A, 1994. Arctic sea ice albedo from AVHRR[J]. Journal of Climate, 7(11): 1737−1749.

Lindsay R, Schweiger A, 2015. Arctic sea ice thickness loss determined using subsurface, aircraft, and satellite observations[J]. The Cryosphere, 9(1): 269−283.

Liu A K, Cavalieri D J, 1998. On sea ice drift fromthe wavelet analysis of the Defense Meteorological

Satellite Program (DMSP) Special Sensor Microwave Imager (SSM/I) data[J]. International Journal of Remote Sensing, 19(7): 1415−1423.

Liu Z, Zhao Y, Song X, 2004. A simplified surface albedo inverse model with MODIS data[J]. Remote Sensing Technology and Application, 19(6): 508−511.

Livingstone C E, Sikaneta I, Gierull C, et al., 2008. RADARSAT-2 system and mode description[C]. Integration of Space-Based Assets within Full Spectrum Operations, Neuilly-sur-Seine, France: RTO: 15-1−15-22.

Lüpkes C, Vihma T, Birnbaum G, et al., 2008. Influence of leads in sea ice on the temperature of the atmospheric boundary layer during polar night[J]. Geophysical Research Letter, 35(3): L03805.

Markus T, Stroeve J C, Miller J, 2009. Recent changes in Arctic sea ice melt onset, freeze-up, and melt season length[J]. Journal of Geophysical Research, 114(C12): C12024.

Martin T, Augstein E, 2000. Large-scale drift of Arctic sea ice retrieved from passive microwave satellite data[J]. Journal of Geophysical Research, 105(C4): 8775−8788.

Morris K, Jeffries M O, Li S, 2013. Sea ice characteristics and seasonal variability of Ers-1 Sar backscatter in the Bellingshausen Sea[M]. Antarctic Sea Ice: Physical Processes, Interactions and Variability. American Geophysical Union (AGU).

Pan J, Yan X H, Zheng Q, et al., 2003. Interpretation of scatterometer ocean surface wind vector EOFs over the Northwestern Pacific[J]. Remote Sensing of Environment, 84(1): 53−68.

Parkinson C L, Cavalieri D J, 2012. Antarctic sea ice variability and trends, 1979−2010[J]. The Cryosphere, 6(4): 871−880.

Parkinson C L, DiGirolamo N E, 2016. New visualizations highlight new information on the contrasting Arctic and Antarctic sea-ice trends since the late 1970s[J]. Remote Sensing of Environment, 183: 198−204.

Perovich D K, Nghiem S V, Markus Thorsten, et al., 2007. Seasonal evolution and interannual variability of the local solar energy absorbed by the Arctic sea ice-ocean system[J]. Journal of Geophysical Research, 112: C03005.

Rösel A, Kaleschke L, Birnbaum G, 2012. Melt ponds on Arctic sea ice determined from MODIS satellite data using an artificial neural network[J]. The Cryosphere, 6(2): 431−446.

Ramsey E W, Nelson G A, Sapkota S K, 1998. Classifying coastal resources by integrating optical and radar imagery and color infrared photography[J]. Mangroves and Salt Marshes, 2(2): 109−119.

Scambos T A, Haran T M, Massom R, 2006. Validation of AVHRR and MODIS ice surface temperature products using in situ radiometers[J]. Annals of Glaciology, 44(1): 345−351.

Scheuchi B, Flett D, Caves R, et al., 2004. Potential of RADARSAT-2 data for operational sea ice monitoring[J]. Canadian Journal of Remote Sensing, 30(3): 448−461.

Serreze M C, Barrett A P, Stroeve J C, et al., 2009. The emergence of surface-based Arctic amplification[J].

The Cryosphere, 33(1): 11−19.

Shokr M E, Ransay B, Falkinghan J C, 1996. Operational use of ERS-1 SAR images in the Canadian ice monitoring programme[J]. International Journal of Remote Sensing, 17(4): 667−682.

Shokr M E, Sinha N K, 1994. Arctic sea ice microstructure observations relevant to microwave scattering[J]. Arctic, 47(3): 265−279.

Smith D M, 1998. Observation of perennial Arctic sea ice melt and freeze-up using passive microwave data[J]. Journal of Geophysical Research, 103(C12): 27753−27769.

Smith D M, Barrett E C, Scott J C, 1995. Sea-ice type classification from ERS-1 SAR data based on grey level and texture information[J]. Polar Record, 31(177): 135−146.

Spreen G, Kern S, Stammer D, et al., 2006. Satellite-based estimates of sea ice volume flux through Fram Strait[J]. Annals of Glaciology, 44(1): 321−328.

Steffen K, Schweiger A J, 1991. NASA team algorithm for sea ice concentration retrieval from defense meteorological satellite program special sensor microwave imager: Comparison with Landsat satellite imagery[J]. Journal of Geophysical Research, 96(C12): 21971−21987.

Svendsen E, Kloster K, Farrelly B, et al., 1983. Norwegian remote sensing experiment: Evaluation of the Nimbus 7 scanning multichannel microwave radiometer for sea ice research[J]. Journal of Geophysical Research, 88(C5): 2781−2791.

Thomas D R, 1993. Arctic sea ice signatures for passive microwave algorithms[J]. Journal of Geophysical Research, 98(C6): 10037−10052.

Tschudi M, Fowler C, Maslanik J, et al., 2016. EASE-Grid Sea Ice Age, Version 3[DB/OL]. https://nsidc.org/data/nsidc-0611/versions/3.

Tschudi M A, Maslanik J A, Perovich D K, 2008. Derivation of melt pond coverage on Arctic sea ice using MODIS observations[J]. Remote Sensing of Environment, 112(5): 2605−2614.

Tschudi M A, Meier W N, Stewart J S, 2019. An enhancement of sea ice motion and age products[J]. The Cryosphere Discussion, doi:10.5194/tc-2019−40.

Tschudi M, Riggs G, Hall D K, et al., 2017. VIIRS/NPP Ice Surface Temperature 6-Min L2 Swath 750 m, Version 1[DB/OL]. https://nsidc.org/data/VNP30/versions/1.

Ulander L M H, Carlstrom A, 1993. ERS-1 SAR backscatter from Nilas and young ice during freeze-up[J]. Advances in Remote Sensing, 3(2): XII

Willmes S, Heinemann G, 2015. Pan-Arctic lead detection from MODIS thermal infrared imagery[J]. Annals of Glaciology, 56(69): 29−37.

Yi D, Zwally H J, 2009. Arctic Sea Ice Freeboard and Thickness, Version 1[DB/OL]. https://nsidc.org/data/NSIDC-0393/versions/1.

Zhang Y, Cheng X, Liu J, et al., 2018. The potential of sea ice leads as a predictor for summer Arctic sea ice extent[J]. The Cryosphere, 12(12): 3747−3757.

Zhang J, Thomas D R, Rothrock D A, et al., 2003. Assimilation of ice motion observations and comparisons with submarine ice thickness data[J]. Journal of Geophysical Research, 108(C6): 3170.

Zhao Y, Liu A K, 2007. Arctic sea-ice motion and its relation to pressure field[J]. Journal of Oceanography, 63(3): 505−515.

Zwally H J, Comiso J C, Parkinson C L, et al., 1985. Antarctic sea ice, 1973−1976: Satellite passive-microwave observation[R]. Technical Report. NASA Goddard Space Flight Center; Greenbelt, MD, United States, Washington, United States.

# 第2章 海冰遥感原理

## 2.1 海冰物理特性

海洋表面海水冻结产生的冰称为海冰，海冰表面降水再冻结也成为海冰的一部分。海冰覆盖了约7%的地球表面，占全球海洋面积的10%。海冰常年存在的多年海冰区，主要包括北冰洋的中央和南极洲的小部分（主要位于西威德尔海）。只在冬季出现海冰的区域称为季节性海冰区，该区可延伸至平均纬线60°的位置。世界上大部分的海冰集中在两极地区。在南半球，海冰主要分布在南极大陆周围的南大洋。南大洋海冰覆盖呈环状，以南极洲为中心横跨60°～70°S，一般在每年9月南极海冰面积达到最大值，被海冰覆盖的海洋面积可达$2 \times 10^7$ km$^2$。在北半球，海冰主要分布在北冰洋及相邻海域，以及其他冬季寒冷的海域和海湾，如鄂霍次克海、白令海、巴芬湾和哈得孙湾等。纬度最低的海冰分布区为黄海和渤海，分布于37°～41°N。

覆盖于海洋表面的海冰是气候系统的重要组成部分，影响着海表反照率，阻止了海洋的热损失，是大气与海洋间水气交换（如水汽、二氧化碳）的屏障；海冰生长过程中的析盐作用改变了海洋的密度结构，进而影响了海洋的水循环；海冰也是极地生态系统的主要组成部分，各层级动植物生长都与海冰密切相关。对于人类活动来说，海冰是北极变化的“指示器”，准确的海冰覆盖信息对于北极环境与气候变化认知、极地航行安全保障等方面具有重要作用（李晓明和张强，2019）。

### 2.1.1 海冰发育过程

#### 2.1.1.1 海冰类型

当前海冰类别划分主要采用基于海冰年龄（或者厚度）的分类准则，这一分类标准也和世界气象组织（World Meteorological Organization, WMO）采用的海冰分类准则相同。目前，应用最广泛的是WMO海冰观测手册中海冰的分类。根据海冰的生长阶段可以

---

本章作者：惠凤鸣[1,2]，于亦宁[1,2]，李新情[1,2]

1. 中山大学 测绘科学与技术学院，广东 珠海 519082；

2. 北京师范大学 全球变化与地球系统科学研究院 遥感科学国家重点实验室，北京 100875

将海冰共分为5大类：新冰、尼罗冰、初冰、一年冰和老冰（表2.1）。

表2.1 世界气象组织海冰分类表

| 大类 | 类别名称 | 大类 | 类别名称 |
|---|---|---|---|
| 新冰（New Ice） | 针状冰（Frazil Ice） | 一年冰（First Year Ice） | 薄一年冰（Thin First Year Ice） |
| | 脂状冰（Grease Ice） | | 中等厚度一年冰（Medium First Year Ice） |
| | 雪泥（Slush） | 老冰（Old Ice） | 厚一年冰（Thick First Year Ice） |
| | 海绵状冰（Shuga） | | 剩余一年冰（Residual First Year Ice） |
| 尼罗冰（Nilas） | 暗尼罗冰（Dark Nilas） | | 两年冰（Second-Year Ice） |
| | 明尼罗冰（Light Nilas） | | |
| 初冰（Young Ice） | 灰冰（Grey Ice） | | 多年冰（Multi-Year Ice） |
| | 灰白冰（Grey-White Ice） | | |

#### 2.1.1.2 海冰形成与生长

海冰开始冻结时，其表层水中混有分散的冰晶、冰针和冰片，它们没有固定的形状。因海冰形成时的海况与天气状况（如海面平静，有扰动，降雪等）不同，新冰有多种形式。新冰又可分为针状冰、脂状冰、雪泥和海绵状冰。针状冰是海冰形成的初始阶段，为悬浮于水中细小的针状或盘状冰，使海洋出现“汤状”表层。之后在海洋波浪的动力作用下，开阔水域中新形成的冰晶可到达数米深的水层。针状冰聚结形成脂状冰，脂状冰颜色较浅，它的出现使海面像披上一层毯子。雪泥是由降雪形成的海冰，由于受到海洋水流作用影响，会导致部分海冰黏结在水下物体上而形成锚冰。海绵状冰是在有扰动的水面上形成的，为数厘米大小的白色海绵状海冰团，一般由脂状冰或者雪泥形成，也可由锚冰上浮到水面形成。在风和浪的作用下海绵状冰容易在主风方向上呈线状排列，形成冰带。

尼罗冰是由针状冰、脂状冰和海绵状冰等凝固形成的弹性薄层，表面无光泽，在涌浪的作用下容易产生“指状”重叠现象。它又可以分为暗尼罗冰（厚度一般在0 ~ 5 cm）和明尼罗冰（厚度一般在5 ~ 10 cm）。如图2.1所示，为北极巴芬湾附近的尼罗冰，可以看到尼罗冰在洋流、风等外力作用下易弯曲、易折碎成方形的片状冰块。在海冰有较小波浪作用时，冰晶或片状冰积聚时会伴随风无规则的摇摆溅水冻结，周边会向冰表面以上发育，从而形成边缘上卷、相互黏结的荷叶冰或者饼冰。

图2.1 巴芬湾附近的尼罗冰
照片由Mila Zinkova拍摄于2007年

持续低温也会在海冰底部和边缘引起进一步的冰凝结，这使海冰加厚并改变颜色。当海冰厚度在10～30 cm时称为初冰。初冰可分为灰冰和灰白冰。灰冰的厚度在10～15 cm，其弹性比尼罗冰差，在浪涌的作用下，灰冰更容易发生断裂，也容易出现成筏现象。灰白冰的厚度一般为15～30 cm，在压力的作用下更加容易出现成脊现象，而非成筏。

只经历了一个冬季生长期的海冰称为一年冰，一年冰由初冰发展而成，无变形的一年冰厚度在30～200 cm，发生动力变形的一年冰厚度可达到2 m以上。至少经历一个融冰季节的海冰称为老冰，老冰的盐分比一年冰低，表面经历了更多的风化作用。老冰又分为两年冰和多年冰，两年冰是指经历了一个融冰季节的冰，多年冰是指至少经过两个夏季而未融化的冰。

多年冰厚度比较大，通常情况下呈现为蓝色，多年冰的盐度比一年冰要低得多，且含有比一年冰更多的、尺寸更大的气泡。一年冰呈现平整、成脊或粗糙的瓦砾形状的表面，随着冰龄的增长，当浮冰块在风力和洋流的作用下相互碰撞产生形变，冰体变厚且更不平整，因此，多年冰表面通常具有波动的形状，呈现交替的小丘与洼地的形式。一年冰和多年冰之间的另一个显著差异体现在它们的厚度上。海冰通过在冰水界面处的积聚而生长。因此，在较老的冰层下面总有一层新生长的冰层。虽然冰厚度是区分多年冰和一年冰的参数之一，但是两种类型之间存在厚度重叠（Shokr and Sinha, 2015）。在北极的多年冰厚度是标称3 m或以上，而一年冰的最大厚度为2.5 m。受地理条件影响，北极多年冰的比例比南极的更高。北冰洋由环北极大陆包围，在北极中心区形成的海冰由波弗特海环流系统驱动可能在盆地中盘旋7 ~ 10年，然后向南漂流。相比之下，南大洋受洋流和大气环流驱动，从大约70°S的海岸向北自由漂移到更温暖的开阔水域，在那里海冰会发生融化。因此，南极海冰是高度季节性的，冬季达到的最大面积是夏季最小面积的6倍，与北极的季节性冰相比，厚度相对较小。

除了低温环境中海冰在热力学作用下发育成不同类型，动力学过程也是海冰类型和形态发生改变的重要因素。通常海冰在不同尺度上经历着复杂永久运动的主要驱动力包括：风力、洋流、冰内部应力、地球自转偏向力、海面倾斜和潮汐力。根据动态区别，还可以将海冰分为固定冰（Fast Ice）和浮冰（Drift Ice或Pack Ice）两类。前者不随洋流和大气风场移动，而后者则受到洋流和海表风场强迫影响。固定冰是指沿着海岸、冰壁、冰川前、浅滩或搁浅的冰山之间生成的海冰。固定冰可以在原地由海水冻结而成，也可以由不同冰龄的浮冰群冻结形成。固定冰可从岸边向海中延伸数米到数百千米。浮冰是指海冰形成后，在风、海水、潮流及潮汐的作用下发生破碎，形成大小不一的碎块。根据浮冰的大小，浮冰可以分为碎浮冰（Brash）、饼冰（Pancake）、块冰（Ice Cake）、小浮冰（Small Floe）、中浮冰（Medium Floe）、大浮冰（Big Floe）和巨型浮冰（Vast Ice）。

#### 2.1.1.3 海冰融化

海冰的融化有很强的季节性特征，对于一年冰，其在第二年的夏季将全部融化。第二年夏季没有融化的海冰，将成为两年冰，以至发展成多年冰。即使海冰在夏季没有全部融化，其厚度也会大幅度减小。图2.2为海冰融化与热量收支示意图，如图所示海冰融化方式包括海冰上、下表面融化、侧向融化和内部融化。

1）海冰的上表面融化

海冰的上表面融化主要是上表面接受的太阳辐射能直接作用于海冰所导致。到达冰面的太阳辐射能只有波长较短（400 ~ 550 nm）的光能够进入海冰内部，用来升高海冰的温度，而波长较长的光在上表面很薄的冰层中被全部吸收，辐射能转化为热能，并通过海冰的热传导进入海冰内部。当太阳辐射能强度超出海冰热传导通量后，剩余的热量使海冰表面升温，进而引起上表面的海冰开始融化。

2）海冰的下表面融化

海冰的下表面融化主要取决于海洋中可用的热量。来自其他海域较暖的水平水流所携带的热量往往非常巨大，大部分平流而至的暖水往往经历过无冰水域的太阳辐射加热，其热储量远大于冰下海水直接吸收的太阳辐射能。这部分海水进入冰下后会受到阻滞，流动的速度减缓，其热量直接向海冰释放，形成很大的海洋热通量，最大可达500 W/m$^2$，导致海冰底部快速融化，其融化速度甚至比上表面要大。另外，当有云层存在时，海冰上表面的辐射热通量会大幅度减小，而海冰底部来源相对稳定的海洋热通量则会导致下表面融化比上表面更快。

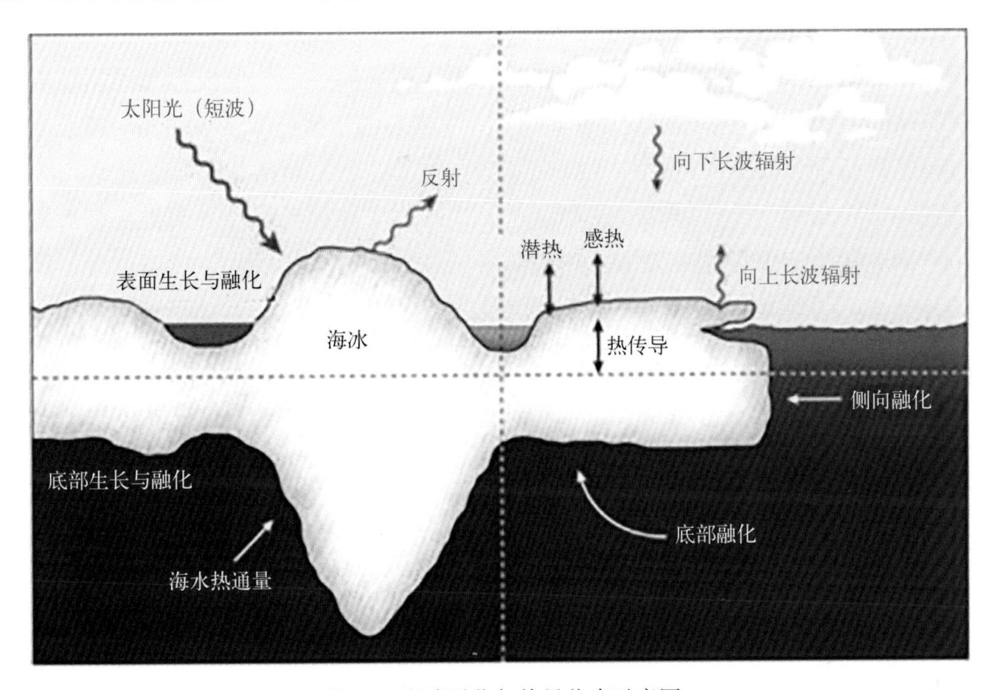


图2.2　海冰融化与热量收支示意图

3）海冰的侧向融化

夏季，大范围的流冰分裂成大大小小的冰块。对于同样面积的海冰，冰块越多，其与海水接触的面积就越大。海冰的侧向融化包括海水热通量导致的海冰侧向直接融化，海水渗透导致的海冰剥蚀，海冰之间相互碰撞导致的侧向粉碎，这些过程的机制不同，在观测中几乎无法区分各自的贡献。此外，侧向融化的速度取决于海水中的热含量，热含量越高，侧向融化速度将越大。已经有了一些观测获得了直接的侧向融化速度，也有一些关于侧向融化速度的理论研究成果和算法。所有的结果表明，在不同的季节、不同的海冰密集度、不同的区域，侧向融化速度都不一样。随着北极变暖和海冰衰退，侧向融化对海冰密集度的影响将越来越大。

4）海冰的内部融化

夏季，海水进入海冰内部的卤泡和气泡，使海冰成为充水体。水比冰有更强吸收太阳辐射能的能力，致使温度升高，使卤泡扩大，这就是海冰的内部融化。海冰内部的融化过程并不改变海冰的密集度和厚度，但改变了海冰的孔隙率，使海冰结构变得稀松，冰的力学强度减小更容易破碎，加速了海冰的融化。

### 2.1.2 海冰热力学性质

海冰是全球气候系统中的重要影响因子。为了提高海冰的数值模拟和预测精度，需要针对海冰热力学过程包括太阳短波辐射、气-冰界面的辐射传输、长波辐射以及冰内热力学过程等进行细致研究（刘煜和吴辉碇，2018）。一种材料的热学性质通常由几种参数来表征，如融（熔）点（融化时的温度）、比热容（或称为热容量）、相变潜热、导热率（或称为热导率、导热系数）、热扩散率（或称为热扩散系数、导温系数）等。海冰的各种热学参数随温度和压力不同而有所差异。就融点来说，纯冰在常压环境（1个大气压）下开始融化的温度为0℃；在2 200个大气压以下，冰的融点随压力的增大而降低，大约每升高130个大气压降低1℃；超过2 200个大气压后，冰的融点则随压力增加而升高。

在正常压力条件下，冰的相变潜热为常量，热扩散率由比热容、导热率和密度决定（与导热率成正比，与比热容和密度的乘积成反比）。许多实验已经基本明确了温度对冰的热学性质的影响：比热容随温度降低而减小，导热率则随着温度降低而增大。大量实验结果表明，比热容与温度大致呈线性关系，导热率与温度之间则为非线性关系。

如图2.3所示，海冰热力学涉及海水、海冰以及大气3个圈层，其过程主要包括：（1）海冰内部的热传导，穿透冰表面进入冰层内部的太阳短波辐射，冰内部的卤水相变；（2）冰气界面处湍流感热输送和潜热输送，海冰和大气间的有效长波辐射以及到达海冰上表面的太阳短波辐射；（3）海冰与海水间的湍流热交换（海洋热通量）以及冰水界面处相变时吸收或释放的潜热。

因此，海冰从吸收能力（增温）到发射能量（降温），存在着一个热储存和热释放的过程，这个过程不仅与其本身热力学性质有关，还与环境条件以及地表热状况等多因素有关。整个热过程存在着“滞后”效应，要定量表达这一过程，是相当复杂的。除了海冰本身的热过程（热吸收与热辐射）外，还与能量与质量的输送（感热交换与潜热交换）有关，这几种热交换过程交织在一起，很难加以分解和建立海冰与温度改变的定量关系。所以基于遥感手段感应地面物体发射辐射能差异的热红外遥感具有很高的复杂性，许多理论问题均未很好地解决，如地表热红外辐射及比辐射率的方向性问题、温度与比辐射率的分离问题。

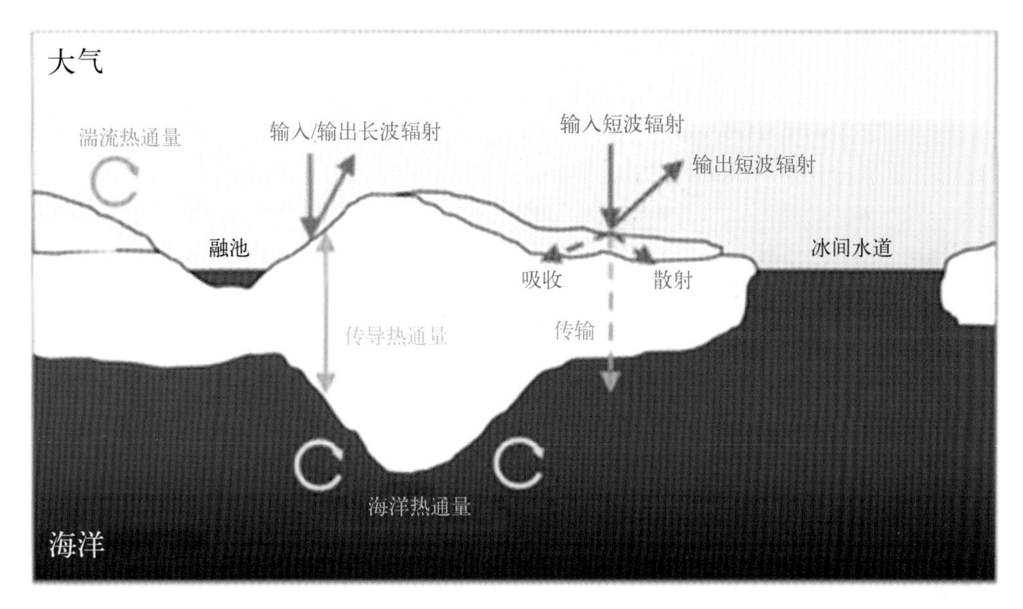


图2.3 海-冰-气热量收支过程示意图

### 2.1.3 海冰电学性质

海冰的电学性质主要为介电和导电性能，分别以介电常数（又称为电容率）和电导率来表征。

物体的介电常数（∈）描述物体表面电学性质，是由物质组成以及温度决定的，是温度、波长（频率）的函数。复介电常数是由表示介电常数的实部和表示能量损耗与衰减的虚部组成的复数常数。微波能量的损耗与衰减是材料电导率和电磁波波长的函数，波长越小，衰减越大。介电常数直接影响了物体对电磁能量的反射。介电常数越大，回波强度越强，雷达图像上色调越浅。在主动遥感中，所接收到的信号是目标的散射波，由于海冰的表面均匀程度不同，因此其散射过程往往同时存在面散射和体散射，对于面散射而言，散射强度正比于表面的复介电常数（Ulaby et al., 1981）；对于体散射而言，散射强度正比于介电常数的不连续性，散射的角方向性与介质的平均介电常数有关。在被动遥感中，所接收到的信号是目标的微波辐射强度。

由于海冰与其他物质的介电常数有明显差异，因此冰的介电常数是海冰雷达探测的理论基础。海冰目标的微波辐射能量的强弱首先与本身性质有关，还与目标的温度和表面状态、频率、极化、传播方向等因素有关。目标本身的性质具体由其介电常数体现。由于一般情况下都把海冰看成是由纯冰和盐水组成的混合物，因此，它的介电常数用纯冰和盐水的介电常数及它们的体积百分比表示（张德海 等, 1994）。海冰的高频介电常数和静态介电常数都随着温度降低而有所增加，但其变化率很难确定。尽管已经有许多实验研究，但得出的增大速率有所不同，因为海冰的晶体结构、密度、冰内杂质以及电场都会对海冰的介电常数产生影响。

海冰的电导率对于温度、电场、冰结构和冰内杂质等的差异非常敏感，特别是冰川冰内不同杂质成分的影响尤为突出，因而通过电导率测量判定杂质成分种类是冰川化学和冰芯研究的重要内容之一。对于纯冰来说，电导率除了具有随温度降低而减小的特点外，晶体结构的影响也非常重要。

## 2.1.4 海冰光学性质

### 2.1.4.1 反射率

反射是在两种具有不同折射率（光学遥感）及介电常数（微波遥感）的介质的界面上发生的过程。电磁波穿透界面时，一部分能量发生散射，而另一部分散射信号可能被散射回反射界面并折射通过，不同于表面反射，这种反射称为内部反射。任何地表反射率的观测值均为这两部分的和。这也解释了雪在可见光波段的高反射率，并不是因为其表面平整，而是因为其主要来自内部雪粒与空气之间的复合空间产生的内部反射。由于地球在可见光区域自身并不向外辐射能量，因此在可见光波段，地表物体对太阳光的反射率决定了地表的能见度。影响物体光谱反射率的因素除了波长外，还包括物质类别、组成、结构、入射角、物体的电学性质（电导、介电、磁学性质）及其表面特征（粗糙度、质地）等。因此，对于遥感应用而言，物体的反射性质是揭示目标本质的最有用的信息。

任一表面的反射特性是由其表面几何形态——粗糙度支配的，而表面粗糙度是相对于入射能的波长而言的，也就是依据表面几何形态与入射波长的比例关系而定的。当入射波到达物体表面时，其可能在远离入射方向的单个方向上发生反射或所有方向上发生散射。如果表面相对于波长而言非常平滑，则会发生镜面反射；如果表面十分粗糙则会发生散射，随着粗糙度的增加，散射会随之增加，这种反射叫漫反射。

反射率通常用两部分的和来表示：（1）黑空反照率（也被称为直射反照率，因方向-半球反射率导致）；（2）白空反照率（也被称为散射反照率）。前者表示照射在表面的直接辐射反射率，而后者表示在半球空间上散射辐射的反射率，但是会聚集在表面的同一点上。基于二向反射率分布函数（BRDF），对应一定光线入射方向，把观测方向的BRDF进行半球空间的积分，得到方向-半球反照率（黑空反照率），将黑空反照率在光线入射方向进行半球空间积分，可以得到双半球反照率（白空反照率）。

如图2.4所示，在可见光波段内洁净海冰的反射率范围为0.4 ~ 0.8，随波长的增大总体呈现先增加后减小的趋势，如果不含气泡和其他杂质，冰的透光性很好，但随着冰厚度的增加，冰体可能呈现蓝色或深绿色，是因为波长较短的蓝色光被部分吸收和散射，如同较深水体一样。绝大部分海冰都含有杂质和/或气泡，其透光性减弱。海冰的反射率也取决于其洁净程度，纯冰的反射率与冰晶结构、温度和波长有关。

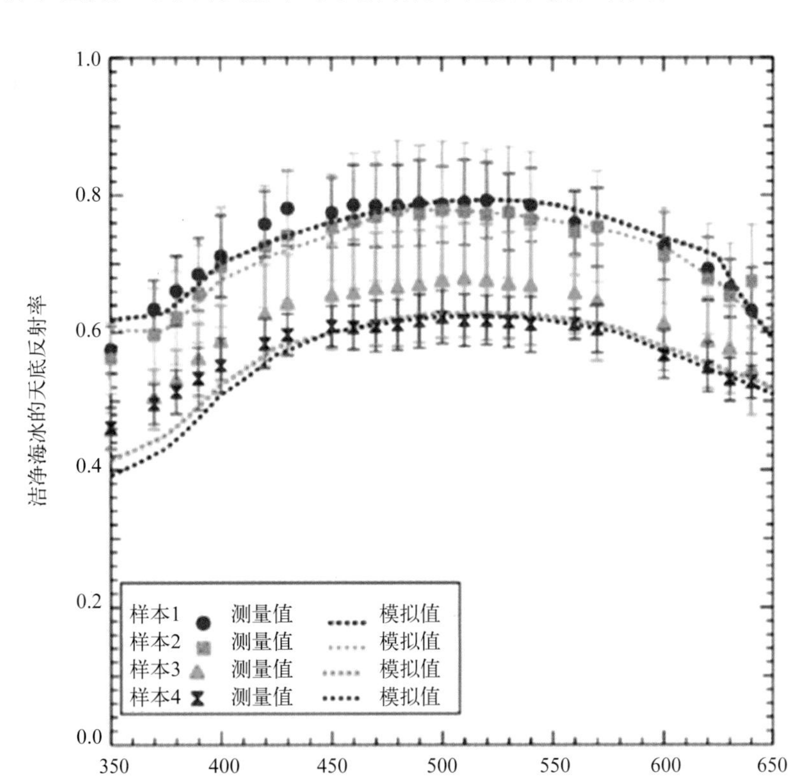


图2.4 海冰反射率模拟值与观测值示意图（Marks et al., 2017）

### 2.1.4.2 反照率

对于海冰来说，最受关注的是反照率。反照率与反射率之间的区别在于反射率是指物体对入射光线的反射能力，通常需要指定光线的波长和入射方向，因为同一物体对不同波长光线以不同方向入射的反射能力是不同的；反照率则是指对全波段光线半球方向的总反射能力，也就是反射率在全波段上的积分。在地球科学领域，又特别指某种物体（表面）对太阳辐射的反射能力，用反射辐射通量与入射辐射通量之比（用小数或百分数）表示。

雪/海冰—反照率反馈机制是导致极区增暖放大的一个重要原因（Struthers et al., 2011），北极海冰是全球气候系统的重要组成部分，在驱动北半球海冰—反照率反馈过程中起着核心作用。雪/海冰—反照率反馈机制形成的根本原因是海水和雪/海冰对太阳辐射的反射、吸收和透射上存在着巨大的区别（Light et al., 2004）。

如图2.5所示，雪/海冰具有很高的反照率（最高可达0.9），而开阔水域的反照率很低，通常为0.06左右。该反馈可以做如下描述：表面温度升高导致雪/海冰融化，海水面积增加，导致表面反照率下降，从而使得吸收的太阳辐射增加，造成更多的雪/海冰融化。海冰的表面反照率取决于几个关键因子，例如海冰类型（新冰、多年冰）、冰厚、盐泡和气泡以及表面粗糙度（Curry et al., 1996; Perovich et al., 2002; Perovich and Grenfell, 1981）。除了表面性质，海冰表面反照率也取决于太阳高度角和云量。云对入射太阳辐射的影响是改变其光谱分布，并改变入射辐射角度，多云可增加雪、冰表面的光学平均反照率（Curry et al., 1996; Grenfell et al., 1994; Hall, 2004; Holland and Bitz, 2003）。

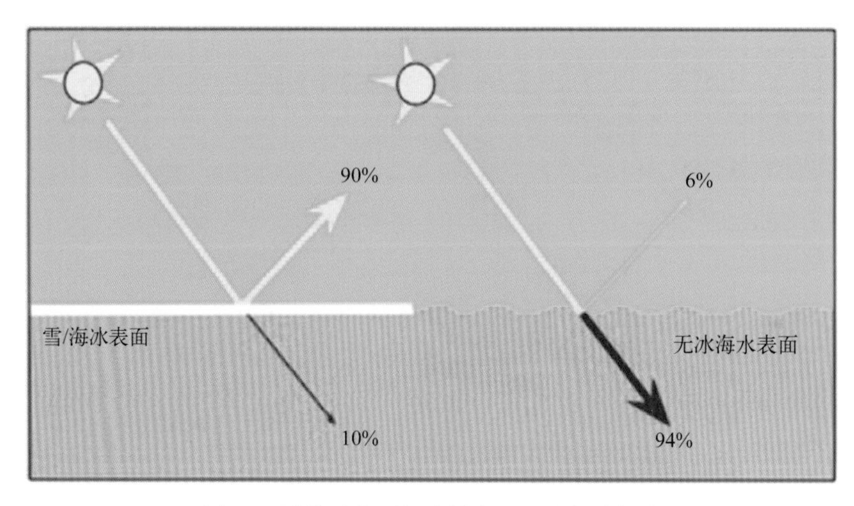


图2.5　雪/海冰与开阔水域表面反照率示意图

现有的海冰反照率获取有现场观测和卫星产品两种方法。由于极地环境的特殊性，现场观测数据严重缺乏（杨清华 等, 2010）。北冰洋表面热收支（SHEBA）试验是截至目前所实施的最为全面的北极海冰物理学综合科学考察试验，通过对北极多年冰进行长达1年多的表面反照率连续观测，获取了表面反照率参数化所需的各项输入参数（Perovich et al., 2002），这提供了一个更好的评估海冰反照率参数化的依据。利用SHEBA现场试验，沿长200 m的反照率观测线，每2.5 m进行测量。1998年4—10月，经历季节变化，不同表面状况变化，由开始全部雪覆盖，经历融雪到裸冰和融池混合出现，获取了干雪、融雪、融池形成和发展到秋季冻结阶段的不同反照率。结果显示，反照率在海冰生长初期对冰厚敏感，当冰增长到约0.3 m厚时，其反照率从0.08迅速增大至0.40。随着海冰继续生长，反照率随之缓慢地渐进增大。当冰厚超过0.8 m，总反照率随冰厚增长仅有小的变化。

## 2.2　海冰遥感原理

遥感就狭义而言，主要是指从远距离、高空及外层空间平台上，利用可见光、红外及微波等探测仪器，通过摄影或扫描、信息感应、传输和处理，从而识别地面物质的性质及运动的技术系统（陈述彭，1990）。遥感数据实际记录的是某一时刻指定区域地面的综合信息，提供的是地面资源与环境的实况，全面客观地反映地物形状、结构、特征和空间关系。观测结果通常以遥感影像的形式表现，但也有少数传感器仅提供沿卫星轨道的非影像数据。由于绝大部分海冰都处于寒冷的高纬度地区，尤其是在极地地区，长时间的现场观测难度很大，因此，目前遥感是用于观测海冰变化及反演海冰参数的最主要手段。

北极海冰作为全球气候系统的重要组成部分，它的异常变化会通过反馈机制与气候系统中的其他因子相互作用，从而引发气候异常（肖莺 等, 2018）。随着全球变暖增强，北极海冰正以前所未有的速度减少。北极海冰的迅速融化，使得海洋中被注入更多的淡水，海洋盐度降低，这不仅导致海洋生态环境的改变，同时也影响着整个大气环流的变化（Dickson ct al., 1988）。北极海冰在驱动北半球海冰–反照率反馈过程中起着重要的作用：一方面，由于海冰和海水反照率的巨大差异，随着海冰的不断融化，大量多余的热量被海水吸收和储存，并最终释放到大气中，大气变化加剧；另一方面，多余的热量又进一步促进了北极海冰的快速融化（Hall, 2004; Holland and Bitz, 2003）。

遥感信息的宏观、综合、动态以及快速的优势在海冰监测中尤为突出。在遥感观测中，由于海冰与海水具有不同的特性以及辐射特征，可以将海冰与海水区分开。这些特征包括温度、盐度、反射率以及表面粗糙度等，这些不同的特征会导致海冰与海水的反照率、反射率以及介电常数的不同。海冰遥感主要是获得海冰范围、海冰类型（一年冰或多年冰，甚至更精细的海冰类型）、海冰密集度、海冰厚度以及冰间水道大小、分布等物理参数。针对海冰的卫星遥感数据是地球观测数据中记录最长的数据集之一。20世纪70年代初开始进行海冰监测时仅有几个微波及光学传感器，而如今传感器的种类已经明显增加了许多。

### 2.2.1 遥感电磁辐射原理

假设在空间某处有一个电磁振源（电磁辐射源），那么，在它的周围便有交变的电流或电场，它是由变速运动的带电粒子引起的。这一交变电场周围将激发起交变的磁场，而交变磁场周围又激起交变电场。这种变化的电场和磁场，相互激发交替产生，形成电磁场。

电磁场是物质存在的一种形式，具有质量、能量和动量。这种交变电磁场在空间的传播，形成电磁波。不同类型的电磁振源会产生不同波长、频率和能量的电磁波。电磁波是一种伴随变化的电场和磁场的横波，其传播方向与交变的电场、磁场三者互相垂直。电场振幅变化的方向垂直于它的传播方向，而磁场随电场传播方位在电场的右侧。电磁辐射是电磁波传递能量的过程，是能量的一种动态形式，只有当它与物质相互作用

（包括发射、吸收、反射、透射）时才表现出来。

电磁辐射与物质相互作用中，既反映波动性，又反映出粒子性，这就是电磁波的波粒二象性。

根据电磁辐射的概念，电磁波以波动的形式（光滑连续的波）在空间传播，用波长、频率、振幅等来描述。电磁波在反射、折射、吸收、散射过程中，不仅其强度发生变化，其偏振状态也往往发生变化，这与目标的形状及特性密切相关，所以电磁波与物体相互作用的偏振状态的改变也是一种可以利用的遥感信息。电磁波可以用波长和频率来描述。波长是指波在一个振动周期内传播的距离，即沿波的传播方向，两个相邻的同相位点（如波峰或波谷）间的距离，用$\lambda$表示，波长常用常见的长度单位来度量，只是往往将其划分得很小，如单位为m、cm、mm、μm、nm等。频率是指单位时间内完成振动或振荡的次数或周期，即在给定时间内，通过一个固定点的波峰数，以赫兹（Hz）为单位，用$v$表示。

一般可用波长或频率来描述或定义电磁波谱的范围。例如，在可见光—红外遥感中，多用波长来描述波谱范围，如μm等；而在微波遥感中，多用频率来描述波谱范围，如Hz、kHz、MHz、GHz等。

电磁波的粒子性是指电磁辐射能除了它的连续波动状态外还能以离散形式存在。其离散单元称为光子或量子。光子或量子是由原子和分子状态改变而释放出的一种稳定、不带电、具有动能的基本粒子。普朗克发现电磁辐射能量以离散单元形式（光子、量子）被吸收和发射，指出电磁辐射能量的大小直接与电磁辐射的频率成正比，可表示为

$$Q = hv \tag{2.1}$$

式中，$Q$为辐射能量（单位：J）；$v$为辐射频率；$h$为普朗克常数，取值为$6.626\times10^{-34}$ J·s。式（2.1）表明辐射能量与它的波长成反比，即电磁辐射波长越长，其辐射能量越低。这对遥感意义重大，如地表特征的微波发射要比波长相对短的热红外辐射更难感应（赵英时，2003）。电磁辐射源（电磁振源）以电磁波的形式向外传送能量，不同辐射源可以向外辐射不同强度和不同波长的辐射能量。利用遥感手段探测物体，实际上是对物体辐射能量的测定与分析。目前常用的电磁辐射定律包括以下几种。

#### 2.2.1.1 普朗克辐射定律

黑体是个假想的理想辐射体，既是完全的吸收体，又是完全的辐射体，其辐射各向同性。对于黑体辐射源，普朗克给出了其辐射出射度（$M$）与温度（$T$）、波长（$\lambda$）的关系：

$$M(\lambda,T)=\frac{2\pi hc^2}{\lambda^5}\cdot\frac{1}{e^{hc/kT\lambda}-1} \tag{2.2}$$

式中，$h$为普朗克常数，取值为$6.626\times10^{-34}$ J·s；$k$为玻尔兹曼常数，取值为$1.380\,6\times10^{-23}$ J/K；

$c$为光速，取值为$2.998\times10^8$ m/s；$\lambda$为波长（单位：m）；$T$为热力学温度（单位：K）。式（2.2）表明黑体辐射只取决于温度和波长，而与发射角、内部特征无关。如图2.6所示，为不同温度下波长与光谱辐照度之间关系，其中红色曲线代表地表温度，黄色曲线代表太阳温度，当温度越高时，辐照度越大，同时曲线波峰向短波方向移动。

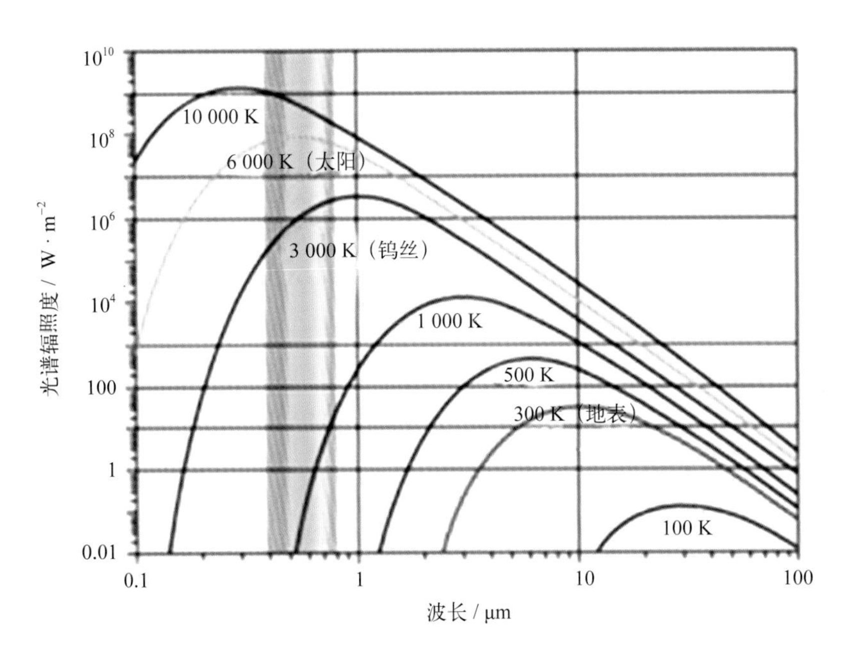


图2.6 不同温度下的波长与光谱辐照度曲线图

红色曲线代表地表温度，黄色曲线代表太阳温度

### 2.2.1.2 斯蒂芬–玻尔兹曼定律

任一物体辐射能量的大小是物体表面温度的函数。斯蒂芬–玻尔兹曼定律表达了物体的这一性质，此定律将黑体的总辐射出射度与温度的定量关系表示为

$$M(T)=\sigma T^4 \qquad (2.3)$$

式中，$M(T)$为黑体表面发射的总能量，即总辐射出射度；$\sigma$是斯–玻常数，取值为$5.669\,7\times10^{-8}$；$T$为发射体热力学温度，即黑体温度。式（2.3）表明，物体发射的总能量与物体绝对温度的四次方成正比。因此，随着温度的增加，辐射能迅速增加。

### 2.2.1.3 维恩位移定律

维恩位移定律描述了物体辐射最大能量的峰值波长与温度的定量关系，表示为

$$\lambda_{max}=A/T \qquad (2.4)$$

式中，$\lambda$表示辐射强度最大时的波长大小（单位：μm）；$A$为常数，取值为2 898 μm·K；$T$为热力学温度（单位：K）。式（2.4）表明，黑体最大辐射强度所对应的波长与黑体的

绝对温度成反比。

#### 2.2.1.4 基尔霍夫定律

在任一给定温度下，物体单位面积上的出射度$M(\lambda, T)$和吸收率$\alpha(\lambda, T)$之比，对于任何一个地物都是一个常数，并等于该温度下同面积黑体辐射出射度$M_b(\lambda, T)$，

$$M(\lambda,T)/\alpha(\lambda,T)=M_b(\lambda, T) \tag{2.5}$$

也就是说，在一定的温度下，任何物体的辐射出射度与其吸收率的比值是一个普适函数，即黑体的辐射出射度。这个比值是温度、波长的函数，与物体本身性质无关。

### 2.2.2 光学遥感

可见光/近红外遥感是指传感器工作波段限于可见光（0.38 ~ 0.76 μm）和近红外（0.78 ~ 1.3 μm）波段范围的遥感技术。各种地物（例如土壤、岩石和植被）都具有不同的原子和分子结构，它们吸收、反射光的能力也不一样，对不同的光谱波长具有各不相同的吸收率和反射率。光学传感器的测量结果是以大气顶层（Top of the Atmosphere, TOA）的反射率的形式来记录，在消除大气效应的影响之后，可以根据大气顶层反射率来反演得出真实地表反射率。反射率取决于入射辐射的几何角以及传感器的观测角度。

表面散射为各向同性散射的面积为朗伯面，海冰的表面无疑是非朗伯面。这主要是因为在短波太阳辐射时，海冰表面的冰雪效应使得表面不一致而显得粗糙。对于非朗伯面而言，反射测量值根据入射角与散射模式的不同而不同，因而也用双向反射（BRDF）来表示。BRDF定义为表面上某一固定方向上的反射能量对相同入射条件下的各向同性反射面反射方向上反射能量的比值。该函数是与频率无关的函数，是遥感器观测角度的函数，显示了在某一辐射光照耀之下表面的散射情况。

相比海水，海冰在可见光波段反射率较高，使其在卫星图像上容易识别并进行制图。无论是单晶冰还是多晶冰，无气泡及表面无闪烁的蒸馏水冰，其可见光区的吸收率均较低但透射率很高，因此其反射率很低；进入近红外区，冰的透射率虽然下降，但因吸收率迅速增大，其反射率依然很低。自然界的海冰均含有一定数量气泡（以及卤泡）及其他杂质，表面布满裂隙而粗糙不平，这些都可引起表面散射与体散射，使海冰在可见近红外区反射率比无气泡的纯冰高很多。

海冰覆盖范围是最直观体现北极海冰变化的参数，也是北极海冰研究的重点之一。21世纪以来，北极海冰的范围变化十分显著。对海冰范围变化的研究主要集中在海冰总体覆盖范围的变化，主要是研究季节性变化较大的新冰区域，对多年冰和季节性海冰的研究则较少。根据不同类型的海冰在反照率上的差异，以及薄冰与海水在温度上的差

异，结合宽波段大气顶层反照率和温度两个参数，可实现基于阈值分割的北极区域新冰提取。

根据Cavalieri等的研究，反照率（Reflectance）的估算可以利用MODIS数据的第1、第3和第4波段（Long and Drinkwater, 1994），公式为

$$\text{Reflectance}=B1\times 0.326\,5+B4\times 0.236\,6+B3\times 0.436\,4 \tag{2.6}$$

式中，$B1$、$B3$、$B4$为第1、第3和第4波段的反射率。

通过反照率的阈值设定，结合MODIS温度产品数据，可以有效区分不同类型海冰。

小范围尺度下的海冰厚度信息也可以通过高分辨率的光学遥感数据经分析提取。当船在有冰海域行驶时，冰层被破冰船压碎，破碎的冰块沿船外侧滑动，并随船体宽度增加会在船中部的外侧位置发生偏转，破碎冰层的断面露出水面，拍摄到这样的断面，就可以精确提取海冰厚度信息。中国第二次北极科学考察为了获得走航过程中的海冰断面厚度特征，在船侧安装了数码摄像机，捕捉考察船通过冰层时破碎冰块的横断面（卢鹏 等, 2004）。提取海冰厚度的具体方法是首先在图像上标示出冰层横截面厚度和参照球的直径线段，同时记录参照球直径两端点的坐标值，横断面上雪层、冰层厚度线上3点的坐标值，然后根据端点坐标值计算它们的图上距离（卢鹏 等, 2004）。

## 2.2.3 热红外遥感

热红外遥感是指传感器工作波段限于红外波段范围之内的遥感。这是一个狭义的定义，只是说明数据的获取。另外一个广义的定义是：利用星载或机载传感器收集、记录地物的热红外信息，并利用这种热红外信息来识别地物和反演地表参数如温度、湿度和热惯量等。

热红外遥感的信息源来自物体本身，只要其温度超过绝对零度，就会不断发射红外能量，即地表热红外辐射特性。常温的地表物体（300 K左右）发射的红外能量主要在大于3 μm的中远红外区，热辐射不仅与物质的表面温度状态有关，物质内部组成和温度对热辐射也有影响。

现代遥感技术常用的8 ~ 14 μm大气窗口区冰雪辐射特性——发射率或亮温，是海冰热红外遥感研究的基础，主要应用于探测地表物体发射率和反演表面温度，且能在无日照条件下获得长时间序列观测资料。对于海冰来说，其发射率很大，一般可取0.97，并且它随温度及冰结构的变化很少变化，因此基于热红外遥感手段，可以获取海冰表面辐射以及物质平衡、海冰冰面首次融化出现日等信息。热红外遥感技术多被应用于海冰表面温度的反演（Aulicino et al., 2018; Hall et al., 2004; Son et al., 2018; 国巧真 等, 2006），但反演精度并不高，一方面是因为大气的影响；另一方面是忽略了海冰表面粗糙度。对于厚度不同的非平整海冰而言，海冰表面粗糙部分会遮挡阳光，使得向阳部分接收的太阳

光照相对较多，同时会使得海冰热阻力增大、热惯量减小（刘成玉 等, 2013）。

一般得到的热红外数据是以灰度值（DN值）来表示，DN是无量纲的值，数值越大表示地表热辐射强度越大，温度越高，反之亦然。最简单的应用就是根据图像的DN值来解译地表的相对温度的高低。

也可以对热红外图像进行定标，将DN值转换为热辐射强度值，这个强度值是传感器接收到的总的能量值，包括地表辐射、大气辐射等。然后普朗克公式的反函数推算所对应的亮度温度。这个亮度温度值是地表温度的粗略值，在一定范围内有一定的应用。

在基于热红外遥感的海冰参数反演方面，海冰表面温度是一个重要的地球物理参数。由于海冰表面较为复杂，以及数据来源的问题，导致海冰表面温度反演产品的精度较低。目前，针对卫星影像的温度反演算法较多，包括辐射传输方程法（大气校正法）、单窗算法、劈窗算法和多窗算法等。Maslanik和Key（1993）利用LOWTRAN-7模拟计算了北极无云大气状况下，AVHRR热红外亮温与海冰区表面温度$T_{S(AVHRR)}$的函数公式

$$T_{S(AVHRR)} = a + bT_4 + cT_5 + d[(T_4 - T_5)\sec\theta] \quad (2.7)$$

式中，$T_4$和$T_5$分别为AVHRR热红外通道4和5的亮温（单位：K）；$\theta$为传感器天顶角；$a$、$b$、$c$和$d$为模拟计算中的最优拟合系数，随AVHRR各代传感器及季节变化有所变化。尽管尚无法以地面大量实测数据证实本算法的可靠性，但根据Lindsay和Rothrock（2009）的分析估计，即便出现与模式假设条件有出入的一般性气溶胶或小冰晶云层，本算法反演温度的精确度仍可达1～2℃。Hall等（2004）利用MODIS MOD29产品，基于劈窗算法，反演得出2003年北极海冰表面温度，公式如下：

$$T_S = a + bT_{11} + c(T_{11} - T_{12}) + d[(T_{11} - T_{12})(\sec\theta - 1)] \quad (2.8)$$

式中，$T_{11}$和$T_{12}$是MODIS 31波段和MODIS 32波段的亮温数据；$\theta$是传感器扫描角；$a$、$b$、$c$和$d$是回归系数。反演结果能够反映研究区海冰温度分布情况，但是热红外遥感反演容易受到多种因素（例如大气中的气体、气溶胶等因素）的影响，特别是云对热红外反演的影响非常大，在实际应用中，要充分利用晴空无云，或者云量覆盖范围较小的遥感数据影像，从而得到大区域尺度下的连续海冰表面温度分布。

### 2.2.4 微波遥感

微波是指波长1 mm至1 km（即频率300 MHz至300 GHz）的电磁波，包括毫米波、厘米波、分米波。如图2.7所示，微波波段的波长要比可见光–红外波长（0.38～15 μm）大得多。最长的微波波长可以是最短的光学波长的250万倍。微波遥感是指通过探测地物对微波的反射或者自身的微波辐射来提取地物几何与物理信息。根据工作方式的不同，微波遥感可分为两大类：一是主动微波遥感，如合成孔径雷达、微波散射计等；二是被动

微波遥感，如微波辐射计等。表2.2展示了微波遥感中常用的波段信息，包括遥感方式、波段名称、波段频率及波段波长。

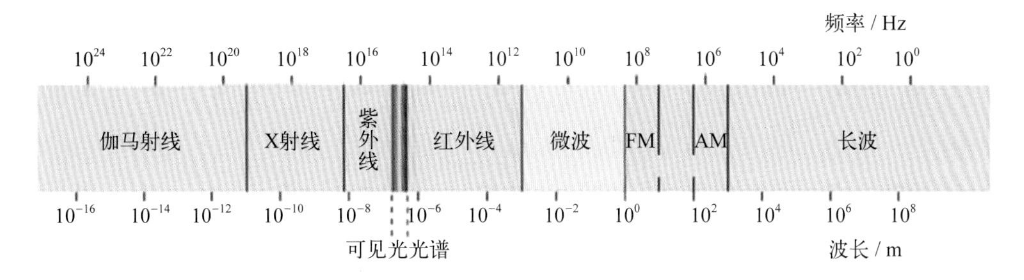


图2.7　微波波段（1 mm至1 km）在光谱中的范围

表2.2　微波遥感常用波段信息表

| 遥感方式 | 波段名称 | 频率 / GHz | 波长 / cm |
|---|---|---|---|
| 主动遥感 | P | 0.3 ~ 1.0 | 30 ~ 100 |
| | L | 1.0 ~ 2.0 | 15 ~ 30 |
| | S | 2.0 ~ 4.0 | 7.5 ~ 15 |
| | C | 4.0 ~ 8.0 | 3.75 ~ 7.5 |
| | X | 8.0 ~ 12.5 | 2.4 ~ 3.75 |
| | Ku | 12.5 ~ 18.0 | 1.67 ~ 2.4 |
| | K | 18.0 ~ 26.5 | 1.13 ~ 1.67 |
| | Ka | 26.5 ~ 40.0 | 0.75 ~ 1.13 |
| 被动遥感 | Ka | 18.0 ~ 19.0 | 1.58 ~ 1.66 |
| | Q | 36.0 ~ 38.0 | 0.79 ~ 0.83 |
| | W | 85.0 ~ 90.0 | 0.33 ~ 0.35 |

微波遥感不受太阳光照及云雾等条件限制，正因为如此，微波遥感被称为全天时、全天候的传感器，可以很好地弥补光学传感器的缺陷。主动微波传感器的空间分辨率可以精确到几米，并且对于在冰区确定船舶航线，主动微波传感器更加合适。这类传感器在某些模式下以几十米或几米更高的分辨率生成遥感影像，这些影像可以确定例如冰脊、冰间水道以及沿岸冰间湖等小尺度的海冰特征。此外，微波对海冰具有较强的穿透深度，能够探测来自冰雪层内的信息，弥补在可见光/近红外高反射率特点。因而，微波遥感可以通过测量目标在不同频率、不同极化条件下的后向散射特性、多普勒效应等，来反演目标的物理特性——介电常数、湿度等，以及几何特性——目标大小、形状、结构、粗糙度等多种有用信息，从而成为对地观测中十分重要的前沿领域。

地表发射率即在相同温度下由地表发出的辐射与黑体辐射之比，表征地表发射电磁波的能力，它是辐射传输模式和陆面遥感以及卫星资料同化研究中的必需参数（钱博 等，2016）。在微波波段，地表发射率包含了丰富的陆面状态信息，诸如地表物理、生物和水文状态信息以及地表的演变信息。卫星接收到的辐射由来自于大气的辐射贡献和地表发出的辐射贡献组成，而地表辐射的大小主要受地表发射率的影响。在诸如冰雪的组合型复杂地物的情况下，发射率成为物理温度的间接函数，而物理温度会进一步影响地物的物理性质。例如，卤泡柱和卤泡袋的形状和间距随冰温变化，这些因素都会影响海冰的复合发射率（卤泡盐度和形状分别影响对微波信号的吸收和散射）。同时，微波发射率也决定了发射层的辐射（信号的穿透深度）。根据发射层的物理组成和微波频率，海冰中发射层的厚度在几毫米到几分米之间变化。

微波区域的发射以亮温表征，即与黑体辐射出相同能量时的物体的温度。黑体是一个假想的物质，其在所有的频率能吸收所有的入射辐射，因此反射为0。换句话说，黑体是一个完全的吸收体以及发射体。发射率是材料的固有辐射特性，但亮温不是，因为它取决于所观测介质的物理温度。为此，通常使用极化比和梯度比（均来自亮温）而不是亮温来表示发射率，因为它们与物理温度无关。由于海水的介电常数很高，其比海冰的微波发射率小很多，这在水平极化中体现得更明显，微波辐射计得到的海冰区域微波图像中，海上浮冰非常明显。这对微波数据而言，也是很多海冰参数提取算法中对海冰与海水进行区分的基础。各类海冰的微波散射特性差异，可用作海冰类型的主动微波遥感监测，尤其是一年冰和多年冰的区分。通常，一年冰最上层为质地疏松且粗糙的薄冰，频率为10 GHz时它的衰减系数高达300～500 dB/m；而下部冰层含有众多长3～5 mm、平均半径为0.02 mm的盐泡和半径为0.5 mm的气泡。因此，X波段一年冰的散射，以来自疏松表层的面散射为主，这些都与多年冰有明显的不同，造成二者后向散射系数的差异。对于海冰来说，其后向散射强度取决于其介电常数及其空间分布，可以根据不同类型冰的介电常数的不同探测海冰的结构和分类。海冰的年龄、表面粗糙度、内部几何特征、温度和表层雪盖等均对其后向散射有影响。

#### 2.2.4.1 被动微波

被动微波辐射主要由辐射层的发射率决定。微波区间的发射率由物质的物理特性与介质属性，如盐度、表面粗糙度、水分含量、原子组成与晶体结构等有关。这些参数影响物体的介电常数。这些参数（例如卤泡的盐度与几何特征）主要因温度变化而变化。因此，冰温作为决定发射辐射的显参数通过影响发射率的参数而最终影响发射辐射。

微波辐射计是一种被动式的微波遥感设备，它本身不发射电磁波，而是通过被动地接收被观测场景辐射的微波能量来探测目标的特性。由于微波的穿透性以及异质的介质性，穿透深度以上这部分地物的对外辐射受体散射的影响，辐射能量以一定规律在各方向重新分布。如若散射表面具备一定的粗糙度，微波辐射还会受到表面散射的影响，最终沿观测角度的这一部分能量被辐射计所吸收。

由于太阳辐射和大气的影响，星载传感器所接收的并不完全是地物的辐射能量。太阳辐射和大气下行辐射会被地表吸收及反射，连同地物辐射一起在大气层传播过程中会被大气不同程度地吸收，最终进入太空的这部分由微波辐射计所接收。辐射分辨率和空间分辨率是微波辐射计的主要技术指标，微波辐射计的灵敏度一般用仪器可探测的最小亮度温度差来定义，它取决于系统噪声、积分时间和波段宽度。

北极地区受云雾覆盖和极夜影响较大，微波辐射计恰好能克服这些困难。由于微波辐射亮度温度对地表物理特性的变化高度敏感，而表层温度和地表特征正是极地研究中的重要参数。除了表面温度外，冰面和无冰水面发射率上的差别，冰盖表层积雪湿度的变化等，使得地表发射和反射特性发生的变化也能在微波辐射能量中得到体现。

因此，目前国际上主流的海冰密集度数据集都是基于微波辐射计的数据通过不同反演算法获取的（Remund and Long, 2003; Steffen and Schweiger, 1991; 冯贵平等, 2018; 黄海兰, 2011; 季青, 2015）。表2.3展示了目前国际上主要的海冰密集度反演算法，19 GHz、37 GHz和85 GHz水平和垂直极化通道是反演算法使用的主要的频率通道，反演出的海冰密集度产品分辨率范围为6.25 ~ 25 km，由于19 GHz、37 GHz数据本身的分辨率很低，所以使用这两个通道数据反演得到的海冰密集度数据的分辨率也较低，而85 GHz通道数据分辨率高，得到的海冰密集度数据分辨率也有很大的提升。

表2.3 国际主要的海冰密集度反演算法

| 算法 | 使用通道/GHz | 产品分辨率/km |
|---|---|---|
| NORSEX | 19V, 37V | 25 |
| NASA Team | 19V, 19H, 37V | 25 |
| Umass-AES | 19V, 37V | 25 |
| Bootstrap | 19V, 37V, 37H | 25 |
| Near 90 GHz | 85V, 85H | 12.5 |
| Cal Val | 19V, 37V | 25 |
| Bristol | 19V, 37V, 37H | 25 |
| NORSEX-85H | 19V, 37V, 85H | 12.5 |
| TUD | 19V, 37V, 37H, 85V | 12.5 |
| NASA Team 2 | 19V, 19H, 37V, 85V, 85H | 12.5 |
| ASI | 85V, 85H | 12.5/6.25 |

注：V表示垂直极化，H表示水平极化。

在这些算法中，NASA Team、NASA Team2和ASI是最常用的几种算法。其中，NASA Team算法是对之前基于SMMR 18 GHz水平、垂直极化数据和37 GHz的垂直极化数据来反演获取海冰密集度产品的算法的改进（Steffen and Schweiger, 1991）。NASA Team算法通过极化比（PR）和梯度比（GR），基于SSM/I微波辐射计的19.4 GHz和37.0 GHz数据反演一年冰和多年冰密集度（Steffen and Schweiger, 1991）。极化比和梯度比的计算公式如下：

$$PR = [T_{b,19V} - T_{b,19H}] / [T_{b,19V} + T_{b,19H}] \tag{2.9}$$

$$GR = [T_{b,37V} - T_{b,19V}] / [T_{b,37V} + T_{b,19V}] \tag{2.10}$$

式中，$T_b$代表亮度温度；H代表水平极化；V代表垂直极化；19、37是指SSM/I和SSMIS微波辐射计的19 GHz和37 GHz通道。之后通过PR与GR就可以计算一年冰密集度（CF）和多年冰密集度（CM），公式如下：

$$CF = (a_0 + a_1 \cdot PR + a_2 \cdot GR + a_3 \cdot PR \cdot GR) / D \tag{2.11}$$

$$CM = (b_0 + b_1 \cdot PR + b_2 \cdot PR + b_3 \cdot PR \cdot GR) / D \tag{2.12}$$

式中，$D = c_0 + c_1 \cdot PR + c_2 \cdot GR + c_3 \cdot PR \cdot GR$，从而总的海冰密集度C就是CF与CM的和。公式中的系数$a_i$，$b_i$，$c_i$（$i$=0,1,2,3）是计算海冰密集度的系数，这些系数是通过19.4 GHz垂直通道亮温和水平通道亮温以及37.0 GHz垂直通道亮温的开阔水域、一年冰、多年冰的一些特征点上的9个亮温数据计算得到的，特征点为极区选择的一些已知地物类型的点。美国国家航空航天局（National Aeronautics and Space Administration，NASA）海冰工作组根据区域、季节、海冰类型等使用了一系列不同的特征点，由这些特征点计算得到不同系列的系数$a_i$，$b_i$，$c_i$（$i = 0, 1, 2, 3$），这样可以尽可能地提高反演海冰密集度数据的精度。

基于AMSR-E数据，NASA Team2算法首先通过给前向辐射传输模型设置不同的大气条件，获得不同海冰密集度下的亮温值，从而建立模拟观测样本的数据库，计算获得19 GHz和89 GHz频率下的PR以及GR，由影像实测亮温值计算影像极化比（PR）和梯度比（GR），并在模型中搜索离真实观测样本最近的模拟样本，从而得出其对应的海冰密集度与相应海冰类型（黄海兰, 2011）。该算法通过将计算结果与先验数据库中的结果进行比较，从而将最接近的海冰密集度与海冰类型赋予计算结果，但随着全球环境整体的变化，数据库中的先验海冰密集度与海冰类型需要定期更新，避免影响精度。

ASI［ARTIST (Arctic Radiation and Turbulence Interaction Study) Sea Ice］算法起初是用于SSM/I 85 GHz通道来为中尺度海洋–大气模型提供高分辨率的海冰数据（刘惠颖, 2017）。ASI算法通过计算亮温极化差（$P$）来计算得出海冰密集度，公式如下：

$$P = T_{b,V} - T_{b,H} \tag{2.13}$$

式中，V是垂直极化，H是水平极化。海冰或海水表面同时发射水平极化和垂直极化时信号，对应于同一物体的物理温度是相同的，因此亮温的极化差只跟物体的发射率大小有关。之后根据公式（2.14）得到对应的海冰密集度，其中$d$可以由公式（2.15）计算得出。为了更详细的反演从0%到100%所有的海冰密集度，选择一个三阶多项式来拟合从0%到100%的海冰密集度，如公式（2.15）所示。

$$C = d_3P^3 + d_2P^2 + d_1P + d_0 \tag{2.14}$$

$$\begin{bmatrix} P_0^3 & P_0^2 & P_0 & 1 \\ P_1^3 & P_1^2 & P_1 & 1 \\ 3P_0^3 & 2P_0^2 & P_0 & 0 \\ 3P_1^3 & 2P_1^2 & P_1 & 0 \end{bmatrix} \begin{bmatrix} d_3 \\ d_2 \\ d_1 \\ d_0 \end{bmatrix} = \begin{bmatrix} 0 \\ 1 \\ -1.14 \\ -1.14 \end{bmatrix} \tag{2.15}$$

式中，$C$为海冰密集度；$P$为极化差；$d_0$，$d_1$，$d_2$，$d_3$为多项式拟合系数。

#### 2.2.4.2 主动微波

主动微波遥感是一种有源传感器（成像雷达、散射计、高度计等），根据地物反射或散射的回波信号来反演地表信息。与可见光/近红外遥感相比，主动微波遥感可以全天时、全天候提供冰雪时空分布特征的细节信息，在海冰制图等方面可以发挥重要的作用。成像雷达是飞行平台行进的垂直方向的一侧或两侧发射微波，把从观测目标返回的后向散射波以图像的形式记录下来的雷达。它可以分为真实孔径雷达（Real Aperture Radar，RAR）和合成孔径雷达（Synthetic Aperture Radar，SAR）。

成像雷达最初是真实孔径方式，随着多普勒波束锐化技术的出现，小天线可以合成较大的合成天线（孔径）。其特点是：在距离向上与真实孔径雷达相同，采用脉冲压缩来实现高分辨率，在方位向上则通过合成孔径原理来提高分辨率。合成孔径雷达可以装在飞机、卫星、宇宙飞船等飞行平台上，不依赖于太阳辐射能量，不受天气条件限制，具有全天时、全天候的对地观测能力。因其强大的穿透力，合成孔径雷达可以透过植被和地表获取地表以下信息，具有其他遥感手段难以发挥的独特优势，被广泛地应用于灾害监测、环境监测、资源勘查、农作物估产和测绘等方面。

一个雷达成像系统包含发射器、雷达天线、接收器和记录器4个部分。由脉冲发生器产生高功率调频信号（即电磁波计时脉冲）；经发射器，以一定的时间间隔（脉冲长度）反复发射具有特定波长的微波脉冲；通过发射天线向飞行器的一侧沿扇状波束宽度发射雷达信号照射与飞行方向垂直的狭长地面条带，此波束在方位方向上窄，在距离方向上很宽；借助于发射/接收转换开关（它使天线处于发射/接收轮换工作状态），再通过天线接收地面返回的能量（即地物对雷达波束的后向散射能量，它是发射脉冲与地面相互作用的产物，带有大量的地物信息特征）；接收器将接收的能量处理成一种振幅/时间视频信号；这种信号再通过胶片记录仪产生图像（其回波信号的强度以扫描线的灰度色调来表示）或数字胶片。因为雷达的原始数据是将地物的后向散射能以时间序列记录下来的数据，所以，输出的是既有回波振幅信息又有相位信息的光学全息片。这种数字胶片必须经过光学相干处理器进行数/模变换（D/A）的成像处理，方能重建雷达图像。

雷达图像的空间分辨率由雷达系统和遥感器决定。雷达遥感可以获得高分辨率的雷达图像，主要有3方面原因:（1）雷达以时间序列来记录数据，而不像相机、光机扫描仪是根据透镜的角距离来记录数据。成像雷达由于反射和接收信号的时延正比于到目标的距离，因此只要精确地分辨回波信号的时间关系，即使长距离也能够获得高分辨率的雷达图像;（2）地物目标对微波的散射性能好，而地球表面自身的微波辐射能小，这种微弱的微波辐射对雷达系统发射出的雷达波束及回波散射干扰小;（3）除了个别特定频率对水汽和氧分子的吸收外，大气对微波的吸收与散射均较小，微波通过大气的衰减量小。雷达图像的实际可分辨程度，除了决定于其空间分辨率外，还与图像对比度、几何精度等图像质量因素有关。

1）合成孔径雷达

合成孔径雷达是一种通过飞行平台向前运动实现合成孔径的雷达技术，将小孔径的雷达天线虚拟成一个大孔径的天线，获得类似大孔径天线探测能力。地物电磁波特性与入射电磁波的频率、极化及入射角都有着密切的关系，因此，SAR技术充分利用不同频率、不同极化以及不同入射角的电磁波对地物进行观测，能够得到更加丰富的地物信息。由于雪中水分含量的变化对雪介电常数影响较大，随着积雪的消融，雪中的水分含量增加，其介电常数的实部迅速增大，而虚部则呈数量级的增大，电磁波在雪中的穿透深度急剧减小，后向散射系数明显降低。根据这一原理，发展了利用多频率、多极化SAR资料进行积雪制图的分类器（Shi and Dozier, 1997; 王雷, 2015）。

SAR作为一种极具潜力的空间对地观测技术，能全天候、全天时工作，不受云雾干扰；能进行大规模、大面积的成像；更重要的是差分干涉测量能监测厘米甚至毫米级的形变，彻底改变了传统监测冰盖、海冰表面冰流速的模式，为进一步探求海冰的动态变化提供了途径。利用星载SAR影像特点以及雷达干涉测量等技术，是当前国际监测海冰变化的重要手段之一。SAR对于海冰表层雪特性的变化也非常敏感，可以利用多时相SAR数据进行海冰分类及其变化监测。总而言之，基于SAR技术的遥感数据为研究极区海冰、冰川等的运动特征，冰貌变化和冰雪消融提供了有力的支持。

同时，微波具有极化特性。不同极化状态同一入射角照射下，较厚一年冰与多年冰后向散射系数的差别较为明显。多种极化方式可以改进地物的区分识别与分类的能力，可以直接通过3个极化的彩色合成影像对海冰进行分类。海冰物理特性较为复杂，无论可见近红外的灰阶还是微波遥感图像的亮温或后向散射系数，都不随海冰厚度变化呈简单的线性关系，因而用它们反演冰厚很难。不过，海冰开始冻结成冰时伴有快速排盐过程，使冰面物理性质明显与下伏冰层不同，表面介电常数异常高，其微波辐射、散射及传输特性较特殊。基于航空SAR的多极化数据可以有效监测这类薄海冰并提取相关信息，同时长时间序列SAR图像还可以用于监测海冰表面位移。

在海冰类型识别研究中，SAR数据也可以提供有力的支持。从几厘米厚的一年冰到几十米厚的多年冰，随着海冰的生长发育，海冰内部组成也会发生变化，而且外部环境因素也会带来海冰特征的变化，如海冰粗糙度等。基于SAR数据进行海冰类型信息提取的前提就是海冰生长会在海冰亚表面留下痕迹，SAR通过电磁波与海冰亚表面之间的相互作用可以捕获海冰相关信息（卢鹏 等, 2004）。通过分析海冰后向散射特征，可以有效地提取影像中不同的海冰类型。海冰的后向散射特征的影响因素主要来自两个方面——海冰自身特征（海冰盐度、表面粗糙度、海冰密度等）和外部因素（雷达波波长、极化和入射角等）。

海冰类型识别方法根据可用的SAR数据类型可以大致分为两类。第一类是基于宽幅SAR数据的后向散射强度信息，但信息较少，需要结合其他图像特征。纹理是海冰类型识别中常见的有效信息，灰度共生矩阵是一种常见的纹理特征提取方法（Han, 2004），目前国际上有很多海冰分类研究是基于灰度共生矩阵的特征值提取，灰度共生矩阵的统计特征种类很多，通常有相关性、相异性、对比度、均质性等。除了灰度共生矩阵，离散小波变换（DWT）也被用于SAR海冰图像的分类并得出比较精细的分类结果（Wahr et al., 1998）。同时，在结合SAR影像特征进行分类时，机器学习的分类算法也是不可缺少的，如神经网络、ISODATA等都是常见的用于海冰类型识别研究的算法，其中神经网络较为常用，包括卷积神经网络（CNN）、脉冲耦合神经网络（PCNN）等。第二类海冰类型识别方法是基于全极化模式的星载或机载数据，与单极化、双极化相比，全极化SAR数据可以为海冰类型识别提供更为丰富的信息（Brenner et al., 2003; Matsuoka et al., 1996; Siegert, 2000; Zhang et al., 2015）。但由于全极化数据幅宽较窄，该类方法尚不能被推广到大面积海冰监测应用中。在海冰类型识别研究中，极化分解各种特征值的使用，增加了对海冰特征的描述和海冰类型识别的信息。在散射机制分解结果中，偶次散射主要对应类似海冰冰脊的突出特征；表面散射为主则对应海冰表面平整或光滑的特征，比如平整一年冰或光滑初冰；体散射为主则对应着低盐度、粗糙表面类似的结构，比如多年冰或粗糙一年冰（卢鹏 等, 2004）。Dabboor和Geldsetzer（2014）模拟了23个紧缩极化参数在海冰类型识别和海冰海水分类上的应用，对23个参数的分类效果进行评价，并且对它们之间的多个参数组合的分类效果进行了比较，为未来紧缩极化参数在海冰类型识别上的应用提供参考。

2）干涉合成孔径雷达

干涉合成孔径雷达（InSAR）结合了合成孔径雷达成像技术和干涉测量技术，可实现对地物第三维信息（高程信息或速度信息）的提取，已经成为SAR技术发展的重要领域。利用两副天线同时观测（单轨双天线模式）或两次近平行观测（重复轨道模式）获得同一地区的两景数据，通过获取同名点地物对应两个回波信号之间的相位差，并结合轨道数据来获取高精度、高分辨率的冰川等高程信息。类似航片利用光学像对提供的视差测量地面高程，InSAR是利用卫星或飞机合成孔径雷达接收到的复图像提供干涉相位差，经换算即可获取数字高程模型或地表形变图。

目前，InSAR有以下3种模式：（1）单道干涉，将双天线刚性安装在一个飞行平台上，在一次飞行中完成干涉测量，又称为空间基线方式；（2）双道干涉，属于单天线结构，分时进行两次测量，要求两次飞行轨道相互平行，又称为时间基线方式；（3）差分干涉，在轨迹正交向安装双天线的单道干涉与第3个测量相结合，测量微小起伏和移位的干涉。

干涉雷达数据提取三维信息（数字高程模型）的主要步骤如下：（1）干涉雷达原始信号处理、几何分析；（2）图像高精度几何配准——将辅图像（或称从图像）配准到主图像；（3）计算干涉纹图，即根据几何关系获得回波相位差和图像相关，生成干涉图，它是总相位差经2π调制得到的结果；（4）去平地效应，即平坦地形相位纠正（减去平地相位），则原始干涉图中的各局部区域计算主辅图像间的相关性；（5）相位解缠（Phase Unwrapping），即求解相位的2π模糊性问题，从而算出影像的真实相位值；（6）将解缠后得到的相位转换为高度，以获得数字高程模型（DEM）；（7）地形高度畸变的校正和地理编码；（8）地面控制点的高度偏差等校正；（9）生成合成图像产品——地理编码的主SAR图像和配准的辅SAR图像、地理编码的相干图像等。

星载微波散射计是主动、非成像雷达系统，通过向有起伏的海表、陆面发射微波脉冲信号并测量其表面反射或散射回来的回波信号来探测有关目标的信息。微波散射计一般由天线、微波发射计、微波接收机、数据积分器和检波器组成，其本质上是一个微波雷达。散射计所接收的回波信号能量的强弱取决于目标物体表面粗糙度以及物质本身的介电常数。卫星散射计风场数据对于海洋环境数值预报、海洋灾害监测、海气相互作用、气象预报和气候研究等具有重要意义。

在海冰参数反演中，通常需要建立电磁波前向散射模型来分析面散射与体散射，通过模型反演来获取诸如星下点功率反射系数、表面坡度均方根值、体散射反照率等参数（Remund and Long, 2003）。Zhao等（2002）分别将Seawinds、SSM/ I与浮标获得的浮冰漂移速度监测结果做比较后发现，主/被动微波遥感数据都适合于浮冰监测，而Seawinds的监测结果优于SSM/I，这得益于散射计受大气影响较小，同时Seawinds获取的浮冰漂移图更加平滑，尤其是在边界地区。

基于微波散射计数据可有效地区分一年冰和多年冰，其基本原理是二者在后向散射系数上存在较为明显的差异。相较于一年冰，多年冰内具有密集的小气泡，对于微波波长而言，这些气泡具有强的体散射作用，微波散射计发射的雷达信号进入多年冰内部后发生大量散射，从而在散射计影像上表现出较高的后向散射系数值。但需要注意的是，上述情况仅适用于气候条件较为稳定且温度低的冬季时期，在夏季，多年冰表面的积雪及海冰自身融化产生的融水会严重影响其散射信号的表征，融水会阻碍雷达信号的穿透，因此在后向散射影像和亮温影像上难以判别和区分一年冰和多年冰。

同时，微波散射计数据也可以用来检测夏季冰盖表面的融化状况。在夏季，当冰盖表面温度升高、融水成分增多时，冰盖表面湿雪的前向散射增加（程晓 等, 2003）。Long和Drinkwater（1994）发现, 利用Seasat-A微波散射计Ku波段散射计数据从冰盖雪冰散射特征可以测定冰盖表面各成冰带的分布情况。以北极格陵兰冰盖为例，冰盖低海拔地区由于受夏季融化影响较多，当年积雪融化，下层冰出露，形成湿雪带，再向上则是表面发生较少融化的渗浸带和即使在夏季也不发生融化的干雪带。

### 2.2.5 卫星高度计

自20世纪70年代以来，卫星测高技术已经得到了迅速的发展并取得了丰硕的研究成果。到目前为止，精确的卫星测高任务已经改变了人类对地球特别是海洋的认识和观测方式，而高精度的卫星测高观测值使我们有能力并且系统地进行与其相关的各种科学研究。

高度计是指机载或星载传感器发射脉冲并接收来自地表反射回波信号，根据脉冲从卫星发射机发射到地球表面并反射回来被接收机接收所经过的时间以及返回的波形形状等来获取地球表面信息，再结合已有的定轨方法获取精确的在轨卫星高度，利用各种算法或模型给出各种误差源的改正项，就可以确定出表面相对于参考椭球或大地水准面的高度。按照工作波段分为激光高度计和雷达高度计，两者基本原理相同，均能够直接测量地表绝对高程。

海冰是海洋和大气环流研究的重要参数之一，海冰也影响极地船运的安全航行和科学考察的实施，对其研究具有现实意义。海冰是卫星测高的应用领域之一，卫星测高是目前直接提供海冰厚度的唯一传感器。尽管过去已经建立一些海冰模型，由于缺乏准确的海冰厚度等参数还无法准确量化海冰对气候的影响，需要获取更多的海冰信息以改善人们对此问题的认识。发射ICESat与CryoSat的目的之一是为了促进人们了解海冰对全球变暖的响应。

利用高度计获取海冰（冰盖）等高程的精确变化量，同时结合冰雪密度分布，通过求积法可以获得该地区冰雪物质平衡。因此，卫星高度计已经成为测量海冰（冰盖）表面高程及编制地形图的主要传感器。高度计空间分辨率在垂直方向较高（厘米级），但在水平方向较低（雷达高度计为千米级），激光高度计提高了水平方向分辨率。

研究海冰对气候的影响，其中主要的研究内容之一就是海冰出水高度（干舷高度）

的观测与海冰厚度的计算。通过雷达或激光卫星高度计，向海冰发射微波或激光脉冲，通过识别并获得海冰与邻近海水（冰间水道或开放水域）的时间延迟和高度差，计算出海冰的出水高度（海冰和上覆雪水上部分高度或海冰水上部分高度），之后根据海冰静力平衡模型，估算出海冰厚度（Steffen and Schweiger, 1991）。不管是雷达测高还是激光测高，所得的基本观测量$h$是冰（雪）面相对于参考椭球的高度。根据冰面高度及相关的地球物理参量，就可以确定干舷高度，计算公式为

$$F = h - N - \mathrm{MDT} + e \tag{2.16}$$

式中，$F$为出水高度；$h$为卫星观测高度；$N$为大地水准面高度；MDT为平均海面动力地形（Mean Dynamic Topography，MDT）；$e$为其他误差。在海洋学中， MDT是一系列地球物理过程的积累（Swift et al., 1985），可表示为

$$\mathrm{MDT} = N + h(x,t) + h_{\tau}(x,t) + h_{a}(x,t) \tag{2.17}$$

式中，$N$为大地水准面高度；$h(x,t)$表示逆气压影响；$h_{\tau}(x,t)$表示大洋潮汐影响；$h_{a}(x,t)$表示海面地形。这些参数都随着时间和空间的变化而变化，造成了海面高度及其海冰出水高度的计算存在较大的不确定性（Steffen and Schweiger, 1991）。海面高度还可以通过一系列局地冰间水道或开阔水域的系点拟合获得，但这涉及如何应用高度计区分海冰与冰间水道。

反演得出海冰出水高度之后，根据海冰静力平衡模型，可以计算得出海冰厚度，计算公式为

$$H=\frac{h\times\rho_{\mathrm{w}}}{\rho_{\mathrm{w}}-\rho_{\mathrm{i}}}-h_{\mathrm{fs}}\times(\rho_{\mathrm{w}}-\rho_{\mathrm{s}})/(\rho_{\mathrm{w}}-\rho_{\mathrm{i}}) \tag{2.18}$$

式中，$\rho_{\mathrm{w}}$、$\rho_{\mathrm{i}}$和$\rho_{\mathrm{s}}$ 分别为海水、海冰及海冰上积雪的密度；$h$为高度计测得的海冰出水高度；$h_{\mathrm{fs}}$为海冰上积雪厚度。所以，卫星测高方法估计海冰厚度会受到公式中各种参数的影响。

## 2.2.6 冰雷达

冰雷达探测是基于电磁波理论，通过电磁波反射信号研究冰雪介质特征的技术。始于20世纪60年代的冰雷达探测技术，最初主要用于冰盖厚度以及冰下地形的探测，随着研究的深入以及冰雷达制造技术的进步，冰雷达已被广泛应用于包括冰盖厚度与冰下地形、冰盖内部的等时层结构、冰盖底部的环境以及冰流和冰盖动力学的研究当中（杨树瑚 等, 2016）。从20世纪60年代，冰雷达被首次引入南极和北极格陵兰冰盖调查，主要用于绘制冰厚及冰下地形图。1967—1979年，英国剑桥斯科特极地研究中心、美国自然基金委和丹麦技术大学在南极冰盖共同实施了第一次大范围的冰雷达探测（SPRI/NSF/TUD），

形成了SPRI-NSF-TUD冰雷达数据库。2001年，英国南极局在此数据库基础上并综合了其他研究的成果，形成了南极BEDMAP（Bedrock Mapping Project）数据库（Lythe et al., 2001）。在该数据库的基础上，结合新的研究结果和技术，通过世界多国研究者的共同努力，发展了一个精度更高、覆盖范围更广的BEDMAP2数据库（Fretwell et al., 2013）。

冰雷达不仅可以清楚地观测到冰下地形，也是寻找、研究冰下湖及其他冰下水系不可或缺的设备。冰雷达接收和记录的是反射信号的电压值，对电压值进行相应的处理之后可形成直观的图像。冰雷达的图像显示有多道时间剖面图（Z-Scope）和单道或多道记录波形图（A-Scope）两种。通过分析Z-Scope图像上的3个特征可以确定冰下湖的存在（Carter and Fricker, 2012; Siegert et al., 2005）：（1）海冰底部界面的反射能量比周围强（形成一片亮区）；（2）沿着雷达测线的反射强度恒定；（3）有一个非常平整、水平的（斜率小于0.01）反射面。依据这3个特点，对机载冰雷达数据进行研究，在1967年发现了第一个冰下湖。

雷达波在向下传播的过程中，遇到海冰内部介电特性不连续的界面会发生反射。在水平方向上表现为"层"的结构。海冰内部介电特性变化的原因主要有3种：密度的变化（浅层冰）、冰体内酸性物质（主要来源是火山喷发悬浮物）的变化和冰晶结构的变化（Fujita et al., 1999），可通过多频冰雷达系统对比探测区分后两者（Fujita and Mae, 1994; Wang et al., 2008）。自20世纪90年代后，人们通过研究发现，海冰内部的反射层很可能是由几乎相同年代的雪被压实之后形成的冰层，海冰密度的变化和导电性变化具有等时性（Vaughan et al., 2004）；冰晶结构的变化可能也具有等时性，但它易受冰体流动的影响（Matsuoka et al., 1996; Eisen et al., 2007），海冰内部等时层可以用来进行海冰动力学过程、海冰物质平衡、海冰稳定性以及冰下环境等方向的研究。

## 2.2.7 重力卫星

由于激光雷达只能测量冰的表面特征，虽然雷达能穿透冰层测得冰层间特征、冰下地貌，但无法测得冰下水量等特征。卫星重力仪利用水比岩石密度小而具有较低的引力特征，用于揭示冰下物质，估算冰川冰盖质量的变化。同时，重力仪对同一地区进行重复观测求得重力异常差异，通过积分法可以直接获得该区域冰雪物质平衡。卫星重力测量技术是继美国GPS系统成功构建后在大地测量领域的又一项创新，21世纪以来，尤其是卫星跟踪技术和卫星重力梯度测量技术的实现，使得卫星重力探测技术得到了极大发展。目前，重力卫星共有3种：CHAMP、GOCE、GRACE。

### 2.2.7.1 CHAMP

挑战性小型卫星有效载荷（Challenging Mini-Satellite Payload，CHAMP）是2000年7月15日德国地球科学研究中心（Geo Forschungs Zentrum，GFZ）独立研制发射的一颗首

次采用高低卫-卫跟踪（High-Low Satellite-Satellite Tracking, HL-SST）技术的地球物理研究与应用卫星，是一颗重、磁两用卫星。该任务由德国空间局和德国地球科学研究中心负责实施，预期寿命5年。采用圆形近极轨道，倾角为87°，偏心率为0.004，近地点轨道高度约为470 km，其科学目标是：确定全球中长波静态重力场及其随时间变化，测定全球电场和磁场，对地球内部结构建模，监测海平面和海洋循环，测定中层大气层温度垂直变化剖面，监测宇宙天气。

数据实验表明，CHAMP卫星反演地球重力场的空间分辨率可以达到500 km，即波长1 000 km以上中长波大地水准面精度可达到1 cm。CHAMP任务所致力研究的问题主要有3个方面：重力、磁力以及大气（对流层和电离层）。

2.2.7.2 GOCE

GOCE全称为地球重力场和稳态海洋环流探测计划（Gravity Field and Steady-State Ocean Circulation Explorer），该卫星是欧洲空间局经过多年研究确定的高精度、高分辨率地球重力场的探测卫星，2009年3月发射升空，卫星轨道设计为太阳同步晨昏轨道，初始轨道高度约为280 km，轨道倾角为96.7°，偏心率小于0.001，靠近两极的纬度7°范围以内无观测数据，计划运行时间为20个月。GOCE装载有高精度的静电重力梯度仪（Exploration Gravity Gradiometer, EGG），测量带宽内精度为3.2 mE （$1\ mE = 10^{-12}\ s^{-2}$），并采取了与SST-h1技术相结合的测量模式。GOCE任务的科学目标是建立全球高精度高分辨率的地球重力场模型和大地水准面模型（预期大地水准面精度为1 ~ 2 cm，重力异常精度为1 mGal，相应空间分辨率优于100 km）。

2.2.7.3 GRACE

GRACE（Gravity Recovery and Climate Explorer）重力卫星是一颗用于观测地球重力场变化的卫星，它是由NASA和德国宇航中心（German Aerospace Center，GLR）合作共同研发的，其目的在于高精度地获取地球重力场的中长波信息和全球时变重力场信息。GRACE重力卫星于2002年3月17日成功发射，设计寿命为5年，截至目前一直处于正常运营阶段。GRACE卫星由两颗相同的卫星组成，两者相距约220 km，在同一近地轨道（轨道高度约300 ~ 500 km）上飞行，轨道倾角为89°，通过卫星上的微波测距系统精密测量两星之间的距离随时间的变化。

GRACE卫星计划最重要的科学任务有3个方面：（1）测量时变地球重力场信息，期望大地水准面年变化精度达到0.01 mm/a；（2）测量地球重力场的中长波信息，期望5 000 km波长大地水准面精度达到0.01 cm，500 km波长大地水准面精度达到0.01 mm；（3）探测大气和电离层的信息。除了上述3个主要期望目标，GRACE观测数据还在监测地表水和地下水变化、两极冰川和全球海平面变化、海洋环流和固体地球内部变化方面有所突破。因此，通过GRACE发布的全球时变重力场信息，可以检测到全球系统的物质迁移，为研究格陵兰岛冰盖质量平衡变化监测提供了一种行之有效的方法。

冰盖质量平衡指的是冰盖上雪积累量与表面融化、冰山崩解、底部融化/冰冻及升华等损失之间的差值，不考虑积雪致密的作用，质量平衡观测值相当于确定冰盖体积变化或表面高程的变化（至少在冰盖的地面部分）（Markus and Cavalieri, 2000）。格陵兰岛冰盖体积约占世界冰盖体积的10%（Ivanova et al., 2014），其质量平衡变化可以反映出局地及全球气候变化。

根据所用GRACE产品的不同，目前利用GRACE卫星数据反演地球系统质量变化的方法主要有两种，即利用Level-2数据产品得到球谐解（Hartmann et al., 1999）以及利用Level-1B数据产品得到非球谐解（Holmes et al., 1984）。其中Level-2产品常用于南北极地区的物质平衡计算，Level-2数据是时变重力场模型的球谐系数，通常每月发布一个重力场模型（Yu et al., 2002）。地球重力场是反映地球表层及内部物质密度分布和运动状态的基本物理场，其变化反映地球系统流体质量迁移与重新分布，包括大气、海洋与陆地水等。地球重力通常用大地水准面的形状来描述，并且地球表面及其内部物质的重新分布，将会导致地球重力场的变化从而引起大地水准面的变化（$\Delta N$）。$\Delta N$可以表示为

$$\Delta N(\theta,\varphi)=a\sum_{l=0}^{\infty}\sum_{m=0}^{l}P_{lm}(\cos\theta)\times\left[\Delta C_{lm}\cos(m\varphi)+\Delta S_{lm}\sin(m\varphi)\right] \tag{2.19}$$

式中，$a$为地球平均赤道半径；$l$和$m$分别为球谐函数展开的阶数和次数；$\theta$是余纬度；$\varphi$是经度；$P_{lm}$是归一化的缔合勒让德系数；$\Delta C_{lm}$和$\Delta S_{lm}$为相应的地球重力场球谐系数变化，可以利用重力场模型的球谐系数变化推求地球质量变化的表达式。

由于GRACE卫星轨道误差、加速度计测量误差、K波段测距误差的影响，使得GRACE重力场系数的误差随着阶数的增加而迅速增大，为了减小GRACE重力场系数高阶项误差的影响，通常通过空间平均的方法来减小高阶项系数的加权因子（Yu et al., 2002）。同时，在GRACE数据处理中还需对低阶重力场系数进行处理，由于GRACE参考框架的原点定义在整个地球质量的中心，因此，GRACE重力场位系数中的一阶项（地心）默认为0，当在研究冰盖物质平衡变化时，需将参考框架的原点定义在冰盖形状中心。

## 参考文献

Aulicino G, Sansiviero M, Paul S, et al., 2018. A new approach for monitoring the Terra Nova Bay polynya through MODIS ice surface temperature imagery and its validation during 2010 and 2011 winter seasons[J]. Remote Sensing, 10(3): 366.

Brenner A C, Zwally H J, Bently C R, et al., 2003. Derivation of range and range distributions from laser pulse waveform analysis for surface elevations, roughness, slope, and vegetation heights[S]. GLAS

Algorithm Theorectical Basis Document Version 3.0.

Carter S P, Fricker H A. The supply of subglacial meltwater to the grounding line of the Siple Coast, West Antarctica[J]. Annals of Glaciology, 2012, 53(60): 267-280.

Curry J, Schramm J, Rossow W, et al., 1996. Overview of Arctic cloud and radiation characteristics[J]. Journal of Climate, 9(8): 1731−1764.

Dabboor M, Geldsetzer T, 2014. Towards sea ice classification using simulated RADARSAT Constellation Mission compact polarimetric SAR imagery[J]. Remote Sensing of Environment, 140: 189−195.

Dickson R R, Meincke J, Malmberg S A, et al., 1988. The "great salinity anomaly" in the Northern North Atlantic 1968–1982[J]. Progress in Oceanography, 20(2): 103−151.

Eisen O, Hamann I, Kipfstuhl S, et al., 2007. Direct evidence for continuous radar reflector originating from changes in crystal-orientation fabric[J]. The Cryosphere Discussions, 1(1): 1−10.

Fretwell P, Prichard H D, Vaughan D G, et al., 2013. Bedmap2: improved ice bed, surface and thickness datasets for Antarctica[J]. The Cryosphere, 7(1): 375−393.

Fujita S, Mae S, 1994. Causes and nature of ice-sheet radio-echo internal reflections estimated from the dielectric properties of ice[J]. Annals of Glaciology, 20(1): 80−86.

Fujita S, Maeno H, Uratsuka S, et al., 1999. Nature of radio echo layering in the Antarctic ice sheet detected by a two-frequency experiment[J]. Journal of Geophysical Research, 104(B6): 13013−13024.

Grenfell T C, Warren S G, Mullen P C, 1994. Reflection of solar radiation by the Antarctic snow surface at ultraviolet, visible, and near-infrared wavelengths[J]. Journal of Geophysical Research: Atmospheres, 99(D9): 18669−18684.

Hall A, 2004. The role of surface albedo feedback in climate[J]. Journal of Climate, 17(7):1550−1568.

Hall D K, Key J R, Casey K A, et al., 2004. Sea ice surface temperature product from MODIS[J]. IEEE Transactions on Geoscience and Remote Sensing, 42(5): 1076−1087.

Han Shin-Chan, 2004. Time-variable aliasing effects of ocean tides, atmosphere, and continental water mass on monthly mean GRACE gravity field[J]. Journal of Geophysical Research, 109(B4): 403.

Hartmann J, Albers F, Argentini S, 1999. Arctic radiation and turbulence interaction study (ARTIST)[R]. Bremerhaven: Berichte zur Polarforschung (Reports on Polar Research) Alfred Wegener Institute for Polar and Marine Research: 305 .

Holland M M, Bitz C M, 2003. Polar amplification of climate change in coupled models[J]. Climate Dynamics, 21(3/4): 221−232.

Holmes Q A, Nuesch D R, Shuchman R A, 2007. Textural analysis and real-time classification of sea-ice types using digital SAR data[J]. IEEE Transactions on Geoscience and Remote Sensing, GE-22(2): 113−120.

Ivanova N, Johannessen O M, Pedersen L T, et al., 2014. Retrieval of Arctic sea ice parameters by satellite passive microwave sensors: a comparison of eleven sea ice concentration algorithms[J]. IEEE

Transactions on Geoscience & Remote Sensing, 52(11): 7233−7246.

Light B, Maykut G A, Grenfell T C, 2004. A temperature-dependent, structural-optical model of first-year sea ice[J]. Journal of Geophysical Research, 109(C6): 13.

Lindsay R W, Rothrock D A, 2009. Arctic sea ice albedo from AVHRR[J]. Journal of Climate, 7(11): 582−582.

Long D G, Drinkwater M R, 1994. Greenland ice-sheet surface properties observed by the Seasat-A scatterometer at enhanced resolution[J]. Journal of Glaciology, 40(135): 213−230.

Lythe M B, Vaughan D G, Consortium B, 2001. BEDMAP: A new ice thickness and subglacial topographic model of Antarctica[J]. Journal of Geophysical Research, 106(B6): 11335−11351.

Marks A A, Lamare M L, King M D, 2017. Optical properties of laboratory grown sea ice doped with light absorbing impurities (black carbon)[J]. The Cryosphere Discussions, 11(6): 1−26.

Markus T, Cavalieri D J, 2000. An enhancement of the NASA Team sea ice algorithm[J]. IEEE Transactions on Geoscience & Remote Sensing, 38(3): 1387−1398.

Maslanik J, Key J, 1993. Comparison and integration of ice-pack temperatures derived from AVHRR and passive microwave imagery[J]. Annals of Glaciology, 17: 372−378.

Matsuoka T, Fujita S, Mae S, 1996. Effect of temperature on dielectric properties of ice in the range 5–39 GHz[J]. Journal of Applied Physics, 80(10): 5884.

Perovich D K, Grenfell T C, 1981. Laboratory studies of the optical properties of young sea ice[J]. Journal of Glaciology, 27(96): 331−346.

Perovich D K, Grenfell T C, Light B, et al., 2002. Seasonal evolution of the albedo of multiyear Arctic sea ice[J]. Journal of Geophysical Research: Oceans, 107(C10): 1−13.

Remund Q P, Long D G, 2003. Large-scale inverse Ku-band backscatter modeling of sea ice[J]. IEEE Transactions on Geoence and Remote Sensing, 41(8): 1821−1833.

Shi J, Dozier J, 1997. Mapping seasonal snow with SIR-C/X-SAR in mountainous areas[J]. Remote Sensing of Environment, 59(2): 294−307.

Shokr M, Sinha N, 2015. Sea Ice: Physics and Remote Sensing[M]. Washington, DC, United States: John Wiley & Sons.

Siegert M J, 2000. Antarctic subglacial lakes[J]. Earth Science Reviews, 50(1): 29−50.

Siegert M J, Carter S, Tabacco I, et al., 2005. A revised inventory of Antarctic subglacial lakes[J]. Antarctic Science, 17(3): 453.

Son Y S, Kim H C, Lee S, 2018. ASTER-derived high-resolution ice surface temperature for the Arctic coast[J]. Remote Sensing, 10(5): 662.

Steffen K, Schweiger A, 1991. NASA team algorithm for sea ice concentration retrieval from Defense Meteorological Satellite Program special sensor microwave imager: Comparison with Landsat satellite imagery[J]. Journal of Geophysical Research: Oceans, 96(C12): 21971−21987.

Struthers H, Ekman A M L, Glantz P, et al., 2011. The effect of sea ice loss on sea salt aerosol concentrations and the radiative balance in the Arctic[J]. Atmospheric Chemistry and Physics, 11(7): 3459–3477.

Swift C T, Fedor L S, Ramseier R O, 1985. An algorithm to measure sea ice concentration with microwave radiometers[J]. Journal of Geophysical Research, 90(C1): 1087.

Ulaby F T, Moore R K, Fung A K, 1981. Microwave remote sensing: active and passive: microwave remote sensing fundamentals and radiometry[M]. Boston, United States: Addison Wesley Publishing Company.

Vaughan D G, Anderson P S, King J C, et al., 2004. Imaging of firn isochrones across an Antarctic ice rise and implications for patterns of snow accumulation rate[J]. Journal of Glaciology, 50(170): 413–418.

Wahr J, Molenaar M, Bryan F, 1998. Time variability of the Earth's gravity field: Hydrological and oceanic effects and their possible detection using GRACE[J]. Journal of Geophysical Research: Solid Earth, 103(B12): 30205–30229.

Wang B, Tian G, Cui X, et al., 2008. The internal COF features in Dome A of Antarctica revealed by multi-polarization-plane RES[J]. Applied Geophysics, 5(3): 230–237.

Young-Sun S, Hyun-Cheol K, Sung L, 2018. ASTER-derived high-resolution ice surface temperature for the Arctic coast[J]. Remote Sensing, 10(5): 662.

Yu Q, Moloney C, Williams F, 2002. SAR sea-ice texture classification using discrete wavelet transform based methods[J]. IEEE International Geoscience and Remote Sensing Symposium, IEEE, 5: 3041–3043.

Zhang X, Dierking W, Zhang J, et al., 2015. A polarimetric decomposition method for ice in the Bohai Sea using C-band PolSAR data[J]. IEEE Journal of Selected Topics in Applied Earth Observations and Remote Sensing, 8(1): 47–66.

Zhao Y, Liu A K, Long D G, 2002. Validation of sea ice motion from QuikSCAT with those from SSM/I and buoy[J]. IEEE Transactions on Geoscience and Remote Sensing, 40(6): 1241–1246.

陈述彭, 1990. 卫星遥感面临应用的新挑战[J]. 环境遥感, 5(1): 3–10.

程晓, 鄂栋臣, 邵芸, 等，2003. 星载微波散射计技术及其在极地的应用[J]. 极地研究, 15(2): 151–159.

冯贵平, 王其茂，宋清涛，2018. 基于 GRACE 卫星重力数据估计格陵兰岛冰盖质量变化[J]. 海洋学报, 40(11): 73–84.

国巧真, 陈云浩, 李京, 等，2006. 遥感技术在我国海冰研究方面的进展[J]. 海洋预报, 23(4): 95–103.

黄海兰，2011. 利用ICESat和GRACE卫星观测数据确定极地冰盖变化[D]. 武汉：武汉大学.

季青，2015. 基于卫星测高技术的北极海冰厚度时空变化研究[D]. 武汉：武汉大学.

李晓明，张强，2019. 星载合成孔径雷达北极海冰覆盖观测[J]. 海洋学报, 41(4): 145–146.

刘成玉, 顾卫, 李澜涛，等，2013. 表面粗糙对渤海海冰热红外辐射方向特征的影响研究[J]. 海洋预报, 30(4): 1–11.

刘惠颖, 2017. 宽幅多极化 SAR 海冰信息提取方法与类型识别研究[D]. 北京：中国科学院遥感与数字地球研究所.
刘煜, 吴辉碇, 2018. 海冰热力学[J]. 海洋预报, 35(3): 88−97.
卢鹏, 李志军, 董西路, 等, 2004. 基于遥感影像的北极海冰厚度和密集度分析方法[J]. 极地研究, 16(4): 317−323.
钱博, 陆其峰, 杨素英, 等, 2016. 卫星遥感微波地表发射率研究综述[J]. 地球物理学进展, 31(3): 960−964.
王雷, 2015. 基于多时相SAR对高寒山区冰雪冻融状态变化监测[D]. 成都: 电子科技大学.
肖莺, 任永建, 杜良敏, 2018. 气候变化背景下北极海冰对我国冬季气温的影响研究[J]. 极地研究, 30(1): 14−21.
杨清华, 张占海, 刘骥平, 等, 2010. 海冰反照率参数化方案的研究回顾[J]. 地球科学进展, 25(1): 14−21.
杨树瑚, 顾祈明, 张云, 等, 2016. 利用冰雷达诊断南极冰盖底部环境的研究综述[J]. 极地研究, 28(2): 277−286.
张德海，张俊荣，王丽巍，1994. 海洋微波遥感中的介电常数[J]. 遥感技术与应用，9(3): 43−52.
赵英时, 2003. 遥感应用分析原理与方法[M]. 北京: 科学出版社.

# 第3章

# 北极海冰分类研究

## 3.1 北极海冰类型研究进展

### 3.1.1 北极海冰类型及变化趋势

海冰因其较高的反照率和较好的隔热性而成为全球气候变化的重要因素（Remund and Long, 1999）。在气候变化方面，北极海冰范围的变化会影响大气与海洋之间的热交换以及地球系统的能量平衡；在社会经济层面，北极海冰的变化会直接影响北极航道的通航情况及海底天然气和石油储量的勘探（Bird et al., 2008）。此外，海冰还提供了冰上和冰下两个不同的生态系统。因此，持续关注北极海冰的变化具有重要意义。

按照世界气象组织（World Meteorological Organization，WMO）的分类标准，根据海冰的发展阶段，海冰可分为新冰（New Ice）、尼罗冰（Nilas）、初冰（Young Ice）、一年冰（First Year Ice，FYI）和多年冰（Multi-Year Ice，MYI）。多年冰的定义为至少经历一个完整的夏季融化过程后仍然存在的海冰。一年冰则是只在一年内的冬天存在而夏季完全融化的海冰。多年冰与一年冰的差异表现在：（1）多年冰比一年冰更厚，北极多年冰和一年冰的典型厚度分别为3 m和1.5 m；（2）多年冰内气泡更多，因多年冰经过不断地消融冻结，冰内海水的盐分不断析出，在冰层内留下众多小气泡（典型直径约为2.4 mm）（Shokr and Sinha, 1994）。

1979—2016年，北极海冰范围每10年减少约4%（Cavalieri and Parkinson, 2012; Onarheim et al., 2018），这被视为是全球变暖带来的效应。在同一时期，多年冰范围以每10年约9%～15%的速度减小（Comiso，2002，2006，2012; Comiso et al., 2008; Johannessen et al., 1999; Kwok, 2018; Stroeve et al., 2007），速率远大于前者。20世纪70年代后期，2/3的北极海盆被多年冰覆盖，但截至2010年，一年冰覆盖了北极海盆的2/3（Kwok, 2007; Kwok and Untersteiner, 2011）。最新的研究发现，1958—2018年，北极海

---

本章作者：张智伦[1,2]，惠凤鸣[1,2]，程晓[1,2]
1. 中山大学 测绘科学与技术学院，广东 珠海 519082;
2. 北京师范大学 全球变化与地球系统科学研究院 遥感科学国家重点实验室，北京 100875

冰在厚度、体积、多年冰面积上均发生了大幅的减小。融化季末期北极海冰的厚度减小了2 m，降幅高达66%，冬季海冰体积每10年减小2 870 $km^3$，同时，多年冰面积减小超过50%，现今北极多年冰的覆盖范围已不足北极海盆的1/3。北极海冰厚度和体积的缩减主要由多年冰的减少引起，这将导致北极海冰对气候变化的敏感性进一步升高（Kwok, 2018），对北极季节性的气候预报带来更多挑战，为21世纪内北极无冰区域的预测增添了更多不确定性（Serreze and Meier, 2019）。

多年冰和一年冰覆盖范围的变化主要通过辐射和动力学特性来改变天气和气候（Perovich and Richter-Menge, 2009; Petrie et al., 2015; Vihma, 2014）。以2005—2008年为例，多年冰范围减小了42%，净减小量达$1.54 \times 10^6$ $km^2$（Kwok et al., 2009）。原覆盖多年冰的海域被一年冰覆盖后，海洋与大气之间的热交换会增加，因为一年冰冰层更薄且更容易变形而产生开阔水域（Stroeve et al., 2012）。另一方面，多年冰覆盖范围的减小可以降低船舶航行的风险，增加船舶在北极更多地区通航的可能性。因此，需要连续的北极海冰分类数据集为研究与海冰相关的气候变化和船舶导航提供数据支持。此外，对于其他海冰参数如冰间水道、融池等的提取，也需要海冰分类数据集作为支撑。

## 3.1.2 海冰分类研究进展

在遥感技术诞生前，极区海冰的观测多基于航测和沿岸观测。随着遥感技术的不断发展和普及，其连续观测能力及探测遥远地区的能力使其成为极区的主要观测手段。海冰类型研究一般包括基于光学遥感的海冰分类和基于微波遥感的海冰分类。其中，基于微波遥感的海冰分类又分为合成孔径雷达（Synthetic Aperture Radar，SAR）、微波散射计和微波辐射计。

### 3.1.2.1 基于光学遥感的海冰分类

光学遥感受限于光照条件、云雾和冰上积雪等条件影响，在海冰类型的识别中应用较少。在光学遥感中，根据海冰反照率或海冰表面温度的差异可以将海冰分为新冰、一年冰和多年冰。Yu等（1995）根据北极海水的结冰温度设定阈值来区分海冰和海水。Massom和Comiso（1994）利用甚高分辨率辐射计（Advanced Very High Resolution Radiometer, AVHRR）可见光和近红外波段将白令海峡和格陵兰海的海冰分为：新冰、初冰和一年冰。Haggerty等（2003）使用劈窗算法基于AVHRR热红外波段计算海冰表面温度，再根据冰温区分海冰类型。此外，Nolin等（2002）利用可见光和近红外波段相机的多角度观测，计算表面粗糙度进行海冰分类。

基于光学遥感的海冰分类的空间覆盖范围和分辨率适中，但是极易受到光照条件、云雾和冰上积雪的影响。

#### 3.1.2.2 基于SAR的海冰分类

SAR具有不受云雾、光照影响等优势，在极地海冰监测中被广泛应用。在SAR影像中，不同类型的海冰由于表面或内部散射特性存在差异，因此，其后向散射系数的差异是区分海冰类型的基础。此外，SAR数据可以反映海冰的纹理细节，根据纹理特性可将海冰分为更为详细的海冰类型。

搭载C波段VV极化SAR系统的ERS-1和ERS-2卫星分别于1991年和1995年发射升空，由于ERS卫星的设计目的之一即为监测海冰变化，这使得利用卫星SAR数据产品进行海冰分类逐渐成为主流趋势。自1991年起，阿拉斯加合成孔径雷达协会地球物理处理机构（Alaskan SAR Facility's Geophysical Processor System, ASF GPS）为满足SAR数据产品在极地研究中的需求，开发和建立了一系列基于SAR影像的海表风场和风向、海冰漂移、海冰密集度和海冰分类等算法（Kwok et al., 1992）。Askne等（1994）基于ERS-1 SAR影像建立了海冰后向散射理论模型并用来识别海冰的特征。Morris等（1998）及Kwok和Cunningham（1994）利用ERS-1 SAR数据分别对别林斯高晋海和波弗特海区域的海冰进行了观测和动态变化分析。L波段HH极化JERS-1于1992年发射升空，相比C波段，L波段SAR具有更长的波长，Dierking和Busche（2006）的研究显示其对海冰形变（如碎浮冰、冰脊等）的探测能力更强。此外，还有研究表明，由于波长和入射角存在不同，JERS-1 SAR对开阔水域的识别能力优于ERS-1（Wakabayashi et al., 1995）。RADARSAT-1卫星于1995年发射，作为C波段HH极化SAR卫星，其首次实现了多角度观测，并且提供了多达7种的工作模式。Karvonen等（2005）使用RADARSAT-1数据，建立了基于影像分割技术的海冰与开阔水域识别方法，验证精度约为90%。Yu和Clausi（2007）利用RADARSAT-1数据，提出了一种基于影像分割和马尔科夫随机场的分类算法，并应用于灰白冰和灰冰两种难以区分的海冰类型分类中。

作为ERS的后继星，搭载高级合成孔径雷达（Advanced Synthetic Aperture Radar, ASAR）的卫星Envisat于2002年发射升空。C波段Envisat ASAR卫星首次实现多极化工作模式（HH，VV，HV，VH），为更精细和准确的海冰类型区分带来了可能。Zakhvatkina等（2012）利用ASAR HH极化数据，基于贝叶斯和神经网络对北极中心区域海冰开展实验，将海冰分类为平滑的一年冰、破碎的一年冰、多年冰和冰间水道等，结果显示，基于贝叶斯方法的分类结果对冰间水道的探测能力更优且具有更高的分辨率。Yu等（2012）和Ramsay等（1993）的研究表明，仅使用单通道极化数据识别的海冰类型有限，而结合HH与HV极化数据可获取更多海冰类型信息并提升海冰分类精度。Geldsetzer和Yackel（2009）则利用HH和VV两种极化方式的ASAR数据，基于决策树方法将加拿大北极地区的海冰划分为开阔水域、薄冰、一年冰和多年冰4类，其中开阔水域的识别精度超过99%。Scheuchl等（2004）及Dierking和Pedersen（2012）探讨了同极化和交叉极化数据在海冰分类中的差异，结果显示，在低入射角时交叉极化对一年冰和多年冰的识别效果更优。搭载相控阵L波段SAR（PALSAR）传感器的卫星ALOS-1于2006年发射升空，其具有单极化、多极化和全极化3种极化方式。RADARSAT-2于2007年发射升空，其在RADARSAT-1的工作模式基础上，新增了全极化模式。全极化SAR卫星的成功为基于全极化SAR开展海冰研究提供了新思路。全极化SAR相比单极化或多极化SAR，可提供更多维度的影像信息，如影像的几何属性和物理属性等，因此更有利于精细化海冰类型的提取（Dabboor and Shokr, 2013）。

作为Envisat的继任者，Sentinel-1A/B卫星分别于2014年和2016年发射升空，其上搭载的C波段双极化SAR，是近年来海冰分类研究可用的主要数据，但在海冰分类中的应用尚不充分。Mäkynen和Karvonen（2017）基于Sentinel-1 SAR影像探讨了喀拉海一年冰的后向散射与入射角间的关系。朱立先等（2019）利用Sentinel-1A/B SAR数据对冬季北极西北航道的一年冰和多年冰开展分类，总体精度高于84%。除了主流的基于C波段SAR开展海冰分类研究外，还有学者基于TerraSAR-X卫星X波段（Liu et al., 2015; Ressel et al., 2015）以及多源多波段SAR数据（Hara et al., 1995; Ressel and Singha, 2016）对海冰分类进行了探索。

由于SAR影像具有极高的空间分辨率，能反映多种类型海冰的多维信息，因此，SAR影像的海冰分类方法多来自或改进于机器学习方法。其中，应用较为广泛的方法包括：支持向量机（Support Vector Machine，SVM）、LibSVM（Liu et al., 2014, 2015; Zakhvatkina et al., 2017）、神经网络（Hara et al., 1995; Karvonen and Similae, 1999; Ressel et al., 2015; Zakhvatkina et al., 2012）和马尔可夫随机场（Markov Random Fields，MRF）（Clausi, 2001; Ochilov and Clausi, 2012; Yu and Clausi, 2007）等。此外，灰度共生矩阵（Gray-Level Co-Occurrence Matrix，GLCM）的提出（Haralick and Shanmugam, 1973）可以应用于SAR影像中，提供熵值、均一性等多维纹理特征信息作为分类模型的输入项，因此被广泛应用于海冰分类研究中（Barber and Ledrew, 1991; Clausi, 2002; Holmes et al., 2007; Shokr, 2002; Smith et al., 1995; Soh and Tsatsoulis, 1999; Wang et al., 2015; 刘惠颖 等, 2014）。

基于SAR的海冰分类的特点是空间分辨率高，提供的海冰类型信息丰富，但空间范围较小，时间分辨率较低。

#### 3.1.2.3 基于微波散射计和微波辐射计的海冰分类

多年冰内的气泡比一年冰多，在冬季，前者的后向散射作用更强，且多年冰内的气泡对其冰内的微波发射起到削弱作用，导致前者在微波波段中的亮温低于后者，因此，可以根据散射计数据中后向散射系数（$\sigma^{o}$）的差异或辐射计数据中亮温（$T_{b}$）的差异分区分多年冰和一年冰。

微波散射计方面，世界上第一台星载微波散射计Seasat-A Scatterometer System（SASS）于1978年发射升空。SASS工作于Ku波段，具有HH与VV两种极化方式。Yueh等（1997）基于SASS散射数据的垂直极化比和水平极化比有效地区分了海冰与开阔水域。Early和Long（1997）基于ERS-1卫星上的主动微波散射计（Active Microwave Instrument，AMI）具有的宽幅和广入射角特点，利用AMI的后向散射系数、入射角影像和归一化标准差等参数，对南大洋海冰分类进行了初步尝试。搭载Ku波段微波散射计的NASA散射计卫星（NSCAT）于1996年发射但于1998年出现故障停止工作。Remund和Long（1999）利用NSCAT后向散射系数的同极化比和入射角影像的垂直极化比两个参数，对南大洋的海冰与开阔水域进行了区分，分类精度高于95%。Ezraty和Cavanié（1999）对工作于Ku波段的微波散射计NSCAT和C波段微波散射计AMI进行了比较，并发现北极一年冰和多年冰的后向散射差异在Ku波段散射计数据上表现得更为明显。搭载Ku波段双极化微波散射计SeaWinds的卫星QuikSCAT于1999年发射升空，Anderson和Long（2005）基于先验知识和条件概率分布模型，利用QuikSCAT数据开展南极海冰类型制图，与SAR影像等验证数据对比发现，该方法可较为精确地提取海冰边缘带、冰间湖等海冰要素。Kwok（2004）使用固定阈值法，基于QuikSCAT散射计的后向散射系数成功区分一年冰和多年冰，并给出多年冰的像元比例。Nghiem等（2006）使用QuikSCAT数据将北极海冰分类为季节性冰、多年冰和混合冰。Swan和Long（2012）利用季节性变化的动态阈值，同样基于QuikSCAT数据对北极海冰进行分类，系统性地生成了2002—2009年的北极海冰分类数据集，与加拿大海冰服务中心（Canadian Ice Service，CIS）提供的冰图（Ice Chart）对比结果显示，2006—2008年冬季在加拿大群岛附近的分类误差小于9.5%。搭载Ku波段微波散射计Oceansat-2散射计（OSCAT）于2009年发射，Lindell和Long（2016b）利用与Swan和Long（2012）相同的分类方法，基于OSCAT微波散射计数据，生成了2009—2014年冬季的北极海冰分类数据集。

微波辐射计方面，世界上第一台星载电子扫描微波辐射计（Electrically Scanning Microwave Radiometer，ESMR）于1972年成功发射。Zwally（1983）利用ESMR数据对1973—1976年的南极海冰开展了观测制图。多通道扫描微波辐射计（Scanning Multichannel Microwave Radiometer，SMMR）于1978年开始工作，Comiso（1990）使用多波段SMMR数据开展了北极多年冰范围的提取，并分析了影响多年冰微波发射率的因素。Steffen（1991）利用SMMR数据，通过建立极化比与冰厚数据之间的关系，基于不同的阈值对初冰进行了划分。1987年起陆续发射的美国空军国防气象卫星计划（United States Air Force Defense Meteorological Satellite Program，DMSP）卫星上搭载的专用传感器微波成像仪（Special Sensor Microwave/Imager，SSM/I）和专用传感器微波成像仪/探测仪（Special Sensor Microwave Imager Sounder，SSMIS）在大尺度海冰要素提取中得以广泛应用。Cavalieri（1994）利用SSM/I的极化比信息将薄冰细分为新冰、初冰和一年冰共3类。Lomax等（1995）使用SSM/I 85 GHz亮温数据发展了基于该数据的海冰密集度提取算法。Cavalieri（1996）提出了基于SSM/I 3个波段数据的海冰密集度提取方法——NT算法，算法可以分别提取总海冰密集度、一年冰密集度和多年冰密集度。Belchansky等

（2005）使用基于SSM/I和SSMIS系列被动微波数据的海冰运动向量数据和海冰密集度数据，提取并分析了1989—2003年年际间北极不同冰龄海冰的时空分布。刘一君（2017）使用全约束最小二乘算法，基于SSM/I和SSMIS数据提取了2004—2015年冬季每日的一年冰和多年冰海冰密集度。搭载先进微波扫描辐射计（Advanced Microwave Scanning Radiometer-Earth Observing System，AMSR-E）的Aqua卫星于2002年发射升空并于2011年停止工作，Comiso（2012）使用一种改进的海冰密集度算法，基于AMSR-E的亮温数据研究了1979—2011年北极多年冰的年代际减少情况。张树刚（2016）使用应用强度比参数方法，基于AMSR-E数据探究了多年冰范围的划分效果。此外，科罗拉多大学波尔得分校（University of Colorado Boulder，CU-Boulder）使用轨迹追踪和模型模拟等方法基于AMSR-E、SSMIS等辐射计数据，结合浮标、气象预报数据，业务化生产了1984—2017年每周的海冰年龄产品并在美国国家冰雪数据中心（National Snow and Ice Data Center，NSIDC）上发布（Tschudi et al., 2019）。

在融合主、被动微波数据进行海冰分类方面，Yu等（2009）发现在基于AMSR-E数据进行海冰分类时引入QuikSCAT数据可以提高分类的准确度。Belchansky和Douglas（2000）使用OKEAN 01卫星上的微波散射计和辐射计进行了北极海冰分类和密集度提取工作，并与基于SSM/I和AVHRR的海冰密集度数据进行了比较。Walker等（2006）结合QuikSCAT和SSM/I数据，开展了2003—2004年北极的一年冰和多年冰类型和海冰密集度制图。Shokr和Agnew（2013）提出了融合QuikSCAT和AMSR-E的多年冰密集度提取算法，并由Ye等（2015，2016）改进并生成了2003—2009年冬季每日的北极多年冰密集度产品。搭载C波段微波散射计ASCAT（Advanced Scatterometer）的Metop系列卫星于2006年起陆续发射升空。AMSR2作为AMSR-E的后继任务，于AMSR-E停止工作1年后发射升空。不来梅大学（University of Bremen，Uni-Bre）基于ASCAT后向散射数据和AMSR2亮温数据，利用Ye等（2015，2016）改进的多年冰密集度算法，生产并发布了2009—2018年的冬季每日多年冰密集度产品。Lindell和Long（2016b）基于先验知识，利用贝叶斯算法，结合ASCAT和SSMIS数据生成了2010—2014年冬季每日的海冰分类图，所提取的多年冰范围与CIS冰图中多年冰密集度高于50%的区域基本一致。基于类似的贝叶斯方法，欧洲气象卫星组织（European Organisation for the Exploitation of Meteorological Satellites，EUMETSAT）下属的海洋和海冰卫星应用设施委员会（Ocean and Sea Ice Satellite Application Facility，OSI SAF）使用ASCAT和SSMIS/AMSR2数据，业务化生产并发布了2005年以来的冬季每日海冰分类产品（Breivik and East wood, 2012）。

基于微波散射计和微波辐射计的海冰分类，其优点是空间覆盖范围广，时间分辨率高，加工后的数据可每天覆盖北极，不足是分类结果的空间分辨率较低，多为12.5 km左右。为了生成北极海冰分类数据集，综合以上多种遥感方法来看，基于微波散射计和微波辐射计的大尺度海冰分类方法能较好地满足需求。

### 3.1.3 现有大尺度海冰分类产品对比

根据分类方法的差异，目前主要的可获取的大尺度海冰分类产品（或数据集）分为3类：一是海冰类型产品；二是海冰冰龄产品；三是多年冰密集度产品。产品的主要信息如表3.1所示，产品示意图如图3.1所示。

表3.1 现有大尺度海冰分类产品信息

| 产品类型 | 生产单位 | 方法 | 数据源 | 时间范围 | 空间分辨率 / km | 优点 | 缺点 |
|---|---|---|---|---|---|---|---|
| 海冰类型 | BYU | 动态阈值 | QuikSCAT | 2002—2009年，冬季逐日 | 4.45 | 空间分辨率较高 | 年际间阈值固定 |
| | | | OSCAT | 2009—2014年，冬季逐日 | 4.45 | | |
| | | 贝叶斯估计 | ASCAT SSMIS | 2009—2014年，冬季逐日 | 4.45 | | 误差易累计 |
| | OSI SAF | | ASCAT SSMIS/ AMSR2 | 自2005年起，冬季逐日 | 10 | 标注海冰类型易混淆区 | |
| 海冰冰龄 | NSIDC | 冰流追踪矢量 | SSM/I系列浮标数据 | 自1979年起，逐周 | 12.5 | 提供具体冰龄信息 | 空间分辨率低，非逐日产品 |
| 多年冰密集度 | Uni-Bre | 改进的多年冰密集度估算 | ASCAT AMSR-E /AMSR2 | 2009—2018年，冬季逐日 | 12.5 | 提供逐像元的多年冰比例 | 空间分辨率低 |

海冰类型产品包括杨百翰大学（Brigham Young University，BYU）生产的基于微波散射计（和辐射计）的海冰分类数据集和欧洲气象卫星下属的海洋与海冰卫星应用组织业务化生产的海冰分类产品。BYU海冰分类数据集的优点在于具有较高的空间分辨率，达到4.45 km，可以反映更多空间细节，缺点在于对于QuikSCAT分类结果，其所用阈值是基于多年后向散射值的平均统计结果，一定程度上弱化了年际间一年冰和多年冰的阈值差异性；对于ASCAT分类结果，其在生成数据集的过程中，错分误差容易累计，从而影响后续生成结果的连续性和稳定性。OSI SAF海冰分类产品的优势在于其在结果中除区分一年冰和多年冰外，还给出了第3种类型，即两种类型海冰易混淆区域，该混合区主要位于多年冰边缘带。该产品的缺点类似于BYU的ASCAT产品，即误分情况容易累计，影响分类产品的精确度和稳定性。

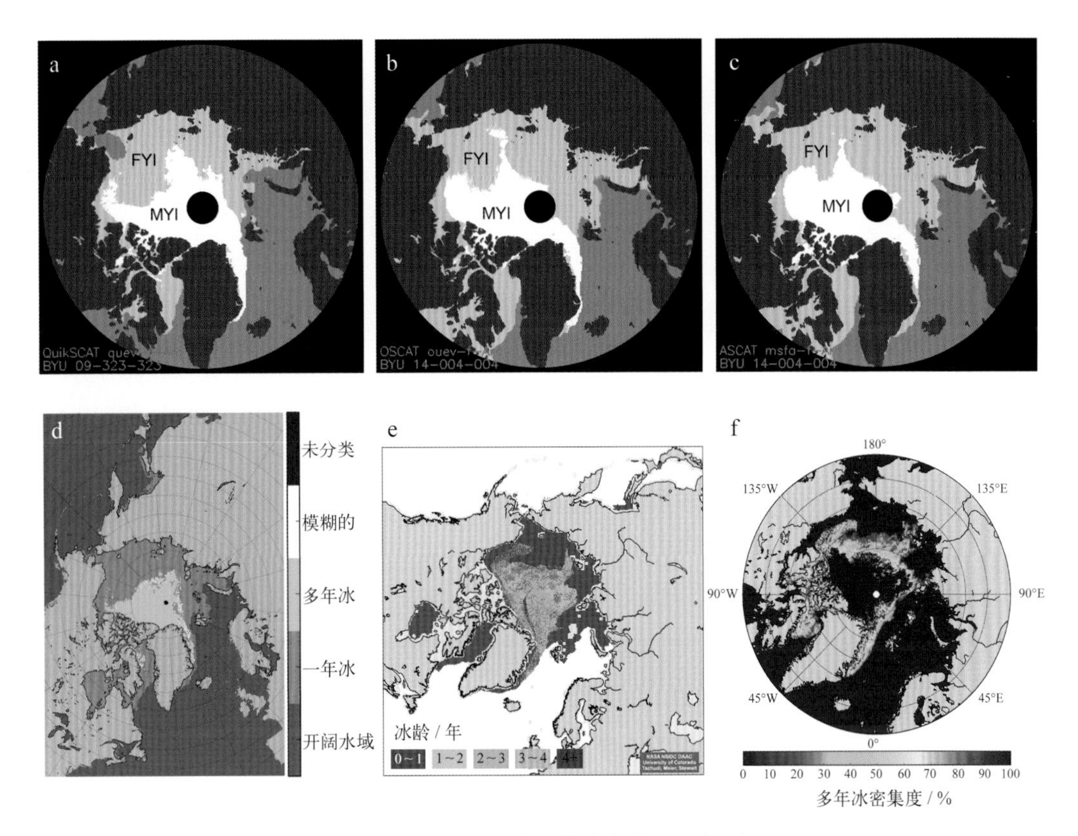


图3.1 现有大尺度海冰分类产品示意图

a为2009年11月19日BYU QuikSCAT海冰分类图；b和c分别为2014年1月4日BYU OSCAT和ASCAT海冰分类图；d-f分别为2018年1月4日OSI SAF海冰分类图、NSIDC海冰冰龄图（1月1—7日平均）和Uni-Bre多年冰密集度图

NSIDC的冰龄产品将冰龄细分为0～1年、1～2年、2～3年、3～4年和4年以上等多类。该产品的优点在于提供了详细的冰龄信息，缺点在于空间分辨率较低，为12.5 km；时间尺度上为逐周产品，缺少逐日结果。

Uni-Bre的多年冰密集度产品，其优点在于提供了逐像元的多年冰密集度，缺点是空间分辨率较低，为12.5 km。

综上所述，现有的海冰分类产品或数据集中，具有较高空间分辨率的数据集在结果上仍有可以提升的空间，且时间尺度较短（如BYU的海冰分类数据集），具有较为连续稳定结果的产品在空间分辨率上仍有待提升（如CU-Boulder的海冰冰龄产品）。因此，本章的研究目标是：基于微波散射计数据和微波辐射计数据，使用自适应的海冰分类方法，生成具有较高空间分辨率、较高准确度和较高稳定性的长时间序列海冰分类数据集。

## 3.2 海冰分类研究数据

本章中使用的数据包括微波散射计提供的后向散射数据和微波辐射计提供的亮温数据。

### 3.2.1 后向散射数据

星载微波散射计用以测量地球表面的后向散射系数，其设计初衷是根据海洋表面的后向散射系数反演海表面风场的速度和方向。除此之外，微波散射计还被应用于陆地、积雪和海冰等地物的信息提取和反演（Howell et al., 2012, 2009; Mortin et al., 2014; Swan and Long, 2012）。本章中所用的后向散射数据来自两种微波散射计，分别为SeaWinds和ASCAT。二者的主要参数信息如表3.2所示。

表3.2 微波散射计和辐射计数据主要信息

| 传感器 | 频率 / GHz | 极化方式 | 入射角 / (°) | 开始日期 | 结束日期 | 空间分辨率 / km |
|---|---|---|---|---|---|---|
| SeaWinds（QuikSCAT） | 13.4 | VV | 54.1 | 1999年6月19日 | 2009年11月23日 | 4.45* |
| ASCAT | 5.3 | VV | 变化 | 2006年10月19日 | — | 4.45*+ |
| AMSR-E | 6.9 | V | 55 | 2002年5月2日 | 2011年12月4日 | 8.9* |
| | 36.5 | H | | | | |
| SSMIS（F-17） | 37.0 | H | 53.1 | 2006年11月4日 | — | 25 |
| AMSR2 | 6.9 | V | 55 | 2012年5月18日 | — | 10 |
| | 36.5 | H | | | | |

注：*代表经过散射计影像重构算法增强；+代表每日数据由两天轨道数据合成，入射角归一化至40°。

搭载在QuikSCAT卫星上的微波散射计SeaWinds（后通常以QuikSCAT代指该散射计）由美国国家航空航天局（National Aeronautics and Space Administration，NASA）于1999年发射升空并于2009年停止工作。该卫星运行于803 km高的倾斜太阳同步轨道上，倾角为98.6°，轨道周期为102 min。SeaWinds是一个双极化真实孔径雷达，雷达频率为13.4 GHz（Ku波段），其在HH极化和VV极化上的入射角分别为46°和54.1°（Yu et al., 2009）。搭载于Metop-A和Metop-B两颗卫星上的微波散射计ASCAT分别于2006年和2012年由EUMETSAT发射升空，并工作至今。Metop-A和Metop-B是极轨气象卫星，轨道高度分别为805 km和810 km，轨道周期约为101 min。ASCAT是单极化（VV）雷达，雷达频率为5.3 GHz（C波段），其以不同的入射角测量地表后向散射系数（Lindell and Long, 2016a）。

本章使用的数据为VV极化的后向散射数据。QuikSCAT和ASCAT数据来自NASA散射计气候记录平台（Scatterometer Climate Record Pathfinder，SCP）。该数据已通过散射计影像重构算法（Scatterometer Image Reconstruction，SIR）（Early and Long, 2001; Long and Daum, 1998; Long et al., 1993）将空间分辨率提升至4.45 km，投影方式为极投影。其中，每日ASCAT数据由两天的轨道数据合成，且入射角归一化至40°。该数据的空间覆盖范围为60°N以北地区（除极点范围、掩膜陆地），数据覆盖时段如图3.2所示，QuikSCAT数据的时间覆盖为2002年第170天至2009年第304天（积日，day of year，DOY），ASCAT数据的时间覆盖为2009年第305天至2017年第365天，时间频率为每日一幅。

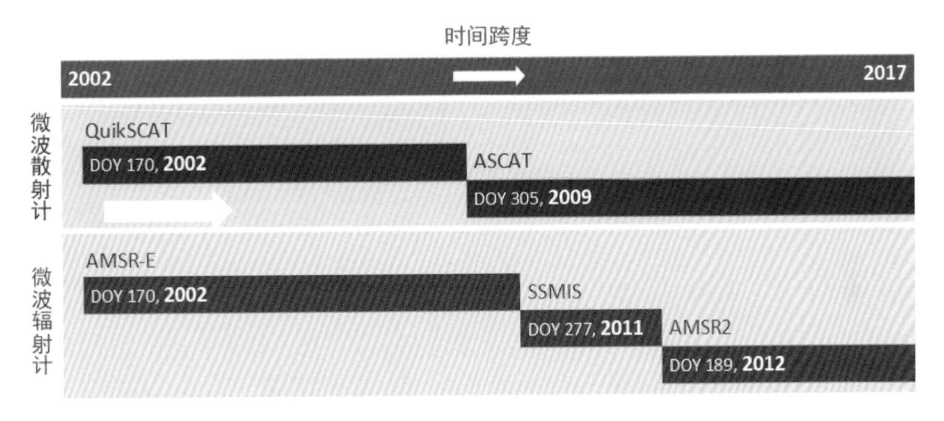


图3.2 微波散射计和辐射计数据时间覆盖范围示意图

## 3.2.2 亮温数据

星载微波辐射计用以测量地球表面的微波辐射，并转化为亮温加以表示（Kawanishi et al., 2003）。微波辐射计在海冰的观察和监测方面具有众多优点，如可透过云雾成像，成像不依赖于太阳光照等，因此，微波辐射计被广泛应用于海冰密集度、海冰范围和薄冰厚度等海冰参数的反演。本章中所用的亮温数据来自3种微波辐射计，分别为：AMSR-E、SSMIS和AMSR2，三者的主要参数信息如表3.2所示。

搭载在Aqua卫星上的微波辐射计AMSR-E由NASA和日本宇宙航空研究开发机构（Japan Aerospace Exploration Agency，JAXA）共同研制并于2002年发射升空，于2011年停止运行。Aqua是一颗极地近地轨道卫星，轨道高度为702 km，轨道倾角为98°，轨道周期为99 min。AMSR-E可以接收6.9 GHz到89 GHz共6个频率下的微波辐射。其以H极化和V极化方式进行观测，可提供总计12个通道的亮温观测结果，其观测入射角为55°（Kawanishi et al., 2003）。搭载于DMSP F-16、F-17和F-18卫星上的SSMIS系列微波辐射计由美国国家海洋和大气管理局（National Oceanic and Atmospheric Administration，NOAA）研制并分别于2003年、2006年和2009年发射升空，工作至今。以F-17星为例，其运行在高度830 km的极地太阳同步轨道上，轨道周期为101 min。SSMIS可提供从19.4 GHz到183.3 GHz共21个频率，H极化和V极化下的共24个观测通道，其观测入射角为

53.1°。JAXA于2012年发射了AMSR-E的后继者AMSR2微波辐射计，其具有与AMSR-E相同的入射角、极化和6个频率观测能力，并新增了7.3 GHz观测频率。

本章使用的数据分别为6.9 GHz V极化亮温数据和36.5/37 GHz H极化亮温数据。两个通道下的AMSR-E数据来自SCP，经过散射计影像重构技术增强后的分辨率可达8.9 km。SSMIS（DMSP F-17）在37 GHz通道下的数据来自NSIDC，空间分辨率为25 km。由于SSMIS无6 GHz频率数据，因此用NT（NASA Team）海冰密集度产品代替其功能，该产品同样来源于NSIDC，分辨率为25 km。两个通道下的AMSR2数据来自GCOM-W1数据服务平台，所用数据为10 km分辨率的L3级亮温产品。所有亮温数据（包括密集度数据）均统一为极投影并保持与后向散射数据相同的空间覆盖范围。3种辐射计数据的时间覆盖如图3.2所示，分别为：AMSR-E，2002年第170天至2011年第276天；SSMIS，2011年第277天至2012年第188天；AMSR2，2012年第189天至2017年第365天，时间频率为每日一幅。

## 3.3 海冰分类研究方法

本章海冰分类研究中使用的大尺度海冰分类研究流程如图3.3所示。首先，利用6 GHz V极化亮温数据，通过冰水分离算法，提取海冰覆盖区域；随后，结合冰区内的VV极化后向散射数据和37 GHz H极化亮温数据，通过海冰分类算法标注一年冰和多年冰像元，生成初步分类结果；最后，通过分类优化算法，对初步分类结果加以校正，生成最终的海冰分类数据集。在该研究流程中涉及的主要研究方法包括：基于阈值分割的冰水分离、基于K-means聚类的海冰分类以及基于多年冰运动范围和海冰边缘带的分类结果优化。

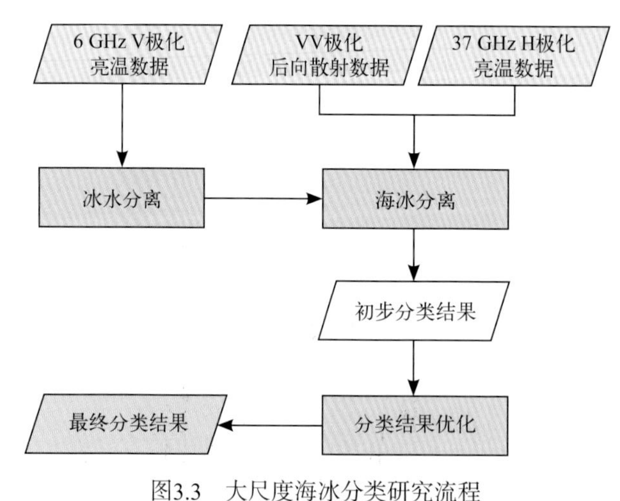


图3.3 大尺度海冰分类研究流程

### 3.3.1 基于阈值分割的冰水分离

开阔水域（Open Water，OW）指的是无海冰覆盖的海水，在散射计的后向散射影像中，平静的开阔水域与海冰表面的差异较为明显，但当海表受到风的影响而变得相对起伏且粗糙时，开阔水域的后向散射作用会急剧增强，导致其后向散射系数与海冰表面较为接近（Karvonen et al., 2005）。因此，在区分海冰类型之前，需要首先区分开阔水域［包括具有较低海冰密集度的海冰边缘带区域（Marginal Ice Zone，MIZ）］与海冰区域。在微波辐射中，二者的发射率（和亮温）的差别随着频率的降低而增加（Eppler et al., 1992），且在低频率的亮温影像中，不同海冰类型的亮温差异并不明显，因此，本章利用6.9 GHz V极化的AMSR-E亮温数据（简称AE-6V，下同）和AMSR2亮温数据（简称A2-6V，下同）提取开阔水域和海冰区域。

理论上，海冰的物理温度低于开阔水域，但是前者的微波发射率远高于后者，因此在6.9 GHz的亮温影像中（掩膜陆地后），海冰的亮温远高于开阔水域。2014年全年的A2-6V统计直方图（图3.4）印证了这一结果。在直方图中，明显可见两列峰值，亮温较低为160 K左右的是开阔水域像元，亮温集中于250～260 K的是海冰像元，夏季北极海冰的融化导致了6—9月海冰像元峰值的消失。由直方图可见，开阔水域和海冰像元之间的亮温存在明显差异，且该差异在全年范围内保持相对稳定，因此引入阈值分割方法可以区分开阔水域与海冰像元。

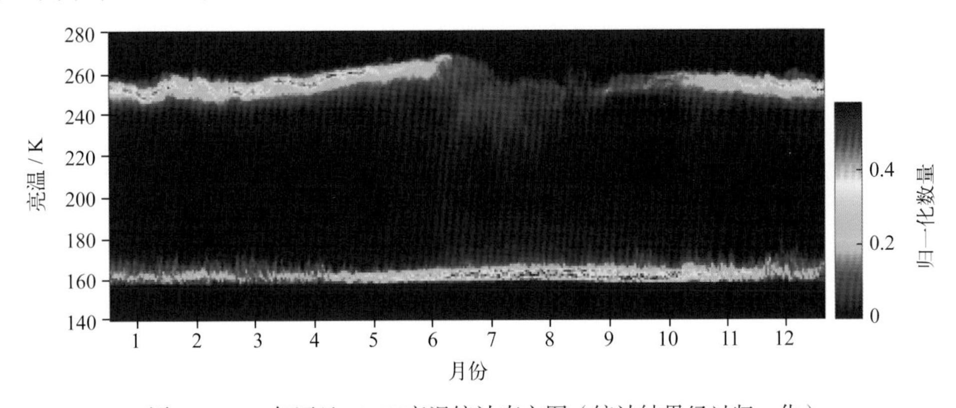


图3.4　2014年逐日A2-6V亮温统计直方图（统计结果经过归一化）

阈值分割法是一种基于区域的图像分割技术，基本原理是：通过设定不同的特征阈值，把图像像素点分为若干类。常用的特征包括：直接来自原始图像的灰度或彩色特征；由原始灰度或彩色值变换得到的特征。设原始图像为$f(x, y)$，按照一定的准则在$f(x, y)$中找到特征值$T$，将图像分割为两个部分。Swan和Long（2012）的研究显示，AE-6V与NT海冰密集度存在较高的一致性，AE-6V影像中的亮温220 K对应海冰密集度40%，因此本章使用亮温220 K（对于AE-6V和A2-6V）或密集度40%（对于用于弥补SSMIS缺失6 GHz频率的NT海冰密集度数据）作为阈值，对每日数据中的所有非陆地、非无效像元进行分割，判定低于该阈值的像元为开阔水域，反之为海冰。一般来讲，在基于海冰密集度数据提取海冰范围时，多选用15%作为阈值，而本章中选用40%，是为了部分剔除海冰边缘带内海冰的后向散射系数和亮温对后续海冰分类的干扰。

## 3.3.2 基于K-means聚类的海冰分类

基于微波散射计和微波辐射计数据区分一年冰和多年冰的基本原理是：二者在后向散射系数和亮温上存在较为明显的差异。相较于一年冰，多年冰内具有密集的小气泡，对于微波波长而言，这些气泡具有强的体散射作用，一方面，微波散射计发射的雷达信号进入多年冰内部后发生大量散射，从而在散射计影像上表现出较高的后向散射系数值；另一方面，其内部的气泡削弱了海冰内部发射到表面被微波辐射计接收的辐射能量，从而在辐射计影像上表现出较低的亮温值。但需要注意的是，上述情况仅适用于气候条件较为稳定且温度低的冬季时期，在夏季，多年冰表面的积雪及海冰自身融化产生的融水会严重影响其散射信号和辐射发射的表征，融水既阻碍雷达信号的穿透又阻碍海冰体内能量的辐射，因此在后向散射影像和亮温影像上难以判别和区分一年冰和多年冰。故海冰分类的有效时间段选取为2002—2017年每年冬季11月至翌年4月（第305天至翌年第120天），所用数据包括来自QuikSCAT和ASCAT的VV极化后向散射数据（简称QSV，ASV）和来自AMSR-E、SSMIS和AMSR2的36 GHz H极化亮温数据（简称AE-36H、SS-36H和A2-36H）。

图3.5a为2004年第351天QSV和AE-36H的联合直方图（对于海冰像元），图3.5b为2014年同一日的ASV和A2-36H的联合直方图。在图3.5a中，存在较为明显的两个点簇集中区域，根据3.3.1节提及的一年冰和多年冰在微波信号上的表现特征，后向散射系数约为−20 dB，亮温约为230 K的是一年冰像元，后向散射系数约为−8 dB，亮温约为180 K的是多年冰像元。相较于QSV和AE-36H的联合直方图，ASV和A2-36H的联合直方图中两种海冰像元的点簇差异有所减少。ASV多年冰的后向散射系数低于QSV，约为−12 dB，因为相比ASCAT发射信号的C波段（波长为5.4 cm），QuikSCAT的Ku波段（波长为2.4 cm）更加接近于多年冰内气泡的大小（典型直径约为2.4 mm）（Shokr and Sinha, 1994），因此Ku波段会具有更强的散射作用。对于一年冰，两种波段下的后向散射信号较为接近，约为−18 dB。尽管两种不同波长散射计下的多年冰后向散射值存在差异，为了保证海冰分类方法的延续性和通用性，引入基于机器学习的非监督分类算法，从而无须给出区分一年冰和多年冰的固定后向散射阈值或亮温阈值。

K-means算法是最为经典的基于划分的聚类方法，其基本思想是：以空间中$k$个点为形心进行聚类，对最靠近它们的对象归类。通过迭代的方法，逐次更新各簇的形心的值，直至得到最好的聚类结果。针对冬季每日的后向散射数据（QSV和ASV）和亮温数据（AE-36H、SS-36H和A2-36H），每个海冰像元构成一个观测向量$\boldsymbol{x}$，即

$$\boldsymbol{x} = (\sigma^0, T_{\mathrm{b,37H}}) \tag{3.1}$$

输入算法中的观测矩阵$\boldsymbol{X}$表示为

$$X = \begin{bmatrix} \boldsymbol{x}_1 \\ \boldsymbol{x}_2 \\ \vdots \\ \boldsymbol{x}_n \end{bmatrix} \tag{3.2}$$

式中，$\boldsymbol{x}_1$至$\boldsymbol{x}_n$为$n$个海冰像元观测向量。矩阵$\boldsymbol{X}$按列进行归一化以消除量纲和加快迭代的收敛速度。在K-means算法中（Forgy，1965），首先使用随机划分的方法从$\boldsymbol{X}$中选择两个初始的聚类中心$m_1$和$m_2$，随后算法在以下两步之间迭代进行：

（1）对于每个观测样本，将其归类至与聚类中心具有最短欧氏距离的类别中。第$t$次迭代中某一类别的簇表示为

$$S_i^{(t)}=\{x_p: \| x_p-m_i^{(t)} \|^2 \leqslant \| x_p-m_j^{(t)} \|^2 \forall j, 1\leqslant j \leqslant 2\} \tag{3.3}$$

式中，$x_p$是归为某一类$S^{(t)}$的观测样本；

（2）更新下次迭代中新簇的中心$m_i^{(t+1)}$，表示为

$$m_i^{(t+1)} = \frac{1}{|S_i^{(t)}|} \sum_{x_j \in S_i^{(t)}} x_j \tag{3.4}$$

当新簇的中心不再变化时，迭代停止。此时所有观测样本被归至两个簇内，即像元被分为两类。随后再根据像元的地理位置和像元的属性值，将两类像元分别标记为一年冰和多年冰。

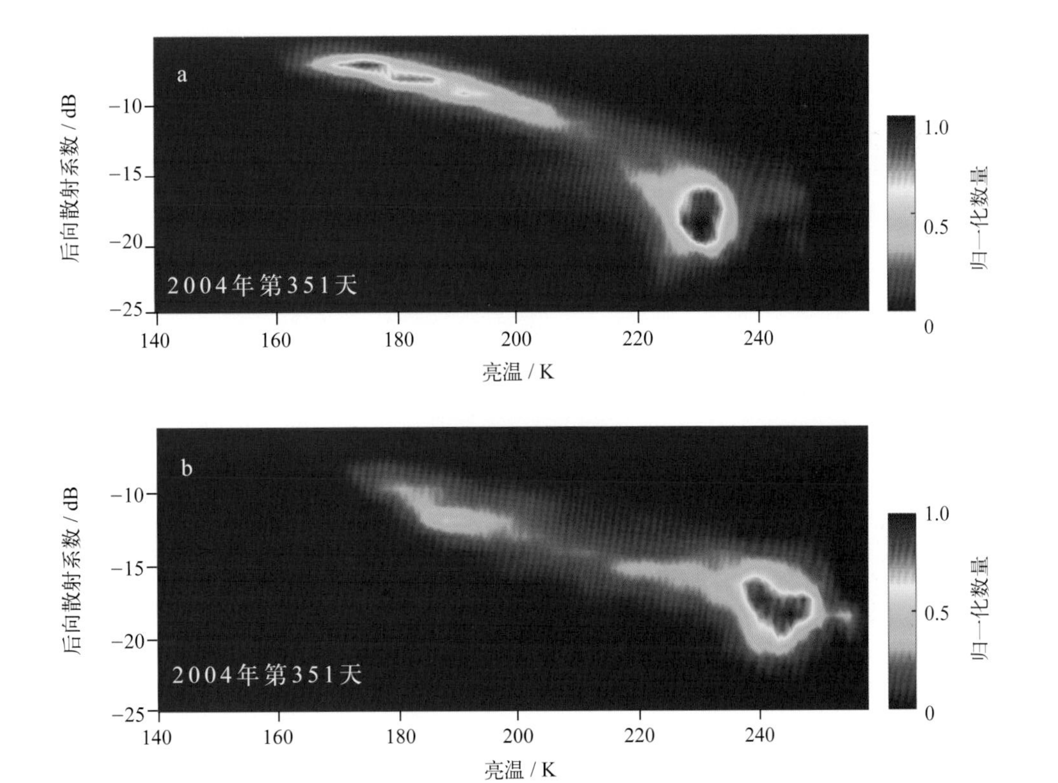


图3.5 QSV/AE-36H（a）和ASV/A2-36H（b）联合统计直方图（统计结果经过归一化）

### 3.3.3 基于多年冰运动范围和海冰边缘带的分类结果优化

在基于上述方法生成初步的海冰分类数据集后，存在两种多年冰像元被错分为一年冰的情况，需要针对各自差异加以修正和优化。

#### 3.3.3.1 基于多年冰运动范围的分类结果优化

通常来讲，北极冬季的空气温度较为稳定，低于-20℃，然而一些短暂的天气事件会对海冰产生影响。在深秋或初春阶段较为活跃，暖空气的涌入也会引起冰上积雪性质的变化（Howell et al., 2012, 2006），这种情况在北极海盆边缘区域尤为常见。多年冰上的湿雪会引起其亮温的上升至与一年冰相似，这也为一年冰和多年冰的区分增加了难度。

一般暖空气仅持续存在1 d或2 d时间，随后恢复其稳定的、寒冷的状态。因此，可以通过观察连续多天的初步海冰分类结果消除或减少这种错分情况（Lindell and Long, 2016b）。为此，引入一种基于多年冰运动范围的修正算法（Lindell and Long, 2016b）。在该算法中，某一日初步分类结果的校正依赖于前一日的多年冰范围，具体的步骤如图3.6所示，并表述如下：

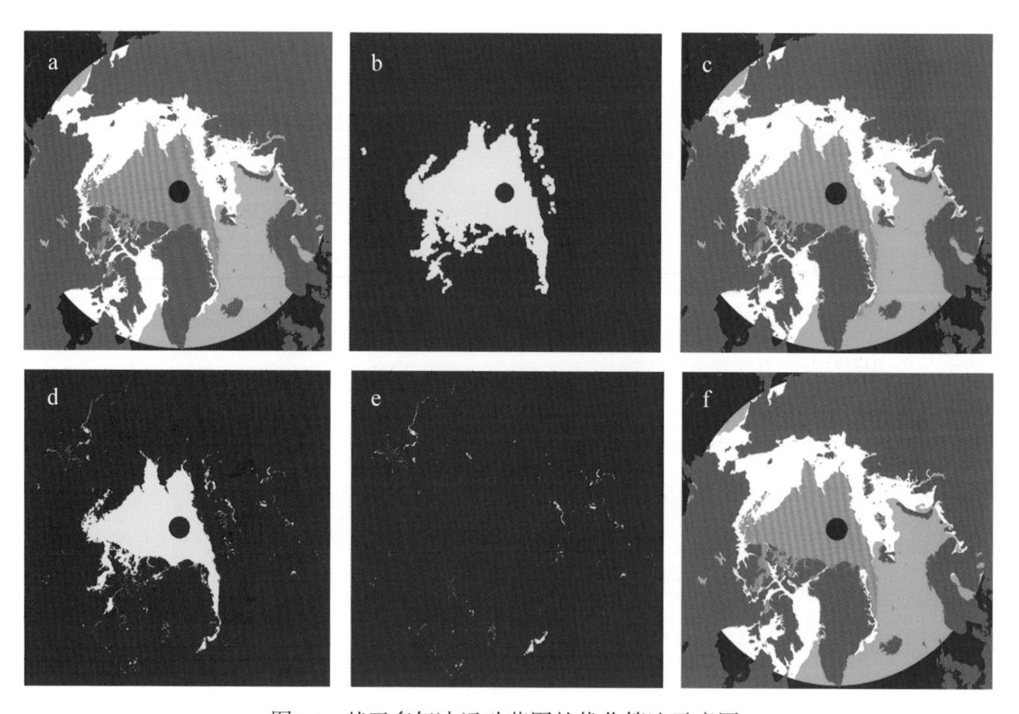


图3.6 基于多年冰运动范围的优化算法示意图

a.第$i$日的优化后分类结果，多年冰像元表示为红色，一年冰为白色；b.多年冰合理运动范围（黄色像元）；c.第$i$+1日的初步分类结果；d.第$i$+1日的多年冰像元；e.错分为多年冰的像元（黄色像元）；f.第$i$+1日的优化后分类结果

（1）对于每个冬季第1日（10月31日，第304日）的海冰分类结果，使用窗口大小为7×7像元的中值滤波对其进行初始化；

（2）对于已经经过优化的某一日$i$（10月31日至翌年4月29日，第304日至翌年第119日）的分类结果（图3.6a），提取多年冰的像元区域，并使用膨胀算法在多年冰区域外围形成缓冲区（缓冲范围半径为22 km），该缓冲区和多年冰区域共同构成多年冰在当天至下一天内的合理运动区域（图3.6b）；

（3）对于尚未校正的第$i$+1日的分类结果（图3.6c），提取多年冰像元区域（图3.6d），并与第$i$日的多年冰合理运动区域比较，在该区域外的像元被判定为错分的多年冰像元（图3.6e），并重新分类为一年冰，得到优化后的分类结果（图3.6f）。

#### 3.3.3.2 基于海冰边缘带的分类结果优化

海冰边缘带是冰区边缘布满碎冰的区域，是厚实连续且完整的冰盖与开阔水域的过渡地带（Lindell and Long, 2016b）。区域内的碎浮冰和絮状冰（新生成的海冰的一种形态）非常容易受到海浪的影响而产生形变。

受限于6.9 GHz亮温数据较低的辐射分辨率，在冰水分离阶段，即使使用亮温220 K或海冰密集度40%作为阈值提取海冰区域，仍存在着少部分海冰边缘带内的低密集度海冰像元被提取的情况，这些具有较低亮温的开阔水域像元在后续的分类中易被误分为多年冰。此外，海冰边缘带内破碎的海冰，特别是新冰和一年冰，容易引起较高的后向散射，从而导致这些像元被误分为多年冰。

针对这种情况，在海冰边缘带区域引入中值滤波算法，将边缘带内存在的多年冰噪音像元修正为一年冰，具体步骤如下：

（1）对于经过上一优化算法优化后的每日分类结果，提取冰区范围并利用腐蚀算法提取海冰边缘带区域像元（海冰边缘带定义为冰区外缘以内60 km）；

（2）使用窗口大小为5×5像元的中值滤波对海冰边缘带内的多年冰像元进行滤波，取滤波前后的多年冰像元的交集作为边缘带内新的多年冰像元，得到最终优化结果。

利用中值滤波对海冰边缘带内多年冰像元进行优化的优点在于，在存在破碎的新冰和一年冰的海冰边缘带内（如巴伦支海），一年冰被误分为多年冰的情况可以较好地消除，而对于混杂有较多多年冰的海冰边缘带（如格陵兰海），原本被正确分类为多年冰的像元不会被滤波剔除。图3.7是位于巴伦支海和格陵兰海的海冰边缘带滤波前和滤波后的结果。对比图3.7b和图3.7c可发现，巴伦支海海冰边缘带存在的散点状或絮状错分像元在滤波后被修正为一年冰像元，对比图3.7d和图3.7e则显示，格陵兰海海冰边缘带的多年冰范围得以完整保留。

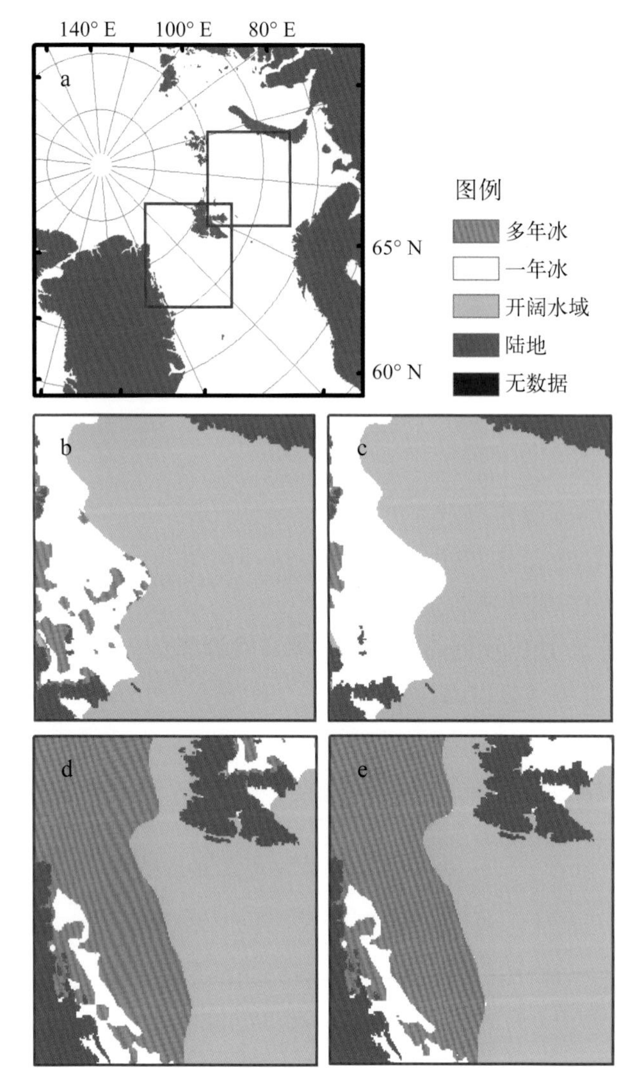


图3.7　2008年第320日巴伦支海和格陵兰海海冰边缘带滤波前和滤波后结果

a.两个示例图的地理范围，其中红色框位于巴伦支海（对应b和c），蓝色框位于格陵兰海（对应d和e）；b.滤波前巴伦支海分类结果；c.滤波后巴伦支海分类结果；d.滤波前格陵兰海分类结果；e.滤波后格陵兰海分类结果

# 3.4　产品生成与结果验证

## 3.4.1　基于 SAR 人工解译的精度验证

为了验证分类结果的精度，使用更高分辨率的观测数据是较好的选择。SAR具有高空间分辨率、较好的穿透性和不受光照影响等优势，使得其在极地海冰监测中具有广泛

的用途。

搭载有ASAR传感器的Envisat卫星由欧洲航天局（European Space Agency，ESA）于2002年发射升空并于2012年停止工作。卫星运行在高度800 km的太阳同步轨道，轨道倾角为98°，重复周期为35 d。EnvisatASAR是一颗C波段双极化合成孔径雷达，提供成像（Image，IM）模式、交叉极化（Alternating Polarisation，AP）模式、宽幅（Wide Swath，WS）模式、全球监测（Global Monitoring，GM）模式和波（Wave，WV）模式5种工作模式，分辨率为30～1 000 m不等。作为Envisat的后继星，搭载SAR系统的Sentinel-1A和Sentinel-1B卫星由ESA于2014年和2016年发射升空。卫星运行轨道为近极地太阳同步轨道，轨道倾角为98.18°，轨道高度为693 km，单颗卫星的重访周期为12 d，双星进行干涉作业的重访周期为6 d。与Envisat ASAR相似，Sentinel-1A/B上搭载的SAR系统工作频率为C波段，具有多种单、双极化等不同的极化方式，提供4种工作模式：条带（Strip Map，SM）模式、超宽幅（Extra Wide Swath，EW）模式、宽幅干涉（Interferometric Wide Swath，IW）模式和波（Wave，WV）模式，分辨率为3～100 m不等。

加拿大北极群岛是多年冰从北极海盆流向低纬地区的重要通道（Howell et al., 2008），受密集海岛的影响，冬季群岛海域内的多年冰流动速度较慢，且浮冰尺寸较大，形状较为规则，利于在SAR影像上开展解译和精度验证。因此，本章研究选取该地区的Envisat ASAR WS模式影像和Sentinel-1A EW模式影像，极化方式为HH极化，空间分辨率分别为150 m和40 m。

#### 3.4.1.1 SAR数据判读与解译

为便于将SAR数据与本章研究分类结果进行定量化比较，需要对SAR数据开展数据判读与解译。在Lundhaug（2002）的研究中，其基于ERS SAR影像，通过建立5 km × 5 km格网，对每个格网内的海冰类型进行目视判读，从而生成基于SAR的分类结果。类似地，通过以下两个步骤对SAR影像进行解译，生成海冰类型图作为地面真值用于精度验证：

（1）根据SAR影像大小，建立范围与之一致但分辨率与本章研究分类结果一致（4.45 km）的格网；

（2）基于以下3条专家经验对每个格网像元的海冰类型（仅限于一年冰和多年冰）进行目视解译：

a. 多年冰具有更高的后向散射系数和经过多次碰撞产生的较为规则的轮廓；

b. 一年冰具有较低的后向散射系数，且多分布于多年冰周围（冬季该区域内无大面积开阔水域）；

c. 格网内多年冰面积占比大于50%的像元被判定为多年冰像元，反之为一年冰。

#### 3.4.1.2 精度验证

图3.8为2009年第2日Envisat ASAR数据解译结果和本章研究海冰分类结果的对比。其中，图3.8c中的黄色像元为沿岸固定冰像元，在精度验证时不计算在内。目视定性对比显示，本研究的分类结果中，多年冰的分布特征与SAR解译结果保持了高度的一致性，较大尺寸或连续的多年冰均被较好地识别，在细碎的多年冰和一年冰混杂区域，存在一年冰或多年冰被误分为多年冰或一年冰的情况。

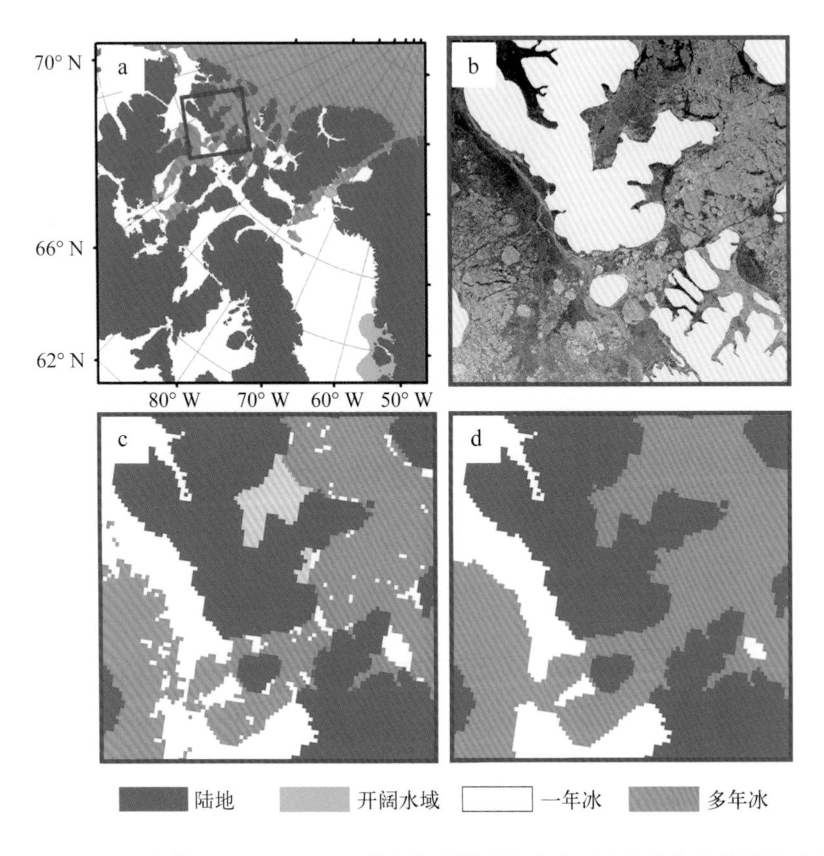


图3.8 2009年第2日Envisat ASAR数据解译结果与本章研究海冰分类结果的对比
a.SAR影像位置（蓝色框），底图为基于本章方法生成的该日分类结果；b.SAR影像，黄色为陆地；c.基于SAR的解译结果；d.本章研究分类结果

为了对分类结果的精度进行定性验证，使用混淆矩阵方法，引入生产者精度（Producer's Accuracy，PA）、用户精度（User's Accuracy，UA）、总体精度（Overall Accuracy，OA）和Kappa系数4个评价指标。混淆矩阵又称误差矩阵，用于表现每种地物类型被正确分类和错误分类的数量，其中，生产者精度为在检验类别中，所有检验像元被正确分类为该类别的比例；用户精度为在预测类别中，预测像元被正确分类为该类别的比例；总体精度为所有正确分类像元占总像元的比例。Kappa系数用于表示分类

结果比随机分类结果优的程度，一般介于0～1，Kappa值越大表示分类精度越高，其表示为

$$\text{Kappa}=\frac{N\sum_{i=1}^{n}X_{ii}-\sum_{i=1}^{n}(X_{i+}\times X_{+i})}{N^2-\sum_{i=1}^{n}(X_{i+}\times X_{+i})} \tag{3.5}$$

式中，$n$表示类型；$N$表示类别个数的总和；$X_{ii}$表示混淆矩阵对角线元素；$X_{i+}$表示类别的列总和；$X_{+i}$表示类别的行总和。

分类结果混淆矩阵和精度情况如表3.3所示。验证结果显示，总体精度为93.34%，Kappa系数为84.47%。错分误差主要来自部分一年冰像元在分类结果中被误分为多年冰像元，导致一年冰的生产者精度较低，为81.74%。这与上文中解译结果与分类结果的定性对比分析结果一致，究其原因，一是相比于SAR影像，微波散射计和微波辐射计影像的空间分辨率较低，为千米级，在该尺度下，一些尺寸较小的破碎一年冰或多年冰的信号不易被传感器捕获，导致其在散射计和辐射计影像中不能被识别；二是即使这些海冰能体现在微波散射计和微波辐射计影像中，受限于较低的辐射分辨率，其后向散射系数与亮温值不具有足够的典型值，其像元在K-means聚类算法中存在着被误分的可能性，且该种误分情况在后续的优化处理中也不能被消除。

表3.3　分类结果混淆矩阵（对比Envisat ASAR解译结果）

| 分类结果 | Envisat ASAR解译结果 | | | 用户精度 / % |
|---|---|---|---|---|
| | 一年冰像元 / 个 | 多年冰像元 / 个 | 总计 / 个 | |
| 一年冰像元 / 个 | 1 168 | 21 | 1 189 | 98.23 |
| 多年冰像元 / 个 | 261 | 2 782 | 3 043 | 91.42 |
| 总计 / 个 | 1 429 | 2 803 | 4 232 | |
| 生产者精度 / % | 81.74 | 99.25 | | |
| 总体精度为93.34%，Kappa系数为84.47% | | | | |

图3.9为2016年第36日Sentine-1A SAR数据解译结果和本章研究分类结果的对比。对比显示，本章研究的分类结果整体上较好地反映出一年冰和多年冰的分布范围，忽略了部分大块多年冰内的一年冰。二者对比的混淆矩阵和精度情况如表3.4所示。结果显示，总体精度为93.20%，Kappa系数为82.75%，分类结果与解译结果的吻合度较高。与前一组对比结果相似，相较于总体精度，一年冰的生产者精度较低，为80.51%，主要原因为大块多年冰内的小部分一年冰未被识别，具体解释见上一组对比，此处不再赘述。

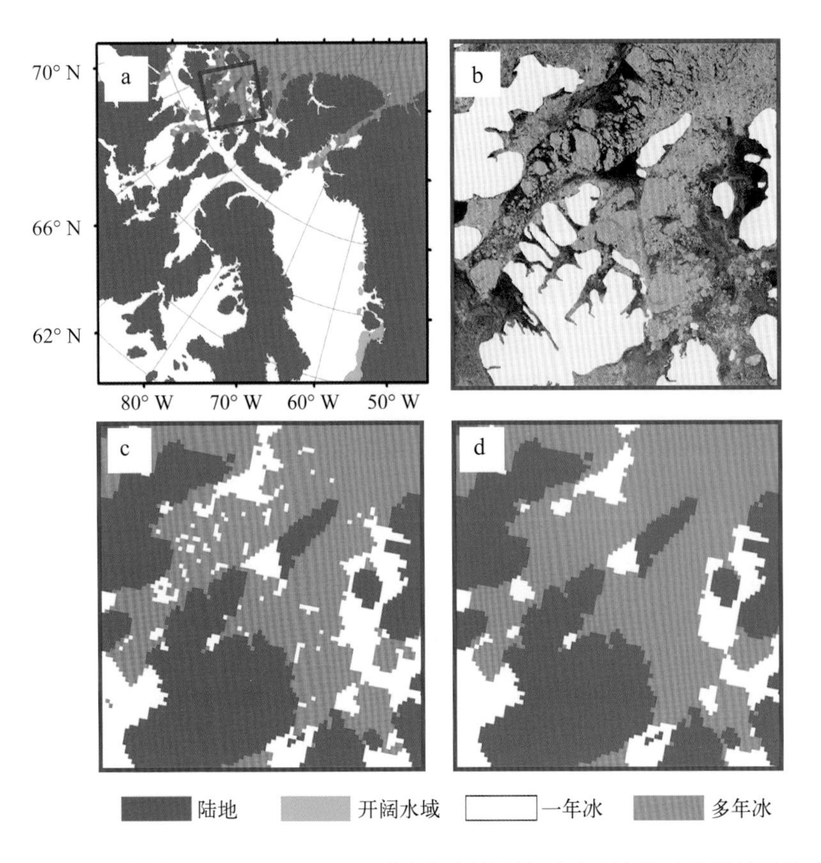


图3.9 2016年第36日Sentinel-1A SAR数据解译结果与本章研究海冰分类结果的对比
a.SAR影像位置（蓝色框），底图为基于本章方法生成的该日分类结果；b.SAR影像，黄色为陆地；c.基于SAR的解译结果；d.本章研究分类结果

表3.4 分类结果混淆矩阵（对比Sentinel-1A SAR解译结果）

| 分类结果 | Sentinel-1A SAR解译结果 | | | 用户精度 / % |
|---|---|---|---|---|
| | 一年冰像元 / 个 | 多年冰像元 / 个 | 总计 / 个 | |
| 一年冰像元 / 个 | 950 | 45 | 995 | 95.48 |
| 多年冰像元 / 个 | 230 | 2 818 | 3 048 | 92.45 |
| 总计 / 个 | 1 180 | 2 863 | 4 043 | |
| 生产者精度 / % | 80.51 | 98.43 | | |
| 总体精度为93.20%，Kappa系数为82.75% | | | | |

### 3.4.2 现有主流海冰分类产品与本产品的对比分析

为了与现有主流海冰分类产品进行对比，统计了不同产品在多年冰范围时序变化上的差异。参与对比的产品或数据集包括：本章研究的海冰分类数据集、来自BYU的QuikSCAT海冰分类数据集（Swan and Long, 2012）、OSCAT海冰分类数据集（Lindell and Long, 2016b）、ASCAT/SSMIS海冰分类数据集（Lindell and Long, 2016a）、来自OSI SAF的海冰分类产品（Breivik and Eastwood, 2012）以及来自NSIDC的冰龄产品（Tschudi et al., 2019）。产品或数据集所用的数据源、方法、时间跨度、空间分辨率等的介绍见3.1节，在此不再赘述。多年冰范围时序图如图3.10和图3.11所示。统计过程中，多年冰范围的计算均基于多年冰像元数和其像元分辨率。对于冰龄产品，每个格点的冰龄介于1～10年不等，统计时冰龄大于1年的被判定为多年冰像元；对于OSI SAF分类产品，像元类型值包含4类：1对应无冰，2对应一年冰，3对应多年冰，4对应混淆类型，统计时只统计其值为3的像元。

图3.10为2002—2009年冬季本章研究分类数据集、QuikSCAT数据集、OSI SAF产品和冰龄产品的多年冰范围时序对比结果。总体来看，4种数据均表现出了每年冬季多年冰范围下降的整体趋势，但是细节之处有所不同。由于冰龄产品是基于多元遥感数据、浮标数据等，利用海冰追踪模型生成的周平均产品，其相对于其他三者利用不同海冰类型后向散射或亮温差异而生成的逐日结果，表现出了最优的稳定性和最小的波动性。OSI SAF结果在多年冰范围的变化趋势上与其他三者较为接近，但在多年冰范围值上表现出较大差异，存在约$1 \times 10^6 \sim 1.5 \times 10^6$ $km^2$的低估。究其原因，是在2010年之前，其产品仅利用被动微波数据对海冰类型加以区分，尚未引入微波散射计数据所致（Aaboe et al., 2018）。如3.1节所述，微波散射计数据的引入可以提升海冰分类的精度（Yu et al., 2009），因此，缺乏微波散射计提供的一年冰和多年冰的散射特性差异，引起了其在多年冰范围上的偏差。QuikSCAT结果与本章研究结果在多年冰范围的变化趋势和数值上保持了较高的一致性，主要差异表现在冬季末期变化趋势的不同。对于QuikSCAT结果，其多年冰范围在冬季末期均表现出快速且一致的下降趋势，对于本章研究结果，在表现出下降趋势的同时，不同年份表现出下降速度的差异，如2003—2004年和2005—2006年冬季末期，二者均表现出快速下降趋势，但在2006—2007年冬季末期和接下来两年，本章研究结果下降趋势低于QuikSCAT结果。究其原因，可能存在以下两个方面：一方面，对于QuikSACT结果，其所用的动态阈值来源于2002—2009年每日后向散射统计直方图的平均结果，即对于每年年内某一日，给出一个固定阈值，从而构成年际内的动态阈值，但对于年际间同一日，均使用同样的阈值，从而导致了年际间阈值的固定性。这种固定性在一定程度上削弱了年际间海冰类型差异，故在统计结果上表现出冬季末期多年冰范围在年际内相同或相近的变化趋势；另一方面，对于本章研究结果，分类时使用的非监督

分类方法无须给出指定阈值，并且该分类过程只基于每日数据开展而不涉及对后向散射系数或亮温值的多年平均，这也在一定程度上利于体现年际间多年冰变化的差异性。

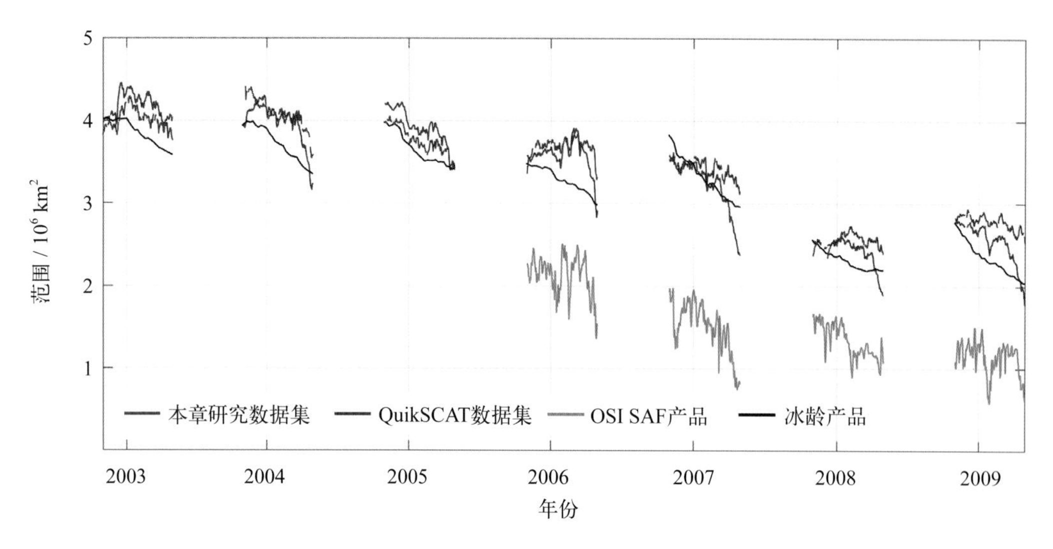


图3.10　2002—2009年冬季不同产品或数据集多年冰范围变化

图3.11为2010—2017年冬季本章研究分类数据集、OSCAT数据集、ASCAT/SSMIS数据集、OSI SAF产品和冰龄产品的多年冰范围时序对比结果。除冰龄产品外，相比2002—2009年统计结果，该时期多年冰范围的波动幅度增大，不同产品间的差异更加明显。主要原因在于ASCAT作为这一阶段多数产品使用的微波散射计，其波长（C波段）在海冰的区分能力上弱于QuikSCAT（Ku波段），具体解释见3.3节。以冰龄产品为参考，对于OSCAT结果，其在2009—2010年冬季表现出在冬季初期快速下降而冬季末期快速上升的异常趋势，其在2010—2011年冬季存在$1 \times 10^6$ km$^2$左右的低估。对于ASCAT/SSMIS结果和OSI SAF结果和本章研究结果，3种产品均结合微波散射计和辐射计数据生成，在多年冰范围变化的趋势上保持了整体上的一致性。具体来看，对于ASCAT/SSMIS结果，其在2010—2011年冬季表现出极为异常的快速下降趋势，到2011年4月底，多年冰范围降低至不足$1 \times 10^6$ km$^2$，与观测结果和冰龄产品的结果存在极大的出入。导致该问题的原因是，ASCAT/SSMIS结果在方法中利用了贝叶斯估计法，其基于已有分类结果和主被动微波数据建立训练关系，通过监督分类方法开展分类（Lindell and Long，2016b）在这一过程中，若训练结果产生误分情况，则分类误差会随着跌代训练过程不断累积，若不进行人工干预修正，则会出现异常波动和趋势。类似地，对于同样使用贝叶斯估计的OSI SAF产品，多年冰范围在2016—2017年冬季末期表现出了异常的快速升高，也可以归因于上述原因。此外，OSI SAF产品还表现出了较大的波动性。相对而言，本章研究结果在与冰龄产品保持较为一致的趋势的同时，减少了异常波动和趋势，稳定性有所提升。

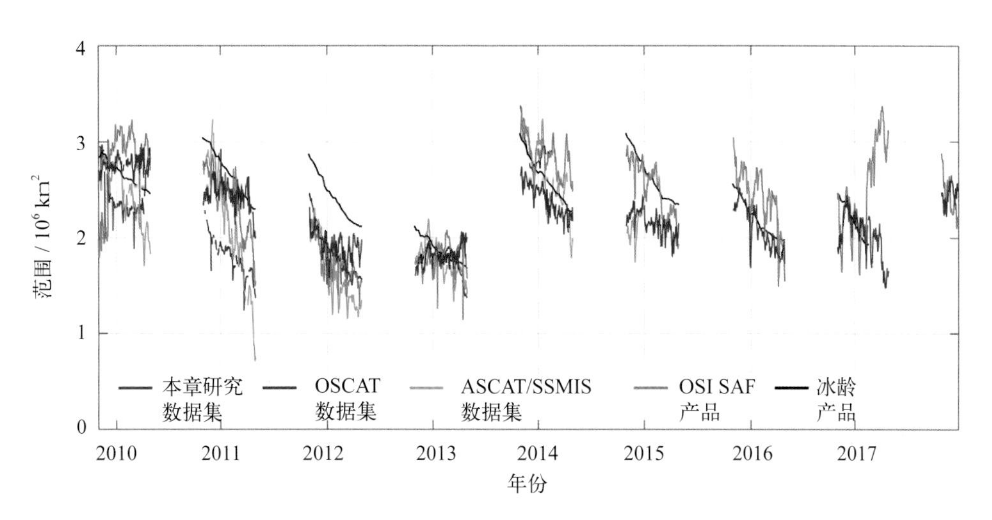


图3.11　2010—2017年冬季不同产品或数据集多年冰范围变化

# 3.5　北极多年冰与一年冰时空变化分析

## 3.5.1　北极多年冰与一年冰的时序变化分析

基于本章研究的分类结果，2002—2017年北极总海冰范围、冬季一年冰范围和多年冰范围如图3.12所示。每种海冰类型的范围基于每日分类结果中每种海冰类型像元总面积计算而得，总海冰范围即冰区像元总面积。统计的空间范围为60°N以北区域（除极点附近）。在本章研究中，总海冰范围定义为亮温高于220 K或海冰密集度高于40%的区域（见3.3节），若以一般的15%海冰密集度阈值提取海冰范围，则夏季和冬季范围会分别提高35%和14%。

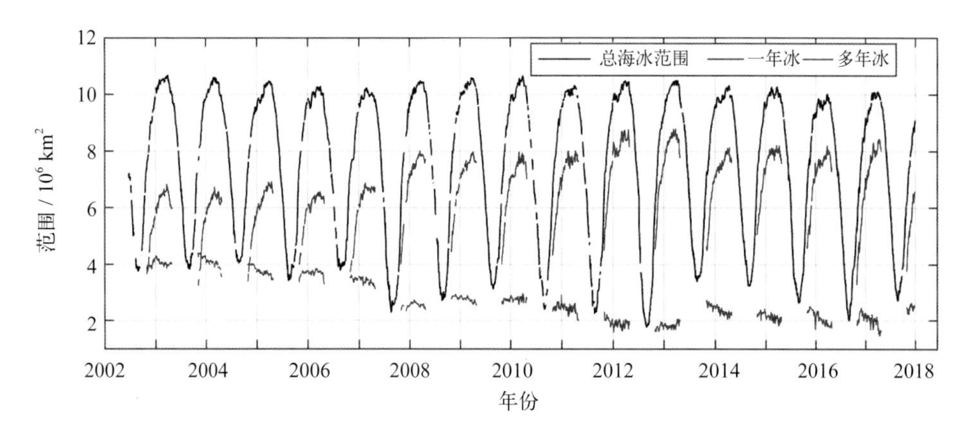


图3.12　2002—2017年北极海冰范围变化

海冰范围基于本章研究的分类结果统计而得，总海冰范围定义为亮温高于220 K或海冰密集度高于40%的区域

总海冰范围的变化与周期性的季节变化相吻合。在年际内，海冰融化一般开始于晚春时节并在夏天持续融化。海冰范围的最小值和最大值分别出现在每年9月和3月。对于一年冰和多年冰，受限于夏季海冰融化导致其微波信号（散射和发射）异常，因此无法对夏季的海冰类型加以区分。尽管如此，冬季期间一年冰的变化仍表现出与总海冰范围类似的趋势。入冬时期，随着空气温度的迅速降低，海洋表层的热量释放在空气中，此时大量新冰生成，随着厚度增加和范围的扩大，一年冰范围持续扩大。当海冰范围达到最大值后，随着相对低纬地区的气温回暖，一年冰有所融化，因此其范围在冬季末期呈现略微下降的趋势。初入冬时，经历夏季融化而仍然存留的部分一年冰通过析盐作用，其卤泡中的盐分和水分流失，在冰体内形成密集的气泡，意味着一年冰到多年冰的转变。因此，多年冰范围在冬季初期有所增加，而后续的完整冬天，随着气候条件的稳定，不再有新的多年冰生成，而在穿极流（Transpolar Drift Stream，TDS）等洋流驱动下，多年冰不断地从位于格陵兰东岸的弗拉姆海峡等通道流向低纬地区而融化（Nghiem et al., 2007），从而呈现出范围减小的趋势。

年际间，总海冰范围的最大值较为稳定，约为$10\times10^6$ ~ $11\times10^6\ \mathrm{km}^2$，最小值呈现出不断减小的趋势，在2007年夏季，总海冰范围不到$3\times10^6\ \mathrm{km}^2$，在2012年夏季，最小范围跌至不足$2\times10^6\ \mathrm{km}^2$。在冬季，总海冰范围保持稳定的情况下，多年冰范围的变化则体现出与夏季总海冰范围极高的一致性，因为多年冰主要的补充来源于夏季末期一年冰的存留和转变。图3.13展示了2003—2017年2月多年冰平均范围的变化趋势。在该时期内，多年冰范围的下降趋势可以划分为3个阶段：2003—2008年、2009—2013年、2014—2017年。第一阶段内，海冰范围最大值出现在2004年，约为$4.1\times10^6\ \mathrm{km}^2$，随后多年冰范围呈现逐年下降趋势，到2008年2月，受前一年夏季极小海冰范围的影响，多年冰范围也出现极小值，约为$2.6\times10^6\ \mathrm{km}^2$。在此之后的第二阶段，多年冰范围有所增加，但再未达到$3.0\times10^6\ \mathrm{km}^2$，后又再次下降，在2013年达到第二个极小值，约为$1.8\times10^6\ \mathrm{km}^2$，同样是受

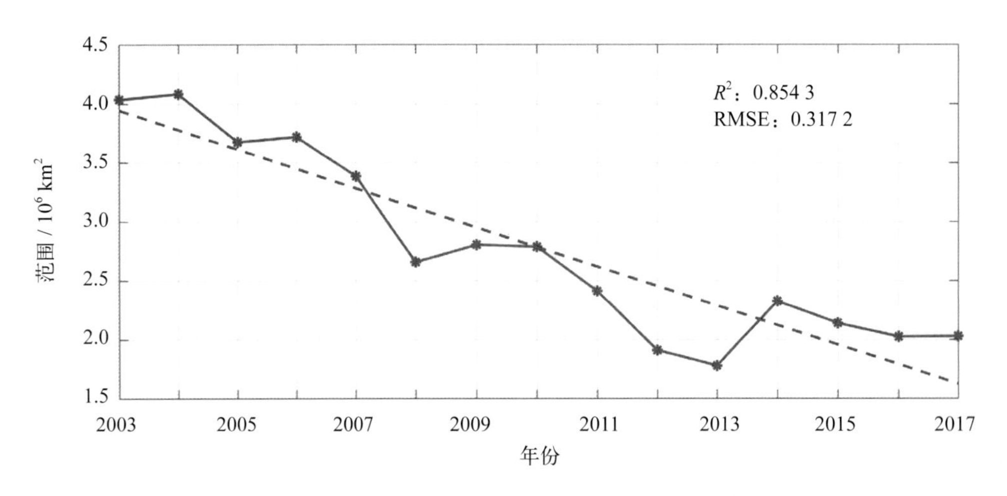


图3.13　2003—2017年2月北极多年冰平均范围变化

上一年夏季海冰范围出现极小值的影响。在第三阶段内，多年冰范围在2014年出现明显增加，达到$2.4 \times 10^6\ km^2$，但仍不及2008年的极小值。总体来看，多年冰范围呈现波动减小趋势，平均每年减少约$0.14 \times 10^6\ km^2$，若多年冰范围按此速率继续减小，则到2035年时，北极冬季再无多年冰。此外，每年夏季海冰范围情况可以为冬季多年冰范围情况的预估提供重要参考。

### 3.5.2 北极多年冰与一年冰的空间变化分析

2003—2017年每年2月10日的北极多年冰和一年冰的空间分布如图3.14所示。总体而言，多年冰的覆盖范围为北极海盆、波弗特海和格陵兰海，加拿大群岛附近也会存在少

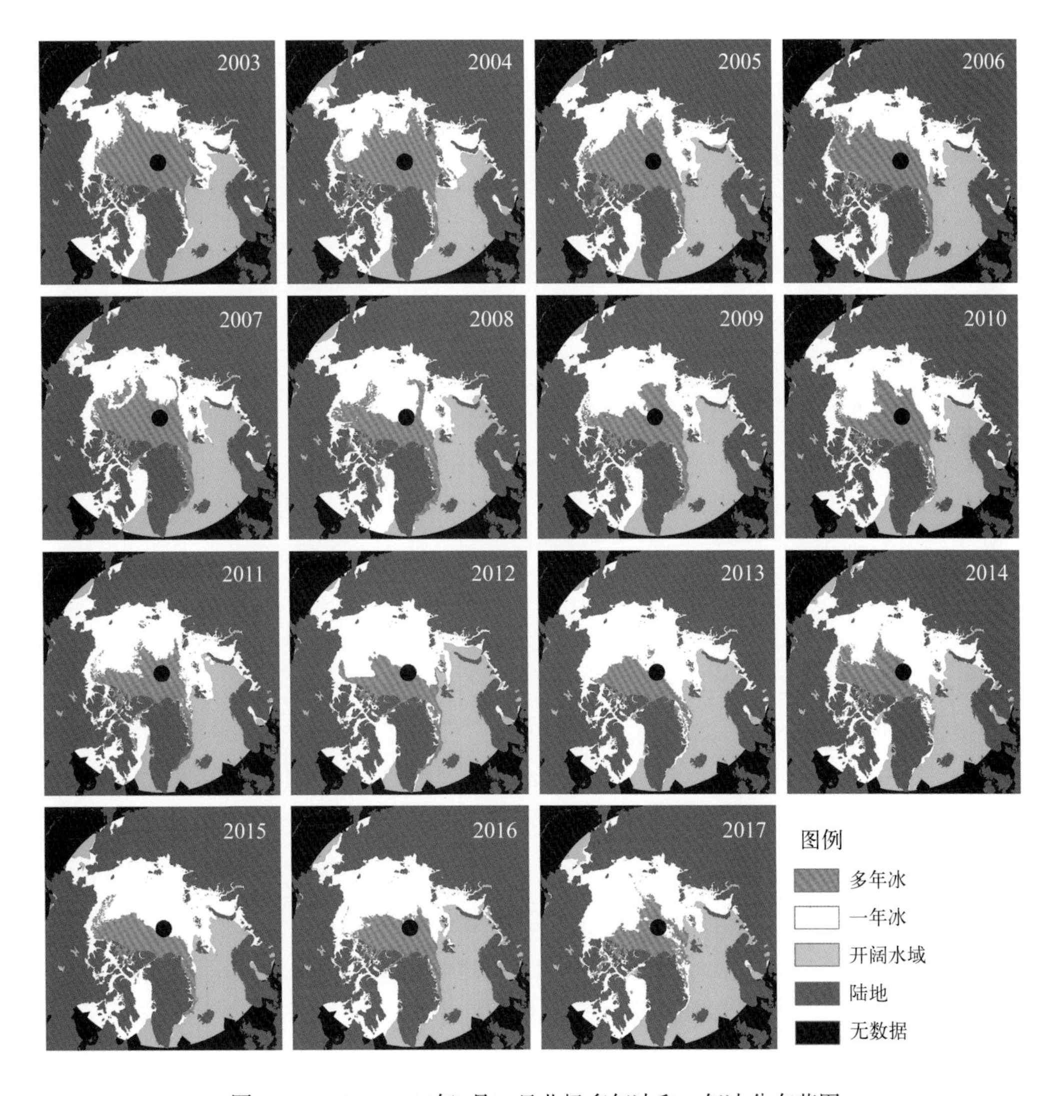


图3.14 2003—2017年2月10日北极多年冰和一年冰分布范围

量由北极海盆流入的多年冰。一年冰则覆盖了东至喀拉海、拉普捷夫海和东西伯利亚海等海域，西至拉布拉多海、波弗特海、楚科奇海和白令海等海域。对比2003—2017年多年冰分布情况，北极海盆的多年冰覆盖范围出现明显减小，在2003年和2004年，多年冰外缘曾一度位于巴伦支海、喀拉海、拉普捷夫海和东西伯利亚海外围区域，但截至2017年，北极海盆的多年冰已消退至极点附近海域和格陵兰岛北部海域。受波弗特环流影响，在波弗特海处的多年冰会持续呈现顺时针的流动、碰撞和挤压，部分多年冰运动至北极海盆时受穿极流作用而流出，另一部分则继续内部的环流。截至2017年，波弗特海处的多年冰范围也已出现减小趋势。格陵兰海作为穿极流的流出通道，将北极海盆的多年冰源源不断地输送至低纬地区，因此格陵兰海持续有多年冰覆盖。

综合来看，2003—2017年间，北极冬季多年冰范围在时间和空间上都发生了快速的减小，前期多年冰范围可达超$4.0 \times 10^6$ km$^2$，可覆盖全部北极海盆、部分波弗特海和格陵兰海以及巴伦支海、喀拉海等海域的外围；截至2017年，多年冰范围已减小至约$2.0 \times 10^6$ km$^2$，降幅高达50%，覆盖范围也退缩至部分北极海盆（仅格陵兰北部海域）、部分波弗特海和格陵兰海区域。

## 3.6 小结

本章介绍了北极海冰类型研究的进展、大尺度海冰分类所用的微波散射计和微波辐射计数据、海冰分类方法、生成产品的精度验证与横向对比以及基于分类结果的多年冰和一年冰时空变化分析。

根据空间尺度的不同，海冰类型研究多基于SAR或微波散射计和微波辐射计数据开展。基于SAR数据中不同类型海冰的纹理特征差异，可利用SVM等监督分类方法在小尺度上对海冰类型进行精细分类。而基于微波散射计或微波辐射计中不同类型海冰的后向散射系数差异或亮温差异，可以用阈值法或贝叶斯估计等机器学习算法在大尺度上对海冰类型进行分类（主要为一年冰和多年冰）。

现有大尺度海冰分类产品或数据集存在稳定性不足或空间分辨率较低等有待提升之处，因此本章研究基于QuikSCAT和ASCAT微波散射计数据以及AMSR-E、SSMIS和AMSR2微波辐射计数据，构建了基于阈值分割的冰水分离方法、基于K-means聚类的海冰分类方法以及基于多年冰运动范围和海冰边缘带的分类结果优化，生成了空间分辨率为4.45 km的2002—2017年冬季逐日北极海冰分类数据集。

通过与来自Envisat ASAR和Sentinel-1A的高分辨率SAR影像解译结果对比，本章研究生成的分类产品在加拿大群岛处的总体分类精度优于93%，Kappa系数大于82%。通过与现有海冰分类产品或数据集对比，本章研究的分类结果能更多地反映不同海冰类型年际间的变化差异，并具有更少的异常波动和更高的稳定性。

统计发现，年际内，北极总海冰范围和一年冰范围在冬季初期快速增长，至3月到达最大值，多年冰范围在冬季初期略有上升，后呈减小趋势。综合来看，2003—2017年间，北极冬季多年冰范围在时间和空间上都发生了快速的减小，时间上，2月平均范围由最高值$4.0\times10^6$ km$^2$降至约$2.0\times10^6$ km$^2$，降幅达50%，平均每年减少约$0.13\times10^6$ km$^2$，空间上多年冰覆盖范围主要集中在北极海盆、波弗特海和格陵兰海，而北极海盆处的多年冰已退缩至极点至格陵兰岛以北区域。

## 参考文献


Aaboe S, Breivik L A, Sørensen A, et al., 2018. Global sea ice edge and type product user's manual[S]. Tromsø: OSI-402-c & OSI-403-c & EUMETSAT: 31.

Anderson H S, Long D G, 2005. Sea ice mapping method for SeaWinds[J]. IEEE Transactions on Geoscience and Remote Sensing, 43(3): 647−657.

Askne J, Carlstrom A, Dierking W, et al., 1994. ERS-1 SAR backscatter modeling and interpretation of sea ice signatures[C]. 1994 IEEE International Geoscience and Remote Sensing Symposium. New York: IEEE: 162−164.

Barber D, Ledrew E, 1991. SAR sea ice discrimination using texture statistics−A multivariate approach[J]. Photogrammetric Engineering and Remote Sensing, 57(4): 385−395.

Belchansky G I, Douglas D C, 2000. Classification methods for monitoring Arctic sea ice using OKEAN passive/active two-channel microwave data[J]. Remote Sensing of Environment, 73(3): 307−322.

Belchansky G I, Douglas D C, Platonov N G, 2005. Spatial and temporal variations in the age structure of Arctic sea ice[J]. Geophysical Research Letters, 32(18): L18504.

Bird K J, Charpentier R R, Gautier D L, et al., 2008. Circum-Arctic resource appraisal: Estimates of undiscovered oil and gas north of the Arctic Circle[M]. Reston: US Geological Survey.

Breivik L-A, Eastwood S, 2012. Global Sea Ice Type[M]. Tromsø: OSI-403-c & EUMETSAT.

Cavalieri D, 1996. NASA Team Sea Ice Algorithm[M]. Maryland: NASA Goddard Space Flight Center.

Cavalieri D, Parkinson C, 2012. Arctic Sea Ice Variability and trends, 1979−2010[J]. The Cryosphere, 6(4): 881.

Cavalieri D J, 1994. A microwave technique for mapping thin sea ice[J]. Journal of Geophysical Research: Oceans, 99(C6): 12561−12572.

Clausi D A, 2001. Comparison and fusion of co-occurrence, Gabor and MRF texture features for classification of SAR sea-ice imagery[J]. Atmosphere-Ocean, 39(3): 183−194.

Clausi D A, 2002. An analysis of co-occurrence texture statistics as a function of grey level quantization[J]. Canadian Journal of Remote Sensing, 28(1): 45−62.

Comiso J, 1990. Arctic multiyear ice classification and summer ice cover using passive microwave satellite data[J]. Journal of Geophysical Research: Oceans, 95(C8): 13411−13422.

Comiso J C, 2002. A rapidly declining perennial sea ice cover in the Arctic[J]. Geophysical Research Letters, 29(20): 17-11−17-14.

Comiso J C, 2006. Abrupt decline in the Arctic winter sea ice cover[J]. Geophysical Research Letters, 33(18): L18504.

Comiso J C, 2012. Large decadal decline of the Arctic multiyear ice cover[J]. Journal of Climate, 25(4): 1176−1193.

Comiso J C, Parkinson C L, Gersten R, et al., 2008. Accelerated decline in the Arctic sea ice cover[J]. Geophysical Research Letters, 35(1): L01703.

Dabboor M, Shokr M, 2013. A new likelihood ratio for supervised classification of fully polarimetric SAR data: An application for sea ice type mapping[J]. ISPRS Journal of Photogrammetry and Remote Sensing, 84: 1−11.

Dierking W, Busche T, 2006. Sea ice monitoring by L-band SAR: An assessment based on literature and comparisons of JERS-1 and ERS-1 imagery[J]. IEEE Transactions on Geoscience and Remote Sensing, 44(4): 957−970.

Dierking W, Pedersen L T, 2012. Monitoring sea ice using ENVISAT ASAR−A new era starting 10 years ago[M]. 2012 IEEE International Geoscience and Remote Sensing Symposium. New York: IEEE: 1852−1855.

Early D S, Long D G, 1997. Ice classification in the Southern Ocean using ERS-1 scatterometer data[C]. 1997 IEEE International Geoscience and Remote Sensing Symposium Proceedings. New York: IEEE: 1838−1840.

Early D S, Long D G, 2001. Image reconstruction and enhanced resolution imaging from irregular samples[J]. IEEE Transactions on Geoscience and Remote Sensing, 39(2): 291−302.

Eppler D T, Farmer L D, Lohanick A W, et al., 1992. Passive microwave signatures of sea ice[J]. Microwave Remote Sensing of Sea Ice, 68: 47−68.

Ezraty R, Cavanié A, 1999. Intercomparison of backscatter maps over Arctic sea ice from NSCAT and the ERS scatterometer[J]. Journal of Geophysical Research: Oceans, 104(C5): 11471−11483.

Forgy E W, 1965. Cluster analysis of multivariate data: efficiency versus interpretability of classifications[J]. Biometrics, 21(3): 768−769.

Geldsetzer T, Yackel J, 2009. Sea ice type and open water discrimination using dual co-polarized C-band SAR[J]. Canadian Journal of Remote Sensing, 35(1): 73−84.

Haggerty J A, Maslanik J A, Curry J A, 2003. Heterogeneity of sea ice surface temperature at SHEBA from aircraft measurements[J]. Journal of Geophysical Research: Oceans, 108(C10): SHE-28-1−SHE-28-10.

Hara Y, Atkins R G, Shin R T, et al., 1995. Application of neural networks for sea ice classification in polarimetric SAR images[J]. IEEE Transactions on Geoscience and Remote Sensing, 33(3): 740−748.

Haralick R M, Shanmugam K, 1973. Textural features for image classification[J]. IEEE Transactions on Systems, Man, and Cybernetics, SMC-3(6): 610−621.

Holmes Q A, Nuesch D R, Shuchman R A, 2007. Textural analysis and real-time classification of sea-ice types using digital SAR data[J]. IEEE Transactions on Geoscience & Remote Sensing, GE-22(2): 113−120.

Howell S E, Assini J, Young K L, et al., 2012. Snowmelt variability in polar bear pass, nunavut, canada, from quikscat: 2000–2009[J]. Hydrological Processes, 26(23): 3477−3488.

Howell S E, Brown L C, Kang K-K, et al., 2009. Variability in ice phenology on Great Bear Lake and Great Slave Lake, Northwest Territories, Canada, from SeaWinds/QuikSCAT: 2000–2006[J]. Remote Sensing of Environment, 113(4): 816−834.

Howell S E, Tivy A, Yackel J J, et al., 2006. Application of a SeaWinds/QuikSCAT sea ice melt algorithm for assessing melt dynamics in the Canadian Arctic Archipelago[J]. Journal of Geophysical Research: Oceans, 111(C7): C07025.

Howell S E, Tivy A, Yackel J J, et al., 2008. Multi-year sea-ice conditions in the western Canadian Arctic Archipelago region of the northwest passage: 1968–2006[J]. Atmosphere-Ocean, 46(2): 229−242.

Johannessen O M, Shalina E V, Miles M W, 1999. Satellite evidence for an Arctic sea ice cover in transformation[J]. Science, 286(5446): 1937−1939.

Karvonen J, Simila M, Makynen M, 2005. Open water detection from Baltic sea ice Radarsat-1 SAR imagery[J]. IEEE Geoscience and Remote Sensing Letters, 2(3): 275−279.

Karvonen J A, Similae M, 1999. Pulse-coupled neural network for sea ice SAR image segmentation and classification[M]. Ninth Workshop on Virtual Intelligence/Dynamic Neural Networks. Bellingham: International Society for Optics and Photonics: 333−351.

Kawanishi T, Sezai T, Ito Y, et al., 2003. The Advanced Microwave Scanning Radiometer for the Earth Observing System (AMSR-E), NASDA's contribution to the EOS for global energy and water cycle studies[J]. IEEE Transactions on Geoscience and Remote Sensing, 41(2): 184−194.

Kwok R, 2004. Annual cycles of multiyear sea ice coverage of the Arctic Ocean: 1999−2003[J]. Journal of Geophysical Research: Oceans, 109(C11): C11004.

Kwok R, 2007. Near zero replenishment of the Arctic multiyear sea ice cover at the end of 2005 summer[J]. Geophysical Research Letters, 34(5): L05501.

Kwok R, 2018. Arctic sea ice thickness, volume, and multiyear ice coverage: losses and coupled variability (1958–2018)[J]. Environmental Research Letters, 13(10): 105005.

Kwok R, Cunningham G, Holt B, 1992. An approach to identification of sea ice types from spaceborne SAR data[J]. Microwave Remote Sensing of Sea Ice, 68: 355−360.

Kwok R, Cunningham G, Wensnahan M, et al., 2009. Thinning and volume loss of the Arctic Ocean sea ice cover: 2003–2008[J]. Journal of Geophysical Research: Oceans, 114(C7): C07005.

Kwok R, Cunningham G F, 1994. Backscatter characteristics of the winter ice cover in the Beaufort Sea[J]. Journal of Geophysical Research: Oceans, 99(C4): 7787−7802.

Kwok R, Untersteiner N, 2011. The thinning of Arctic sea ice[J]. Physics Today, 64(4): 36−41.

Lindell D B, Long D G, 2016a. Multiyear Arctic ice classification using ASCAT and SSMIS[J]. Remote Sensing, 8(4): 294.

Lindell D B, Long D G, 2016b. Multiyear Arctic sea ice classification using OSCAT and QuikSCAT[J]. IEEE Transactions on Geoscience and Remote Sensing, 54(1): 167−175.

Liu H, Guo H, Zhang L, 2014. SVM-based sea ice classification using textural features and concentration from RADARSAT-2 dual-pol ScanSAR data[J]. IEEE Journal of Selected Topics in Applied Earth Observations and Remote Sensing, 8(4): 1601−1613.

Liu H, Li X M, Guo H, 2015. The dynamic processes of sea ice on the east coast of Antarctica−A case study based on spaceborne synthetic aperture radar data from terraSAR-X[J]. IEEE Journal of Selected Topics in Applied Earth Observations and Remote Sensing, 9(3): 1187−1198.

Lomax A S, Lubin D, Whritner R H, 1995. The potential for interpreting total and multiyear ice concentrations in SSM/I 85.5 GHz imagery[J]. Remote Sensing of Environment, 54(1): 13−26.

Long D G, Daum D L, 1998. Spatial resolution enhancement of SSM/I data[J]. IEEE Transactions on Geoscience and Remote Sensing, 36(2): 407−417.

Long D G, Hardin P J, Whiting P T, 1993. Resolution enhancement of spaceborne scatterometer data[J]. IEEE Transactions on Geoscience and Remote Sensing, 31(3): 700−715.

Lundhaug M, 2002. ERS SAR studies of sea ice signatures in the Pechora Sea and Kara Sea region[J]. Canadian Journal of Remote Sensing, 28(2): 114−127.

Mäkynen M, Karvonen J, 2017. Incidence angle dependence of first-year sea ice backscattering coefficient in SENTINEL-1 SAR imagery over the Kara Sea[J]. IEEE Transactions on Geoscience and Remote Sensing, 55(11): 6170−6181.

Massom R, Comiso J C, 1994. The classification of Arctic sea ice types and the determination of surface temperature using advanced very high resolution radiometer data[J]. Journal of Geophysical Research: Oceans, 99(C3): 5201−5218.

Morris K, Jeffries M O, Li S, 1998. Sea ice characteristics and seasonal variability of ERS-1 SAR backscatter in the Bellingshausen Sea[J]. Antarctic Sea Ice: Physical Processes, Interactions and Variability, 74: 213−242.

Mortin J, Howell S E, Wang L, et al., 2014. Extending the QuikSCAT record of seasonal melt–freeze transitions over Arctic sea ice using ASCAT[J]. Remote Sensing of Environment, 141: 214−230.

Nghiem S, Chao Y, Neumann G, et al., 2006. Depletion of perennial sea ice in the East Arctic Ocean[J]. Geophysical Research Letters, 33(17): L17501.

Nghiem S, Rigor I, Perovich D, et al., 2007. Rapid reduction of Arctic perennial sea ice[J]. Geophysical

Research Letters, 34(19): L19504.

Nolin A W, Fetterer F M, Scambos T A, 2002. Surface roughness characterizations of sea ice and ice sheets: Case studies with MISR data[J]. IEEE Transactions on Geoscience and Remote Sensing, 40(7): 1605 1615.

Ochilov S, Clausi D A, 2012. Operational SAR sea-ice image classification[J]. IEEE Transactions on Geoscience and Remote Sensing, 50(11): 4397.

Onarheim I H, Eldevik T, Smedsrud L H, et al., 2018. Seasonal and regional manifestation of Arctic sea ice loss[J]. Journal of Climate, 31(12): 4917−4929.

Perovich D K, Richter-Menge J A, 2009. Loss of sea ice in the Arctic[J]. Annual Review of Marine Science, 1(1): 417−441.

Petrie R E, Shaffrey L C, Sutton R T, 2015. Atmospheric response in summer linked to recent Arctic sea ice loss[J]. Quarterly Journal of the Royal Meteorological Society, 141(691): 2070−2076.

Ramsay B, Hirose T, Manore M, et al., 1993. Potential of Radarsat for sea ice applications[J]. Canadian Journal of Remote Sensing, 19(4): 352−362.

Remund Q P, Long D G, 1999. Sea ice extent mapping using Ku band scatterometer data[J]. Journal of Geophysical Research: Oceans, 104(C5): 11515−11527.

Ressel R, Frost A, Lehner S, 2015. A neural network-based classification for sea ice types on X-band SAR images[J]. IEEE Journal of Selected Topics in Applied Earth Observations and Remote Sensing, 8(7): 3672−3680.

Ressel R, Singha S, 2016. Comparing near coincident space borne C and X band fully polarimetric sar data for arctic sea ice classification[J]. Remote Sensing, 8(3): 198.

Scheuchl B, Caves R, Flett D, et al., 2004. ENVISAT ASAR AP data for operational sea ice monitoring[M]. 2004 IEEE International Geoscience and Remote Sensing Symposium. New York: IEEE: 2142−2145.

Serreze M C, Meier W N, 2019. The Arctic's sea ice cover: trends, variability, predictability, and comparisons to the Antarctic[J]. Annals of the New York Academy of Sciences, 1436(1): 36−53.

Shokr M, Agnew T A, 2013. Validation and potential applications of Environment Canada Ice Concentration Extractor (ECICE) algorithm to Arctic ice by combining AMSR-E and QuikSCAT observations[J]. Remote Sensing of Environment, 128: 315−332.

Shokr M E, 2002. Texture measures for sea-ice classification from radar images[C]. 12th Canadian Symposium on Remote Sensing Geoscience and Remote Sensing Symposium. New York: IEEE: 763−768.

Shokr M E, Sinha N K, 1994. Arctic sea ice microstructure observations relevant to microwave scattering[J]. Arctic, 47(3): 265−279.

Smith D M, Barrett E C, Scott J C, 1995. Sea-ice type classification from ERS-1 SAR data based on grey level and texture information[J]. Polar Record, 31(177): 135.

Soh L K, Tsatsoulis C, 1999. Texture analysis of SAR sea ice imagery using gray level co-occurrence matrices[J]. IEEE Transactions on Geoscience & Remote Sensing, 37(2): 780−795.

Steffen K, 1991. Energy flux density estimation over sea ice based on satellite passive microwave measurements[J]. Annals of Glaciology, 15: 178−183.

Stroeve J, Holland M M, Meier W, et al., 2007. Arctic sea ice decline: Faster than forecast[J]. Geophysical Research Letters, 34(9): L09501.

Stroeve J C, Serreze M C, Holland M M, et al., 2012. The Arctic's rapidly shrinking sea ice cover: a research synthesis[J]. Climatic Change, 110(3/4): 1005−1027.

Swan A M, Long D G, 2012. Multiyear Arctic sea ice classification using QuikSCAT[J]. IEEE Transactions on Geoscience and Remote Sensing, 50(9): 3317−3326.

Tschudi M, Meier W, Stewart J, et al., 2019. EASE-grid Sea Ice Age, Version 4[M]. Boulder: NASA National Snow and Ice Data Center Distributed Active Archive Center.

Vihma T, 2014. Effects of Arctic sea ice decline on weather and climate: A review[J]. Surveys in Geophysics, 35(5): 1175−1214.

Wakabayashi H, Hirano K, Nishio F, et al., 1995. A study of sea ice in the sea of Okhotsk with SAR data[J]. Polar Record, 31(178): 305−314.

Walker N P, Partington K C, Van Woert M L, et al., 2006. Arctic sea ice type and concentration mapping using passive and active microwave sensors[J]. IEEE Transactions on Geoscience and Remote Sensing, 44(12): 3574−3584.

Wang W, Wen Y, Xue D, et al., 2015. Sea ice classification of SAR image based on wavelet transform and gray level co-occurrence matrix[C]. 2015 Fifth International Conference on Instrumentation and Measurement, Computer, Communication and Control (IMCCC). New York: IEEE: 104−107.

Ye Y, Heygster G, Shokr M, 2015. Improving multiyear ice concentration estimates with reanalysis air temperatures[J]. IEEE Transactions on Geoscience and Remote Sensing, 54(5): 2602−2614.

Ye Y, Shokr M, Heygster G, et al., 2016. Improving multiyear sea ice concentration estimates with sea ice drift[J]. Remote Sensing, 8(5): 397.

Yu P, Clausi D A, Howell S E, 2009. Fusing AMSR-E and QuikSCAT imagery for improved sea ice recognition[J]. IEEE Transactions on Geoscience and Remote Sensing, 47(7): 1980−1989.

Yu P, Qin A, Clausi D A, 2012. Feature extraction of dual-pol SAR imagery for sea ice image segmentation[J]. Canadian Journal of Remote Sensing, 38(3): 352−366.

Yu Q, Clausi D A, 2007. SAR sea-ice image analysis based on iterative region growing using semantics[J]. IEEE transactions on Geoscience and Remote Sensing, 45(12): 3919−3931.

Yu Y, Rothrock D, Lindsay R, 1995. Accuracy of sea ice temperature derived from the advanced very high resolution radiometer[J]. Journal of Geophysical Research: Oceans, 100(C3): 4525−4532.

Yueh S H, Kwok R, Lou S-H, et al., 1997. Sea ice identification using dual-polarized Ku-band scatterometer data[J]. IEEE Transactions on Geoscience and Remote Sensing, 35(3): 560–569.

Zakhvatkina N, Korosov A, Muckenhuber S, et al., 2017. Operational algorithm for ice–water classification on dual-polarized RADARSAT-2 images[J]. The Cryosphere, 11(1): 33–46.

Zakhvatkina N Y, Alexandrov V Y, Johannessen O M, et al., 2012. Classification of sea ice types in ENVISAT synthetic aperture radar images[J]. IEEE Transactions on Geoscience and Remote Sensing, 51(5): 2587–2600.

Zwally H J, 1983. Antarctic sea ice, 1973–1976: Satellite Passive-Microwave Observations[M]. Washington, DC: Scientific and Technical Information Branch, National Aeronautics and Space Administration.

刘惠颖, 郭华东, 张露, 2014. 基于HJ-1C SAR数据的辽东湾海冰分类[J]. 国土资源遥感, 26(3): 268–269.

刘一君, 2017. 基于多源遥感影像的北极海冰时序变化分析研究[D]. 武汉: 武汉大学.

张树刚, 2016. 基于AMSR-E遥感数据应用强度比参数确定多年冰的方法探讨[J]. 极地研究, 28(1): 95–102.

朱立先, 惠凤鸣, 张智伦, 等, 2019. 基于 Sentinel-1A/B SAR 数据的西北航道海冰分类研究[J]. 北京师范大学学报：自然科学版, 55(1): 66.

# 第 4 章

# 北极海冰密集度遥感反演研究

## 4.1 研究意义与进展

北冰洋几乎终年被海冰覆盖，海冰面积约占全球海冰面积的30%。海冰反照率高达80%以上，能够反射大部分的太阳辐射，从而使无冰海面区域和海冰覆盖区域的海气能量交换存在较大差异，海冰覆盖范围的时空变化也构成了北半球高纬度气候干扰的一个重要诱发因子。近30年来，由于全球气候变化，海冰覆盖范围呈减小趋势，2012年9月17日达到最小值（$3.39 \times 10^6$ km$^2$），1979—1996年北极海冰的覆盖范围以每10年2.2%的速度减小（Parkinson, 2014），进入21世纪，这一数值达到了10.1%（1998—2008年）。近年来，由于北极冰层融化加速，北冰洋的西北航线及东北航线已经打通，人类可以真正实现无障碍通航。

海冰密集度作为描述极区海冰的主要参数之一，是指单位面积内海冰覆盖所占的百分比。基于微波辐射计亮温数据获取的海冰密集度资料因为不受天气情况影响，可以准实时的获取大范围的海冰情况，是船舶规划航线、数值预报以及气候变化等科学研究的重要数据来源。美国国家冰雪数据中心利用Nimbus-7卫星SMMR、国防气象卫星计划（Defense Meteorological Satellite Program，DMSP）F8、F11、F13卫星SSM/I、DMSP-F17卫星SSMIS数据等，提供自1978年以来的南、北极海冰密集度数据，成为全球气候变化研究和极地预报等主要数据源（Hilburn and Wentz, 2008）。据*Nature*杂志报道，现在轨运行的F18和AMSR2已经超期服役，F19出现事故无法使用，F20因资金问题不能发射，后续也无发射计划，宝贵的持续近40年的海冰记录数据存在断档的危险（Witze, 2017）。

目前，利用星载微波辐射计亮温数据来反演海冰密集度的算法主要利用19 GHz和37 GHz两个频段的亮温数据，如NASA Team算法（Cavalieri et al., 1984）、Bootstrap算法

本章作者：石立坚[1]，曾韬[1]，王其茂[1]，邹斌[1]，冯倩[1]
1. 国家卫星海洋应用中心 自然资源部空间海洋遥感与应用重点实验室，北京 100081

（Comiso, 1986）等。NASA Team算法是在19 GHz水平、垂直极化亮温和37 GHz垂直极化亮温的基础上，计算极化比和梯度比，然后计算出一年冰密集度和多年冰密集度，进而得到整体海冰密集度。近年来，89 GHz频段在不同方法中得到应用，以获取更高分辨率的密集度产品，如NASA Team2算法（Markus and Cavalieri, 2000）、ASI算法（Spreen et al., 2008）等。NASA Team2算法来源于NASA Team算法，把北极海冰分为3种类型：新冰、一年冰和多年冰，新冰的引入去除了冰雪分层的影响。ASI（ARTIST Sea Ice）算法则是根据89 GHz通道数据的极化差异来计算海冰密集度。这类算法可以提供空间分辨率更高的海冰密集度产品（6.25 km × 6.25 km），可以用来确定冰间水道、冰间湖范围，对冰区航道选择有重要作用，但该数据产品容易受大气影响。随着极区研究越来越受到重视，国内诸多学者开展了利用亮温数据反演海冰密集度方面的研究。王欢欢等（2009）利用AMSR-E的89 GHz频段的数据，针对一年冰、多年冰以及无冰水面的不同特性，提出了一种反演多年冰密集度的方法，并与NASA Team算法结果进行比较，结果表明，两种算法的整体海冰密集度结果基本一致，新方法的多年冰结果略高，冬季更明显。张树刚（2012）从微波辐射的亮温方程出发，发展了一种参数较少、能够直接反演海冰密集度的新方法，这种方法基本反映了微波辐射亮温与海水反射率、海冰反射率、海冰温度和海冰密集度之间的物理关系，该方法与NASA Team2方法和AMSR Bootstrap算法在高密集海冰覆盖区域差异非常小（一般不超过5%），但在海冰边缘区以及低密集海冰覆盖区域差异比较大。介阳阳等（2015）基于WindSat数据，对NASA Team方法中的相关参数进行重新修正和计算，发展了南极区域海冰密集度的反演算法，其结果与国家冰雪数据中心资料有较高一致性。石立坚等（2014）和Shi等（2015）参考NASA Team方法，研究了利用HY-2A卫星微波扫描辐射计亮温数据反演北极海冰密集度的方法，结果与国际上常用的美国国家冰雪数据中心和德国不来梅大学提供的两种业务化海冰密集度产品一致。

对于海冰密集度产品的评估主要是利用船载实测数据或高分辨率的影像数据进行匹配数据的定量化评价或不同产品之间的交叉对比（Andersen et al., 2007; Ivanova et al., 2014; Ivanova et al., 2015）。Wiebe等（2009）利用Landsat-7 ETM和SAR数据评价了ASI算法海冰密集度，发现在冰区内部的冰间湖区域算法低估海冰密集度，在冰区边缘高估海冰密集度。席颖等（2013）利用第26次中国南极科学考察期间收集的海冰密集度船基观测资料以及由Landsat-7 ETM+得到的海冰密集度来验证AMSR-E南极海冰区海冰密集度产品的精度，研究表明AMSR-E整体低估海冰密集度，在新冰区严重低估；新冰的极化辐射亮温差高于一年冰，通用ASI算法采用的极化辐射亮温差并不适于新冰，这是导致算法在新冰区误差较大的原因。未来算法的改进需要引入多源遥感数据，动态调整纯海冰像元的极化辐射亮温差，以获得精度更高的海冰密集度。苏洁等（2013）针对AMSR-E 89 GHz频段微波数据的ASI算法，进行了插值算法、系点值和天气滤波器一系列试验。针对北极海区，着重对影响反演结果的主要参数——纯冰和纯水的亮温极化差异阈值，即系点值，进行了2009年全年的统计分析。对白令海和楚科奇海12个晴空下MODIS可见光样本数据进行反演，以验证AMSR-E冰密集度反演结果，反演结果与MODIS样本比对的误差略小于德国不来梅大学的反演产品，空间平均误差为3.84%，空间平均绝对误差10.83%。季青和庞小平（2016）基于我国第5次北极科学考察“雪龙”船航迹资料，比较德国不来梅大学发布的海冰密集度被动微波遥感数据产品，结果表明，对应“雪龙”船走航海冰观测的样本点，SSMIS平均海冰密集度高于AMSR2海冰密集度，整体偏差为9.2%；AMSR2海冰密集度产品在陆地边缘处相对于SSMIS信息缺失较少，质量更优。

2011年8月16日，我国第一颗海洋动力环境卫星——海洋二号卫星（HY-2A）在太原卫星发射中心成功发射，2018年10月25日，我国第二颗海洋动力环境系列卫星HY-2B成功发射。星上均搭载了扫描微波辐射计，可用于两极区域海冰密集度信息获取，从而为数值模式和航行保障提供准确的准实时极区海冰监测产品，进一步提高国产卫星数据的利用率和极区海冰预报的时效性，减少我国极区海冰业务化监测和预报对国外数据产品的依赖性，并为国际上近40年的南北极海冰密集度观测数据集提供中国贡献。

## 4.2 研究数据介绍

HY-2A/B卫星轨道为太阳同步轨道，倾角为99.34°，卫星在寿命前期采用重复周期为14 d的回归轨道，高度为971 km，周期为104.46 min，每天运行13+11/14圈；在寿命后期采用重复周期为168 d的回归轨道，卫星高度为973 km，周期为104.50 min，每天运行13+131/168圈。表4.1为其搭载的微波辐射计技术指标，与国际上常规的辐射计相比，只是缺少了高频85 GHz波段。

表4.1 扫描微波辐射计技术指标

| 工作频率 / GHz | 6.6 | 10.7 | 18.7 | 23.8 | 37.0 |
|---|---|---|---|---|---|
| 极化方式 | VH | VH | VH | V | VH |
| 地面足迹 / km | 100 | 70 | 40 | 35 | 25 |
| 灵敏度 / K | 优于0.5 | | | 优于0.8 | |
| 扫描刈幅 / km | 优于1 600 | | | | |
| 动态范围 / K | 3 ~ 350 | | | | |
| 定标精度/ K | 1.0（180 ~ 320） | | | | |

为了验证本章研究反演得到的海冰密集度产品的准确性，收集两种业务化产品用于进行交叉检验。一种为美国国家冰雪数据中心提供利用NASA Team方法和DMSP F17卫星

SSMIS传感器数据反演的海冰密集度产品，该产品空间分辨率亦为25 km × 25 km，每个栅格的地理位置与本章研究反演得结果一致；另一种为德国不来梅大学提供的利用ASI方法和DMSP F18卫星SSMIS传感器数据反演的海冰密集度产品，该产品空间分辨率为6.25 km × 6.25 km，经过空间插值降低分辨率到25 km × 25 km后用于交叉验证。

## 4.3 海冰密集度反演方法

由于HY-2扫描微波辐射计与SSMIS、AMSR-E等传感器在频率设置、亮温精度等细节参数方面有差异，所以本章研究将主要参考NASA Team方法，对特征值、天气滤波器阈值等参数进行重新选取，利用不同频段和不同极化方式的亮温梯度来反演海冰的密集度，最终形成适用于HY-2扫描微波辐射计的NASA Team方法。图4.1为极区海冰密集度产品制作处理流程。

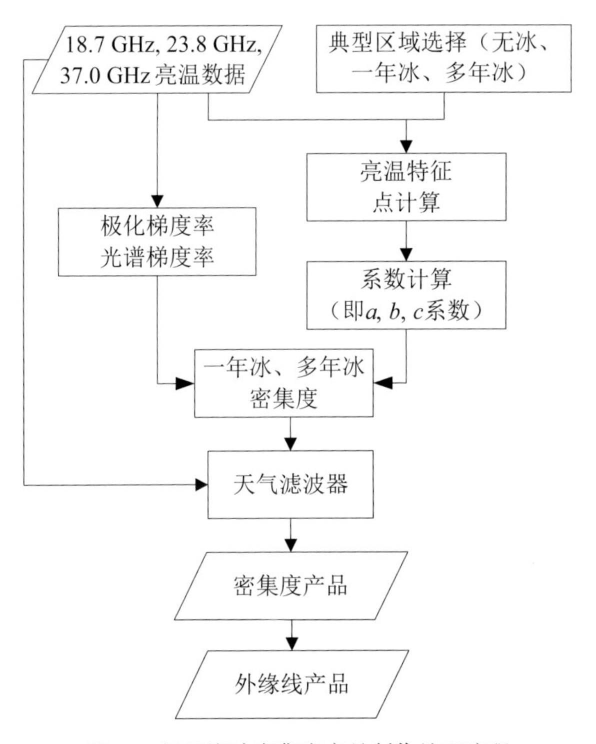


图4.1 极区海冰密集度产品制作处理流程

首先，根据18.7 GHz和37.0 GHz两个频段的亮温数据，得到两个独立变量：极化比（Polarization Gradient Ratio，PR）和梯度比（Spectral Gradient Ratio，GR），具体定义如下：

$$\mathrm{PR}(18.7) = (T_{\mathrm{b},18.7\mathrm{V}} - T_{\mathrm{b},18.7\mathrm{H}}) / (T_{\mathrm{b},18.7\mathrm{V}} + T_{\mathrm{b},18.7\mathrm{H}}) \tag{4.1}$$

$$\mathrm{GR}(37.0/18.7) = (T_{b,37.0V} - T_{b,18.7V}) / (T_{b,37.0V} + T_{b,18.7V}) \tag{4.2}$$

式中，$T_b$是指在特定频率和极化方向观测到的亮温；V和H分别代表垂直极化和水平极化。

基于极化比和梯度比，计算出一年冰密集度（$C_{FY}$）和多年冰密集度（$C_{MY}$），进而得到整体海冰密集度$C_T$，即

$$C_{MY}=\frac{M_0+M_1\cdot \mathrm{PR}+M_2\cdot \mathrm{PR}+M_3\cdot \mathrm{PR}\cdot \mathrm{GR}}{D} \tag{4.3}$$

$$C_{FY}=\frac{F_0+F_1\cdot \mathrm{PR}+F_2\cdot \mathrm{GR}+F_3\cdot \mathrm{PR}\cdot \mathrm{GR}}{D} \tag{4.4}$$

$$C_T=C_{FY}+C_{MY} \tag{4.5}$$

式中，$D=D_0+D_1\cdot \mathrm{PR}+\mathrm{D}_2\cdot \mathrm{GR}+D_3\cdot \mathrm{PR}\cdot \mathrm{GR}$，$M_i$、$F_i$和$D_i$（$i$=0, 1, 2, 3）这12个系数是关于9个亮温数值的函数。具体表达式如下：

$$\begin{cases} M_0=A_4 B_0-A_0 B_4 \\ M_1=A_5 B_0-A_1 B_4 \\ M_2=A_4 B_1-A_0 B_5 \\ M_3=A_5 B_1-A_1 B_5 \end{cases}, \begin{cases} F_0=A_0 B_2-A_2 B_0 \\ F_1=A_1 B_2-A_3 B_0 \\ F_2=A_0 B_3-A_2 B_1 \\ F_3=A_1 B_3-A_3 B_1 \end{cases}, \begin{cases} D_0=A_4 B_2-A_2 B_4 \\ D_1=A_5 B_2-A_3 B_4 \\ D_2=A_4 B_3-A_2 B_5 \\ D_3=A_5 B_3-A_3 B_5 \end{cases} \tag{4.6}$$

其中，

$$\begin{cases} A_0=-T_{b,OW,18.7V}+T_{b,OW,18.7H} \\ A_1=T_{b,OW,18.7V}+T_{b,OW,18.7H} \\ A_2=T_{b,MY,18.7V}-T_{b,MY,18.7H}+A_0 \\ A_3=-T_{b,MY,18.7V}-T_{b,MY,18.7H}+A_1 \\ A_4=T_{b,FY,18.7V}-T_{b,FY,18.7H}+A_0 \\ A_5=-T_{b,FY,18.7V}-T_{b,FY,18.7H}+A_1 \end{cases}, \begin{cases} B_0=-T_{b,OW,37.0V}+T_{b,OW,18.7V} \\ B_1=T_{b,OW,37.0V}+T_{b,OW,18.7V} \\ B_2=T_{b,MY,37.0V}-T_{b,MY,18.7V}+B_0 \\ B_3=-T_{b,MY,37.0V}-T_{b,MY,18.7V}+B_1 \\ B_4=T_{b,FY,37.0V}-T_{b,FY,18.7V}+B_0 \\ B_5=-T_{b,FY,37.0V}-T_{b,FY,18.7V}+B_1 \end{cases} \tag{4.7}$$

这9个亮温是指在18.7V，18.7H和37.0V下观测到的无冰海面（Open Water, OW）、一年（First Year, FY）冰和多年（Multi-Year, MY）冰上的亮温特征值。为了得到亮温特征值，选取3个典型海域，计算每个海域每个月份的亮温平均值。图4.2为典型海域的地理位置，多年冰选取格陵兰岛以北海域；一年冰选取楚科奇海部分海域；无冰海面选取挪威海部分海域。图4.3为2012年上述3个区域极化比和梯度比变化，在北半球冬季和春季（11月至翌年5月），海水的极化比和梯度比比一年冰和多年冰的相应参数要高，而一年冰和多年冰的极化比没有明显区别，一年冰的梯度比要高于多年冰的梯度比；在夏、秋两季，随着一年冰的融化，它的极化比和梯度比逐渐升高，直到8—9月，一年冰全部融化为海水，而多年冰的这两个参数也由于海冰表面温度升高和海冰融化呈现不同程度的增长。

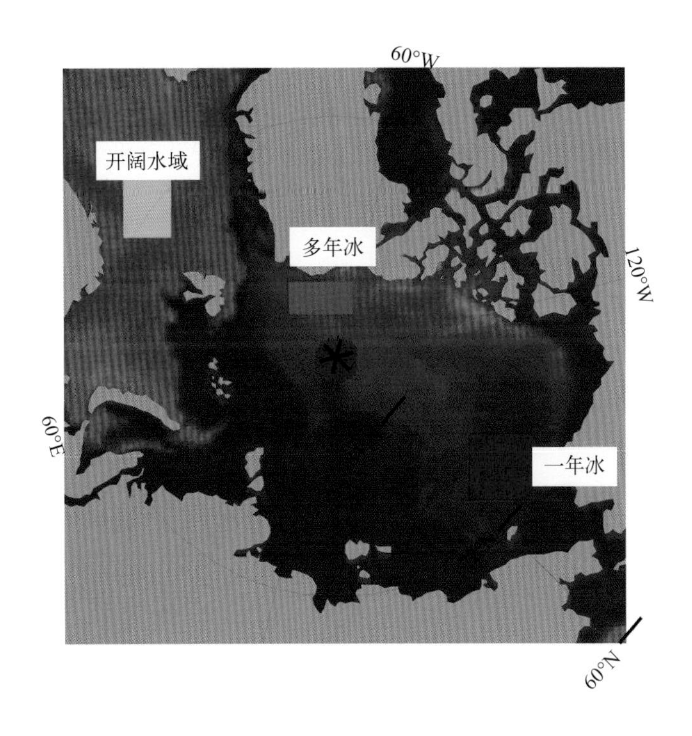


图4.2 用于特征值选取的3个典型海区的地理位置

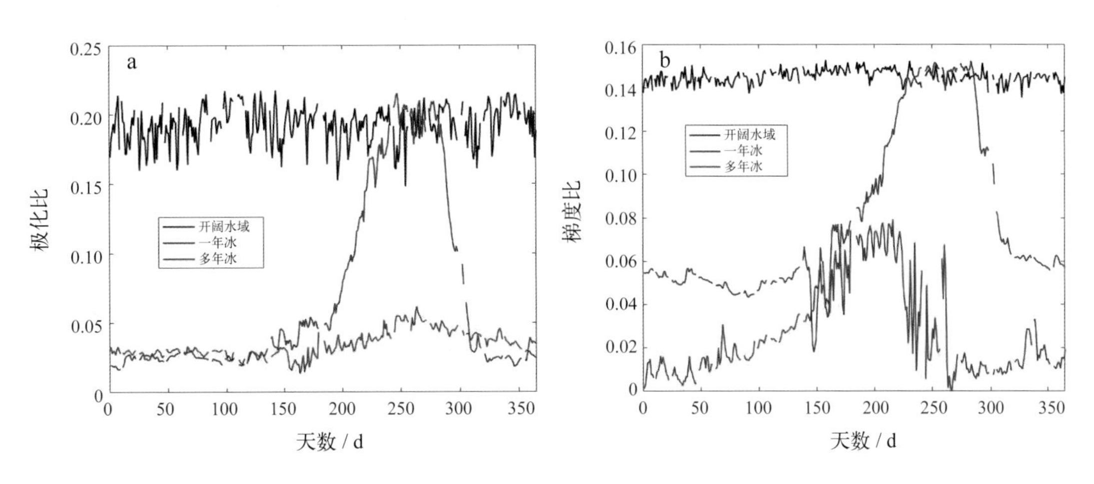


图4.3 2012年3个典型海区极化比（a）和梯度比（b）变化

针对3个海域，绘制每个月月平均的极化比和梯度比的散点图，如图4.4所示，其中图4.4b为图4.4a的局部放大。从图4.4a中可以看出，海水的极化比参数比较集中，所以选取月份为全年；一年冰从6月开始，极化比和梯度比参数均开始上升，到9月达到最大值，然后开始降低，这主要是一年冰夏季融化导致极化比参数发生相应变化，所以一年冰的特征月份选取除去6—10月的其他月份；从图4.4b中可以看出，6—8月多年冰的参数与一年冰的参数差异较小，与一年冰特征月份点“混杂”在一起，所以多年冰的特征月份选取除去6月、7月和8月的其他月份。根据选取的特征月份，计算出18.7V、18.7H和37.0V的亮温平均值（即特征值），具体亮温特征值和选取月份如表4.2所示。

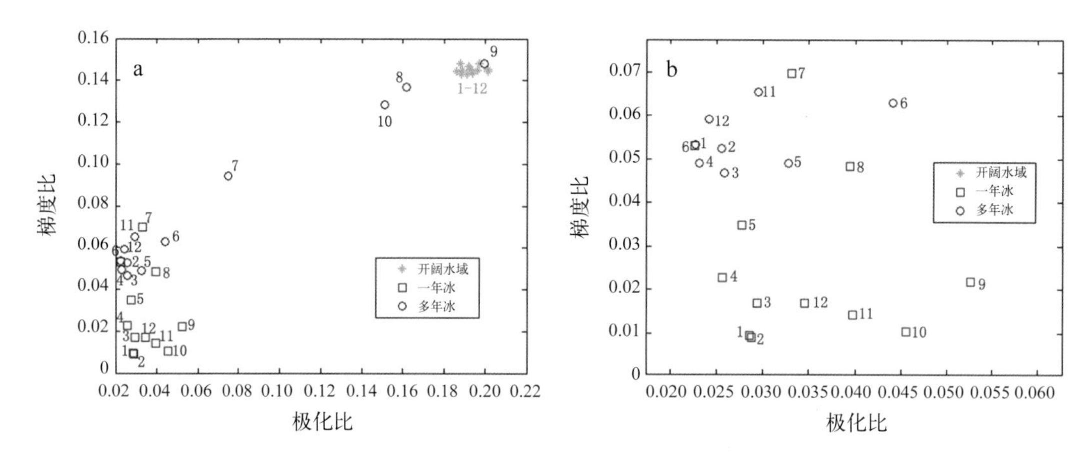


图4.4　2012年每个月月平均梯度比和极化比的散点图，b为a的局部放大图

表4.2　3个典型海区在18.7V、18.7H和37.0V波段的亮温特征值（单位：K）

| | 18.7V | 18.7H | 37.0V | 选取月份 |
|---|---|---|---|---|
| 无冰海面 | 150.268 4 | 101.710 4 | 201.254 1 | 1—12月 |
| 一年冰 | 222.690 0 | 211.278 5 | 247.993 1 | 1—5月，11月，12月 |
| 多年冰 | 208.298 7 | 194.412 5 | 215.848 5 | 1—5月，9—12月 |

通过上述步骤获取的海冰密集度初步结果中，常会出现错误的计算结果，即在开阔海域会计算出低密集度的海冰，这主要是由于大气中水蒸气、云中液态水、降雨等现象引起的。Cavalieri等（1995）利用辐射传输模型模拟的271 K时不同大气水汽含量、降雨、云中液态水等参数下极化比和梯度比的变化，仅用GR(37/19)可以将云中液态水含量较高情况引起的误判去除；结合GR(22/19)可以将较高的大气水汽含量、降雨去除。另外，在陆地边缘，受陆地比海冰辐射率较高影响，亮温较高，引起海冰密集度反演结果在陆地边缘区域也有错误的结果，利用GR(22/19)将这一现象也滤除掉了。本章研究沿用上述梯度比来滤除天气影响，主要包括以下两步：

（1）利用37.0 GHz和18.7 GHz的梯度比过滤掉云中液态水和云层中冰晶的影响，如果GR（37.0/18.7）≥0.13，则$C_T=0$；

（2）利用23.8 GHz和18.7 GHz的梯度比去除水面上大量的水蒸气的影响，如果GR（23.8/18.7）≥0.085，则$C_T=0$；其中GR（23.8/18.7）定义类似GR（37.0/18.7），利用

23.8 GHz和18.7 GHz的垂直极化方式的亮温计算梯度比。

图4.5为利用2012年8月27日扫描微波辐射计亮温数据计算的北极区域海冰密集度初步结果、经过GR（37.0/18.7）梯度比滤除的结果和经过GR（37.0/18.7）和GR（23.8/18.7）梯度比滤除的结果。由图4.5b中可以看出，GR（37.0/18.7）梯度比可以将高纬度开阔海域的错误结果滤除，同时可以将云中液态水含量值较高的区域滤除（如图4.5a中冰岛与英国之间的海域）。但是，GR（37.0/18.7）梯度比无法滤除中纬度区域的错误结果，如图4.5b中日本东部太平洋海域和加拿大东部大西洋海域存在较大区域的错误结果，这主要是该海域的大气中水蒸气含量较高（20 mm左右）所致，这一现象在夏季普遍存在。另外受陆地影响，在沿岸区域存在错误结果，利用GR（37.0/18.7）梯度比也无法剔除这一现象。利用GR（23.8/18.7）梯度比可以将上述两种情况引起的错误结果很好地滤除，如图4.5c所示。

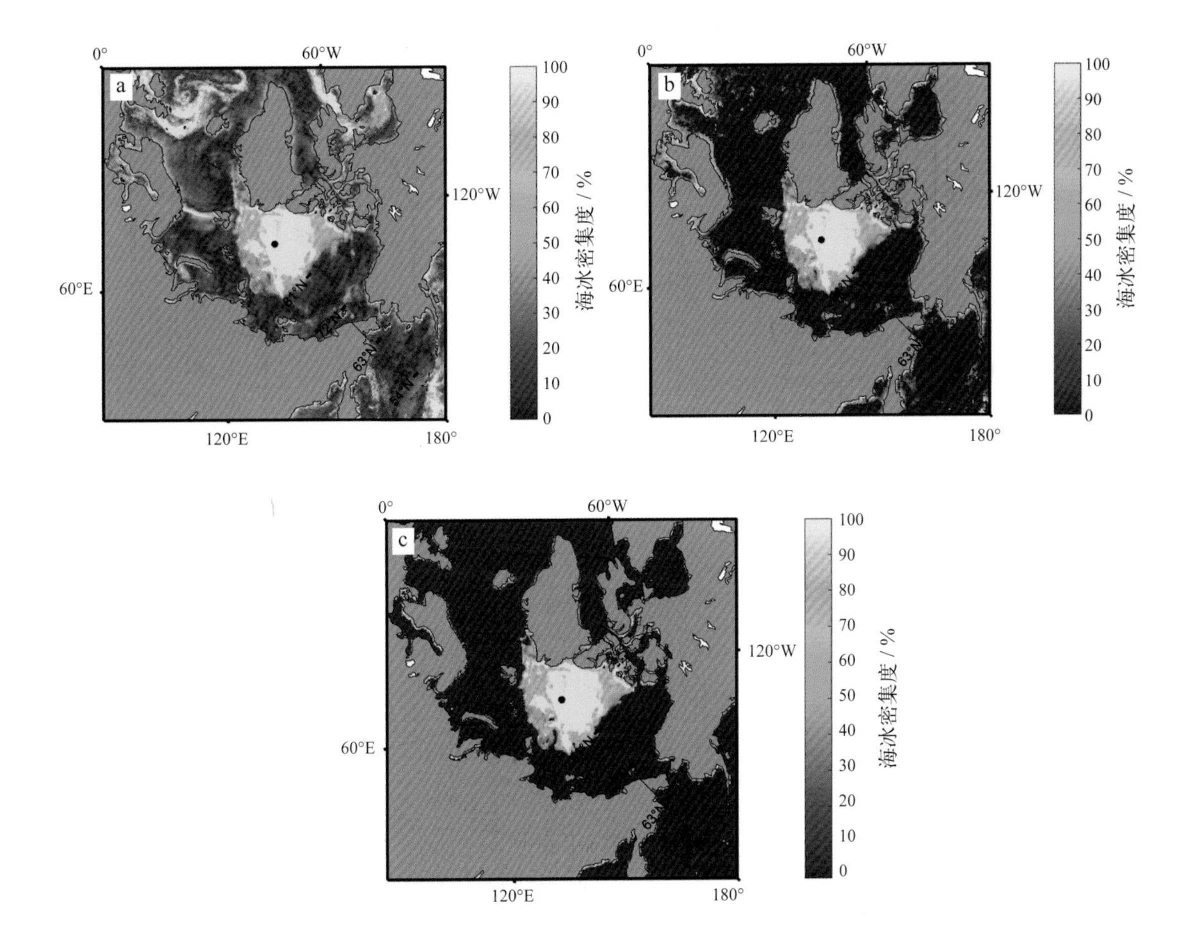


图4.5 计算的2012年8月27日北极区域海冰密集度初步结果（a）、经过GR（37.0/18.7）梯度比滤除的结果（b）和经过GR（37.0/18.7）和GR（23.8/18.7）梯度比滤除的结果（c）

## 4.4 研究结果

为了验证本章研究方法反演海冰密集度的准确性，采用两种方法进行验证：（1）利用图4.2中进行特征值选取时3个海冰类型已知区域计算整体海冰和多年冰的密集度，来说明本章方法的可行性；（2）利用国际上常用的两种业务化海冰密集度产品进行交叉对比，来验证本文反演结果的准确性。

1）3个特征值区域的验证

针对图4.2中3个区域及计算亮温特征值时选取的不同月份（如表4.2中选取月份），计算每个区域对应的整体海冰和多年冰的密集度平均值，然后与不同海区的理论值进行比较。需要说明的是，这里的整体海冰和多年冰的密集度没有经过天气滤波器的处理。在格陵兰岛以北的多年冰区域，整体海冰和多年冰的密集度理论上应该均为1，本章研究方法计算结果分别为98.9%和85.2%，与理论值比较吻合，但是计算的6—8月多年冰的结果较差，这主要是由夏季海冰表面温度升高，部分冰面出现融化等现象造成的。在楚科奇海一年冰区域，整体海冰密集度的理论值为1，多年冰密集度理论值为0，本章计算结果分别为99%和9.6%。挪威海的无冰海面，整体海冰和多年冰密集度的理论值均为0，本章计算结果分别为14.9%和6.8%，这主要是由大气中水蒸气、云中液态水等引起的，特别在夏季，这种错误更为明显。总体来说，本章研究方法反演的整体海冰密集度结果要优于多年冰密集度结果。

2）交叉对比

分别利用美国国家冰雪数据中心和德国不来梅大学提供的海冰密集度业务化产品进行交叉对比，验证本章反演的海冰密集度的准确性。

图4.6为2012年1月5日的海冰密集度差异，图4.6a为本章结果与美国国家冰雪数据中心结果的差异，图4.6b为本章结果与德国不来梅大学结果的差异，红色代表本章计算结果高于业务化产品，蓝色代表本章计算结果低于业务化产品。从图4.6中可以看出，本章计算的结果与另外两种业务化产品在大部分区域结果都很接近，差别在±2%以内；但在北极点附近区域，本章结果要低于另外两种业务化产品；差距主要集中在冰水边缘区域，差异在10%左右，本章结果与德国不来梅大学的结果更为接近。

图4.7为2012年由3种海冰密集度数据得到的海冰覆盖面积时间序列，在计算每天的海冰覆盖面积时，只统计3种数据都有有效数据的点。与图4.5展示的结果一样，本章结果高于另外两种产品，与德国不来梅大学产品更接近。相对于冬季来讲，夏季的结果差异稍大。表4.3给出了3种数据对比分析的统计结果，从各项数据可以看出，本章结果与德国不来梅大学产品更接近，2012年日平均偏差为$0.111\,7 \times 10^6\ \text{km}^2$，远小于与美国国家冰雪数据中心的日平均差异$0.432\,4 \times 10^6\ \text{km}^2$。

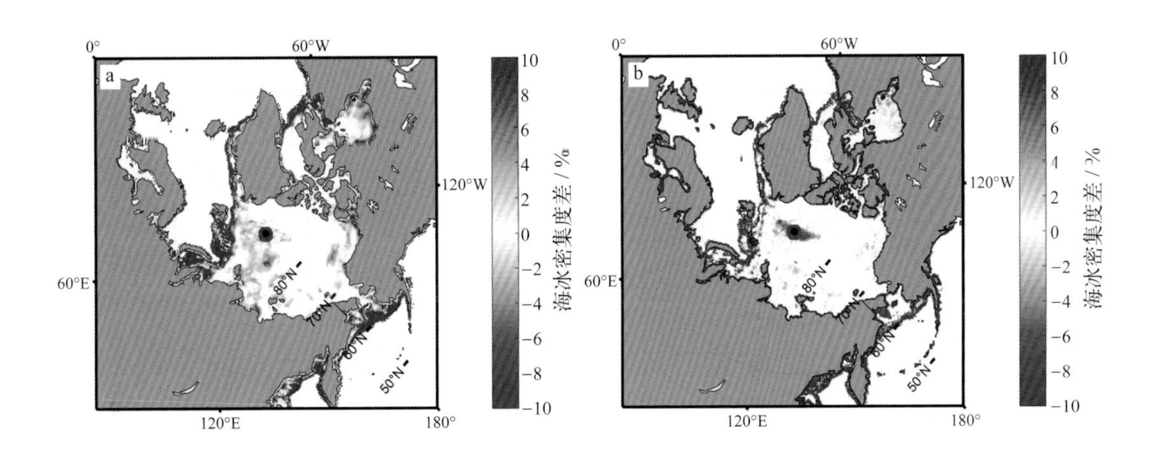


图4.6　2012年1月5日的海冰密集度差异

a为本章结果与美国国家冰雪数据中心结果的差异，b为本章结果与德国不来梅大学结果的差异。红色代表本章计算结果高于业务化产品，蓝色代表本章计算结果低于业务化产品

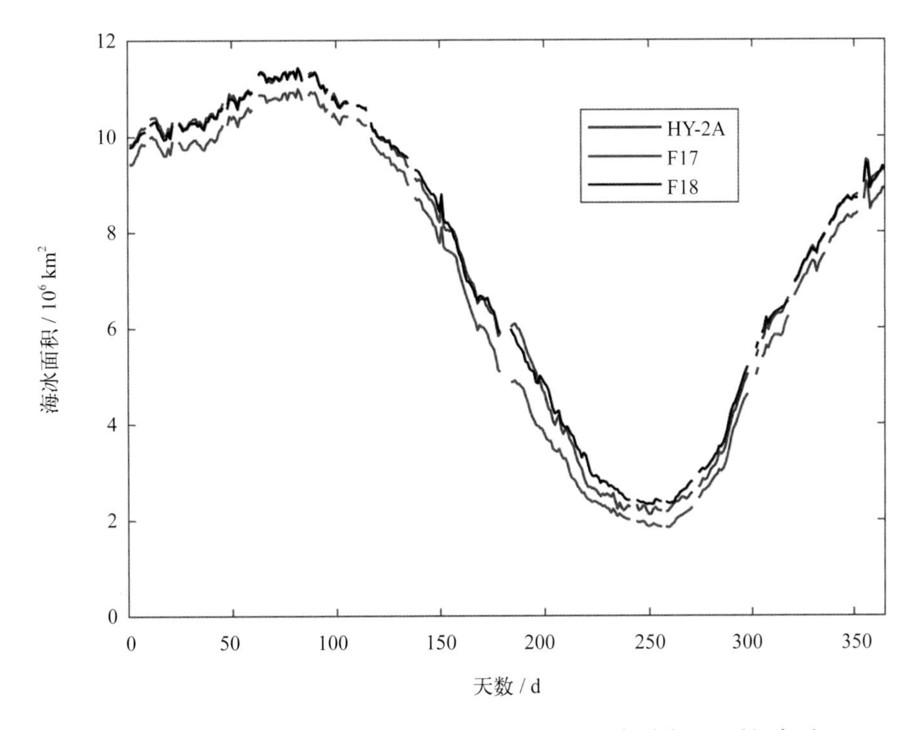


图4.7　2012年由3种海冰密集度数据得到的北极海冰覆盖面积时间序列

表4.3 本章结果与另外两种产品的2012年北极海冰覆盖面积差异的统计分析

| | 最大偏差 / $10^6$ km$^2$ | 最小偏差 / $10^6$ km$^2$ | 平均偏差 / $10^6$ km$^2$ | 标准方差 / $10^6$ km$^2$ | 相关系数 |
|---|---|---|---|---|---|
| 本章与美国国家冰雪数据中心产品结果之差 | 1.193 0 | 0.145 3 | 0.432 4 | 0.182 2 | 0.998 |
| 本章与德国不来梅大学产品结果之差 | 0.579 2 | 0.001 0 | 0.111 7 | 0.093 6 | 0.999 |

## 4.5 空间分析与讨论

海冰范围是研究两极海冰变化常用的参数之一，通常基于星载辐射计观测获取的极区海冰密集度产品统计海冰密集度大于15%区域面积，这条15%的等值线所在的最低纬度范围一般定义为海冰边缘线。通过分析海冰范围纬向上的变化可以比较客观地分析海冰边缘线的变化，而不用局限于某个局部海域海冰范围的分析（Xia et al., 2014）。

就整个北极海冰而言，冬季海冰边缘线超出北极边缘海域，延伸到白令海、哈得孙湾和白海，直至阿拉斯加、加拿大、欧洲和俄罗斯沿岸；夏季，海冰剧烈消融，白令海、加拿大北极群岛、哈得孙湾、巴芬湾、格陵兰岛、巴伦支海和喀拉海向北退缩显著。2000年以前，海冰边缘线的年际变化在夏季没有明显的退缩趋势，2002年以后，几乎所有海区海冰夏季融化和边缘线向北退缩有提前的趋势，其向北退缩的速度也在增加，特别是2012年夏季，外缘线甚至向北退缩了纬度5°，其中拉普捷夫海-东西伯利亚海-楚克奇海-波弗特海为主的太平洋扇区最为明显，而大西洋扇区的海冰外缘线变化则不显著。冬季，作为北极海冰主要输出区的巴芬湾-格陵兰海-巴伦支海扇区的海冰边缘线存在显著的逐年向北退缩趋势，这与北极海冰厚度整体变薄和大西洋暖流增强有关。

### 4.5.1 海冰变化的季节差异

北极海冰存在显著的季节性变化特点，其中冬、春季最多，覆盖率较稳定，一般在3月达到最大值；随后海冰开始融化，进入融冰季，在9月中旬达到最低值（Serreze and Meier, 2018），如图4.8所示。2012年9月17日海冰范围为$3.39 \times 10^6$ km$^2$，是1979年以来最小值。2018年3月7日海冰范围为$14.42 \times 10^6$ km$^2$，是1979年开始的长期卫星记录以来同期最小值，比1981—2010年的平均值低了8%；9月13日，海冰范围减小到最小值（$4.67 \times 10^6$ km$^2$），为1979年以来同期第8低的记录，比1981—2010年的平均最小值低了25%（Parkinson and DiGirolamo, 2016）。历史上10个9月北极海冰范围最小值均发生在过去的11年中。

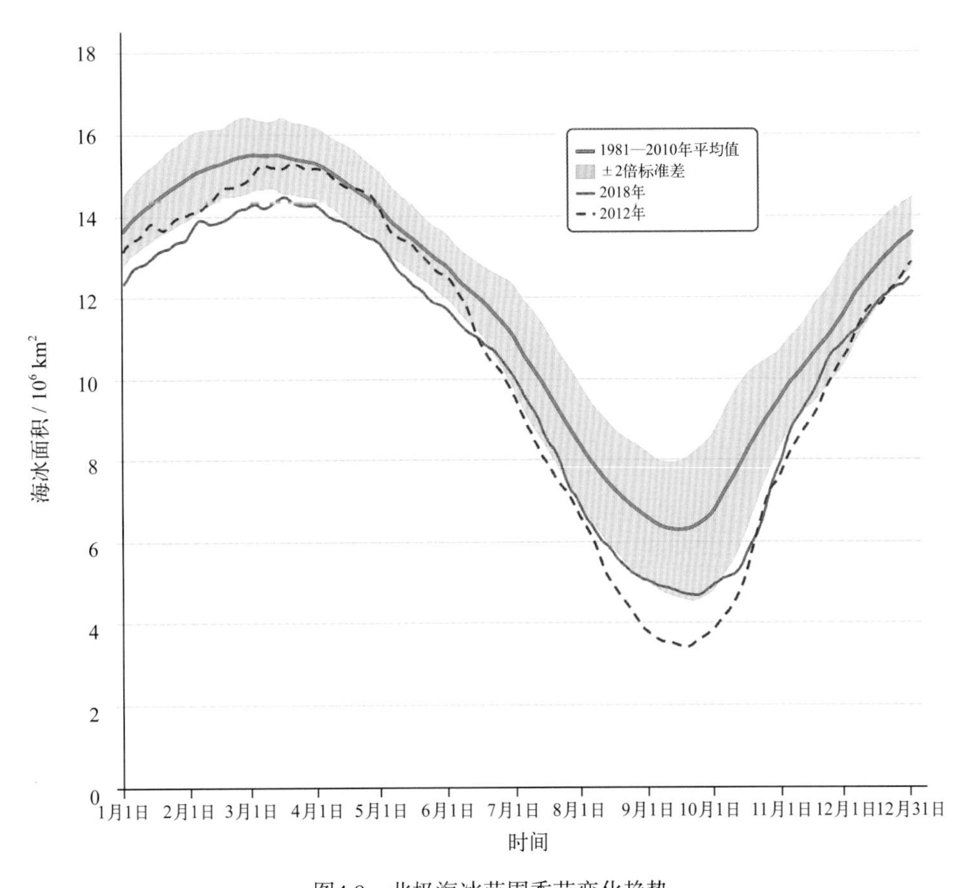


图4.8 北极海冰范围季节变化趋势

数据来源于：https://nsidc.org/arcticseaicenews/charctic-interactive-sea-ice-graph/

在全球变暖的大背景下，北极海冰范围的减少趋势逐渐加剧，相对于1981—2010年的平均值，北极整个区域的海冰范围年代际变化趋势已经达到（−10.4±1.7）%/(10 a)，9月月平均的年代际趋势更为显著，甚至达到−13.2%/(10 a)，而3月的变化趋势只有−2.7%/(10 a)。而就4个季节的海冰范围下降趋势来说，秋季下降的趋势最快，其次为夏季、冬季和春季；如果以2000年作为时间分割点进行分析，可发现2000年后春季下降趋势变缓，其他3个季节加速融化，尤其是秋季和夏季。上述北极海冰的变化趋势与诸多因素有关，如北极变暖、北极大气环流变化和北大西洋涛动等。

## 4.5.2 海冰变化的区域差异

在风场和海流的影响下，北极海冰处于常态化的运动中：在波弗特环流的影响下，波弗特海海冰呈现顺时针运动；在穿极海流的影响下，海冰从亚欧大陆北部穿过极点，经过弗拉姆海峡漂移出北极海域，同时海冰在加拿大北极群岛和格陵兰北部沿岸聚集，所以该区域海冰厚度为整个北极区域海冰最厚。在上述海冰运动的大背景下，虽然北极区域海冰范围整体减小的趋势加剧，但是各个局部海域减退速率存在差别，有明显的区域特征。北极中心区域海冰变化范围较小，5月海冰开始融化，9月达到最小值，然后进入结冰期，每年12月到翌年4月为稳定期，海冰面积和海冰范围达到最大。北太平洋区海冰在6月底到10月初海冰变化不大，3月范围最大。北大西洋区海冰变化范围小于北太平洋区，亦呈正弦曲线的季节变化，3月达到最多，8月达到最少。白令海区域在6月到10月中旬基本处于无冰期，3月底达到最多。

1979年以来，除了白令海以外其他海域海冰范围都存在显著的减小趋势，东半球海冰减小范围比西半球更大，尤其是巴伦支海以及新地岛以北区域的海冰密集度显著减小，变化趋势最大达到−20%/(10 a)。就季节变化趋势来说，北极中心区域与整个北极区域变化一致，夏季减小最快，秋季次之，冬季和春季海冰范围最大；北大西洋区冬季减小最快，其次是春季、秋季和夏季；白令海区域冬季和春季海冰范围变化呈现增加趋势，夏季和秋季变化趋势呈少量的减少；北太平洋海域春季海冰范围变化最快，呈增加趋势，其他季节呈较小的减少趋势。

## 4.6 小结

本章研究参考NASA Team方法，研究了利用HY-2卫星扫描微波辐射计亮温数据反演北极海冰密集度的方法，并对结果进行了初步验证，主要结论如下：

（1）利用NASA Team方法进行海冰密集度反演的关键是选择18.7V，18.7H和37.0V下观测到的无冰海面、一年冰和多年冰上的亮温特征值。选择格陵兰岛以北海域、楚科奇海部分海域和挪威海部分海域作为多年冰、一年冰和无冰海面的典型海域，对上述3个区域2012年的极化比和梯度比进行统计分析，这两个参数呈现明显的季节变化。根据两个梯度比参数的月平均散点图，选择了特征月份和亮温特征值。

（2）利用GR（37.0/18.7）和GR（23.8/18.7）两个天气滤波器有效地去除了开阔海域由于大气中水蒸气、云中液态水、降雨等现象引起的海冰密集度错误结果。

（3）在本章研究方法的基础上，计算了2012年全年的北极海冰密集度产品，并通过计算3个海冰类型已知区域的海冰密集度和交叉验证两种方法检验产品精度。3个海冰类型已知区域的海冰密集度计算结果表明，本章计算的整体海冰密集度结果和理想值非常接近，多年冰的精度需要进一步提高。交叉验证结果表明，本章计算的结果与国际上常用的两种业务化海冰密集度产品一致，其中与德国不来梅大学产品更接近，2012年日平均偏差为$0.111\ 7\times10^6\ km^2$，远小于与美国国家冰雪数据中心的日平均差异$0.432\ 4\times10^6\ km^2$。本章中仅利用全年统计的差异参数说明了不同产品的差异，后续工作中，将对不同季节的偏差进行比较，并在此基础上进一步改进本章算法。

# 参考文献


Andersen S, Tonboe R, Kaleschke L, et al., 2007. Intercomparison of passive microwave sea ice concentration retrievals over the high-concentration Arctic sea ice[J]. Journal of Geophysical Research, 112(C8):C08004.

Cavalieri D J, Gloersen P, Campbell W J, 1984. Determination of sea ice parameters with the NIMBUS 7 SMMR[J]. Journal of Geophysical Research Atmospheres, 89(D4): 5355–5369.

Cavalieri D J, St Germain K M, Swift C T, 1995. Reduction of weather effects in the calculation of sea-ice concentration with the DMSP SSM/I[J]. Journal of Glaciology, 41(139):455–464.

Comiso J C, 1986. Characteristics of Arctic winter sea ice from satellite multispectral microwave observations[J]. Journal of Geophysical Research Oceans, 91(C1): 975–994.

Hilburn K A, Wentz F J, 2008. Intercalibrated passive microwave rain products from the unified microwave ocean retrieval algorithm (UMORA)[J]. Journal of Applied Meteorology & Climatology, 47(3):778–794.

Ivanova N, Johannessen O M, Pedersen L T, et al., 2014. Retrieval of Arctic sea ice parameters by satellite passive microwave sensors: A comparison of eleven sea ice concentration algorithms[J]. IEEE Transactions on Geoence & Remote Sensing, 52(11):7233–7246.

Ivanova N, Pedersen L T, Tonboe R T, et al., 2015. Inter-comparison and evaluation of sea ice algorithms: towards further identification of challenges and optimal approach using passive microwave observations[J]. The Cryosphere, 9(5):1797–1817.

Markus T, Cavalieri D J, 2000. An enhancement of the NASA Team sea ice algorithm[J]. IEEE Transactions on Geoence and Remote Sensing, 38(3):1387–1398.

Parkinson C L, 2014. Spatially mapped reductions in the length of the Arctic sea ice season[J]. Geophysical Research Letters, 41(12): 4316–4322.

Parkinson C L, Digirolamo N E, 2016. New visualizations highlight new information on the contrasting Arctic and Antarctic sea-ice trends since the late 1970s[J]. Remote Sensing of Environment, 183:198–204.

Serreze M C, Meier W N, 2018. The Arctic's sea ice cover: trends, variability, predictability, and comparisons to the Antarctic[J]. Annals of the New York Academy of Sciences, 1436(1): 36–53.

Shi L, Peng L U, Bin C, et al., 2015. An assessment of arctic sea ice concentration retrieval based on "HY-2" scanning radiometer data using field observations during CHINARE-2012 and other satellite instruments[J]. Acta Oceanologica Sinica, 34(3): 42–50.

Spreen G, Kaleschke L, Heygster G, 2008. Sea ice remote sensing using AMSR-E 89-GHz channels[J]. Journal of Geophysical Research: Atmospheres, 113(113): C02503.

Wiebe H, Heygster G, Markus T, 2009. Comparison of the ASI ice concentration algorithm with landsat-7 ETM+ and SAR imagery[J]. IEEE Transactions on Geoence & Remote Sensing, 47(9):3008−3015.

Witze A, 2017. Ageing satellites put crucial sea-ice climate record at risk[J]. Nature, 551(7678): 13−14.

Xia W, Xie H, Ke C, 2014. Assessing trend and variation of Arctic sea-ice extent during 1979–2012 from a latitude perspective of ice edge[J]. Polar Research, 33(1):4913−4924.

季青, 庞小平, 2016. 北极海冰密集度产品的走航比较与冰情分析[J]. 华东交通大学学报, 33(5):33−38.

介阳阳, 王少波, 闻焕卿, 2015. 基于WindSat数据的南极区域海冰密集度反演研究[J]. 气象水文海洋仪器, 32(1): 11−16.

石立坚, 王其茂, 邹斌, 等, 2014. 利用海洋（HY-2）卫星微波辐射计数据反演北极区域海冰密集度[J]. 极地研究, 27(4): 410−417.

苏洁, 郝光华, 叶鑫欣, 等, 2013. 极区海冰密集度AMSR-E数据反演算法的试验与验证[J]. 遥感学报, 17(3): 495−513.

王欢欢, G Heygster, 韩树宗, 等, 2009. 应用AMSR-E 89GHz遥感数据反演北极多年冰密集度[J]. 极地研究, 21(3): 186−196.

席颖, 孙波, 李鑫, 2013. 利用船测数据以及Landsat-7 ETM+影像评估南极海冰区AMSR-E海冰密集度[J]. 遥感学报, 17(3): 514−526.

张树刚, 2012. 海冰密集度反演以及北极中央区海冰和融池变化物理过程研究[D]. 青岛: 中国海洋大学.

# 第5章

# 北极海冰表面积雪深度遥感反演研究

## 5.1 研究意义与进展

海冰是全球海洋的重要组成部分，其面积占全球海洋面积的5%~8%，对全球气候系统具有重要意义。海冰的分布，尤其是两极地区海冰的分布、密集度、冰型、冰厚度以及冰间水道和湖泊等信息，是影响船舶交通运输安全的重要因素；海冰数量多少及生消，直接影响全球海况和海平面的变化；同时，由于海冰相对于海水具有更高的反照率，几乎反射所有入射的短波辐射，使得海冰的长期变化趋势成为全球气候变化的重要指示器之一。在可见光区域，不同地表覆盖导致地表反照率差别很大。通常大洋中海水的反照率小于0.1，冰面的反照率与海冰的厚度有关（Allison et al., 1993），一般情况下，随着冰厚增加，反照率增大，不同厚度海冰的反照率在0.25~0.7之间。同时，由于海冰中包含气泡，其热传导系数较纯水冰还低，因而有效限制了海洋向大气的热量输送，并使海洋的蒸发失热大为减少，从而形成了海洋的保护层。因此在冬天，厚冰处的热流动较之海水处低了两个数量级（Comiso et al., 2003）。

而相比于海冰，积雪具有更高的反照率，Pirazzini（2004）观测到降雪后冰面反照率由0.54变化到0.89；同时积雪还具有更低的热传导特性，其热传导率较海冰小了近一个数量级，因此有雪覆盖的海冰是一种更加有效的绝缘体，极大地限制了大气与海洋间的能量和动量交换。而且，由于积雪会改变海冰表面的粗糙度，进而影响冰气拖曳系数和潜热感热通量的传递系数（Andreas et al., 2005），从而改变冰气交界面的热通量传递过程。由此，在海洋和大气的能量交换过程中，被冰雪覆盖的区域和无冰海水区域存在着明显的梯度差异，在冬天，很薄的雪覆盖就会极大影响大气与海洋间的热交换，从而进一步控制了海表重要的热动力过程，比如海冰生成和开始消融的时间和数量等，并可

本章作者：李乐乐[1]，陈海花[1]，管磊[1]，苏洁[2]
1. 中国海洋大学 信息科学与工程学院，山东 青岛 266100；
2. 中国海洋大学 海洋与大气学院，山东 青岛 266100

能由此引发一些剧烈的天气系统，如极地涡旋等。根据Maykut（1978）研究，冬季薄冰（例如小于1 m的冰）上10 cm的积雪覆盖就会导致通过交界面的热通量较无雪海冰降低4/5。同时，积雪深度还是从高度计获取海冰厚度以及假设流体静态平衡的必要参数（Kwok et al., 2009; Kwok and Cunningham, 2015; Giles et al., 2007），积雪深度反演中5 cm的不确定性就会导致冰厚反演中35 cm的误差。而且，积雪深度还是计算海冰中淡水预算的重要变量，确定积雪深度有助于更加准确地估计降水量（Comiso et al., 2003）。除此之外，冰雪反演参数对于数值模拟也非常重要。由于正确的海冰模拟度和初始状态有助于在过程预报中减小偏差，并提高海冰预测准确度（Zhou et al., 2018），比如海冰覆盖的迅速减少通常伴随着海冰的整体减薄和积雪深度的降低，因而对海冰及冰上积雪深度的了解，有助于后期气候变化的预测。综上可知，精确的海冰及冰面积雪分布信息是确定极地海洋与大气间水热交换的重要因素，对于全球气候变化研究至关重要（Comiso et al., 2003; Giles et al., 2007; Brucker and Markus, 2013）。

北极是地球上的寒极，是地球系统的重要组成部分，也是北半球气候系统稳定的重要基础之一。北极作为地球上对气候变化影响最大以及对气候变化最为敏感的地区，是全球气候变化的指示器与放大器。而且由于北极具有极为独特而脆弱的生态环境，其物种和生态系统对气候变化响应具有高度的敏感性。一方面北极是全球气候变暖最为剧烈的地区，全球的气候变化信号在这里被放大了1.5～4.5倍（Holland and Bitz, 2003；Comiso and Hall, 2014），使得北极受到越来越多的关注。2002—2012年间，北极的气温变化是全球平均水平的两倍，被称为“北极放大”效应（Screen and Simmonds, 2013; Francis and Vavrus, 2012）；另一方面，北极又是全球气候系统中多圈层相互作用的典型区，也是影响全球气候与环境变化的关键区和敏感区，在维持全球水、能量和物质的循环中发挥着重要作用，驱动着全球气候与环境变化。北极作为驱动全球环境变化的重要区域，已经成为当今国际社会科学研究的热点地区，如北极海冰的快速减少和变薄对全球气候变化影响的研究以及地缘政治战略研究等。

北极海冰就像是一个巨大的透镜，其中心区域的平均厚度高达3～4 m，其厚度随着向四面边缘延伸而逐渐减小。但由于这些海冰是由许多不连续的冰场所组成，使得它们在空气和洋流的作用下不断的移动，因此海冰的边界也在不断地发生变化。而目前北极海冰的变化速度已经超过了人们对北极的研究速度，几乎所有的模式都没有模拟出海冰的快速减退，因此加强对北极海冰的研究和探索，提高对北极变化的预测和认识变得越来越急需与紧迫。长期以来，夏季北冰洋边缘融化的面积仅占冬季海冰的10%左右（Deser et al., 1998），但进入21世纪以来，北极海冰持续减退，夏季海冰覆盖范围呈不断减小趋势（Comiso, 2002; Meier et al., 2007），海冰厚度和海冰密集度均持续降低（Maslanik, et al., 2007; Kwok et al., 2009）。在过去的几十年里，北极海冰覆盖范围的减小趋势非常明显，而且所有的月份都表现出了明显的减小趋势，尤其是夏季，海冰面积已经下降了30%以上。在2001—2013年期间，9月海冰覆盖范围的10年变化率为-6.0%甚至更高（Meier et al., 2014），北极已经进入1 450年来的最暖时期（Kinnard et al., 2011）。

而在北极地区，大多数的海冰除融雪季外长年被积雪覆盖。冬季，积雪能使北极海冰表面的反照率近0.9，因而仅有很低的能量被吸收；而另一方面，积雪又限制了冷空气对海冰的影响从而导致了海冰生长率的降低。夏季，北极地区冰上积雪融化后会产生融池，导致表面比辐射率下降，从而吸收更多能量，加快冰的融化。因此，积雪对于热能量过程的平衡至关重要。CMIP5（Coupled Model Inter comparison Project 5）的气候模型结果显示，北极的积雪深度数值在长期下降。在70°N以北地区，4月的积雪深度在21世纪预计将减少16～28 cm。Screen和Simmonds（2012）指出，1989—2009年间积雪深度的减小与北冰洋和加拿大北极范围的夏季降雪量减少40%有关。由于这种减少现象在冰站观测和ERA-Interim再分析数据（Dee et al., 2011）中都有体现，科学家猜测其可能与低层大气变暖，导致以雪的形式发生的降水量持续减少有关。由于北极夏季的温度升高，导致有更多的温暖潮湿空气进入北极地区，使得冬季有更多的云形成，从而保持下垫面温暖。研究发现，在太阳辐射没有明显变化的情况下，北极变暖是其从自身获取的能量，即北极发生了正反馈现象。而科学家通过对云反馈、水汽反馈及冰雪反馈的研究表明，只有冰雪的反照率反馈是明显的正反馈现象（Screen and Simmonds, 2010; Kwok and Untersteiner, 2011）。而其实早在1966年，Gavrilova（1966）就提出了冰反照率的正反馈机制，当夏季海冰融化，更多海水暴露在阳光下，海面反照率降低，总反照率的降低将导致地表吸收较多的太阳短波辐射，进而导致海水温度进一步增高，反之亦然。

北极冰雪的研究对于全球气候系统的理解也是至关重要的。北极能量变化的异常信号会经大气向中低纬度乃至全球传递。一方面，由于北极冰盖融化和海冰减少，北极地区辐射平衡变化（吸收太阳辐射增多），导致北冰洋整体温度升高，极区“冷源”不冷，副极地与副热带地区的温度差以及副高与副极地低气压之间的气压梯度变小，从而使得西风强度变小，减弱了北半球中高纬的西风急流，并进一步增加了北半球冬季冷空气的南下频率；另一方面，下垫面的大量水汽进入大气，也使得大气容水量增加。上述两个原因的共同作用，导致东亚、欧洲以及北美洲大部分地区近年来冬季的异常降雪和极端低温天气。科学家们还发现，北极海冰与中纬度气候模式之间也存在潜在关联（Francis and Vavrus, 2012; Overland and Wang, 2010; Overland et al., 2011）。已有初步研究表明，2008年和2011年中国南方冻雨与北方干旱现象均与前一年北极中央区的海冰极小值有着密切的关系（赵进平 等，2015）。因此，准确获取北极冰雪信息，研究北极海冰及冰上积雪变化对气候变化的响应和反馈作用，认识和把握极地海冰对于全球气候系统的作用与影响是气候变化研究的重要内容，是研究和预测全球变暖趋势及其效应的关键问题之一。

由于北极地区气候条件恶劣，气候严寒，年平均气温约为-10℃，最低气温达-70℃，且日照稀少、多暴风雪，同时夏季潮湿多雾、全年雨量较少，因此，传统的现场观测方式面临着极大的挑战和困难。尤其是冬季的北极，北冰洋几乎全部结冰，布满无法穿过的很厚的冰，使得船只无法进入北极海区，加上极其寒冷的天气和漫长的极夜等，使得现场观测更加的困难。而且，要设计出在极端条件下依然能够实现高精度连续观测的探测仪器，并将其安全运输到预先设定的观测地点等，都是非常艰难的任务。因此，用于北极观测的科考船只仅能在夏季进入北极地区，冬季任何船只都无法进行现场观测试验。目前，对于北极海冰表面积雪深度最综合的分析数据是利用苏联移动冰站（Soviet Union Drifting Stations）获得的1954—1991年雪厚和密度观测数据（Warren et al., 1999）。该数据集主要包含多年冰上的积雪深度，当用于一年冰及夏季融化冰时通常乘以0.5 ~ 0.7的修正系数（Kwok and Cunningham, 2015）。该数据集的一个最明显的缺点是数据年代久远，我们无法确定当时的气候条件是否能够很好的代表今天的积雪情况（Kurtz and Farrell, 2011; Kern et al., 2015），且其空间分辨率很低，没有年际变化。另外，美国国家航空航天局（National Aeronautics and Space Administration，NASA）冰桥计划（Operation IceBridge，OIB）的机载雷达对北极地区海冰表面积雪深度进行了跨流域的观测。然而，机载遥感存在单个航次空间和时间的局限性。另外，冰基物质平衡浮标（Ice Mass Balance，IMB）（Richter-Menge et al., 2006）获取的积雪数据也存在同样的问题。

相比于上述现场测量手段，利用卫星遥感手段来观测极区海冰的优势则非常明显，给北极研究带来了革命性的变化。首先卫星观测不受现场环境的影响，能够提供持续一致、准确以及综合性的数据记录，非常适用于极区及全球天气变化趋势的研究；其次卫星观测数据有助于发现极地很多在此之前无法想象的现象和事件，如偶发天气现象等。因此，从20世纪70年代开始，对极区的卫星遥感观测逐渐发展起来。

目前，可用于海冰遥感观测的星载传感器主要覆盖红外可见光及微波波段。而相对于红外可见光波段探测，微波观测具有不受季节及日变化的影响，可以提供极区全天候、全天时的连续观测，是目前极区冰雪观测的重要手段。截至目前，作为被动微波遥感传感器的星载微波辐射计已经为我们提供了连续40多年的海冰覆盖数据。尽管其空间分辨率较低，目前最高只能达到6.25 km，但依然很好地揭示了海冰覆盖的大尺度分布特征，并较好地记录了冰间湖的形成及消失等重要过程。

海冰密集度作为海冰被动微波遥感的主要参数之一，是影响极地海区与大气间水热交换的关键因素之一，也是利用微波辐射计计算积雪深度的重要参数。它是指某一海区范围内海冰所占面积的百分比，能够描述全球海冰覆盖的最基本特征，可用于海冰边缘线的确定以及海冰不同尺度变化的研究，又是海冰厚度、海冰表面积雪深度等反演中必不可少的参数。同时通过海冰密集度，还可以计算出海冰范围、海冰区域面积以及冰区开阔水域等信息，是极区海冰研究的主要参数之一，对气候变化和全球变暖的研究具有重要意义（Belchansky and Douglas，2002；Zhang et al., 2010）。而通常海冰区与无冰海面的交界前缘线是根据海冰密集度为15%来界定的，所以，获取精确的海冰密集度数据是圈定海冰前缘线位置的基础。

自1972年搭载于NASA Nimbus 5卫星上的电子扫描微波辐射计（Electrically Scanning Microwave Radiometer，ESMR）发射升空并成功用于全球冰分布测量开始（Gloersen et al.,1974; Parkinson et al., 1987），越来越多的微波辐射计开始提供对极区海冰的观测，包括多通道扫描微波辐射计（Scanning Multichannel Microwave Radiometer，SMMR）（Zwally et al., 1983; Gloersen and Barath, 1977）和专用传感器微波成像仪（Special Sensor Microwave/Imager，SSM/I）（Cavalieri and Baruth, 1992; Comiso et al., 1997; Markus and Cavalieri, 2000）。2002年5月4日，先进微波扫描辐射计（Advanced Microwave Scanning Radiometer-Earth Obsening System，AMSR-E）搭载于Aqua卫星上成功发射，该微波辐射计是对此前所有微波辐射计的一次重大改进，可提供陆地海洋及大气的各种参数数据集用于全球水和能量循环的探索研究，并开始提供海冰数据集的业务化产品，包括海冰密集度、冰面温度及海冰表面积雪深度数据（Comiso et al., 2003）。至2011年10月4日由于天线旋转问题停止传输数据，AMSR-E共提供了近10年的全球海冰数据集。连同中国国家卫星气象中心的风云三号B、C和D星上的微波成像仪（Microwave Radiometer Imager，MWRI），以及搭载在日本GCOM-W1卫星上的先进微波扫描辐射计2（Advanced Microwave Scanning Radiometer 2，AMSR2）（Meier and Ivanoff, 2017；Meier et al., 2018）传感器等，海冰密集度的空间遥感观测技术已经经历了40多年的发展，并为我们提供了40多年的全球连续数据集（Comiso and Hall，2014）。

伴随着星载微波辐射计的不断升级改进，海冰密集度的卫星遥感算法也在不断地发展。目前，海冰密集度的反演算法有很多种，国际上最主要的几种算法分别为美国NASA的NASA Team2算法（Comiso, et al., 2003）、CalVal算法（Ramseier，1991）和Bootstrap算法（Comiso, 1995；Comiso and Zwally, 1997）；加拿大的ECICE算法（Shokr et al., 2008）；英国伦敦大学的Bristol算法（Smith，1996）以及德国的ASI［（Arctic Radiation and Turbulence Interaction Study，ARTIST）Sea Ice］算法（Kaleschke et al., 2001; Spreen et al., 2008）等。其中CalVal算法、Bristol算法和Bootstrap算法都是应用传感器的19 GHz和37 GHz等低频通道，分别利用通道的极化差、梯度比及极化比来进行海冰密集度的反演；ECICE算法和NASA Team2算法较为复杂，应用通道较多，且都需要外部数据作为输入数据；ASI算法为利用85 GHz的高频通道极化亮温差进行海冰密集度反演。近年来，国内学者也纷纷对海冰密集度反演算法进行了探索和开发，如Zhang等（2013，2018）提出了DPR算法；Liu等（2015）提出了一种基于全约束最小二乘的海冰密集度估算方法（FCLS）；王欢欢等（2009）提出了利用AMSR-E 89 GHz通道亮温数据进行北极多年冰密集度的反演算法；Hao和Su（2015）通过改进ASI算法中的系点值计算方式，利用动态系点值的方法提高了AMSR-E海冰密集度的算法精度。同时还有学者利用现有海冰密集度的算法针对我国自主传感器对极区冰雪反演进行了研究，如石立坚等（2014）利用NASA Team2算法尝试了基于海洋2号（HY-2）卫星数据进行海冰密集度反演。

利用卫星遥感来反演冰面积雪信息主要分为光学遥感和微波遥感两大类。在光学遥感方面，由于积雪的高反照率，使得其与其他绝大多数的自然地表具有明显的区别，因此，卫星观测是最适用于大尺度积雪覆盖观测的有效手段。1960年4月，伴随着TIROS-1（Television and Infrared Observation Satellite-1）气象卫星的成功发射，人们首次在卫星图像中观察到了雪覆盖（Singer and Popham, 1963），然而，直到20世纪60年代中期，在ESSA-3（Environmental Science Service Administration-3）卫星发射后，才成功地每周从太空测绘一次雪的覆盖（Matson et al., 1986; Matson, 1991）。但是利用光学手段对积雪的观测仅限于积雪范围小于15 cm的积雪深度，因为当积雪超过一定深度后，其反射率趋于饱和且不再随雪深变化而变化。对于不同的下垫面，该饱和深度存在差异；而且，虽然光学传感器的分辨率较高，但由于可见光波段受云的影响，使卫星获取的积雪时空范围受限。而被动微波遥感积雪信息主要根据积雪对于微波辐射的散射作用，地表积雪越深，到达传感器的能量被散射的越多，因此，雪深的地区微波亮温低，雪浅的区域微波亮温高，同一极化方式下，亮温随观测频率的升高而降低。对于积雪深度的主动微波遥感主要是根据积雪对Ku和Ka波段的最大散射深度的不同来确定（Guerreiro et al., 2016; Lawrence et al., 2018）。近年来，欧洲航天局（European Space Agency，ESA）在探索开发哥白尼极地冰雪地形高度计（The Copernicus Polar Ice and Snow Topography Altimeter，CRISTAL）（Kern et al., 2019），该高度计可提供高倾角轨道的Ku和Ka波段的共同观测。但由于高度计本身的观测视场问题，它的时间分辨率会较微波辐射计观测低很多。因此，目前对极区冰雪的观测手段仍是以星载微波辐射计为主，本章后续也主要介绍以微波辐射计为基础的北极地区海冰表面积雪深度反演的现状及方法。

与海冰密集度反演算法相比，积雪的被动微波遥感反演算法则发展较为缓慢。1998年，Markus和Cavalieri（1998）利用SSM/I传感器的亮温数据反演了南极的海冰表面积雪深度，与船测月平均积雪深度相比，相关系数为0.81，平均偏差为3.5 cm。2002年，美国国家冰雪数据中心（National Snow and Ice Data Center，NSIDC）将该算法应用于AMSR-E亮温数据，并发布了积雪深度的业务化产品。至2011年10月，NSIDC提供了近10年的AMSR-E Level 3海冰业务化运行产品，该产品包括海冰密集度、冰面积雪深度以及海冰温度数据。2018年12月21日，NSIDC根据同一算法，发布了基于AMSR2亮温数据的海冰表面积雪深度业务化产品（Meier et al., 2018），产品数据从2012年7月2日开始。同时，NASA哥达德航天中心（National Aeronautics and Space Administration/Goddard Space Flight Center，NASA/GSFC）也根据该算法发布了冰面积雪深度数据，但非准实时业务化产品，时间范围分别为1978—1987年（SMMR）和1987—2018年（SSM/I/SSMIS）。截至目前，国际上能够提供海冰表面积雪深度业务化运行产品的反演算法仅有此一种，后面我们称之为AMSR-E算法。

由于AMSR-E算法自身的局限性，目前仅能对整个南极区域和北极的一年冰区域积雪深度进行反演计算，无法进行多年冰区域的积雪深度反演。Markus等（2006）通过模式研究表明，利用AMSR-E或AMSR2的低频通道可能会提高积雪深度的被动微波遥感观测能力。这是由于低频通道对于深雪更为敏感，且受天气、冰层以及积雪内部白霜的影响更小。基于该原理，几种基于星载微波辐射计观测和经验关系的反演算法被相继开发出来。Rostosky等（2018）在AMSR-E算法基础上，利用AMSR-E和AMSR2传感器的亮温数据，通过分析不同通道梯度比与NASA的OIB积雪深度数据的相关性，选取了最佳通道亮温的梯度比（18.7 GHz和6.9 GHz的垂直通道）与OIB数据进行统计回归，得到了新的可同时用于一年冰和多年冰上积雪深度反演的公式。其反演结果在一年冰及多年冰上与OIB数据的对比误差分别为3.7 cm和5 cm。但由于OIB航次在每年的3月至4月或5月进行，因此，该算法对于多年冰上积雪深度的反演仅适用于每年春季的3月和4月。Kilic等（2019）通过对比AMSR2各通道亮温数据与OIB积雪深度数据之间的相关性，确定了可用于积雪深度反演的通道组合，然后利用IMB数据与AMSR2多通道亮温数据的关系确定了多重线性回归公式的系数。该算法同样适用于多年冰与一年冰，但由于IMB数据的时间跨度较OIB数据长得多，因此，该算法的有效时间为每年的冬季。与IMB数据对比，其反演误差为5.1 cm，其中，一年冰和多年冰误差分别为3.9 cm和7.2 cm。同时，Braakmann-Folgmann和Donlon（2019）利用人工神经网络的方式进行了北极地区积雪深度的反演。算法通过对AMSR2亮温数据不同梯度比及极化比的组合，对7年的OIB积雪深度数据进行训练，同时增加了SMOS（The Soil Moisture and Ocean Salinity）卫星亮温数据分别进行训练，最终确定了AMSR2+SMOS组合的神经网络方式。该算法适用于多年冰及一年冰，相对于OIB积雪深度数据的反演误差为1 cm左右。

伴随着SMOS卫星搭载的第一个L波段星载被动微波辐射计于2010年开始发布数据（Tian-Kunze et al., 2012），利用低频通道进行积雪深度的反演研究也开始发展。SMOS是欧洲航天局地球观测计划，卫星于2009年11月发射，每3 d实现全球覆盖。星上搭载被动微波二维成像仪——合成孔径微波成像辐射计（Microwave Imaging Radiometer Using Aperture Synthesis，MIRAS）。MIRAS测量L波段1.4 GHz的地表发射辐射，对应波长为21 cm。每1.2 s获取一个二维快照，包含0°~65°不同观测角度的观测值。观测范围为一个横穿1 000 km的类似六边形（Kerr et al., 2001），中心分辨率为35 km，边缘分辨率降至50 km（入射角为65°时）。MIRAS为全极化辐射计，可以提供Stokes矢量的所有参数。单个观测的辐射精度是2.1~2.4 K。尽管SMOS最初的设计目标是为了提供全球土壤湿度和海水盐度观测，但利用L波段的亮温数据仍然可以用于反演海冰厚度（Kaleschke et al., 2010; Kaleschke et al.,2012; Tian-Kunze et al., 2014; Huntemann et al., 2014）。Maaβ

等（2013）提出利用L波段通道亮温数据对厚冰处的积雪深度进行反演研究，并利用Burke等（1979）多层辐射模型检验了积雪覆盖对于海冰亮温以及冰厚反演的影响，发现在1.4 GHz处积雪的保温效应会使亮温随着雪厚的增加而升高，并以此为基础，利用SMOS/MIRAS亮温数据对多年冰上的积雪覆盖进行了反演尝试，并证明了利用SMOS水平极化亮温来反演寒冷条件下厚冰上（冰厚大于1.5 m）积雪深度的可能性。但截至目前，SMOS仅提供了海冰厚度参数的数据产品，并未发布积雪深度数据产品。

相比较而言，我国对于极区冰雪的卫星遥感观测起步较晚。从20世纪70年代开始，我国经过了概念研究、地基设备研制与机载设备研制与试验等阶段，于2002年成功发射了神舟四号（SZ-4）多模态微波遥感系统，并获得了有效的在轨运行观测数据，开启了我国星载微波遥感技术的新篇章。以此为开端, 我国相继立项启动了风云3号（FY-3）、海洋2号（HY-2）、探月工程等载有微波传感器的星载遥感任务。其中SZ-4飞船搭载的微波传感器为多模态微波遥感系统，包括了多频段微波辐射计、雷达高度计和雷达散射计，实现了我国星载微波遥感器零的突破。之后，海洋系列卫星、风云系列卫星陆续发射升空，其上分别搭载了不同的微波辐射传感器，逐步实现了我国自主微波传感器的全球覆盖观测。我国目前在轨的星载微波辐射计主要有两种：一种是HY-2系列卫星上搭载的扫描微波辐射计（Scanning Microwave Radiometer，SMR）；另一种是风云系列卫星上搭载的微波成像仪（Microwave Radiometer Imager，MWRI）。由于我国发射自主研发微波辐射计时间较晚，极区海冰参数数据产品的发布也较晚。截至目前，两种传感器仅发布了海冰密集度的业务化运行产品，而无海冰表面积雪深度的业务化产品。

FY-3系列卫星是中国的第二代极轨气象卫星，较之FY-1气象卫星在功能和技术上进行了发展和提高，具有质的变化，具体设计要求是解决三维大气探测，大幅度提高全球资料获取能力，进一步提高云区和地表特征遥感能力，从而能够获取全球、全天候、三维、定量、多光谱的大气、地表和海表特性参数。FY-3气象卫星的应用目标主要包括4个方面：（1）为中期数值天气预报提供全球均匀分辨率的气象参数；（2）研究全球变化（包括气候变化规律），为气候预测提供各种气象及地球物理参数；（3）监测大范围自然灾害和地表生态环境；（4）为各种专业活动（航空、航海等）提供全球任一地区的气象信息，为军事气象保障服务（http://www.nsmc.org.cn/NewSite/NSMC/Channels/100097.html）。其研制和生产分为两个阶段，第一阶段为实验阶段，已于2008年5月和2010年11月分别发射了A星（上午星，FY3A）和B星（下午星，FY3B），第二阶段为业务化运行卫星，于2013年9月和2017年11月分别发射了C星（上午星，FY3C）和D星（下午星，FY3D），后续发射计划将持续至2021年。该系列卫星以近极地太阳同步轨道围绕地球运行，轨道高度为836 km，其上各搭载多个传感器，光谱覆盖范围从紫外到微波。其中，MWRI是全功率双极化微波辐射计，以圆锥扫描方式进行观测，扫描范围为±55.4°，地面分辨率为15 ~ 85 km，天线视角为45°，刈幅宽度为1 400 km。除无6.9 GHz通道外，其余通道设置均与AMSR-E相似（Yang et al., 2011）。

伴随着星载微波辐射计的发展以及对极区环境重要性和特殊性的广泛认可，我国学者也对极区的海冰表面积雪深度反演算法和应用进行了探索。Li等（2017，2019a）根据AMSR-E算法，通过将FY3B/MWRI与Aqua/AMSR-E传感器亮温数据进行交叉定标，完成了基于FY3B/MWRI亮温数据的北极地区海冰表面积雪深度的反演；Liu等（2018）通过对F17/SSMIS与F13/SSMI亮温数据进行交叉定标，进行了一年冰表面积雪深度的反演，提高了数据的反演精度；庞小平等（2018）在此基础上进行了北极地区积雪深度变化的分析；Liu等（2019）根据IMB冰基浮标数据和SSMIS亮温数据，利用深度神经网络模型，建立了适用于一年冰和多年冰上的积雪深度计算模型，获得的积雪数据与IMB数据的平均偏差和均方根误差分别为0.1 cm和9.8 cm。同时，我国学者也利用L波段数据进行了积雪深度的反演研究：Zhou等（2017）对Burke多层辐射模型进行了改进，增加了冰雪分层动力模型的层数，使其能够更加精确地描述冰层的垂直结构和小尺度特征，并利用MODIS数据考虑了重结冰的冰间水道对亮温的影响，有效提高了模型对于L波段亮温的模拟精度；Xu等（2017）和Zhou等（2018）在此改进模型基础上，针对传统海冰厚度或积雪深度遥感观测时均需对另一个参数进行假设的问题，提出了将L波段微波辐射计与高度计观测数据相结合的方法，以实现极区海冰厚度和冰面积雪深度两个参数的同时反演。印证结果表明，其反演得到的海冰厚度和积雪深度与OIB数据具有较好的一致性，证明了该方法的可行性。

## 5.2 积雪深度反演算法及数据产品

由于积雪深度的主动观测时间分辨率较低，因此，目前对于积雪深度遥感主要依赖于被动微波辐射计。现有的反演算法主要分为两类：一类是基于现场数据与卫星观测亮温之间的经验关系而得到的多重线性回归算法或神经网络算法；另一类是基于辐射传输理论的反演算法。基于经验关系的算法有AMSR-E算法、Rostosky算法和Kilic算法等，其中AMSR-E算法为一年冰上的反演算法，其余为一年冰和多年冰上的反演算法；基于辐射传输理论的算法为Maaβ算法。

### 5.2.1 反演算法

1）AMSR-E算法

目前，国际上基于微波辐射计且已经有业务化运行产品的积雪深度反演算法只有一种，即AMSR-E算法。该算法最初是通过对南极SSM/I亮温数据与现场积雪数据对比后生成的（Markus and Cavalieri, 1998），后来该算法被应用于北极一年冰区域。其算法核心思想与AMSR-E陆地积雪算法相同（Kelly et al., 2003），即假设随着积雪深度增大，微波散射增强，但是在不同波段存在差异，在36.5 GHz处散射率要高于18.7 GHz波段处。因此，引入36.5 GHz和18.7 GHz垂直极化通道的梯度比来计算积雪深度。在无雪海冰处，该谱比率趋于0；随着积雪深度的增大，该比值小于0，且绝对值增大。于是，通过线性回归得到积雪深度反演公式（Comiso et al., 2003），即

$$h_s=2.9-782.4\times \mathrm{GR}\ (36.5/18.7) \quad (5.1)$$

式中，$h_s$为积雪深度，单位：cm，

$$\mathrm{GR}\ (36.5/18.7)=\frac{[T_{b,36.5V}-T_{b,18.7V}-k_1\ (1-C\ )]}{[T_{b,36.5V}+T_{b,18.7V}-k_2\ (1-C\ )]} \quad (5.2)$$

$$k_1=T_{b0,36.5V}-T_{b0,18.7V} \quad (5.3)$$

$$k_2=T_{b0,36.5V}-T_{b0,18.7V} \quad (5.4)$$

式中，$C$为海冰密集度；$T_{b0}$为不同频率处无冰海域的亮温均值。

由于某些积雪在白天融化以后，通常在夜间重新结冰，从而导致该积雪颗粒的尺寸很大，致使36.5 GHz处的比辐射率较之18.7 GHz处明显下降，导致谱比率下降，进而可能会高估积雪深度。因此，为消除由于积雪颗粒大小和密度变化的不确定性以及偶发天气现象对积雪数值的影响，AMSR-E算法采用了5日平均积雪深度作为产品输出，并同时标记多变积雪数据、融雪数据以及多年冰数据等。

需要指出的是，AMSR-E积雪算法具有一定的局限性：

（1）该算法仅适用于干雪情况，因为在湿雪的情况下，36.5 GHz和18.7 GHz处的比辐射率基本一致，无法通过谱比率确定雪深；

（2）因为海冰密度小于20%的情况通常只存在于冰缘线附近，因此该算法仅在海冰密集度为20%～100%时才进行积雪反演；

（3）由于36.5 GHz和18.7 GHz通道对于积雪的穿透深度有限，无法接收到50 cm以上深度的积雪信号，因此算法反演积雪深度上限为50 cm；

（4）由于多年冰与深雪的微波信号非常相似，因此该算法只针对季节冰有效，即只能反演南极冰面积雪深度及北极的一年冰区积雪数据。

2）统计回归算法

这里介绍两种算法，分别由Rostosky等（2018）和Kilic等（2019）提出。

Rostosky算法的理论基础同AMSR-E算法相同，即在微波区域，积雪内部的体散射会影响下层冰发射的辐射，从而改变亮温。随着频率的升高或雪厚的增加，其表面亮温降低（Rostosky et al., 2018）。

在此理论基础上，Rostosky等（2018）基于AMSR-E和AMSR2传感器，首先对不同的OIB积雪深度数据集进行了对比分析，选取NASA的wavelet数据集（Newman et al., 2014）作为反演算法基础数据，并根据OSI SAF（Ocean and Sea Ice Satellite Application Facility）的海冰类型数据集将研究区域划分为一年冰与多年冰，通过分别分析两种情况下不同通道亮温数据的梯度比与OIB积雪深度数据的相关性，选取了18.7 GHz和6.9 GHz的垂直通道梯度比，利用稳健线性回归模型与5年的OIB积雪深度数据进行了统计回归，其一年冰和多年冰上的积雪深度反演公式为

$$GR(18.7/6.9)=\frac{[T_{b,18.7V}-T_{b,6.9V}-k_1(1-C)]}{[T_{b,18.7V}+T_{b,6.9V}-k_2(1-C)]} \tag{5.5}$$

$$k_1=T_{b0,18.7V}-T_{b0,6.9V} \tag{5.6}$$

$$k_2=T_{b0,18.7V}-T_{b0,6.9V} \tag{5.7}$$

$$h_{s(FYI)}=19.26-553\times GR(18.7/6.9) \tag{5.8}$$

$$h_{s(MYI)}=19.34-368\times GR(18.7/6.9) \tag{5.9}$$

式中，$h_{s(FYI)}$和$h_{s(MYI)}$分别为一年冰和多年冰上的积雪深度，单位：cm。该算法可用于一年冰及多年冰上积雪深度的反演。但由于OIB航次在每年的3月至4月或5月进行，而多年冰上积雪深度的微波观测信号随季节变化较为明显，因此，该算法仅适用于每年春季3月和4月的多年冰上积雪深度反演。

该算法的一个主要特点是利用了穿透性更强的低频通道进行积雪深度反演，确保了超过50 cm的深雪观测。低频通道其优、缺点分别为：低频通道观测受积雪的融化再结冰循环或者积雪形态的影响较小（Markus et al., 2006），同时由于其对新生雪的敏感度较低，因此对于初冬时期的积雪反演将产生较大误差。而且，由于低频通道的空间分辨率较低，不利于进行小范围的积雪深度分析。

Kilic等（2019）利用AMSR2亮温数据与2013年的OIB积雪深度数据进行相关性分析，选取了6.9 GHz、18.7 GHz和36.5 GHz 3个垂直通道作为算法的亮温数据，最后利用IMB积雪深度数据与辐射计亮温数据进行统计回归确定了反演算法的系数，计算公式为

$$h_s=177.01+1.75\times T_{b,6.9V}-2.8\times T_{b,18.7V}+0.41\times T_{b,36.5V} \tag{5.10}$$

与前面两种算法不同的是，该算法直接对亮温数据与积雪深度数据进行相关分析，而不是采用不同通道亮温数据的梯度比。公式（5.10）可用于一年冰及多年冰上积雪深度的反演，但仅适用于高海冰密集度地区。算法中的反演系数是利用IMB数据回归得到，由于该数据集的时间覆盖范围为整个冬季，因此该算法可适用于冬季各种冰型上积雪深度的反演计算。但由于确定反演通道的OIB数据时间为3月和4月，而确定回归系数的IMB数据集为整个冬季，从而引入了一定的误差。

3）神经网络算法

这里主要介绍两种算法，分别由Braakmann-Folgmann和Donlon（2019）与Liu等（2019）提出。

其中，Braakmann-Folgmann和Donlon（2019）利用构建人工神经网络的方式进行北极地区积雪深度的反演。算法建立了一个5层的人工神经网络，通过AMSR2亮温数据不同梯度比及极化比的组合，连同7年的OIB积雪深度数据进行训练，同时增加了SMOS亮温数据分别进行训练，最终确定了AMSR2+SMOS组合的神经网络。该算法适用于多年冰及一年冰，相对于OIB积雪深度数据的反演误差为1 cm左右。

Liu等（2019）以2008—2016年IMB积雪深度数据和SSMIS全通道亮温数据作为训练数据集，构建了一个可用于一年冰和多年冰的深度神经网络，来进行北极地区积雪深度的反演计算。同时利用IMB数据印证表明，其反演精度高于Rostosky算法（Liu et al., 2019）。

4）Maaβ算法

目前基于辐射传输模式的算法主要为L波段的基于厚冰的积雪深度反演算法，我们称之为Maaβ算法。由于L波段对于冰雪具有很大的穿透深度，因此能够获取冰厚信息。2013年，Maaβ等（2013）提出利用L波段通道亮温数据对厚冰处的积雪深度进行反演研究。

该算法与上述几种算法的差别在于，前面几种算法都是利用卫星观测数据与现场积雪深度之间的经验关系来进行积雪深度的计算，而Maaβ算法为基于辐射传输理论的积雪深度反演。算法首先对Burke等（1979）提出的多层辐射模型增加了积雪分层，并发现有积雪覆盖的海冰亮温要高于无雪海冰，并且水平极化要比垂直极化影响更大。当增加了积雪层模拟后，模拟和观测的水平极化亮温的均方根误差从20.9 K降到4.7 K，尽管干雪几乎对于L波段是透明的（Hallikainen, 1989; Rott and Mätzler, 1987），但是冰雪界面和雪气界面的反射率要低于冰气界面的反射率，因此，海冰上的积雪层对于有效比辐射率有影响，从而影响到海冰的温度。而且，积雪对于海冰具有隔热作用，导致有雪覆盖的海冰温度通常要高于无雪海冰的温度。而由于海冰温度决定了海冰的介电特征，积雪间接影响了海冰的亮温。因此，在寒冷的北极，由于积雪的热隔离效应对于积雪层的厚度具有很强的依赖性，使其亮温仍然会随着积雪深度的增加而升高，且水平极化较垂直极化升高的多。

以此为理论依据，算法首先设定了15种不同的参数模型作为北极地区冰雪环境的模拟，可以实现北极地区所有冰雪特征的基本覆盖。其中表层温度范围设为−39 ~ −31℃，海冰盐度为1.5 ~ 2.5，海冰厚度为3 ~ 5 m，雪密度为280 ~ 340 kg/m$^3$。然后比较这15种不同参数模型所反演得到的积雪深度与OIB数据之间的均方根误差来确定反演算法用到的环境参数数值。接下来设定积雪深度范围为0 ~ 50 cm，步长为1 cm，利用辐射传输模式计算得到一组模拟亮温，计算不同模拟亮温值与SMOS观测亮温值的差值，差值最小的亮温对应的即是该点的积雪深度。在最佳模拟环境及积雪深度接近35 cm时，利用SMOS水平极化亮温反演的平均积雪深度与OIB 2012年春季航次的平均值相差0.1 cm，对应均方根误差为5.5 cm。对于所有数据，其均方根误差在11.9 ~ 18.3 cm之间，当限制数据为低于35 cm的积雪反演时，均方根误差在5.5 ~ 11.8 cm之间。

该算法的优点为基于冰雪辐射的物理过程以及大气传输公式，具有理论依据。但由于SMOS观测的分辨率较低，其反演的积雪深度的空间分辨率仅为35 ~ 50 km。而且由于L波段的穿透特性，在薄冰处，亮温对积雪深度和冰厚的敏感度相似，不能区分是增加了雪厚还是冰厚，但是对于厚冰，亮温对于积雪深度的敏感度比冰厚高了1个数量级。在北极，对于1.5 m以上的厚冰，亮温对积雪深度的敏感度是冰厚敏感度的大约10倍。因此，该算法仅适用于厚冰处（冰厚大于1.5 m）的积雪深度反演，且仅能得到月平均数据。

### 5.2.2 数据产品

目前，已发布或正在发布的北极地区海冰表面积雪深度数据产品主要有以下几种：

（1）由NSIDC提供的AMSR-E/AMSR2一年冰上积雪深度产品（Meier et al., 2018），该产品空间分辨率约为12.5 km，时间分辨率为5 d平均，时间范围为2003—2011年（AMSR-E）和2012年至今（AMSR2）。

（2）NASA/GSFC提供的SMMR和SSM/I北极一年冰表面积雪深度数据产品（https://neptune.gsfc.nasa.gov/csb/index.php?section=53）（以下简称GSFC雪深产品），该产品空间分辨率约为25 km，时间分辨率为5 d平均，时间范围为1978—1987年（SMMR）和1987—2018年（SSM/I/SSMIS）。

（3）中国海洋大学提供的FY3B（FY3D）/MWRI北极地区一年冰表面积雪深度数据产品，空间分辨率为12.5 km，时间分辨率为7 d平均，时间范围为2010年11月至今（http://coas.ouc.edu.cn/pogoc/8a/21/c9718a231969/page.htm）。

（4）德国不来梅大学提供的基于AMSR-E/AMSR2的北极地区积雪深度数据集，该数据集于2019年4月开始发布。其中，一年冰积雪深度的时间范围为每年的11月至翌年的4月或5月，即每年的冬季；而多年冰积雪深度的时间范围仅包含每年的3月至4月或5月，非业务化运行产品。

上述前3种数据产品均为基于AMSR-E算法反演得到，第4种为根据Rostosky提出的算法计算得到。

## 5.3 研究数据介绍

由中国海洋大学发布的FY3B/MWRI北极地区海冰表面积雪深度产品是我国首个利用国产卫星观测数据发布的极区冰面积雪产品。本章以该数据产品为例，介绍如何利用微波辐射计亮温数据进行北极地区海冰表面积雪深度的反演计算。在此过程中，需要用到几种数据集，其中包括反演算法的输入数据、结果对比数据和印证数据，以及多年冰数据等算法辅助数据集。

### 5.3.1 FY3B/MWRI 数据

FY3B/MWRI数据产品来源于中国国家卫星气象中心，该中心提供MWRI传感器3个Level的数据产品，包括Level 1原始分辨率亮温数据、Level 2陆地海洋和大气参数数据以及Level 3的10 d平均和月平均数据，产品涵盖大气可降水总量、云中液态水含量和地面降水量等重要大气信息以及海面风速和温度、冰雪覆盖、陆表温度和土壤水分等重要地球物理参数（Yang et al., 2012）。在积雪深度的计算过程中，需要用到Level 1原始分辨率亮温数据和Level 2海冰密集度产品，前者作为算法的输入数据，后者作为海冰密集度结果的对比数据。

Level 1原始分辨率亮温数据集包括MWRI各频率处水平和垂直两种极化方式下的轨道亮温数据，每日数据按照升轨和降轨分别排序，约28个数据文件，以HDF格式存储（杨虎 等，2013）。根据海冰密集度及一年冰表面积雪深度的算法需要，研究选取18.7 GHz、23.8 GHz和36.5 GHz处的垂直极化方式亮温及89 GHz处的水平和垂直极化亮温数据作为输入数据。

Level 2海冰密集度产品包含6种海冰密集度数据集：北极升轨海冰密集度、北极降轨海冰密集度、北极日平均海冰密集度、南极升轨海冰密集度、南极降轨海冰密集度以及南极日平均海冰密集度。其空间分辨率为12.5 km，时间分辨率为1 d，产品根据NASA Team2算法反演得到，采用极地立体投影，以HDF格式存储。本章使用的产品是北极日平均海冰密集度数据，它是在原有轨道产品的基础上经过极射立体投影以及多轨道合成得到，用于对中国海洋大学的海冰密集度数据进行对比印证。

由于AMSR-E与MWRI的重合在轨时间为2010年11月至2011年9月，因此，用于交叉定标的Level 1亮温数据的时间范围为2010年11月至2011年9月，时空变化分析部分采用的时间范围为2011年1月至2018年12月；由于MWRI Level 2海冰密集度产品起始日期为2011年6月，因此，选用Level 2产品的时间范围为2011年7月1日至9月30日。

### 5.3.2 Aqua/AMSR-E 数据

AMSR-E数据产品由NSIDC发布，该中心存储和发布AMSR-E传感器的3个级别的数据产品，包括每日、每周和每月的Level 1A，Level 2A，Level 2B和Level 3数据产品。本章用到的是AMSR-E Level 2A重采样亮温数据以及AMSR-E Level 3标准海冰产品。

Level 2A亮温数据用于与MWRI数据进行交叉定标，它是对Level 1B数据的重新采样。该数据集具有6种不同的空间分辨率，分别为：56 km、38 km、24 km、21 km、12 km以及5.4 km，分别对应传感器的6.9 GHz、10.7 GHz、18.7 GHz、23.8 GHz、36.5 GHz以及89 GHz 6个频率，还包括在高频处根据Backus-Gillbert方法计算出的对应于低频数据分辨率的亮温数据（Ashcroft and Wentz, 2013）。

AMSR-E Level 3标准海冰产品包括极射投影后的各通道亮温数据、NASA Team2算法反演的海冰密集度、海冰温度以及海冰表面积雪深度数据，空间分辨率为12.5 km；时间分辨率上，海冰密集度为1 d，分为升轨、降轨及日平均数据，冰面积雪深度数据时间分辨率为5 d。数据集采用极地立体投影，以HDF格式存储（Cavalieri et al., 2014）。数据的时间覆盖范围为2002年6月1日至2011年10月4日，空间范围为南北纬30°以上的高纬度地区。

本章用到Level 2A数据产品的时间范围为2010年11月至2011年9月；Level 3数据产品的时间范围为2011年1—4月和7—9月。

### 5.3.3 海冰密集度印证数据

为印证海冰密集度反演结果，研究选取Aqua/MODIS L1B矫正辐亮度数据作为算法印证数据集。

Aqua/MODIS是搭载于Aqua卫星上的中分辨率成像光谱仪，光谱范围为0.4 ~ 14.4 μm，扫描宽度为2 330 km，地面分辨率有3种，分别为250 m、500 m和1 000 m。Aqua/MODIS Level 1B反射率数据由LAADS（The Level-1 and Atmosphere Archive & Distribution System）/ DAAC（Distributed Active Archive Center）提供，该中心提供Aqua/MODIS传感器的所有级别的数据产品。本章用到的是Level 1B的第1、第3和第4通道数据。MODIS Level 1B数据包括250 m分辨率反射率数据MYD02和1 km分辨率的辅助数据MYD03，二者都以HDF格式存储（MCST，2015）。其中250 m分辨率的MYD02数据包括两个波段的反射率和辐射率数据，本章使用的是波段2的反射率数据；MYD03数据集主要存储卫星辅助信息，包括经纬度、太阳天顶角、太阳方位角、卫星天顶角和卫星方位角等，本章主要利用其太阳天顶角数据对MYD02反射率数据进行矫正。

数据的时间范围与MWRI Level 2海冰密集度数据相同，为2011年7—9月。

### 5.3.4 积雪深度印证数据

对于一年冰表面积雪深度的反演准确度，研究采用了OIB积雪深度数据进行印证。

NASA OIB最初目标是利用雷达和激光高度计在内的观测仪器来进行每年对北极

和南极海冰的大尺度观测，在2009年结束任务的ICESat卫星和后续卫星ICESat-2之间建立一个对两极地区冰雪数据进行观测的时间序列。OIB数据由NSIDC提供，该产品共有81个数据集，本章用到的是OIB IDCSI4数据（Kurtz et al., 2015）。该数据集为反演数据集，包括从超宽频积雪雷达、数字化测图系统（DMS）、光学翻译器连续航空制图（CAMBOT）以及机载激光扫描器（ATM）获取的海冰干舷高、海冰表面积雪深度和海冰厚度数据集。本章用到的积雪深度的印证数据集是由超宽频积雪雷达获得的积雪深度数据。该雷达频率范围为2～8 GHz，由美国堪萨斯大学冰川遥感中心研制，可绘制极区积雪近表面内部分层，具有很好的垂直分辨率，可用于测量海冰表面积雪深度。

OIB在每年的春季，即3月至4月或5月进行北极观测，10—11月进行南极观测（https://www.nasa.gov/content/goddard/abouticesat-2）。本章用到的积雪印证数据的时间范围为2011—2013年北极航测数据集。

### 5.3.5 辅助数据

在进行积雪深度数据的反演过程中，需要对多年冰区域进行标识，在此过程中用到了两种数据集。

Sea Ice Type海冰类型数据集是一种分类产品，将南北极的海冰分为一年冰和多年冰。该产品由欧洲气象卫星应用组织（European Organization for the Exploitation of Meteorological Satellites，EUMETSAT）的海洋海冰卫星应用中心（Ocean and Sea Ice Satellite Application Facility，OSI SAF）提供（www.osi-saf.org）。海冰类型是利用贝叶斯逼近方法通过被动微波传感器和主动微波传感器组合反演得到。而目前，通过现有通道无法获得夏季的海冰分类，这是由于夏季，一年冰慢慢融化或者变成多年冰，而融化导致了冰上出现湿冰和水，使得一年冰和多年冰的后向散射数值范围变得更为接近，从而无法准确判断海冰类型。因此，北极的海冰类型数据集在每年5月中旬到9月30日期间是没有有效数据的。该产品采用极射投影方式并以网格化数据存储，网格分辨率为10 km（Aaboe et al., 2016）。

另一种用于海冰分类的数据是EASE-Grid Sea Ice Age数据集，由NSIDC提供。该数据集是利用星载被动微波传感器、漂流浮标和天气模型获得的数据，从遥感海冰运动和海冰范围得出北冰洋海冰年龄的每周估计值（Tschudi et al., 2016）。数据的空间分辨率为12.5 km，数据大小为722 × 722，每个网格数据是一个单一的、离散的海冰年龄，不包含海冰密集度数据。该数据集利用了多种传感器，包括SMMR、SSM/I、SSMIS、AVHRR等微波和可见光红外辐射计。同时还应用了国际北极浮标计划（International Arctic Buoy Program，IABP）的漂移浮标矢量和美国国家环境预报中心（National Centers for Environmental Prediction，NCEP）/ 美国国家大气研究中心（National Center for

Atmospheric Research，NCAR）再分析项目数据集（CDAS）。数据的时间覆盖范围为从1978年11月至2017年2月，每周1个数据。

本章研究用到的两个数据集的时间范围为2010年11月至2018年12月。

## 5.4 北极一年冰表面积雪深度反演

由于目前较为成熟且提供过多年积雪深度业务化运行产品的算法为AMSR-E算法，且FY3B/MWRI于2010年11月4日发射升空，与Aqua/AMSR-E有近一年的交叉在轨时间，存在交叉定标的可能性。因此，算法首先将FY3B/MWRI亮温数据定标到AMSR-E传感器，并利用ASI反演算法进行北极地区海冰密集度的计算，最后采用AMSR-E算法获得北极冰面积雪深度数据。算法流程如图5.1所示。

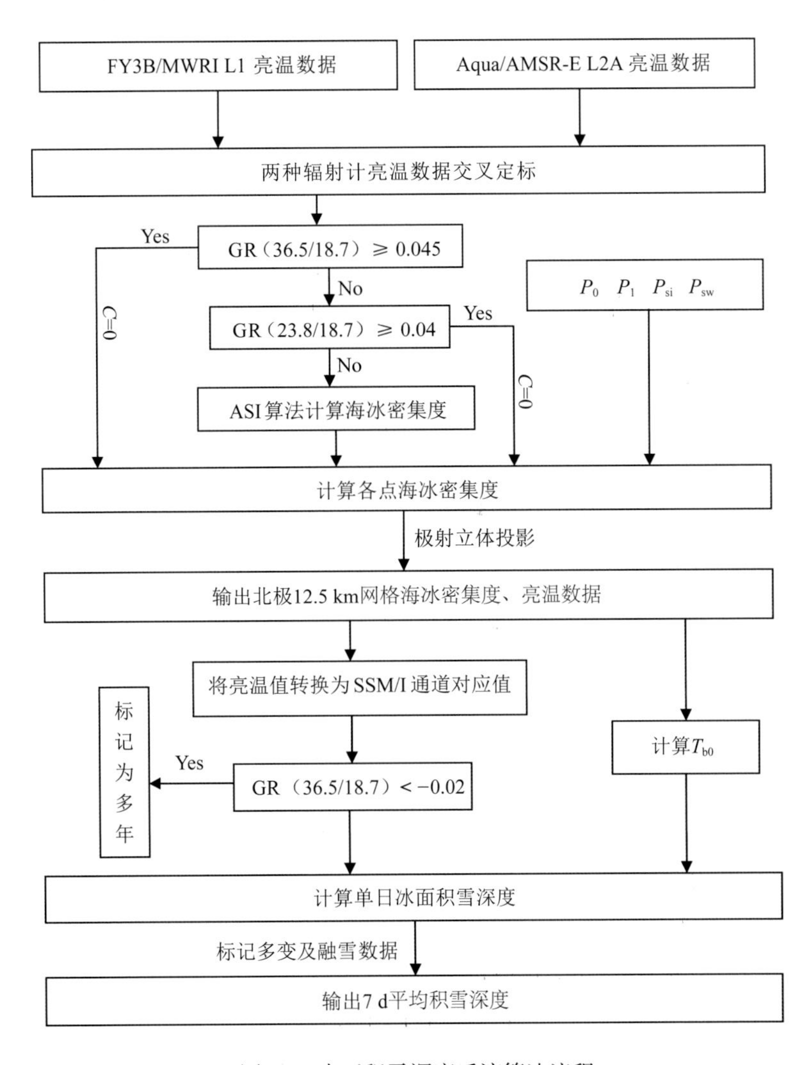


图5.1 冰面积雪深度反演算法流程

## 5.4.1 卫星数据交叉定标

将AMSR-E算法应用到MWRI传感器，首先需要对AMSR-E和MWRI的亮温数据进行辐射交叉定标，即对AMSR-E Level 2A亮温数据（Ashcroft and Wentz, 2013）与FY3B/MWRI 微波成像仪Level 1原始分辨率亮温数据（Yang, et al., 2012）进行交叉辐射定标。选取AMSR-E产品作为参考的原因有两个：一是Aqua与FY3B卫星同为下午1时30分升交点轨道卫星，容易找到时空匹配数据；二是两者的波段设置相近，AMSR-E传感器覆盖所有MWRI的观测通道。两者的轨道参数、天线中心频率及升交点时间等如表5.1所示（Kawanishi, et al., 2003; Yang, et al., 2012）。

表5.1 FY3B/MWRI与Aqua/AMSR-E主要技术参数对比

| 传感器参数 | | |
|---|---|---|
| 基本参数 | AMSR-E | MWRI |
| 卫星平台 | Aqua | FY 3B |
| 高度 / km | 705 | 836 |
| 降交点时间 | 1:30 a.m. | 1:30 a.m. |
| 天线尺寸 / m | 1.6 | 0.977 × 0.897 |
| 入射角 / （°） | 55 | 53 |
| 通道分辨率 / km × km | | |
| 通道/GHz | AMSR-E | MWRI |
| 6.93 | 75 × 43 | N/A |
| 10.65 | 51 × 29 | 85 × 51 |
| 18.7 | 27 × 16 | 50 × 30 |
| 23.8 | 32 × 18 | 45 × 27 |
| 36.5 | 14 × 8 | 30 × 18 |
| 89 | 6 × 4 | 15 × 9 |
| 带宽 / MHz | | |
| 通道/GHz | AMSR-E | MWRI |
| 6.93 | 350 | N/A |
| 10.65 | 100 | 180 |
| 18.7 | 200 | 200 |
| 23.8 | 400 | 400 |
| 36.5 | 1 000 | 400 |
| 89 | 3 000 | 3 000 |

由于两个传感器具有相似的参数配置，因此研究选择线性方程作为定标公式，时间匹配窗口为30 min。经过对不同定标周期进行对比，包括日、周及月3种方式，研究最终选取月为定标周期，并分别进行升轨及降轨的定标系数计算。数据的空间范围根据研究需要选取为60°N以北的北极地区。时间上根据两个辐射计在轨重合时间，确定为2010年11月18日至2011年9月30日，共获得MWRI亮温数据8 858幅，AMSR-E亮温数据9 327幅。其交叉定标部分的流程如图5.2所示。

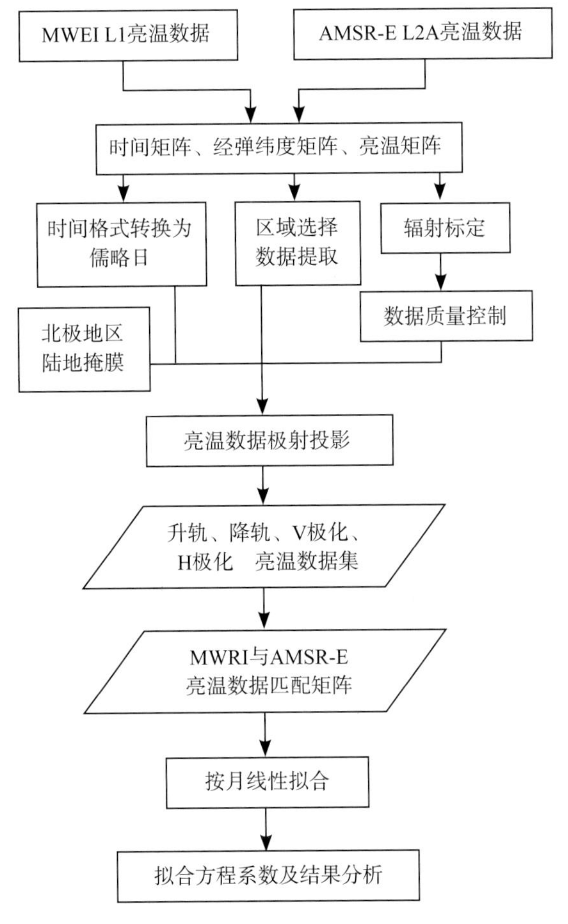


图5.2 亮温数据交叉定标流程

辐射定标前，为确保最大限度地还原两种传感器间亮温观测的差异，首先需要对两种数据集进行质量控制，包括剔除不合理亮温值及统计密度匹配数据点数小于10的数据点、去除海岸带及冰水交界等边界数据等；然后对两种数据集进行极射投影；最后，根据两传感器的重合频率，即10.7 GHz、18.7 GHz、23.8 GHz、36.5 GHz及89.0 GHz，对两种数据集分别按照极化方式及升轨、降轨情况进行交叉定标计算，得到对应的20组定标系数，即拟合线性方程的斜率和截距。其交叉定标结果如图5.3所示。

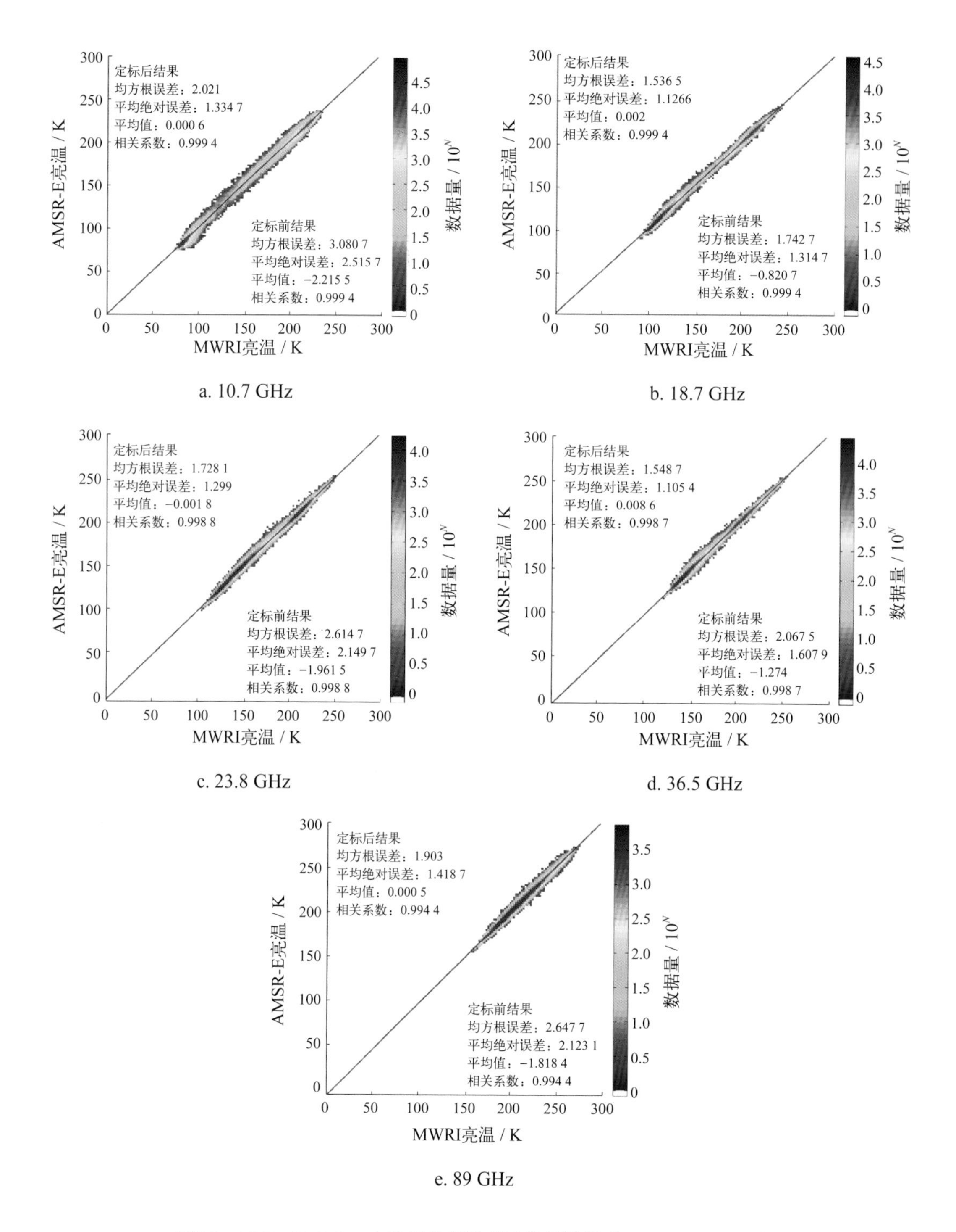


图5.3　10.7 ~ 89.0 GHz水平极化亮温交叉定标结果（Chen et al., 2019）

经上述过程后，共获得近50万组匹配数据，并得到每组数据10个通道升降轨每月共20组定标系数（Chen et al., 2019）。

## 5.4.2 计算海冰密集度

2011年6月27日，FY3B/MWRI开始发布Level 2海冰密集度产品，该产品通过NASA Team2算法反演得到，至今已发布了8年多的海冰观测数据。但王晓雨等（2018）通过将现有MWRI海冰密集度产品与国际上的几种主要产品进行对比，并利用MODIS数据对其进行印证，结果表明在低密集度处其反演精度较其他算法较低，这与翟召坤等（2017）的研究结果一致，该研究判断海冰密集度产品的海冰边界误判现象严重，且陆地边缘的溢出情况较为明显。

因此，为确保算法的独立性并减少外部输入数据的影响，在计算积雪深度过程中，未使用风云卫星发布的海冰密集度数据产品，而是以ASI算法（Spreen et al., 2008）为基础，以与AMSR-E交叉定标后的MWRI亮温数据作为输入数据，进行北极区域海冰密集度的反演。

ASI算法最初是由汉堡大学设计开发，其设计目标为在冰缘线区域利用SSM/I传感器85 GHz通道的高分辨率优势来进行极区大气边界层的中尺度数值模拟。它是对Svendsen算法（利用近90 GHz通道反演海冰，Svendsen et al., 1987）的一次改进，与其他85 GHz算法相比，如Kern算法（Kern，2004），其优势是不需要其他外部数据源作为输入，后来德国不来梅大学的Spreen等（2008）将其应用到AMSR-E传感器。原算法通过比较ASI算法和ABA算法（AMSR-E Bootstrap Algorithm）结果，并进行了自适应系点值的试验，但是由于动态系点值可能会引起海冰密集度时间序列上的不连续，因此在ASI算法中选择使用了固定系点值，并通过与Bootstrap海冰算法的结果对比，选取纯水和纯冰的系点值分别为47 K和11.7 K。但由于该系点值是基于AMSR-E传感器亮温数据计算而来，且近年极区环境变化较大，原有的系点值已不能很好地表现现有极区纯冰及纯水的极化差值，因此，本章研究在原算法系点值基础上，以1为步长生成了121组不同系点值的组合，然后计算每组系点值对应的海冰密集度，并将之与AMSR-E的海冰密集度产品进行对比，选取使二者最接近的系点值组合作为反演算法的最终系点值，以进行极区海冰密集度的反演计算。

以2011年7月1日、8月1日和9月1日为例，由改进系点值ASI算法反演计算得到的海冰密集度与同时期AMSR-E及MWRI海冰密集度产品对比如图5.4所示。

为进一步对比反演结果与MWRI海冰密集度产品的异同，研究选用250 m分辨率MODIS Level 1B第2通道反射率数据集对两种数据进行了印证。首先对印证数据集中2011年7月1日至9月30日期间北极地区数据进行筛选，然后对选出影像数据进行预处理，包括太阳天顶角订正、辐射标定、去除“蝴蝶结”（Bow-Tie）现象以及进行极射立体投影等，同时为避免云在数据处理过程中带来的误差，对投影后的影像选取清晰无云、大小为500 × 500像元的子区域进行冰水识别，对每景图像的子区域，结合每个子区域灰度统计直方图设定动态反射率阈值，得到冰水二值化图像，统计对应于每个MWRI和AMSR-E粗网格的MODIS总点数与冰点数，计算得到MODIS网格化海冰密集度数据。经过上述过程，本章共选出晴空数据32景。为评价算法，将印证数据分为小于95%和大于等于95%两

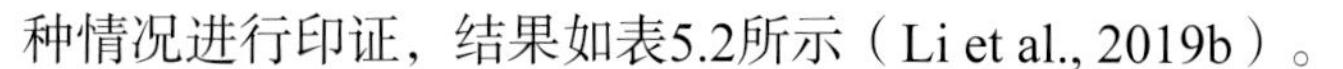
种情况进行印证，结果如表5.2所示（Li et al., 2019b）。

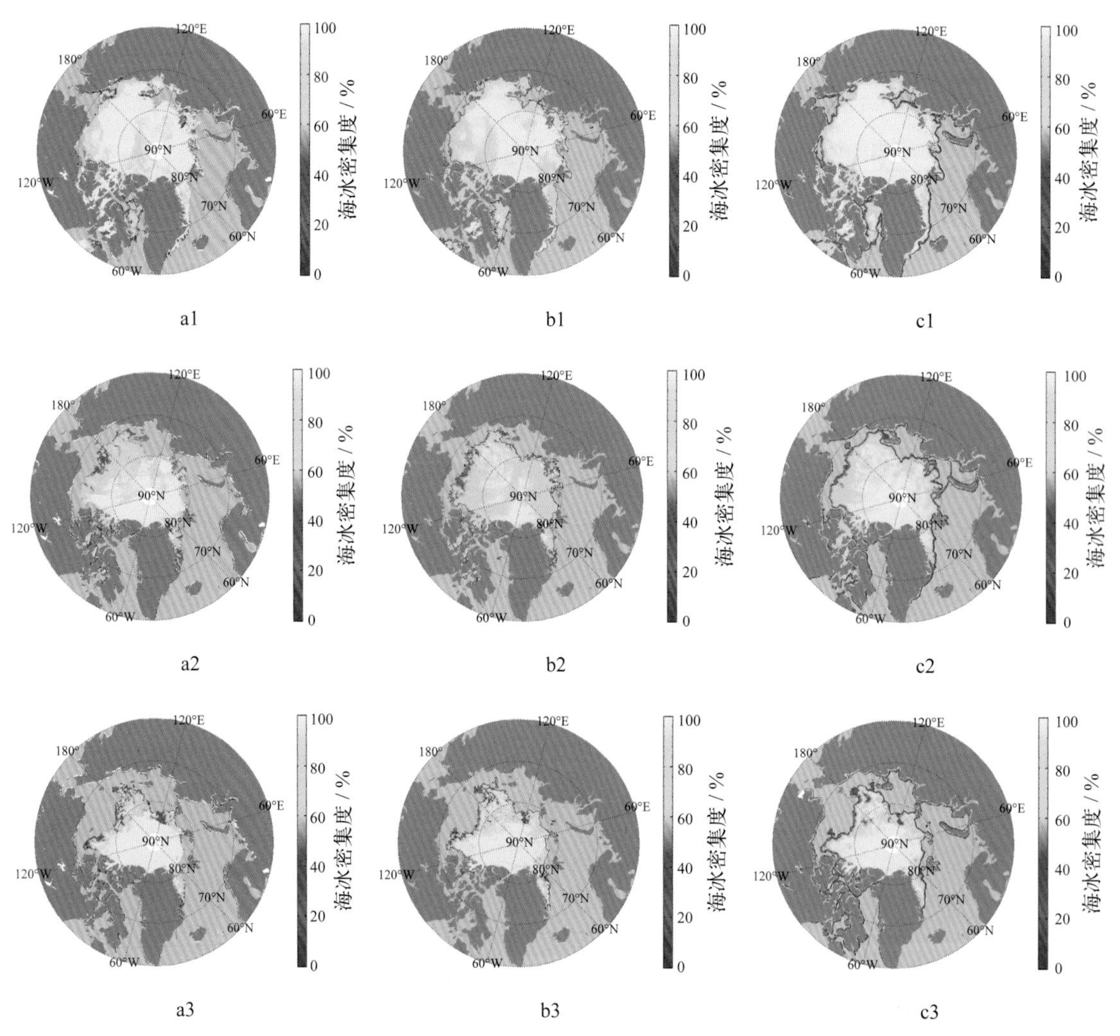


图5.4　a1、a2、a3为7月1日、8月1日和9月1日MWRI反演海冰密集度；b1、b2、b3为7月1日、8月1日和9月1日AMSR-E海冰密集度产品；c1、c2、c3为7月1日、8月1日和9月1日MWRI海冰密集度产品

表5.2　MODIS印证反演海冰密集度及MWRI密集度产品结果

| 数据集 | 平均偏差 / % | 标准偏差 / % | 均方根误差 / % |
|---|---|---|---|
| MWRI产品—MODIS（<95%） | 11.01 | 15.51 | 19.02 |
| 反演数据—MODIS（<95%） | −1.81 | 12.20 | 12.33 |
| MWRI产品—MODIS（≥95%） | −4.00 | 6.06 | 7.26 |
| 反演数据—MODIS（≥95%） | −4.64 | 5.29 | 7.04 |
| MWRI产品—MODIS（全部数据） | 2.17 | 13.23 | 13.41 |
| 反演数据—MODIS（全部数据） | −2.05 | 9.31 | 9.53 |

由表5.2可见，相对于MWRI海冰密集度产品，本章研究反演结果大大提高了低密集度处的准确度，有利于后续积雪深度的反演计算。

### 5.4.3 计算单日积雪深度

利用矫正后的亮温数据及计算的海冰密集度，根据AMSR-E算法，计算北极地区海冰表面单日积雪深度。由于多年冰和深雪的微波特征非常相似，因此，利用现有微波辐射计频段很难准确地提取多年冰上的积雪信号（Comiso et al., 2003），所以在积雪反演过程中，需要对多年冰数据点进行标记。AMSR-E算法中多年冰的标记是通过设定36.5 GHz和18.7 GHz垂直极化梯度比的阈值来确定，存在误判情况，因此中国海洋大学的计算方法中考虑利用多年冰数据产品进行多年冰判断。通过对现有的几种多年冰数据产品的对比分析，算法中采用了OSI SAF的海冰类型产品和NSIDC的海冰冰龄产品两种数据集，并结合原有梯度比的方法，得到了北极地区的多年冰分布，并在积雪深度数据中进行了标识。

### 5.4.4 计算周平均积雪深度

由于积雪可能会在白天融化、晚上又重新冻结，这将导致雪颗粒变得越来越大，从而使表面比辐射率在36.5 GHz频段上比18.7 GHz频段下降地更快，可能会导致对积雪深度的过高估计。为了减小雪颗粒尺寸变化、密度变化以及偶发天气所带来的不确定性影响，研究经过测试，选取7 d平均积雪深度作为最终的积雪深度数据。在平均过程中，需要对各种特殊数据点进行标记，包括多年冰区域、多变点区域（7 d积雪深度的变化超过阈值）以及融雪点等。

如上所述，由于积雪的颗粒尺寸和密度改变，以及偶发天气因素等不确定性将会影响积雪深度的微波特性。因此，当一周内某点的积雪深度变化过大，且较周围其他点高出很多时，则认为该点的积雪深度数据存在误判，而标记为多变点。

当春季积雪表面开始融化时，表面比辐射率会发生变化，这是由于当积雪中含有很少量的液体（含大约3%的水）时，其介电常数的虚部升高，导致积雪的辐射特性产生巨大差异。对于干雪，积雪对微波信号的衰减作用主要来自散射，这也是AMSR-E算法的基础。而表面融化最终会导致融池生成，其与无冰海水具有相似的微波特性。因此，在积雪数据中必须对融雪点进行标记。这里采用了36.5 GHz的极化比以及23.8 GHz和18.7 GHz的垂直极化亮温差作为融雪点的判断标志（Markus et al., 2009）。

经上述过程，可获得北极地区海冰表面7 d平均积雪深度数据，以2011年3月23日为例，反演结果及AMSR-E积雪深度产品如图5.5所示。

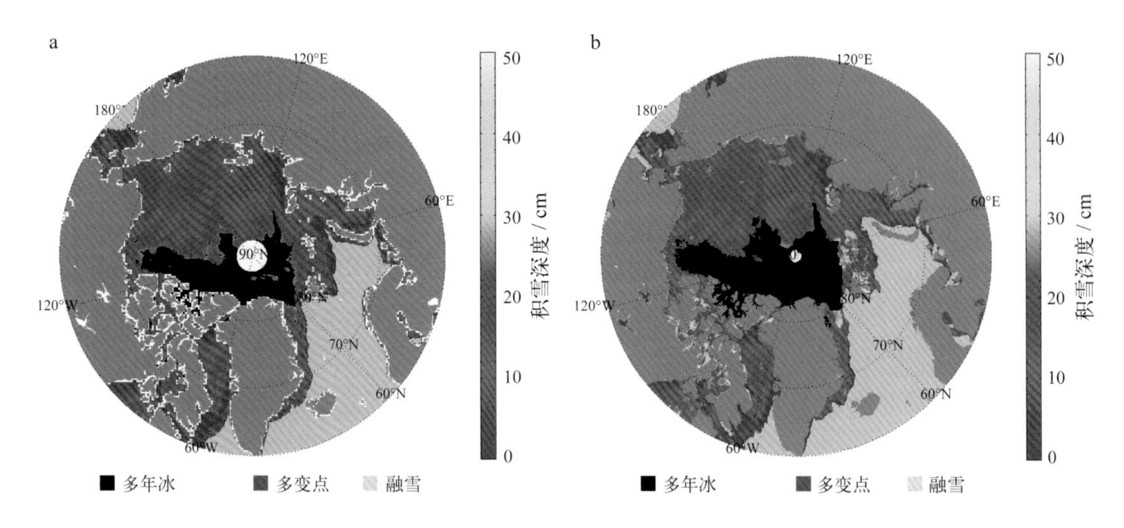


图5.5　2011年3月23日反演周平均积雪深度（a）及AMSR-E L3积雪深度产品（b）

## 5.4.5　对比印证

为评价反演结果，本章首先将其与AMSR-E Level 3海冰数据集中的积雪深度数据进行了对比，然后利用OIB积雪深度数据对其进行了印证。

与AMSR-E产品对比中，除去融雪期，并剔除对比过程中两种数据集中的所有标记点数据，得到了2011年1—5月的匹配数据，统计结果如表5.3所示。

表5.3　MWRI积雪深度减AMSR-E产品积雪深度的统计结果

| 时间 | 匹配数据个数 | 平均偏差 / cm | 标准偏差 / cm | 相关系数 |
|---|---|---|---|---|
| 2011年1月 | 1 052 640 | −1.32 | 2.92 | 0.87 |
| 2011年2月 | 1 179 452 | −0.88 | 3.44 | 0.79 |
| 2011年3月 | 1 364 262 | −1.35 | 3.20 | 0.86 |
| 2011年4月 | 1 428 363 | −0.21 | 3.36 | 0.87 |
| 2011年5月 | 563 993 | −0.82 | 2.41 | 0.90 |
| 全部数据 | 5 588 710 | −0.91 | 3.21 | 0.86 |

从统计结果来看，本章研究反演的积雪深度较AMSR-E Level 3的数据产品要低，偏差为−1.35 ~ −0.21 cm，标准偏差为2.41 ~ 3.44 cm，相关系数为0.79 ~ 0.90。其对应的直方图如图5.6所示。

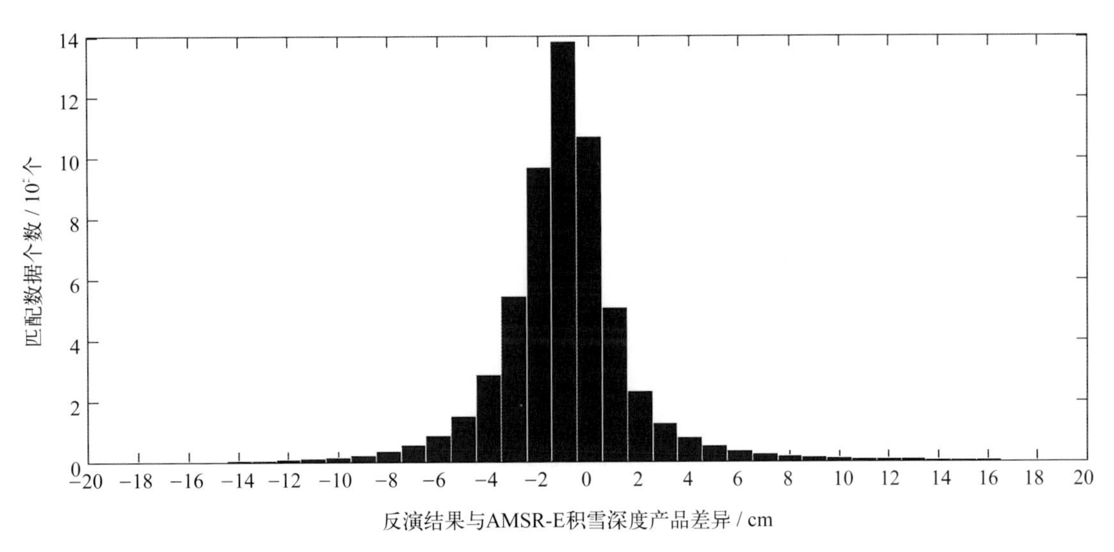


图5.6 2011年1—5月两种积雪深度数据差值直方图

本章研究结果与AMSR-E积雪深度产品差异主要集中在−2 ~ 0 cm之间，且以其为中心点基本呈对称分布，与表5.3所示结果一致，说明本章研究结果与AMSR-E积雪数据产品在积雪分布趋势上一致，结果相当。

由于现场浮标数据分辨率与卫星相差太大且数据量相对太少，因此，为进一步评价算法，本章研究选取了OIB IDCSI4数据集中的海冰表面积雪深度作为验证数据集。由于该数据分辨率为40 m，首先需要对其进行平均处理，以匹配卫星数据分辨率，仅保留匹配点中OIB数据量大于50个的点，共获得52个匹配数据集。

作为对比，本章研究同时将通过未校正的MWRI亮温数据反演得到的积雪深度数据（标记为MWRI-ORG）以及AMSR-E Level 3产品积雪数据（标记为AMSR-E）分别与OIB IDCSI4数据进行了比较，其统计结果及直方图对比分别如表5.4和图5.7所示。

由表5.4和图5.7可知，对于该52个匹配点而言，本章研究的结果与OIB IDCSI4数据集具有更好的一致性，其次为AMSR-E产品，而未经过交叉定标计算得到的积雪深度数据无论在平均偏差还是均方根误差都为三者之中最大。由此进一步证明了在利用AMSR-E算法进行积雪深度反演之前进行两种传感器间的交叉定标至关重要。

表5.4 3种数据集与OIB IDCSI4产品比较统计

| 数据集 | 匹配点数 / 个 | 平均偏差 / cm | 均方根误差 / cm | 标准偏差 / cm |
|---|---|---|---|---|
| MWRI | 52 | 2.47 | 3.99 | 3.17 |
| MWRI-ORG | 52 | 4.85 | 5.71 | 3.04 |
| AMSR-E Level 3 | 52 | 3.64 | 4.55 | 2.78 |

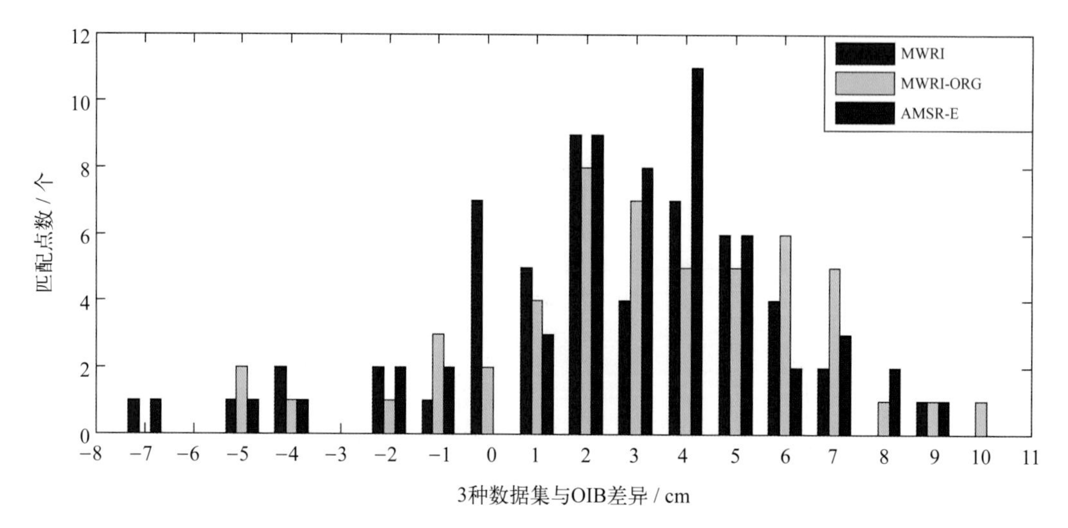


图5.7　3种数据集与OIB数据差值直方图

经过上述计算及对比印证后，本章研究处理了FY3B卫星发射以来的所有亮温数据，生成了北极地区海冰表面积雪深度的历史数据，并利用2011—2013年春季OIB IDCSI4积雪深度数据对优化后的反演结果进行了印证，共获取1 519组匹配数据，对比统计结果如表5.5所示。由表可见，本章算法反演结果与OIB数据之间的平均偏差较小，标准偏差及均方根误差均为4.8 cm。

表5. 5　2011—2013年 MWRI反演积雪深度与OIB IDCSI4产品对比统计结果

| 年份 | 匹配点个数 / 个 | 平均偏差 / cm | 均方根误差 / cm | 标准偏差 / cm |
|---|---|---|---|---|
| 2011 | 52 | 2.47 | 3.99 | 3.17 |
| 2012 | 786 | −0.58 | 4.84 | 4.81 |
| 2013 | 671 | 0.61 | 4.82 | 4.79 |
| 总计 | 1 519 | 0.07 | 4.80 | 4.80 |

## 5.4.6　讨论

从前面结果可以看出，该研究反演的积雪深度数据合理，方法可行。分析其与OIB数据间的差异原因，主要有以下几点：（1）时空差异，虽然对OIB数据进行了平均处理，但落入12.5 km网格内的数据量均不同，且OIB数据为几分钟内的测量值，而研究反演结果为7 d平均数据，引入误差；（2）两种亮温数据交叉定标时引入的误差；（3）海冰密集度计算过程中引入的误差；（4）OIB数据本身的误差。根据Kurtz等（2013）的研究结果，OIB数据的积雪深度范围在5～120 cm之间，但是因为受一系列因素的影响，包括积雪雷达的有限分辨率（5 cm）、密度不确定性、积雪-大气和积雪-海冰界面探测的不确定性等，积雪深度的不确定性为5.7 cm。而分析该研究反演结果与AMSR-E数据产品之间的差异来源，除两种亮温数据间的差异外，可能是由海冰密集度的差异引入：本章研究海冰密集度由ASI算法计算得到，而AMSR-E Level 3产品则使用了NASA Team2算法进行计算。根据Brucker和Markus（2013）的研究结果表明，海冰密集度5%的变化将会引起积雪深度1～6 cm的变化。

## 5.5 北极一年冰上积雪深度变化分析

由于FY3B/MWRI已于2019年9月3日关机停止工作，本节根据上述反演算法，计算得到了2011—2018年共8年的积雪深度数据，并对其时空分布特征进行简要分析。主要从3个方面进行积雪深度的变化分析，分别为积雪深度的空间分布特征分析、周平均积雪深度的时间序列分析以及积雪深度的月际和年际变化分析。

### 5.5.1 积雪深度的空间分布特征分析

为便于分析积雪深度的空间特征分布，研究在周平均积雪深度数据的基础上进行了月平均及年平均处理，保留多年冰及融雪点的标记，得到了每月和每年的积雪深度数据。以2012年为例，北极地区月平均积雪深度的分布如图5.8所示。

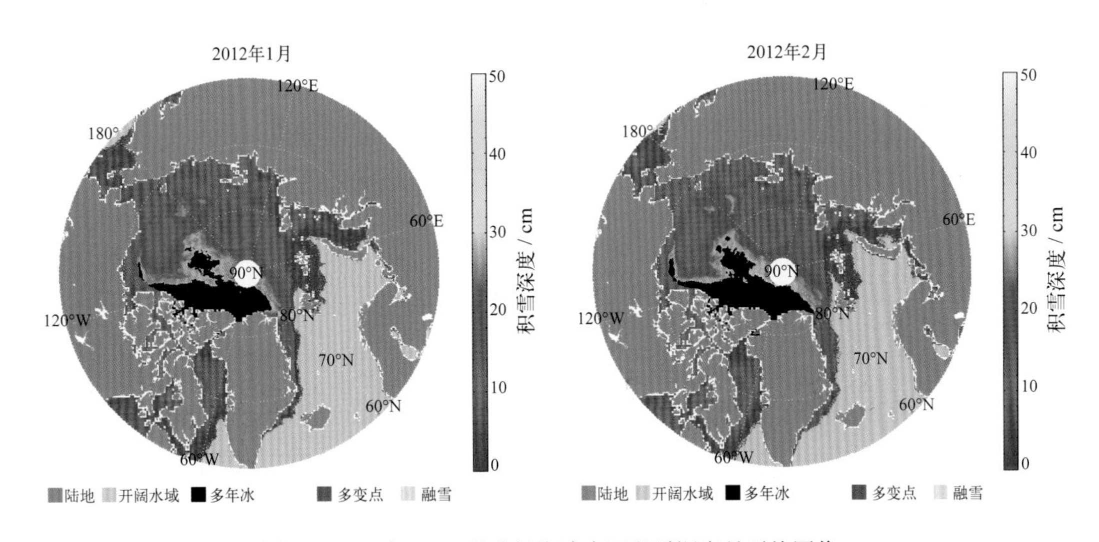


图5.8 2012年1—12月北极海冰表面积雪深度月平均图像

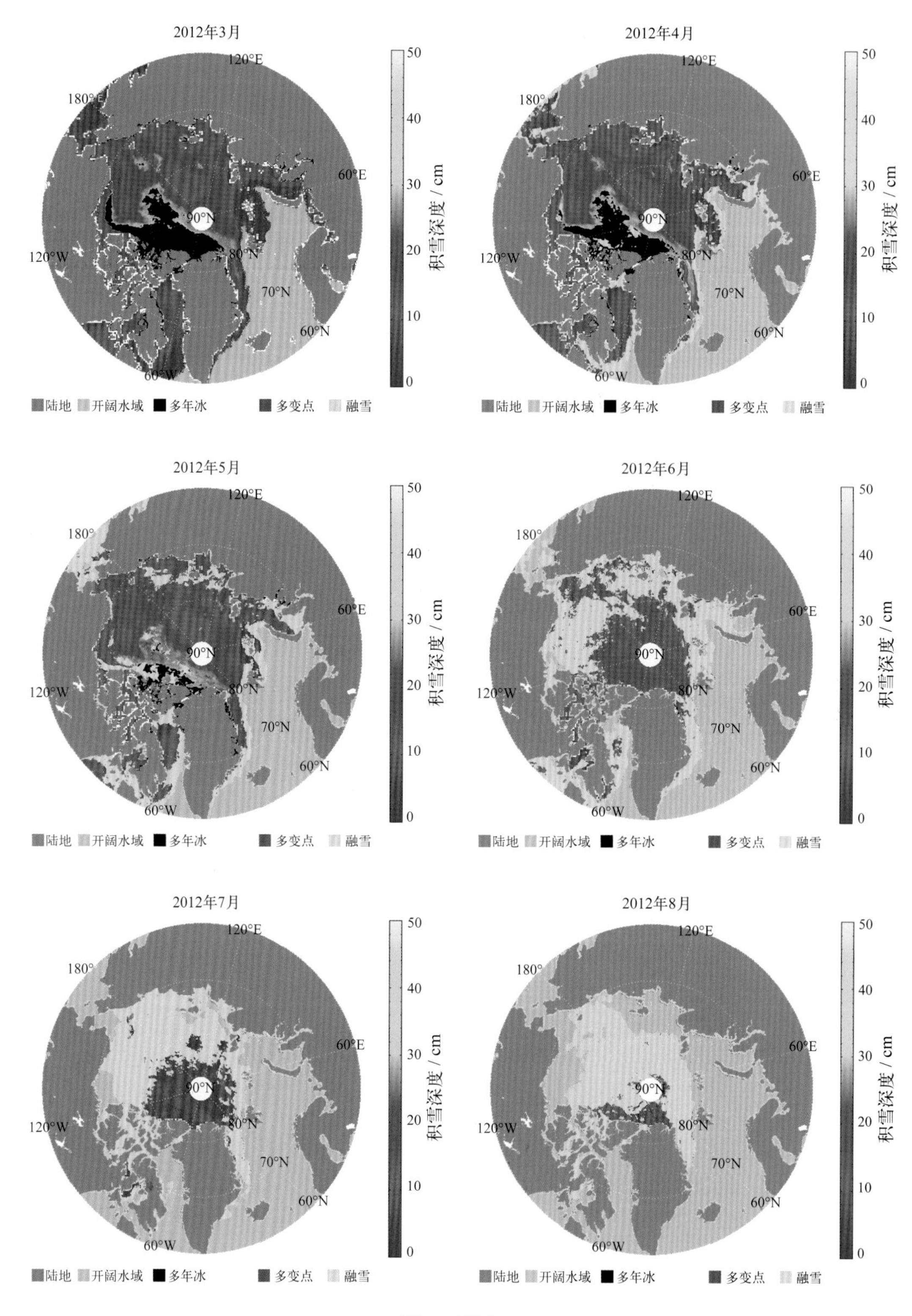
2012年3月
2012年4月
2012年5月
2012年6月
2012年7月
2012年8月
120°E
180°
60°E
90°N
120°W
80°N
70°N
60°N
60°W
积雪深度 / cm
50
40
30
20
10
0
陆地
开阔水域
多年冰
多变点
融雪

图5.8（续）

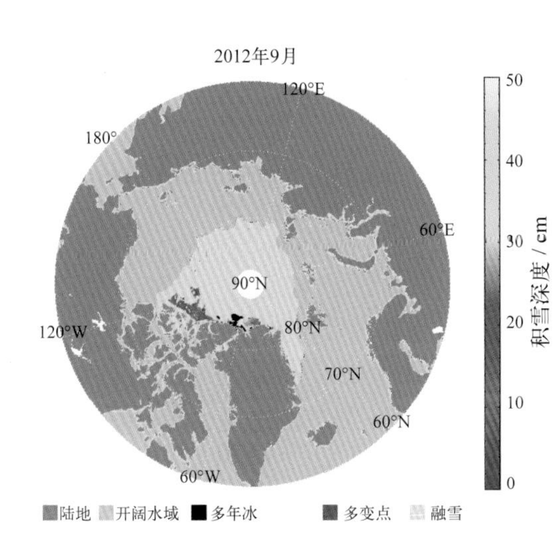


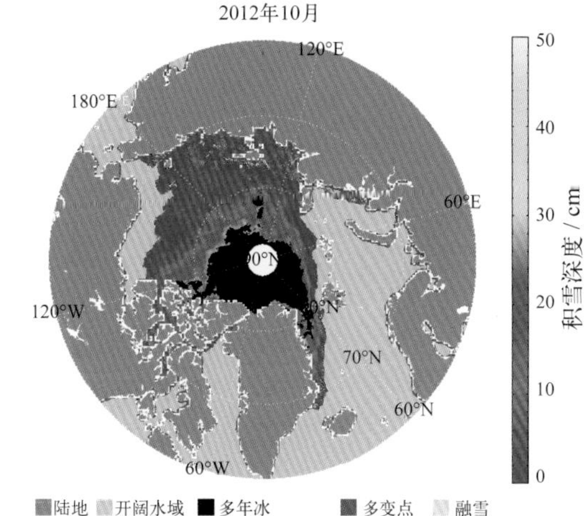


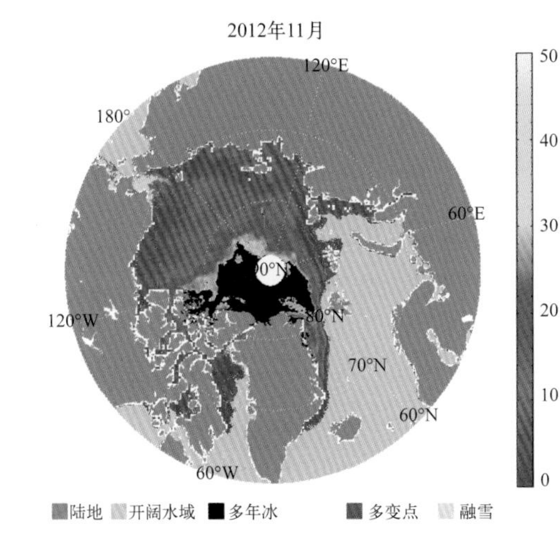


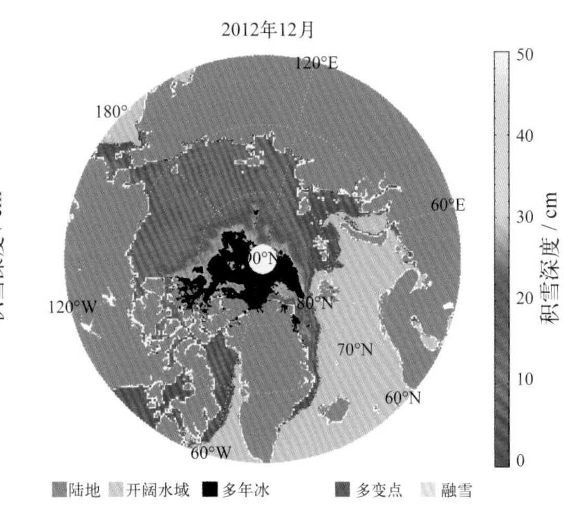


图5.8（续）

由图5.8中可以看出：

（1）整个北极地区，以北极中心区域为中心，沿经线方向，随着纬度的降低，积雪深度逐渐减小，该分布特征与季节无关，1—12月期间特征基本相同；

（2）加拿大北部及格陵兰岛北部靠近北极中心区域地区，积雪深度较大，且大部分为多年冰上的积雪覆盖；其次为楚科奇海以及波弗特海，再次为欧亚大陆以北的喀拉海、拉普捷夫海和东西伯利亚海等；

（3）每年4月，积雪从低纬度和海陆边界开始融化，慢慢向中心区域延伸，到9月仅剩北极中心区域可能有部分积雪覆盖，10月重新结冰后积雪深度逐渐增加。

2011—2018年的北极地区年平均积雪深度分布如图5.9所示。

由图5.9可知，积雪深度的年际分布特征与月均分布特征相似，积雪深度在靠近多年冰区域附近数值最大，然后是东西伯利亚海和波弗特海，之后是拉普捷夫海和楚科奇海等。

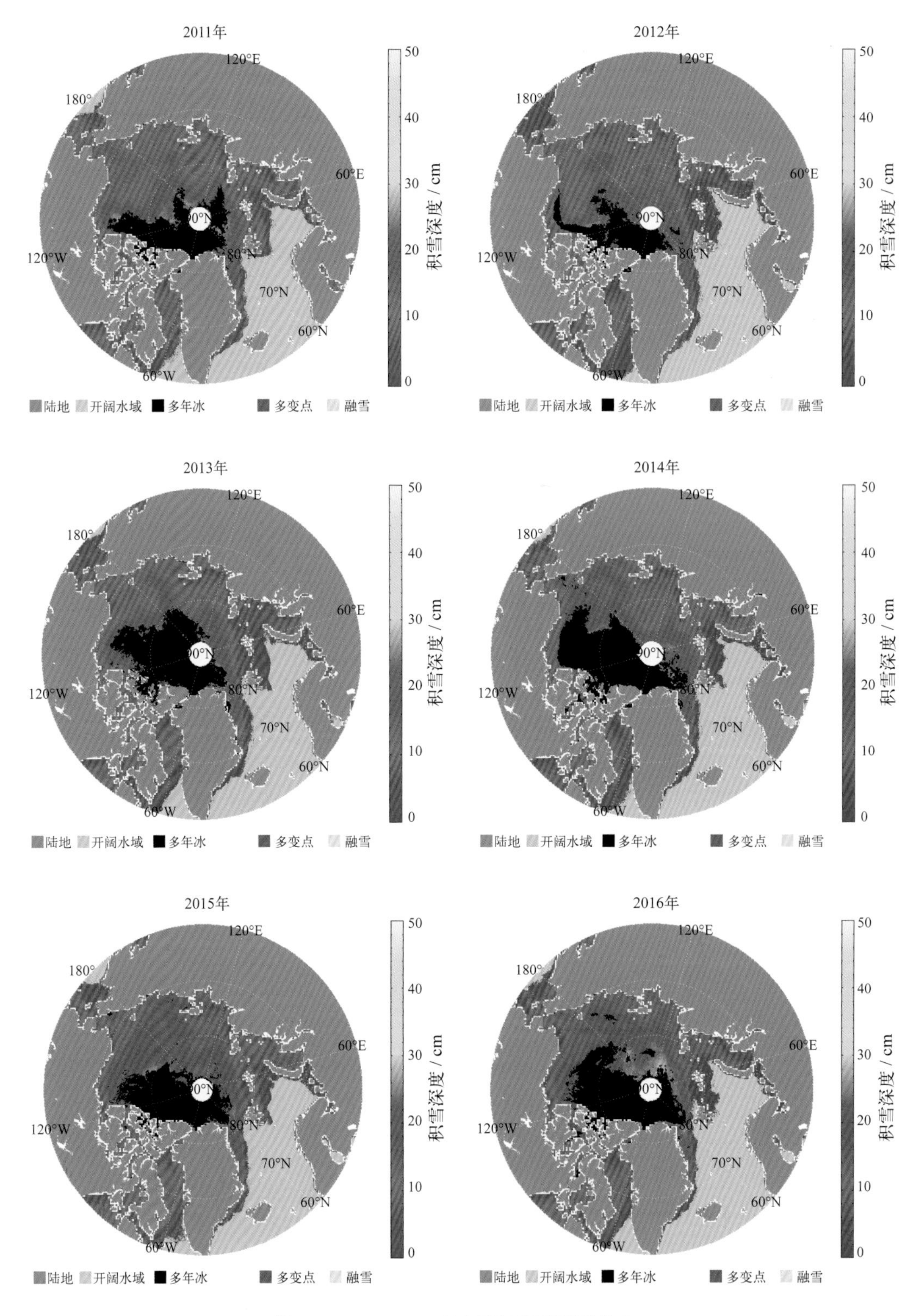


图5.9　2011—2018年年平均积雪深度分布

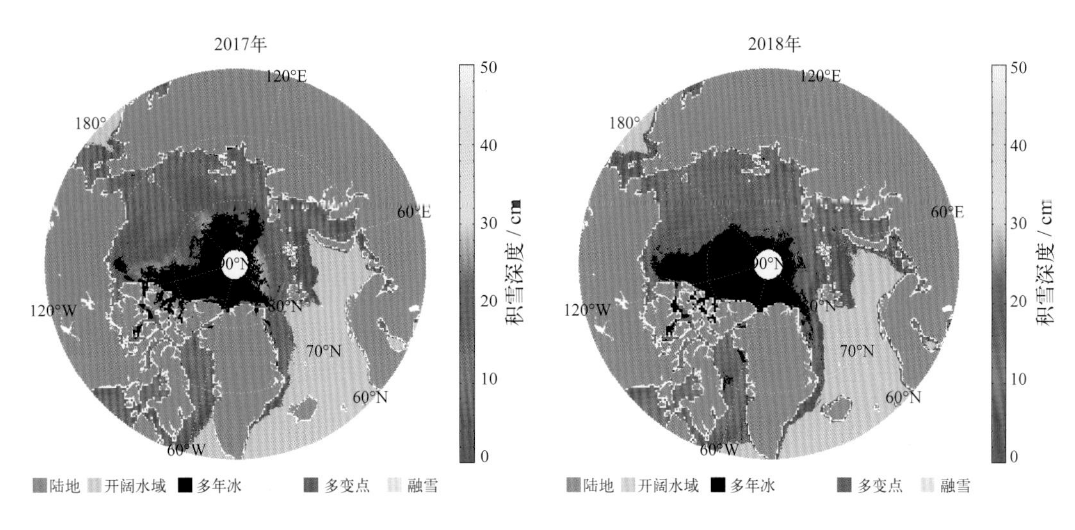


图5.9（续）

## 5.5.2 周平均积雪深度的时间序列分析

为分析积雪深度的时间分布特征，研究首先对2010年11月24日至2018年6月30日期间的7 d平均积雪深度进行了时间序列的展示，如图5.10所示。

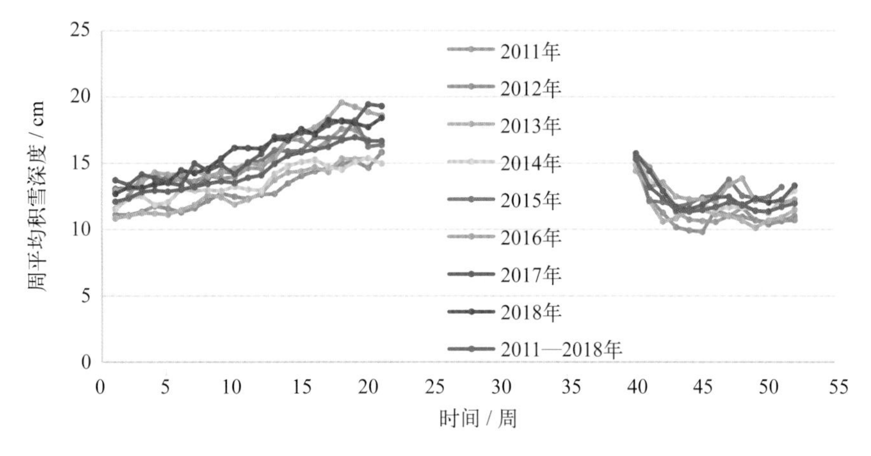


图5.10 北极一年冰表面周平均积雪深度时间序列

6—9月北极积雪大面积融化，周平均积雪数值无意义，未放入序列图中

由图5.10中可以看出：

（1）周平均积雪深度随时间的变化趋势每年基本一致；

（2）积雪深度每年从10月或11月由于降雪开始增高，在翌年的4月或5月初达到最大值；

（3）经过夏季积雪融化期后，10月海水重新结冰，但平均积雪深度有所降低，11月之后又呈上升趋势。

### 5.5.3 积雪深度的月际和年际变化分析

为更进一步分析积雪深度的时空变化，对月均和年均的积雪深度变化进行了简要分析。以2012年为例，春季及冬季月均积雪深度的变化情况如图5.11所示。同时为更加明确的显示月均积雪深度的变化情况，对2011—2018年的月均积雪深度时间序列进行了对比，如图5.12所示。由图5.11和图5.12中可以看出，北极地区一年冰上的积雪深度在春季逐步增加，经过融化季后，于10月开始重新堆积，且变化速度高于春季。春季积雪深度变化最快的地区是楚科奇海和东西伯利亚海，秋、冬季变化最快则发生在波弗特海、东西伯利亚海和靠近北极中央区域地区。

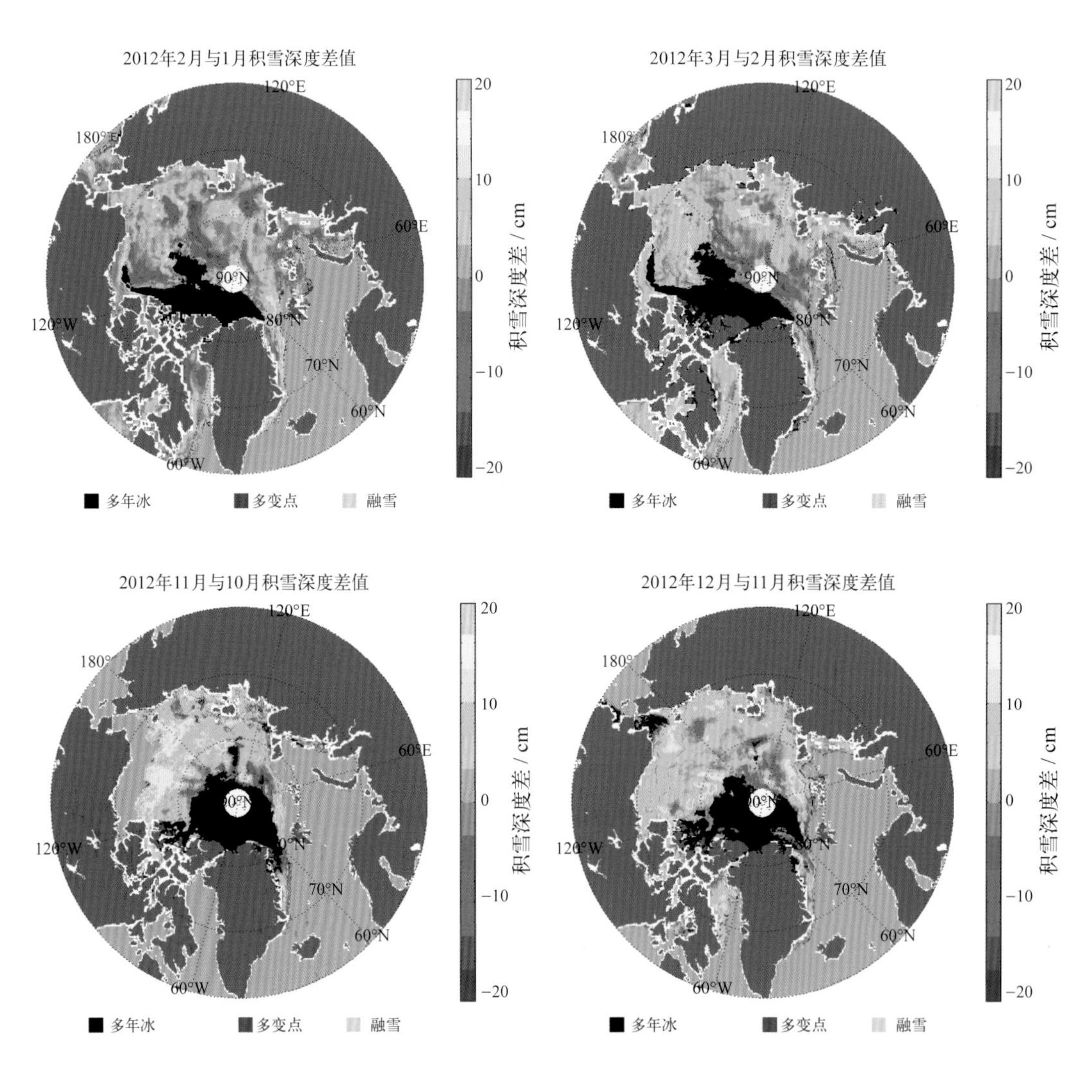


图5.11　2012年北极地区春季和冬季月均积雪深度变化

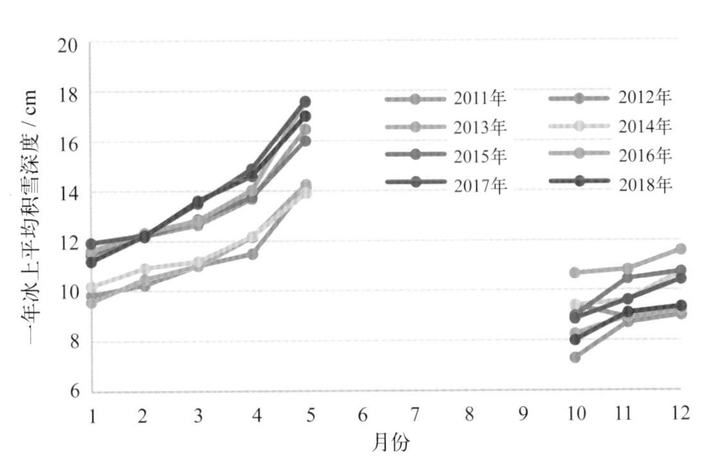


图5.12 2011—2018年北极地区月均积雪深度时间序列

2011—2018年积雪深度的年际变化如图5.13所示。图5.13显示，积雪深度的年际变化没有明显规律，有些年份积雪深度变化最大地区为楚科奇海，有些年份则为拉普捷夫海或者北极中央区域附近。而且，不同海域的积雪深度在某些年份较前一年有所升高，而其他年份则可能出现较前一年有所降低。同一海域在相邻年份的年均积雪深度变化一般小于10 cm。

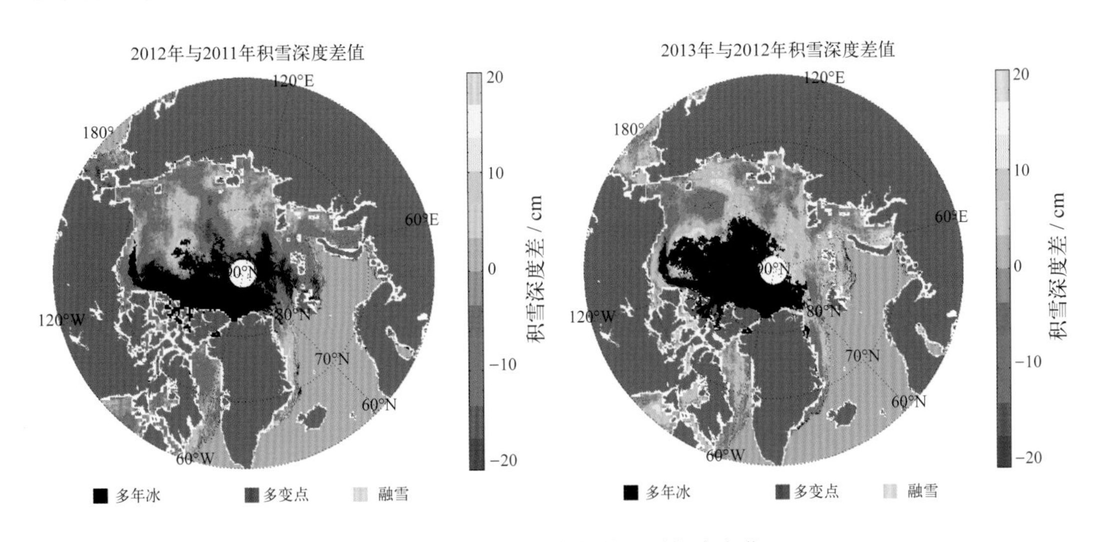


图5.13 2011—2018年年均积雪深度变化

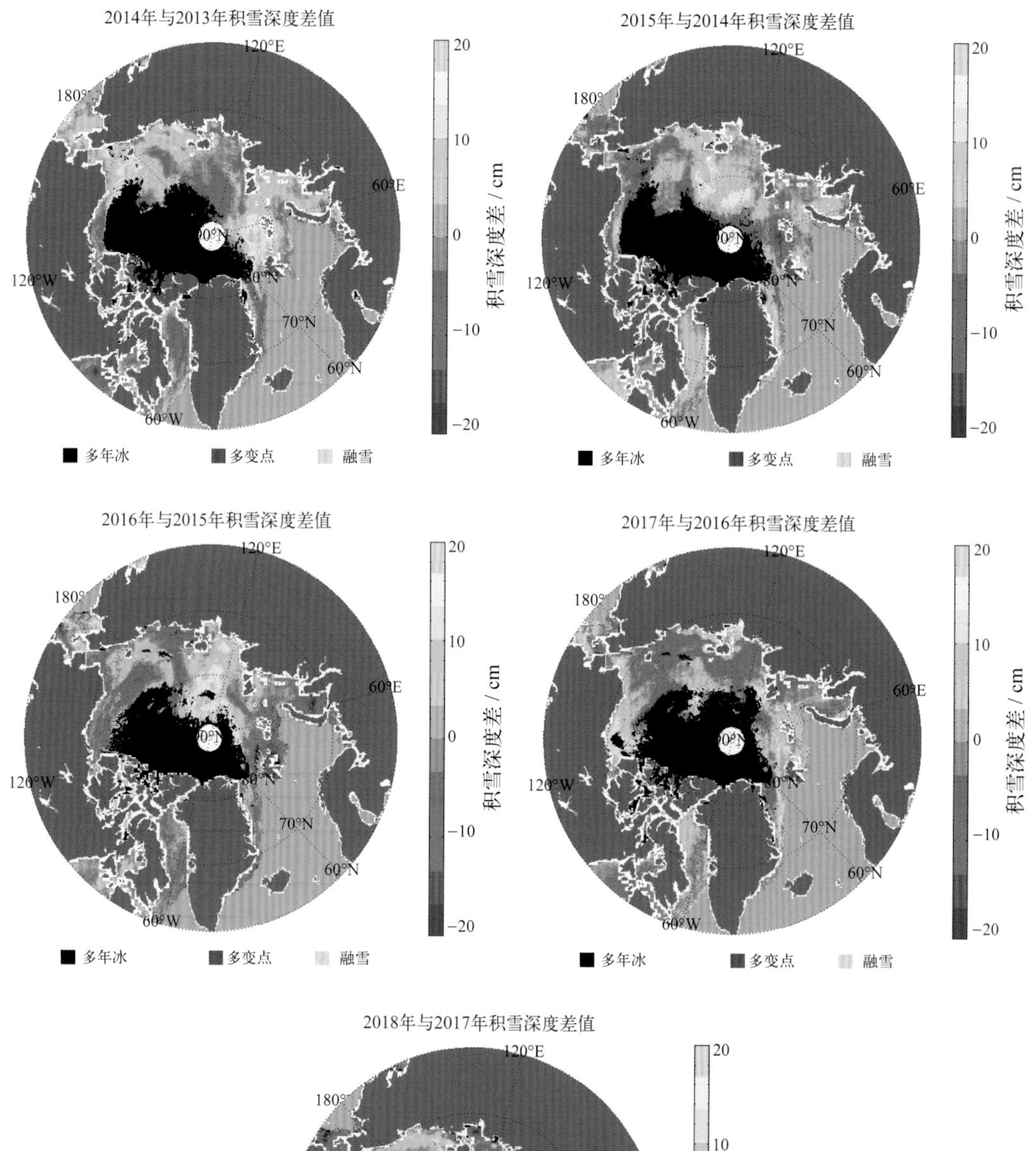
2014年与2013年积雪深度差值
2015年与2014年积雪深度差值
2016年与2015年积雪深度差值
2017年与2016年积雪深度差值
120°E
180°
60°E
90°N
120°W
80°N
70°N
60°N
60°W
20
10
0
−10
−20
积雪深度差 / cm
多年冰
多变点
融雪

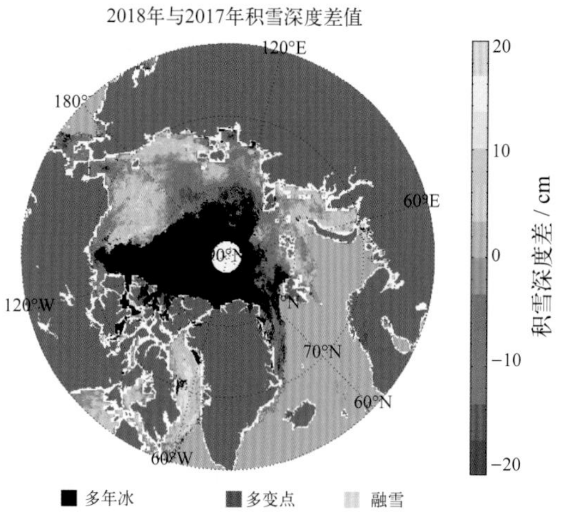
2018年与2017年积雪深度差值
120°E
180°
60°E
90°N
120°W
70°N
60°N
60°W
20
10
0
−10
−20
积雪深度差 / cm
多年冰
多变点
融雪

图5. 13（续）

## 5.6 小结

本章根据北极地区海冰表面积雪深度的辐射特征及隔热效应，首先阐述了积雪深度在北极乃至全球气候变化中的重要作用以及其对海冰厚度等参数反演中的关键作用，然后介绍了国内外对北极地区冰雪遥感的现状，并着重描述了基于被动微波遥感即微波辐射计的几种极区海冰表面积雪深度反演算法，以及现有的北极地区海冰表面积雪深度数据产品。

由中国海洋大学发布的北极地区海冰表面积雪深度数据产品为第一个基于中国自主研发微波辐射计亮温数据的极区冰面积雪深度产品，本章以该产品为例，介绍了如何利用中国FY3B/MWRI亮温数据进行积雪深度的反演，并将该产品与AMSR-E Level 3积雪深度产品进行了对比，再利用2011—2013年度的OIB IDCSI4积雪深度航测数据产品对该产品进行了印证。

与AMSR-E Level 3海冰产品的比较显示，两种数据产品总体趋势基本一致，主要差异集中在−2 ~ 0 cm之间。2011年1—5月期间，每月两者积雪深度对比的平均偏差为−1.35 ~ −0.21 cm，标准偏差为2.41 ~ 3.44 cm，相关系数为0.79 ~ 0.90。与OIB结果对比表明，两者之间的平均偏差较小，标准偏差及均方根误差均为4.8 cm。

最后，根据FY3B在轨及发布数据时间，对该数据产品的时间空间分布特征进行了简要分析。其中，月平均积雪分布特征显示，整个北极地区，以北极中心区域为中心，沿经线方向，随着纬度的降低，积雪深度逐渐减小，且该分布特征与季节无关，1—12月期间特征基本相同；时间上，周平均积雪深度每年从1月开始逐渐升高，经过夏季积雪融化期后，10月海水重新结冰，之后又呈上升趋势。且北极地区一年冰上积雪深度的年际变化无明显规律。

## 参考文献

Aaboe S, Breivik L A. Sorensen A, et al., 2016. Global sea ice edge and type product[Z]. version 1.3. OSI SAF Ocean and Sea Ice Satellite Application Facility.

Allison I, Brandt R E, Warren S G, 1993. East Antarctic sea ice: Albedo, thickness distribution, and snow cover[J]. Journal of Geophysical Research Oceans, 98(C7):12417−12429.

Andreas E L, Jordan R E, Makshtas A P, 2005. Parameterizing turbulent exchange over sea ice: the ice station weddell results[J]. Boundary Layer Meteorology, 114(2):439−460.

Ashcroft P, Wentz F, 2013. AMSR-E/Aqua L2A global swath spatially-resampled brightness temperatures, version 3[DB]. Boulder, Colorado, USA: NASA National Snow and Ice Data Center Distributed Active Archive Center.

Belchansky G I, Douglas D C, 2002. Seasonal comparisons of sea ice concentration estimates derived from

SSM/I, OKEAN, and RADARSAT data[J]. Remote Sensing of Environment, 81(1):67−81.

Braakmann-Folgmann A, Donlon C, 2019. Estimating snow depth on Arctic sea ice using ssatellite microwave radiometry and a neural network[J]. The Cryosphere Discussions, 13(9):2421−2438.

Brucker L, Markus T, 2013. Arctic-scale assessment of satellite passive microwave-derived snow depth on sea ice using Operation IceBridge airborne data[J]. Journal of Geophysical Research Oceans, 118(6):2892−2905.

Burke W J, Schmugge T, Paris J F, 1979. Comparison of 2.8- and 21-cm microwave radiometer observations over soils with emission model calculations[J]. Journal of Geophysical Research Oceans, 84(C1):287−294.

Cavalieri D J, Crawford J, Drinkwater M, et al., 1992. NASA sea ice validation program for the DMSP SSM/I: Final report[R]. Washington DC, NASA Technical Memorandum 104559, National Aeronautics and Space Administration: 126.

Cavalieri D J, Markus T, Comiso J C, 2014. AMSR-E/Aqua daily L3 12.5 km brightness temperature, sea ice concentration, and snow depth polar grids, Version 3[DB]. Boulder, Colorado, USA: NASA National Snow and Ice Data Center Distributed Active Archive Center.

Chen H, Tang X, Li L, et al., 2019. Inter-Calibration of Passive Microwave Brightness Temperature Observed by FY-3B/MWRI and Aqua/AMSR-E on Arctic[C] //Proceedings of the 2019 IEEE International Geoscience and Remote Sensing Symposium. Yokohama: IEEE.

Comiso J C, 1995. SSM/I ice concentrations using the Bootstrap algorithm, NASA Report[R]. Boulder, Colorado, USA: NASA National Snow and Ice Data Center Distributed Active Archive Center: 1380.

Comiso J C, 2002. A rapidly declining perennial sea ice cover in the Arctic[J]. Geophysical Research Letters, 29(20): 1956.

Comiso J C, Cavalieri D J, Markus T, 2003. Sea ice concentration, ice temperature, and snow depth using AMSR-E data[J]. IEEE Transactions on Geoence and Remote Sensing, 41(2):243−252.

Comiso J C, Cavalieri D J, Parkinson C L, et al., 1997. Passive microwave algorithms for sea ice concentration: A comparison of two techniques[J]. Remote Sensing of Environment, 60(3):357−384.

Comiso J C, Hall D K, 2014. Climate trends in the Arctic as observed from space[J]. Wiley Interdiplinary Reviews Climate Change, 5(3):389−409.

Comiso J C, Zwally H J, 1997. Temperature corrected bootstrap algorithm[C]//1997 IEEE International Geoscience and Remote Sensing Symposium Proceedings. Remote Sensing−A Scientific Vision for Sustainable Development. Singapore, IEEE, 3:857−861.

Dee D P, Uppala S M, Simmons A J, et al., 2011. The ERA-Interim reanalysis: configuration and performance of the data assimilation system, Quarterly Journal of the Royal Meteorological Society, 137(656):553−597.

Deser C, Walsh J E, Timlin M S, 1998. Arctic sea ice variability in the context of recent atmospheric circulation trends[J]. Journal of Climate, 13(3):617−633.

Francis J A, Vavrus S J, 2012. Evidence linking Arctic amplification to extreme weather in mid-latitudes[J]. Geophysical Research Letters, 39(6): L06801.

Gavrilova M K, 1966. Radiation Climate of the Arctic[M]. London: Olbourne Press.

Giles K A, Laxon S W, Wingham D J, et al., 2007. Combined airborne laser and radar altimeter measurements over the Fram Strait in May 2002[J]. Remote Sensing of Environment, 111(2/3):182−194.

Gloersen P, Barath F, 1977. A scanning multichannel microwave radiometer for Nimbus-G and SeaSat-A[J]. IEEE Journal of Oceanic Engineering, 2(2):172−178.

Gloersen P, Willicit T T, Chang T C, et al., 1974. Microwave maps of the polar ice of the Earth[J]. Bulletin of the American Meteorological Society, 55:1442−1448.

Guerreiro K, Fleury S, Zakharova E, et al., 2016. Potential for estimation of snow depth on Arctic sea ice from CryoSat-2 and SARAL/AltiKa missions[J]. Remote Sensing of Environment, 186, 339−349.

Hallikainen M T, 1989. Microwave radiometry of snow[J]. Advances in Space Research, 9(1):267−275.

Hao G H, Su J, 2015. A study on the dynamic tie points ASI algorithm in the Arctic ocean[J]. Acta Oceanologica Sinica, 34(11):126−135.

Holland M M, Bitz C M, 2003. Polar amplification of climate change in coupled models[J]. Climate Dynamics, 21(3/4):221−232.

Huntemann M, Heygster G, Kaleschke L, et al., 2014. Empirical sea ice thickness retrieval during the freeze-up period from SMOS high incident angle observations[J]. Cryosphere Discussions, 7(4):4379−4405.

Kaleschke L, Lüpkes C, Vihma T, et al., 2001. SSM/I sea ice remote sensing for mesoscale ocean atmosphere interaction analysis[J]. Canadian Journal of Remote Sensing, 27(5): 526−536.

Kaleschke L, Maaβ N, Haas C, et al., 2010. A sea-ice thickness retrieval model for 1.4 GHz radiometry and application to airborne measurements over low salinity sea-ice[J]. The Cryosphere Discussions, 4(4):583−592.

Kaleschke L, Tian-Kunze X, Maaβ N, et al., 2012. Sea ice thickness retrieval from SMOS brightness temperatures during the Arctic freezeup period[J]. Geophysical Research Letters, 39(5):L05501.

Kawanishi T J, Sezai T, Ito Y, et al., 2003. The Advanced Scanning Microwave Radiometer for the Earth Observing System (AMSR-E): NASDA's contribution to the EOS for global energy and water cycle studies[J]. IEEE Transactions on Geoscience and Remote Sensing, 41 (2):184−194.

Kelly R E, Chang A T, Tsang L, et al., 2003. A prototype AMSR-E global snow area and snow depth algorithm[J]. IEEE Transactions on Geoscience and Remote Sensing, 41(2): 230−242.

Kern S, 2004. A new method for medium-resolution sea ice analysis using weather-influence corrected Special Sensor Microwave/Imager 85 GHz data[J]. International Journal of Remote Sensing, 25(21): 4555−4582.

Kern S, Khvorostovsky K, Skourup H, et al., 2015. The impact of snow depth, snow density and ice density on sea ice thickness retrieval from satellite radar altimetry: results from the ESA-CCI Sea Ice ECV Project Round Robin Exercise[J]. The Cryosphere, 9(1):37−52.

Kern M, Ressler G, Cullen R, et al., 2019. Copernicus polar ice and Snow Topography ALtimeter (CRISTAL) mission requirements document[A]. Version 2.0. ESTEC, Noordwijk, The Netherlands, European Space Agency, 72.

Kerr Y, Waldteufel P, Wigneron J, et al., 2001. Soil moisture retrieval from space: the Soil Moisture and Ocean Salinity (SMOS) mission[J]. IEEE Transactions on Geoscience and Remote Sensing, 39(8):1729−1735.

Kilic L, Tonboe R T, Prigent C, et al., 2019. Estimating the snow depth, the snow-ice interface temperature, and the effective temperature of Arctic sea ice using Advanced Microwave Scanning Radiometer 2 and ice mass balance buoys data[J]. The Cryosphere, 4(13): 1283−1296.

Kinnard C, Zdanowicz C M, Fisher D A, et al., 2011. Reconstructed changes in Arctic sea ice over the past 1450 years[J]. Nature, 479:509−512.

Kurtz N T, Farrell S L, 2011. Large-scale surveys of snow depth on Arctic sea ice from Operation IceBridge[J]. Geophysical Research Letters, 38(20): L20505.

Kurtz N T, Farrell S L, Studinger M, et al., 2013. Sea ice thickness, freeboard, and snow depth products from Operation IceBridge airborne data[J]. The Cryosphere, 7(4):1035−1056.

Kurtz N T, Studinger M S, Harbeck J, et al., 2015. IceBridge L4 sea ice freeboard, snow depth, and thickness, Version 1[DB]. Boulder, Colorado, USA: NASA National Snow and Ice Data Center Distributed Active Archive Center.

Kwok R, Cunningham G F, 2015. Variability of Arctic sea ice thickness and volume from CryoSat-2[J]. Philos Trans A Math Phys Eng, 373(2045):20140157.

Kwok R, Cunningham G F, Wensnahan M, et al., 2009. Thinning and volume loss of the Arctic Ocean sea ice cover: 2003−2008[J]. Journal of Geophysical Research Ocean, 114(C7):L15501.

Kwok R, Untersteiner N, 2011. The thinning of Arctic sea ice[J]. Physics Today, 64(4): 36−41.

Lawrence I, Tsamados M, Stroeve J, et al., 2018. Estimating snow depth over Arctic sea ice from calibrated dualfrequency radar freeboards[J]. The Cryosphere Discussions, 12(11): 3551−3564.

Li L L, Chen H H, Guan L, 2017. Retrieval of snow depth on sea ice in the Arctic from FY3B/MWRI[C]. Proceedings of the 2017 IEEE International Geoscience and Remote Sensing Symposium. Fort Worth, Texas, USA, IEEE, 4976−4979.

Li L L, Chen H H, Guan L, 2019a. Retrieval of snow depth on sea ice in the Arctic using the FengYun-3B Microwave Radiation Imager[J]. Journal of Ocean University of China, 18(3):580−588.

Li L L, Chen H H, Wang X Y, et al., 2019b. Study on the retrieval of sea ice concentration from FY3B/MWRI in the Arctic[C]. Proceedings of the 2019 IEEE International Geoscience and Remote Sensing Symposium. Yokohama, IEEE, 4242−4245.

Liu J P, Zhang Y Y, Cheng X, et al., 2019. Retrieval of snow depth over Arctic sea ice using a deep neural network[J]. Remote Sensing, 11(23):2072−4292.

Liu Q Q, Ji Q, Pang X P, et al., 2018. Inter-calibration of passive microwave satellite brightness temperatures observed by F13 SSM/I and F17 SSMIS for the retrieval of snow depth on Arctic first-year sea ice[J]. Remote Sensing, 10(1):36.

Liu T T, Liu Y X, Huang X, et al., 2015. Fully constrained least squares for Antarctic sea ice concentration estimation utilizing passive microwave data[J]. IEEE Geoscience and Remote Sensing Letters, 12(11):2291−2295.

Maaβ N, Kaleschke L, Tian-Kunze X, et al., 2013. Snow thickness retrieval over thick Arctic sea ice using SMOS satellite data[J]. The Cryosphere, 7(6):1971−1989.

Markus T, Cavalieri D J, 1998 . Snow depth distribution over sea ice in the Southern Ocean from satellite passive microwave data, antarctic sea ice: Physical processes, interactions and variability[J]. Antarctic Research Series, 74:19−39.

Markus T, Cavalieri D J, 2000. An enhancement of the NASA team sea ice algorithm[J]. IEEE Transactions on Geoscience and Remote Sensing, 38(3):1387−1398.

Markus T, Powell D C, Wang J R, 2006. Sensitivity of passive microwave snow depth retrievals to weather effects and snow evolution[J]. IEEE Transactions on Geoscience and Remote Sensing, 44(11):3091−3102.

Markus T, Stroeve J C, Miller J, 2009. Recent changes in Arctic sea ice melt onset, freeze up, and melt season length[J]. Journal of Geophysical Research Oceans, 114(C12):C12024.

Maslanik J A, Fowler C, Stroeve J, et al., 2007. A younger, thinner Arctic ice cover: Increased potential for rapid, extensive sea-ice loss[J]. Geophysical Research Letters, 34(24):L24501.

Matson M, 1991. NOAA satellite snow cover data[J]. Global and Planetary Change, 4(1/3):213−218.

Matson M, Ropelewski C F, Varnadore M S, 1986. An atlas of satellite-derived northern hemisphere snow cover frequency[Z]. Washington D C, National Weather Service, 75.

Maykut G A, 1978. Energy exchange over young sea ice in the central Arctic[J]. Journal of Geophysical Research Oceans, 83(C7):3646−3658.

MCST (MODIS Characterization Support Team), 2015. MODIS 500m Calbrated Radiance Product[DB]. NASA MODIS Adaptive Processing System, Goddard Space Flight Center, USA, doi:10.5067/MODIS/MYD0HKM.006.

Meier W N, Hovelsrud G K, Van Oort B E H, et al., 2014. Arctic sea ice in transformation: a review of recent observed changes and impacts on biology and human activity[J]. Reviews of Geophysics, 52(3):185−217.

Meier W N, Ivanoff A, 2017. Intercalibration of AMSR2 NASA Team 2 Algorithm Sea Ice Concentrations with AMSR-E Slow Rotation Data[J]. IEEE Journal of Selected Topics in Applied Earth Observations and Remote Sensing, 10(9):3923−3933.

Meier W N, Markus T, Comiso J C, 2018. AMSR-E/AMSR2 Unified L3 Daily 12.5 km Brightness Temperatures, Sea Ice Concentration, Motion & Snow Depth Polar Grids, Version 1[DB]. Boulder, Colorado, USA: NASA National Snow and Ice Data Center Distributed Active Archive Center.

Meier W N, Stroeve J C, Fetterer F, 2007. Whither Arctic sea ice——A clear signal of decline regionally, seasonally, and extending beyond the satellite record[J]. Annals of Glaciology, 46(1):428−434.

Newman T, Farrell S L, Richter-Menge J, et al., 2014. Assessment of radar-derived snow depth over Arctic sea ice[J]. Journal of Geophysical Research: Oceans, 119(12):8578−8602.

Overland J E, Wang M Y, 2010. Large-scale atmospheric circulation changes are associated with the recent loss of Arctic sea ice[J]. Tellus A: Dynamic Meteorology and Oceanography, 62(1):1−9.

Overland J E, Wood K R, Wang M Y, 2011. Warm Arctic-cold continents: climate impacts of the newly open Arctic sea[J]. Polar Research, 30:15787.

Parkinson C L, Comiso J C, Zwally H J, et al., 1987. NASA SP-489: Arctic Sea Ice, 1973−1976: Satellite Passive-Microwave Observations[M]. Washington DC: Scientific and Technical Information Branch, NASA.

Pirazzini R, 2004. Surface albedo measurements over Antarctic sites in summer[J]. Journal of Geophysical Research: Atmospheres, 109: D20118.

Ramseier R O, 1991. Sea ice validation in: DMSP Special Sensor Microwave/Imager Calibration/ Validation[Z]: Washington D C: Naval Research Laboratory.

Richter-Menge J A, Perovich D K, Elder B C, et al., 2006. Ice mass balance buoys: a tool for measuring and attributing changes in the thickness of the Arctic sea-ice cover[J]. Annals of Glaciology, 44:205−210.

Rostosky P, Spreen G, Farrell L S, et al., 2018. Snow depth retrieval on Arctic sea ice from passive microwave radiometers-improvements and extensions to multiyear ice using lower frequencies[J]. Journal of Geophysical Research: Oceans, 123(10):7120−7138.

Rott H, Mätzler C, 1987. Possibilities and limits of synthetic aperture radar for snow and glacier surveying[J]. Annals of Glaciology, 9:195−199.

Screen J A, Simmonds I, 2010. The central role of diminishing sea ice in recent Arctic temperature amplification[J]. Nature, 464:1334−1337.

Screen J A, Simmonds I, 2012. Declining summer snowfall in the Arctic: causes, impacts and feedbacks[J]. Climate Dynamics, 38(11/12): 2243−2256.

Screen J A, Simmonds I, 2013. Exploring links between Arctic amplification and mid-latitude weather[J]. Geophysical Research Letters, 40(5):959−964.

Shokr M, Lambe A, Agnew T, 2008. A new algorithm (ECICE) to estimate ice concentration from remote sensing observations: an application to 85-GHz passive microwave data[J]. IEEE Transactions on Geoscience and Remote Sensing, 46(12): 4104−4121.

Singer F S, Popham R W, 1963. Non-meteorological observations from satellites[J]. Astronautics and Aerospace Engineering, 1(3): 89−92.

Smith D M, 1996. Extraction of winter total sea-ice concentration in the Greenland and Barents Seas from SSM/I data[J]. International Journal of Remote Sensing, 17(13):2625−2646.

Spreen G, Kaleschke L, Heygster G, 2008. Sea ice remote sensing using AMSR-E 89 GHz channels[J]. Journal of Geophysical Research, 113(C2):C02S03.

Svendsen E, Matzler C, Grenfell T C, 1987. A model for retrieving total sea ice concentration from a spaceborne dual-polarized passive microwave instrument operating near 90 GHz[J]. International Journal of Remote Sensing, 8(10):1479−1487.

Tian-Kunze X, Kaleschke L, Maaβ N, et al., 2014. SMOS-derived thin sea ice thickness: algorithm baseline, product specifications and initial verification[J]. Cryosphere Discussions, 7(6):5735−5792.

Tian-Kunze X, Kaleschke L, Maass N, 2012. SMOS Daily Polar Gridded Brightness Temperatures[DB]. Digital media, Germany: ICDC, University of Hamburg.

Tschudi M, Fowler C, Maslanik J, et al., 2016. EASE-Grid sea ice age, Version 3[DB]. Boulder, Colorado, USA: NASA National Snow and Ice Data Center Distributed Active Archive Center.

Warren S G, Rigor I G, Untersteiner N, et al., 1999. Snow depth on Arctic sea ice[J]. Journal of Climate, 12 (6):1814−1829.

Xu S M, Zhou L, Liu J, et al., 2017. Data synergy between altimetry and L-Band passive microwave remote sensing for the retrieval of sea ice parameters – a theoretical study of methodology[J]. Remote Sensing, 9(10):1079.

Yang H, Weng F Z, Lv L Q, et al., 2011. The Feng-Yun-3 microwave radiation imager on-orbit verification[J]. IEEE Transactions on Geoscience and Remote Sensing, 39 (11):4552−4560.

Yang H, Zou X L, Li X Q, et al., 2012. Environmental data records from FengYun-3B microwave radiation imager[J]. IEEE Transactions on Geoscience and Remote Sensing, 50(12): 4986−4993.

Zhang L, Zhang Z H, Li Q, et al., 2010. Status of the recent declining of Arctic sea ice studies[J]. Advances in Polar Science, 21(1):71−80.

Zhang S G, Zhao J P, Frey K, et al., 2013. Dual-polarized ratio algorithm for retrieving Arctic sea ice concentration from passive microwave brightness temperature[J]. Journal of Oceanography, 69(2):215−227.

Zhang S G, Zhao J P, Li M, et al., 2018. An improved dual-polarized ratio algorithm for sea ice concentration retrieval from passive microwave satellite data and inter-comparison with ASI, ABA and NT2[J]. Journal of Oceanology and Limnology, 36(5):1494−1508.

Zhou L, Xu S M, Liu J P, et al., 2017. Improving L-band radiation model and representation of small-scale variability to simulate brightness temperature of sea ice[J]. International Journal of Remote Sensing, 38(23):7070−7084.

Zhou L, Xu S M, Liu J P, et al., 2018. On the retrieval of sea ice thickness and snow depth using concurrent laser altimetry and L-band remote sensing data[J]. The Cryosphere, 12(3):993−1012.

Zwally H J, Comiso J C, Parkinson C L, et al., 1983. Antarctic Sea Ice, 1973–1976: Satellite Passive-Microwave Observations[M]. Washington, DC: NASA Special Publication: 459.

庞小平, 刘清全, 季青, 2018. 北极一年海冰表面积雪深度遥感反演与时序分析[J]. 武汉大学学报: 信息科学版, 43(7): 971−977.

石立坚, 王其茂, 邹斌, 等, 2014. 利用海洋(HY-2)卫星微波辐射计数据反演北极区域海冰密集度[J]. 极地研究, 26(4): 410−417.

王欢欢, Heygster G, 韩树宗, 等, 2009. 应用AMSR-E 89 GHz遥感数据反演北极多年冰密集度[J]. 极地研究, 21(3): 186−196.

王晓雨, 管磊, 李乐乐, 2018. FY-3B/MWRI和Aqua/AMSR-E海冰密集度比较及印证[J]. 遥感学报, 22(5): 723−736.

杨虎, 李小青, 游然, 等, 2013. 风云三号微波成像仪定标精度评价及业务产品介绍[J]. 气象科技进展, 3(4): 138−145.

翟召坤, 卢善龙, 王萍, 等, 2017. 基于NSIDC海冰产品的FY北极海冰数据集优化[J]. 地球信息科学学报, 19(2): 143−151.

赵进平, 史久新, 王召民, 等，2015. 北极海冰减退引起的北极放大机理与全球气候效应[J]. 地球科学进展, 30(9): 985−995.

# 第6章

# 北极海冰厚度遥感反演研究

## 6.1　研究现状

### 6.1.1　卫星测高反演冰厚研究现状

在全球气候与环境快速变化的背景下，作为气候环境变化“指示器”和“放大器”的海冰变化越来越受到关注（Stocker et al., 2013；季青，2015；季青等，2015）。北极海冰区是全球最为重要、研究最广泛的海冰区，对全球热平衡、大气环流、海洋水循环和温盐平衡起到至关重要的作用（Walsh, 1983；Toggweiler and Russell，2008），是影响全球气候环境变化的关键区和敏感区。海冰具有较高的表面反照率，反射了大部分太阳短波，为海洋与大气的热传导、水汽交换形成了热力屏障（Zhang et al., 2000），对大气环流产生重要影响（魏立新，2008）。同时，海冰的生长与消融过程，伴随着能量收支、新成水和盐分的析出，使之成为全球海洋水循环和温盐环流的重要驱动力（Screen and Simmonds，2010）。准确获取北极海冰变化信息，是研究气候变暖、极端气候事件和极区环境保护与生态安全等一系列重大问题的关键（Bhatt et al., 2014）。因此，伴随着北极海冰的持续剧烈变化，加强对北极海冰变化的深入研究变得至关重要。

海冰厚度是海冰最重要的参数之一，是海冰变化研究的第三维度，它对大气-海冰-海洋的耦合作用尤为显著和敏感，并直接决定着海-气能量与物质的交换过程和速率（Krinner et al., 2010；Vihma，2014）；主导着海冰的热力学和动力学特征，影响海冰的运动、形变及冻结与消融过程，进而反馈于全球的气候系统、环境系统与生态系统，引起一系列与人类生存相关的气候环境参量的变化（Holland et al., 2006；Vihma，2014）。准确获得极地海冰厚度及其变化信息，不仅有助于开展全球气候变化、环境变化、生态安全等研究，还对海洋资源开发、海上交通航运、极地考察等具有重要的现实意义。

卫星测高方法是获取半球尺度海冰厚度变化信息的唯一有效方法。目前，最常使用的高度计数据为冰、云和陆地高程卫星（Ice, Cloud and Land Elevation Satellite，ICESat）

本章作者：季青[1]，赵羲[1]，张胜凯[1]，庞小平[1]
1. 武汉大学 中国南极测绘研究中心，湖北 武汉 430079

激光测高数据以及CryoSat-2雷达测高数据。卫星测高估算海冰厚度的技术方法是由Laxon等（2003）首次应用于海冰厚度探测中，是极区海冰厚度探测的有益尝试。Kwok等（2004）首次使用ICESat激光高度计数据估算了北极海冰厚度，进一步证实了卫星测高方法的可行性。Zwally等（2008）将其应用到南极威德尔海海冰厚度的探测中，也取得了较好的效果。Kwok等（2010）利用ICESat激光高度计估算了北极海冰厚度，研究结果表明，2003—2008年北冰洋海冰厚度有显著减小的趋势，多年冰在6年中变薄了约0.6 m，而一年冰的变化却不显著。Xie等（2011）利用别林斯高晋海现场实测数据构建海冰厚度卫星测高模型，反演和分析了海冰厚度的分布特征。Laxon等（2013）基于ICESat（2003—2008年）与CryoSat-2（2010—2012年）估算的海冰厚度信息，得出北极海冰体积秋季减少了4 291 $km^3$，冬季则减少了1 479 $km^3$。Kern和Spreen（2015）研究发现海冰厚度卫星测高估算过程中，海表面高的确定对海冰出水高度的估算具有最大的敏感性，极大地影响海冰厚度卫星测高的估算结果。Kwok和Kacimi （2018）利用2011年、2014年和2016年的机载观测数据，评估了CryoSat-2反演的南极威德尔海海冰出水高度变化，结果显示CryoSat-2高估实际海冰出水高度。由于极地海冰的复杂性，海冰表面积雪和冰型信息的不足，海冰厚度的卫星测高估算算法仍需要进一步改进，极地海冰厚度反演精度有待于进一步提高。

### 6.1.2 热红外遥感反演冰厚研究现状

利用热红外遥感数据反演薄冰厚度的方法，是建立在薄冰表面温度与厚度有强关系的基础之上。虽然雪被可能降低这一信号，但通常在遥感影像中，薄冰总比厚冰看起来更温暖、更暗，这使得卫星可以接收到不同的能量，进而将其转化为冰厚。

Massom和Comiso（1994）使用表面温度图像将冰盖分为4种冰类型：开放水域、新冰块、年轻冰块和厚冰块。Walter（1989）于1982年2月15日和1983年2月18日在圣劳伦斯冰间湖上的两次飞行中，发现冰面温度与冰的类型存在关联。Groves和Stringer（1991）利用甚高分辨率辐射计（Advanced Very High Resolution Radiometer，AVHRR）测得的冰表面温度反演出的薄冰冰厚，与世界气象组织（World Meteorological Organization，WMO）提供的冰分类结果比较，在冰厚分布上结果一致。Yu和Rothrock（1996）利用美国国家海洋和大气管理局（National Oceanic and Atmospheric Administration，NOAA）的AVHRR表面温度数据，结合气象数据，利用海冰热力学生长模型估算了波弗特海季节性海冰冬季薄冰厚度与分布，与向上声呐系统测量的冰厚数据比较，通过模型输入的不确定性分析发现冰层厚度误差约为50%，对于厚度小于20 cm的冰层，累积厚度分布的不确定性约为3%。Drucker（2003）基于AVHRR反演的冰表面温度和气象观测，用热通量模型计算白令海圣劳伦斯沿岸冰间湖的热红外海冰厚度，与向上声呐系统测量的薄冰冰厚对比，发现两者结果一致，并把此方法反演的冰厚命名为“热力学冰厚”。Tamura等（2006）使用AVHRR以及欧洲中期天气预报中心（European Centre for Medium-Range Weather Forecasts，ECMWF）气象数据，将最初在北极应用的技术应用于估算东南极洲威尔克斯冰间湖海冰厚度。通过比较2003年澳大利亚组织的巡航研究获得的独立冰面温度和冰厚度数据进行评估，在威尔克斯薄冰区域，使用AVHRR和ECMWF数据计算热通量估计的冰厚度与实地观测结果一致。本方法得出的冰厚结果和现场冰厚数据之间差异的标准偏差为0.02 m。Pour等（2017）利用加拿大海冰服务局（Canadian Ice Service）的实测数据验证了MODIS反演得到的湖冰厚度，结果表明加拿大一维热动力学湖冰模型的雪深反演得到的海冰厚度比经验性冰厚-雪深模型得到的厚度精度更高。

因热红外数据容易受天气影响，很多研究都将热红外反演薄冰冰厚的方法与微波遥感结合。Nihashi（2009），Tamura等（2008）分别利用AMSR-E、SSM/I，结合AVHRR的表面温度数据及再分析气象数据，分别估算了鄂霍次克海、北冰洋冰间湖薄冰冰厚。通过与现场观测冰厚的比较，研究表明，该方法可以估计厚度小于0.5 m的薄冰冰厚，误差为±0.05 m。Iwamoto等（2013）针对楚科奇海冰间湖和海冰边缘区沿用该方法，利用MODIS数据与AMSR-E数据，反演薄冰冰厚。

### 6.1.3 被动微波遥感反演冰厚研究现状

被动微波遥感探测海冰厚度的基本原理是基于海水的微波发射率远低于海冰的发射率来识别海冰的范围及密集度（Comiso，1986），再根据海冰厚度与海冰介质属性（温度与盐度等）的关系（Kovacs，1996），估算出海冰的厚度。**微波遥感相对于可见光和红外遥感而言，具有全天候、全天时的特点，这一点对于存在极夜、天气变化复杂的极地区域尤为重要。因此，应用微波传感器相对于AVHRR、MODIS等光学传感器进行海冰厚度的反演更为普遍。**被动微波遥感探测海冰厚度的研究开展始于1978年，Troy等（1981）试验得出不同类型海冰的微波发射率会随着海冰厚度的增加而增强。基于此结论，Cavalieri（1994）应用SSM/I 19 GHz和37 GHz频率数据成功绘制出北极4级典型海冰分类厚度图：尼罗冰（冰厚小于10 cm）、初冰（冰厚10～30 cm）、一年冰（冰厚30～200 cm）和多年冰（冰厚大于200 cm）。Martin等（2004）提出了一种被动微波薄冰厚度算法，该算法采用海冰温度估算海冰厚度的思路，使用SSM/I 37 GHz亮度的垂直和水平极化比（R37）估算楚科奇海阿拉斯加沿岸冰间湖小于0.1 m的薄冰厚度。Martin等（2005）对该算法进行了修改，基于与R37的比较，提出了一种使用AMSR-E 36 GHz数据极化比（R36）的薄冰算法。Singh等（2011）提出了楚科奇海和波弗特海域的沿岸冰间湖AMSR-E薄冰算法。Tamura等（2008）利用SSM/I薄冰算法和37 GHz、85 GHz数据的极化比（Polarization Ratio，PR），提出了一种适用于整个北极海域冰间湖的薄冰算法。

Iwamoto等（2013）利用AMSR-E的36 GHz和89 GHz数据的PR反演楚科奇海沿岸冰间湖和海冰边缘区的薄冰冰厚，得到标准偏差为0.02 ~ 0.06 m，反演上限为0.2 m冰厚反演公式。Kaleschke等（2012）和Tian-Kunze等（2014）利用SMOS/MIRAS亮温数据估算的北极海冰厚度与MODIS估算结果较为一致。被动微波遥感数据获取方便，能得到日尺度的每日数据，是大尺度估算海冰厚度的有效方法，但需要注意的是，该方法的空间分辨率较低，且由于海冰表面粗糙度对辐射率的影响，不宜用于较厚的变形冰厚度的探测。

## 6.2 卫星测高及遥感数据

### 6.2.1 卫星测高数据

1969年，美国学者Kaula在Williamstown的研讨会上首次提出了卫星测高的概念，20世纪70年代先后发射了Skylab（Sky Laboratory）、Geos-3（Geodynamics Experimental Ocean Satellite）和Seasat等测高卫星，其中Seasat测高卫星首次采用高压缩比的脉冲压缩技术，增加了卫星测高的回波波形采样频率，使得获取回波波形数据成为可能，为卫星测高在非开阔海域不同区域的应用奠定了基础。Seasat测高卫星的成功发射对测高计后期的发展具有决定性的作用，标志着卫星测高进入实用阶段。Seasat测高卫星搭载了多种科学仪器设备，主要包括高度计、合成孔径雷达（Synthetic Aperture Radar，SAR）、多波段微波辐射计和雷达散射计。

为了获得海洋大地水准面、海况和风速等信息，满足美国海军的需要，1985年美国发射了Geosat（Geodetic Satellite）测高卫星。Geosat卫星携带Ku波段的高度计，首先执行大地测量任务（Geodetic Mission，GM），该阶段所获取的数据保密了很多年，直到ERS-1/GM数据公开，才公开此数据。之后，Geosat测高卫星开始执行17 d为周期的精确重复任务（Exact Repeat Mission，ERM），其地面轨迹与Seasat卫星相同。Geosat卫星先后工作了5年，首次提供了长期的具有重复周期高质量的全球海面测高数据，为相关研究提供实用数据，标志着卫星测高技术进入成熟阶段。

1998年，美国军方发射了Geosat的后续卫星GFO（Geosat Follow-On），其重复周期为17 d，主要设备为高度计，目前GFO已完成使命，最初GFO数据未公开，科学和商业用户须向NOAA申请，获得批准才有权使用。目前该数据已对公众开放，用户可免费下载。

到20世纪90年代，美国国家航空航天局和欧洲航天局研制了高精度的高度计，目前形成了两大系列测高卫星，即T/P（Topex/Poseidon）系列（包括已发射的T/P、Jason-1/2及未来拟发射的Jason-3测高卫星）和ERS（European Remote Sensing Satellite）系列（包括已发射的ERS-1/2和Envisat测高卫星），其中T/P系列主要用于海洋的长期监测，进行海洋现象的研究，而ERS系列则用于长期监测地球表面。

1991年，欧洲航天局发射了欧洲第一颗遥感卫星——ERS-1，该卫星还携带了包含高度计的多种仪器，执行不同科学任务，先后使用了3 d、35 d和168 d 3种不同的重复周期轨道，其中3 d周期用于极地冰盖和海冰监测等；35 d用于多学科地面观测，该周期采用多手段对全球海洋（尤其是北大西洋环境）进行监测；168 d任务（也称GM任务）的轨道与Geosat/GM的轨道类似，主要用于获取全球海洋大地水准面信息，该任务先后执行了两次，第二次任务的地面轨迹刚好位于第一次任务的中间，提高了其空间分辨率。1995年，欧洲航天局发射了ERS-1的后续卫星ERS-2，该卫星采用35 d重复周期轨道，执行多学科地面观测。运行期间形成了ERS-1/2两颗卫星一前一后的卫星星座，但轨道相差1 d。2002年3月，欧洲航天局发射了ERS-1/2的后续卫星即环境卫星Envisat。该卫星携带了10种科学仪器，主要包括高度计、微波辐射计和卫星多普勒定轨定位系统（Doppler Orbitography and Radio-positioning Integrated by Satellite，DORIS），用于获取大地水准面和监测高分辨率气体排放量等参数。

1992年发射的T/P测高卫星是当时定轨精度和测距精度最高的卫星，用于观测和监测海洋环流，其轨道重复周期约为10 d，赤道区相邻地面轨迹间距约316 km，每个周期绕地球飞行127圈，覆盖全球90%以上的海洋面积。该卫星携带了两个高度计、全球定位系统（Global Positioning System，GPS）、DORIS系统和卫星激光测距系统（Satellite Laser Ranging，SLR）等，采用新的重力场模型及多种跟踪系统，其轨道径向精度达到2～3 cm，而卫星首次携带的双频微波仪消除了电离层误差。这些改进使得T/P卫星获取了大尺度高精度的全球海洋信息，奠定了T/P卫星在海洋监测中的地位，实现了对中长尺度海洋变化的准实时监测。

2001年，T/P的后续卫星Jason-1发射升空，其仪器、轨道和精度等与T/P卫星接近，携带的仪器包括高度计、微波辐射计和DORIS系统，其早期的轨道与T/P卫星相同，共同飞行一段时间后，其地面轨迹调整到T/P卫星相邻地面轨迹的中间位置。

2008年，Jason-2卫星发射升空，携带的仪器和轨道与Jason-1卫星相同，采用新的算法使该卫星在陆地和冰面也能跟踪，而其噪声更小，测距精度优于2.5 cm。Jason-3卫星于2016年发射，其基本情况与Jason-2卫星相同。

尽管测高卫星在开阔海域的应用取得了重大的进展，考虑到正在运行测高卫星的设计寿命，并鉴于这些测高卫星的不足和非开阔海域不同区域（尤其是极地冰盖和海冰）的重要性，国际上已经计划发射已有测高卫星的后续卫星和新一代测高卫星。

鉴于雷达高度计在极地冰盖受冰面坡度、冰面反射率变化及雷达信号穿透冰雪面等影响，导致测距精度下降的问题，美国国家航空航天局设计了新的高度计即地学激光高度计系统（Geoscience Laser Altimeter System，GLAS），该高度计于2003年搭载在ICESat

上发射升空（Zwally et al., 2002）。该卫星是美国国家航空航天局地球观测系统（Earth Observing System，EOS）计划中的一颗，也是世界上首颗激光高度计卫星，其主要任务是监测极地冰盖的高程变化、确定极地冰盖冰雪总量的年际和长期变化、估算其对全球海平面变化的影响、测量全球范围的云层高度及陆地的表面地形等。GLAS地面激光脚点直径仅约60 m，相邻脚点间距约170 m，远小于雷达高度计的相关参数，能直接测量冰盖面的倾斜度，其在冰面的测距精度较高。

欧洲航天局设计了专门用于极地观测的测高卫星——CryoSat，其设计寿命3年半，主要任务是精确测定极地冰盖和海冰的高程与厚度变化，以量化全球变暖引起的冰雪质量变化。第一颗CryoSat于2005年发射，由于发射次序失误导致发射失败，2006年开始重新建造第二颗CryoSat-2卫星，完成了卫星各子系统的测试工作后于2010年发射。搭载的仪器包括合成孔径雷达/干涉雷达测高计（SAR/Interferometric Radar Altimeter，SIRAL）、DORIS系统和小激光反射器。与传统的雷达高度计不同，CryoSat–2采用SAR模式，这种模式下SIRAL发射的脉冲时间间隔为50 ms，远低于传统雷达高度计的500 ms，得到的回波波形之间存在相关性，经过处理可获得相关信息。为了测定入射角，需要激活高度计上的第二个接收天线，两个天线均接收回波，当回波不是从星下点直接返回时，根据观测的两路程之差，计算得到入射角。

我国海洋系列卫星分为海洋一号（包括A/B卫星）、海洋二号和海洋三号系列。其中，海洋一号系列分别采用可见光和红外波段监测海洋水色和温度；海洋二号系列为海洋动力环境卫星，于2010年发射，采用微波传感器，探测海洋风场、海面高和海面温度，携带的仪器包括Ku和C波段的双频高度计、散射计和微波成像仪；海洋三号系列则携带可见/红外和微波等不同波段的传感器。

印度于2010年发射由法国空间局和印度空间研究所（Indian Space Research Organization，ISRO）联合研发的测高卫星——Saral（Satellite with Argos and ATlika）。搭载的仪器包括法国空间局研制的双频ATlika高度计、星载数据采集与Argos定位仪器、激光反射器和DORIS系统，其中ATlika高度计采用全新Ka频率波段，该波段能更好地观测冰、雪、近海区域和海浪等，其特点使其成为Jason-2卫星的有效补充。Saral卫星有三大目标，分别是对海面高、有效波高和风速的重复精确观测，进一步加强海洋学和气象学业务化、提高对气候的认识及预报能力；进一步扩展Jason-2和Saral卫星的相关服务；满足国际海洋和气候研究的各种要求，构建全球海洋观测系统。

### 6.2.2 MODIS 表面温度数据

MODIS是搭载于Terra和Aqua卫星上的中分辨率成像光谱仪，是美国国家航空航天局从1991年启动的EOS计划中用于观测全球生物和物理过程的重要传感器。它一共有分布在36个离散光谱波段的490个探测器，从可见光到热红外数据，实现0.4 ~ 14.4 μm的全光谱覆盖。在不同波段，MODIS数据有不同的分辨率，波段1和波段2的分辨率最高，为250 m，波段3至波段7分辨率为500 m，波段8至波段36的分辨率都为1 000 m。

NSIDC MODIS/Aqua传感器的冰温数据（Sea Ice Extent 5-Min L2 Swath 1 km）MYD29，分辨率为1 000 m。MYD29为MODIS的海洋2级标准数据产品，每5分钟更新一次，数据格式为HDF（Hierarchical Data Format）。数据集包含1 000 m分辨率的冰面温度和质量评估数据，以及5 km分辨率的地理定位数据。MODIS MYD29产品提供的冰面温度精度为1.6 K。MODIS云掩膜（MOD35）已经集成在了产品中，然而云掩膜算法在识别海雾和薄弱低云方面存在困难，特别是在极地夜间，这最终导致了冰面温度高于真实值，但这并不归因于真实的地表特征。

MODIS的一系列公开遥感产品中，MOD29和MYD29冰温产品已经得到多次验证，具有较高精度且比较成熟（Hall et al., 2015）。在MODIS海冰厚度反演过程中，为避免短波辐射的影响，实验时间尽量选择晴朗无云的夜晚。

### 6.2.3 SMOS 遥感数据

SMOS（Soil Moisture and Ocean Salinity）卫星是欧洲空间局地球生存计划（ESA's Living Planet Programme）中的地球探测者机遇任务的第二颗卫星，于2009年11月2日发射，它能够获取覆盖全球范围的低、高频率、特定精度和特定覆盖率的海洋表面盐度以及陆地表面土壤水分信息。

SMOS卫星的运行轨道为太阳同步晨昏轨道，最大的时间分辨率为3 d，卫星扫面的带宽达到了1 000 km，空间分辨率为43 km。SMOS卫星上只有1个有效的载荷传感器，即合成孔径微波辐射计（Microwave Imaging Radiometer Using Aperture Synthesis, MIRAS），其L波段（1.4 GHz）不但能够灵敏地反映土壤湿度和海水盐度的变化，还能够尽量减少天气、大气和植被覆盖等因素对测量结果的影响，并具有多角度双极化的特征，时间分辨率平均为3 d。另外，L波段还可以用来获取海冰厚度。

针对北极海冰厚度的提取，德国汉堡大学和不来梅大学从2010年10月开始都分别发布了关于SMOS卫星的日平均海冰厚度产品，该数据空间覆盖范围为50° ~ 90°N，时间范围为每年的10月初至翌年的4月中旬，空间分辨率均为12.5 km。受穿透能力的限制，L波段在厚冰（厚度大于1 m）区域数据具有较高的不确定性，但其亮温数据对50 cm以下的海冰厚度极为敏感，因此对薄冰的探测准确性很高（Huntemann et al., 2014; Ricker et al., 2017）。相关量化评价研究也表明，SMOS海冰厚度数据在薄冰范围内偏差相对较小（Wang et al., 2016）。对于SMOS产品的数据格式，德国汉堡大学仅提供NetCDF的数据格式下载，而德国不来梅大学则提供NetCDF和GeoTIFF两种数据格式。除此之外，需要注意的是，因海冰反演算法不同，造成两种SMOS产品的结果精度略有不同，Kaleschke等在2013年相关报告中得出汉堡大学的SMOS产品精度更优的结论。根据实验时间，下载德国汉堡大学和不来梅大学网站上的SMOS产品数据，并将原始NetCDF格式转为GeoTIFF格式。以下描述和实验中，将德国汉堡大学和不来梅大学发布的SMOS日平均海冰厚度产品分别简写为SSIT-UH和SSIT-UB。

### 6.2.4 被动微波遥感数据

目前，常用于北极海冰厚度反演的星载微波辐射计有Nimbus-5/ESMR（1972—1978年）、Nimbus-7/SMMR（1978—1987年）、DMSP/SSM/I（1987—2009年）、DMSP/SSMIS（2006年至今）、ADEOS-Ⅱ/AMSR（2002—2003年）、Aqua/AMSR-E（2003—2011年）、SMOS/MIRAS（2010年至今）及GCOM-W1/AMSR2（2012年至今）。

Nimbus-7/SMMR拥有5个通道，分别是6 GHz的水平、垂直极化（06H、06V），10 GHz的水平、垂直极化（10H、10V），18 GHz的水平、垂直极化（18H、18V），21 GHz的水平、垂直极化（21H、21V）以及37 GHz的水平、垂直极化（37H、37V），其通道的分辨率为14 km × 14 km ~ 56 km × 28 km。新一代的被动微波遥感传感器SSM/I和SSMIS搭载于美国国防气象计划（DMSP）系列卫星上。自1965年以来，DMSP已发射了40多颗卫星。SSM/I传感器搭载于第六代的DMSP-F08卫星至第七代的DMSP-F15卫星，SSMIS传感器搭载于DMSP-F16及后续发射的卫星。搭载了SSM/I的DMSP系列卫星（F8，F10，F11，F12，F13，F14，F15）与搭载SSMIS系列卫星（F16，F17，F18，F19）保证了长时间序列数据观测的连续性，可用于极区海冰状况的持续观测。SSM/I和SSMIS亮温数据产品可通过美国国家冰雪数据中心获得，包括了19 GHz垂直、水平极化（19V、19H），25 GHz垂直极化（25V）、37 GHz垂直极化（37V）和37 GHz水平极化（37H）的亮温数据，数据空间分辨率为25 km。除此之外，SSM/I和SSMIS还拥有空间分辨率为12.5 km的85 GHz的垂直极化（85V）、水平极化（85H），以及91 GHz的垂直极化（91V）和水平极化（91H）数据。

AMSR-E传感器于2002年5月开始投入使用，其搭载在NASA的Aqua卫星上，工作时间为2002年6月至2011年10月。该传感器有6个频率双极化共12个通道的数据：6.9 GHz、10.7 GHz、18.7 GHz、23.8 GHz、36.5 GHz、89.0 GHz，数据的分辨率为5.4 ~ 56 km。NSIDC会发布每天、每周、每月的Level 2A，Level 2B和Level 3的数据产品，提供AMSR-E每日各个频率的双极化的升轨、降轨和日平均的连续亮温。

除此之外，作为继AMSR-E传感器的AMSR2搭载于地球水环境变化监测卫星GCOM-W1（Global Change Observation Mission-1st Water）上，由日本宇宙航空开发机构（JAXA）研发，于2012年5月8日发射升空，能提供地球水和能量循环的长期监测数据

（Wu et al., 2016）。AMSR2除了增设了频率为7.3 GHz的两个通道以尽可能使观测数据在陆地区域免受射频干扰（Radio Frequency Interference，RFI）外，其他频率、空间分辨率等和AMSR-E保持一致。两种传感器的亮温产品其空间分辨率除了89 GHz通道为6.25 km外，其余的通道分辨率均为12.5 km。

AMSR-E、AMSR2的亮温数据采用极球面投影。极球面投影通常建立和地球在极点处相切的平面，在地球表面和投影平面之间有一一对应的映射关系，在极点处不存在变形，随着纬度逐渐减小，投影的变形增大，在投影边缘处，北极变形达到31%，南极达到22%，为了让变形最小化，通常以70°为投影的标准纬线，使得边缘冰区几乎没有变形或变形很小。

## 6.3 海冰厚度反演原理与方法

### 6.3.1 卫星测高薄冰冰厚反演

由于海冰复杂的环境因素和物理过程，不管是海冰的反射率还是亮温都不随海冰厚度变化呈简单的线性关系，因而海冰厚度被普遍认为是最难反演的海冰参数。海冰厚度最直接的测量方法是现场钻孔测量，1893年，Nansen首次用此方法对北极弗拉姆冰站海冰厚度进行了测量，获得了弗拉姆海峡有限而宝贵的海冰厚度资料（Wadhams，2000）。南极的现场测量则始于20世纪70年代后期（Ackley，1979）。我国学者张青松于1981年对南极戴维斯站区海冰厚度首次进行了现场观测（张青松，1986），李志军等于2003年在中国第19次南极科学考察中开展了现场测量（李志军 等，2005）。现场钻孔测量方法的主要缺点是海冰样本的代表性问题，Rothrock等（1999）指出在北极至少需要560个钻点数据才能获得具有0.1 m精度的平均海冰厚度信息。因此，目前现场测量结果主要用于其他方法的标定和验证。为获得大尺度的可靠的海冰厚度信息，各种非直接探测方法相继发展起来，包括仰视声呐方法、走航观测方法、电磁感应方法、微波遥感方法及卫星测高方法。

现场观测方法是目前最直接和最准确的海冰厚度测量方法，但受时空条件的限制，无法获得研究区海冰厚度的整体变化信息；仰视声呐方法从冰下观测海冰的厚度，扩大了海冰厚度观测的范围，但由于潜艇声呐方法不易获得特定区域时空连续的海冰厚度信息，不宜进行海冰厚度的季节和年际变化研究，系泊声呐无法获得大尺度的海冰厚度空间分布特征，且设备的安装回收、数据的传输较为困难；走航观测是获取海冰厚度信息的重要手段，特别是摄影测量系统替代肉眼观测后，使得探测精度大大提高，且在实际应用中简单易行，成为各国极地考察中获得航线上海冰厚度信息的首选方法，但由于破冰船航线设计的薄冰倾向，该方法通常会低估海冰厚度的空间分布；电磁感应海冰厚度探测方法可应用于多种平台（冰面、船基和机载），有利于我们对海冰厚度的多角度立体观测，但该方法对于融冰区、湿雪覆被冰区和存在大量冰脊区域的海冰厚度探测，其结果精度需要进一步的验证；主、被动微波遥感使我们可以获得较大尺度的海冰厚度空间分布，但由于海冰表面粗糙度的体散射效应或其对海冰辐射率的影响，该方法不适宜对较厚的变形冰进行探测；卫星测高方法是唯一能够获得半球尺度连续海冰厚度变化信息的探测方法，具有良好的发展前景。

卫星测高技术是利用卫星搭载的测高仪、辐射计和合成孔径雷达等实时测量卫星到地表的距离、有效波高和后向散射系数，近年来，被应用到海冰厚度的探测中，被众多学者认为是未来最具潜力的海冰厚度探测方法（Zwally et al., 2002; Laxon et al., 2003, 2013; Kwok, 2010; Kurtz et al., 2014）。海冰厚度卫星测高的基本原理是通过雷达或激光高度计，向海冰发射微波或激光脉冲，通过识别并获得海冰与邻近海水（冰间水道或公开水域）的时间延迟，计算出海冰的出水高度（海冰和上覆雪水上部分高度或海冰水上部分高度），再根据海冰的静力平衡模型，附以必要的参数，估算出海冰的厚度。欧洲空间局于1991年和1995年发射的ERS-1和ERS-2卫星，均载有13.8 GHz的微波高度计，其覆盖范围达南、北纬81.5°，水平空间足迹为1 km，垂直精度为10 cm（Beaven et al., 1995）。后续发射的CryoSat-2卫星将其覆盖范围扩大到南、北纬88°，水平空间足迹和垂直精度分别提高到300 m和2.6 cm。第一颗载有激光高度计的卫星是美国国家航空航天局于2003年发射升空的ICESat卫星，该卫星高度计使用了1 064 nm波长的激光，覆盖范围达南、北纬86°，水平空间足迹为70 m，平整冰精度达到2 cm（Wingham et al., 2006）。卫星测高方法估算海冰厚度的精度，主要与出水高度的反演和海冰厚度估算模型输入参数（积雪深度、海冰密度、积雪密度及海水密度）的选取密切相关，而前者主要与冰间水道（海面高系点）的识别有关。

利用卫星高度计估算海冰厚度的过程中，首先要确定海冰的出水高度（图6.1）。出水高度可通过海冰的观测高程（$h_{obs}$）与局地平均海平面高程（$h_{ssh}$）的差值获得。对于激光测高而言，出水高度（$h_f$）即为气–雪界面的观测高程与局地平均海平面的高差［式（6.1）］；对于雷达测高而言，由地面试验研究表明，在干燥和寒冷的条件下，雷达电磁波穿透至雪–冰界面（Beaven et al., 1995），雷达观测的海冰出水高度（$h_{fi}$）是雪–冰界面与局地平均海平面的高差［式(6.2)］。

$$h_f = h_{obs} - h_{ssh} \tag{6.1}$$

$$h_{fi} = h_{obs} - h_{ssh} - h_{fs} \tag{6.2}$$

式中，$h_{obs}$通过拟合模型探测激光或雷达回波到达海冰观测表面的时间来计算；$h_{ssh}$是一系列地球物理过程的累积（Kwok, 2010），其计算公式为

$$h_{ssh}(x, t) = h_g(x) + h_a(x, t) + h_T(x, t) + h_d(x, t) \tag{6.3}$$

式中，$h_g$为大地水准面起伏；$h_a$为大气载荷；$h_T$为大洋潮汐；$h_d$为海面动态地形。$h_a$、$h_T$和$h_d$通常称为地球物理改正项，这些参数都随着时间和空间的变化而变化，造成了海冰出水高度计算较大的不确定性。

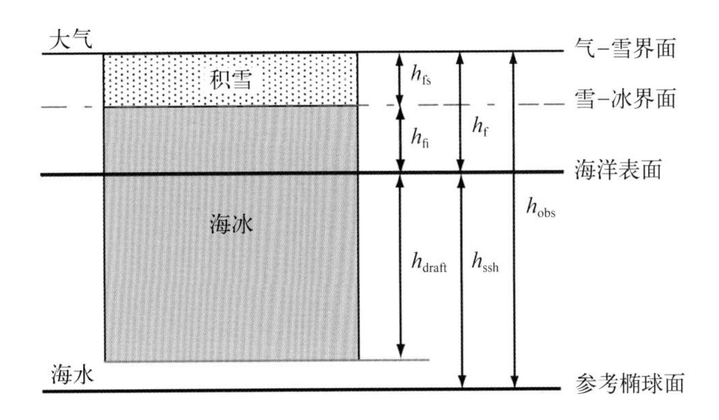


图6.1 积雪深度、海冰出水高度及水下厚度的几何关系

$h_{ssh}$还可以通过一系列冰间水道或公开水域的系点拟合获得，这涉及如何应用高度计区分海冰与冰间水道。实际应用中，不同的学者使用不同的算法来识别冰间水道。Laxon等（2003）通过分析测高回波波形，以脉冲峰值（PP）为波形分类指标，来区分海冰和冰间水道，进而计算出海冰的出水高度；Kurtz和Markus（2012）则借助雷达影像来识别冰间水道；Zwally等（2008）将卫星轨迹上的最小高程点作为冰间水道的高程，计算出海冰的出水高度。图6.2显示的是利用最低点法解算的北极2006—2008年海冰出水高度（袁乐先 等，2016）。

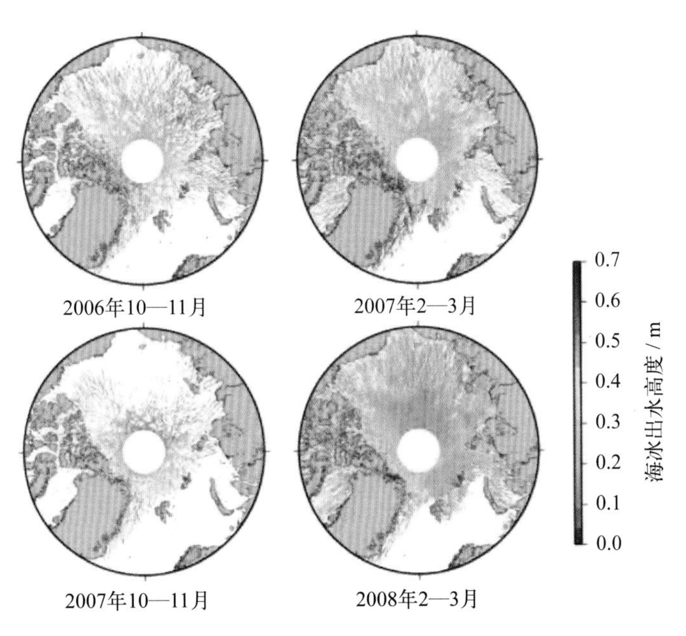


图6.2 利用最低点法解算的2006—2008年北冰洋海冰出水高度

反演出出水高度（$h_f$或$h_{fi}$）后，就可以应用静力平衡模型估算海冰厚度（$h_i$）（Kwok and Cunningham, 2008），计算公式为

$$激光：h_i =（h_f \times \rho_w）/（\rho_w - \rho_i）- h_{fs} \times（\rho_w - \rho_s）/（\rho_w - \rho_i） \quad (6.4)$$

$$雷达：h_i =（h_{fi} \times \rho_w）/（\rho_w - \rho_i）+（h_{fs} \times \rho_s）/（\rho_w - \rho_i） \quad (6.5)$$

式中，$\rho_w$、$\rho_i$和$\rho_s$分别为海水、海冰及海冰上积雪的密度；$h_f$为激光高度计测得的出水高度（海冰和上覆雪水上部分高度）；$h_{fi}$为雷达高度计测得的海冰出水高度（海冰水上部分高度）；$h_{fs}$为海冰上积雪深度。对于激光测高而言，观测的出水高度为海冰的出水高度与海水上积雪深度的总和，即

$$h_f = h_{fi} + h_{fs} \quad (6.6)$$

由式（6.4）和式（6.5）可知，卫星测高方法估算海冰厚度的精度，除了与出水高度密切相关外，还受估算模型输入参数的影响。

海冰表面的积雪深度是海冰厚度卫星测高反演过程中的关键参数（Webster et al., 2014；季青，2015）。积雪深度数据一个重要来源是通过北极浮冰站实测的月度气象资料拟合的积雪深度数据（以下简称W99积雪深度数据）。尽管该数据是基于1954—1991年北极多年冰上测量获得，但它是目前唯一可获得北极大尺度多年海冰表面积雪深度的数据，被广泛用于卫星测高估算海冰厚度的研究中（Laxon et al., 2003; Kwok and Cunningham, 2008）。W99积雪深度数据提供了北极月尺度的积雪深度（$h_s$），它是通过二次模型拟合得到的（Warren et al., 1999），即

$$h_s = H_0 + Ax + By + Cxy + Dx^2 + Ey^2 \quad (6.7)$$

式中，$H_0$为北极极点处月平均积雪深度；$x$（纬度）、$y$（经度）坐标方向分别沿着0°及90°E向北、向东为正；$A$、$B$、$C$、$D$、$E$为拟合系数，表6.1给出了不同月份的拟合系数值，同时也提供了积雪深度拟合均方根误差（$\varepsilon$）、变化趋势的斜率（$F$）、年内变化率（$IV$）及其不确定性（$\sigma_{W99}$）。

表6.1　W99积雪深度的拟合系数及其不确定性

| 月份 | $H_0$ | $A$ | $B$ | $C$ | $D$ | $E$ | $\varepsilon$ | $F$ | $IV$ | $\sigma_{W99}$ |
|---|---|---|---|---|---|---|---|---|---|---|
| 1 | 28.01 | 0.127 0 | −1.183 3 | −0.116 4 | −0.005 1 | 0.024 3 | 7.6 | −0.06 | 4.6 | 0.07 |
| 2 | 30.28 | 0.105 6 | −0.590 8 | −0.026 3 | −0.004 9 | 0.004 4 | 7.9 | −0.06 | 5.5 | 0.08 |
| 3 | 33.89 | 0.548 6 | −0.199 6 | 0.028 0 | 0.021 6 | −0.017 6 | 9.4 | −0.04 | 6.2 | 0.10 |
| 4 | 36.80 | 0.404 6 | −0.400 5 | 0.025 6 | 0.002 4 | −0.064 1 | 9.4 | −0.09 | 6.1 | 0.09 |
| 5 | 36.93 | 0.021 4 | −1.179 5 | −0.107 6 | −0.024 4 | −0.014 2 | 10.6 | −0.21 | 6.3 | 0.09 |
| 6 | 36.59 | 0.702 1 | −1.481 9 | −0.119 5 | −0.000 9 | −0.060 3 | 14.1 | −0.16 | 8.1 | 0.12 |
| 7 | 11.02 | 0.300 8 | −1.259 1 | −0.081 1 | −0.004 3 | −0.095 9 | 9.5 | 0.02 | 6.7 | 0.10 |

续表

| 月份 | $H_0$ | $A$ | $B$ | $C$ | $D$ | $E$ | $\varepsilon$ | $F$ | $IV$ | $\sigma_{W99}$ |
|---|---|---|---|---|---|---|---|---|---|---|
| 8 | 4.64 | 0.310 0 | −0.635 0 | −0.065 5 | 0.005 9 | −0.000 5 | 4.6 | −0.01 | 3.3 | 0.05 |
| 9 | 15.81 | 0.211 9 | −1.029 2 | −0.086 8 | −0.017 7 | −0.072 3 | 7.8 | −0.03 | 3.8 | 0.06 |
| 10 | 22.66 | 0.359 4 | −1.348 3 | −0.106 3 | 0.005 1 | −0.057 7 | 8.0 | −0.08 | 4.0 | 0.06 |
| 11 | 25.57 | 0.149 6 | −1.464 3 | −0.140 9 | −0.007 9 | −0.025 8 | 7.9 | −0.05 | 4.3 | 0.07 |
| 12 | 26.67 | −0.187 6 | −1.422 9 | −0.141 3 | −0.031 6 | −0.002 9 | 8.2 | −0.06 | 4.8 | 0.07 |

图6.3为北极10—11月及2—3月的单月和双月平均W99积雪深度（季青，2015）。总体而言，W99积雪深度随着季节的变化而变化，空间分布显示，加拿大群岛海域、巴芬湾、格陵兰海及挪威海积雪深度要高于巴伦支海、喀拉海和拉普捷夫海。

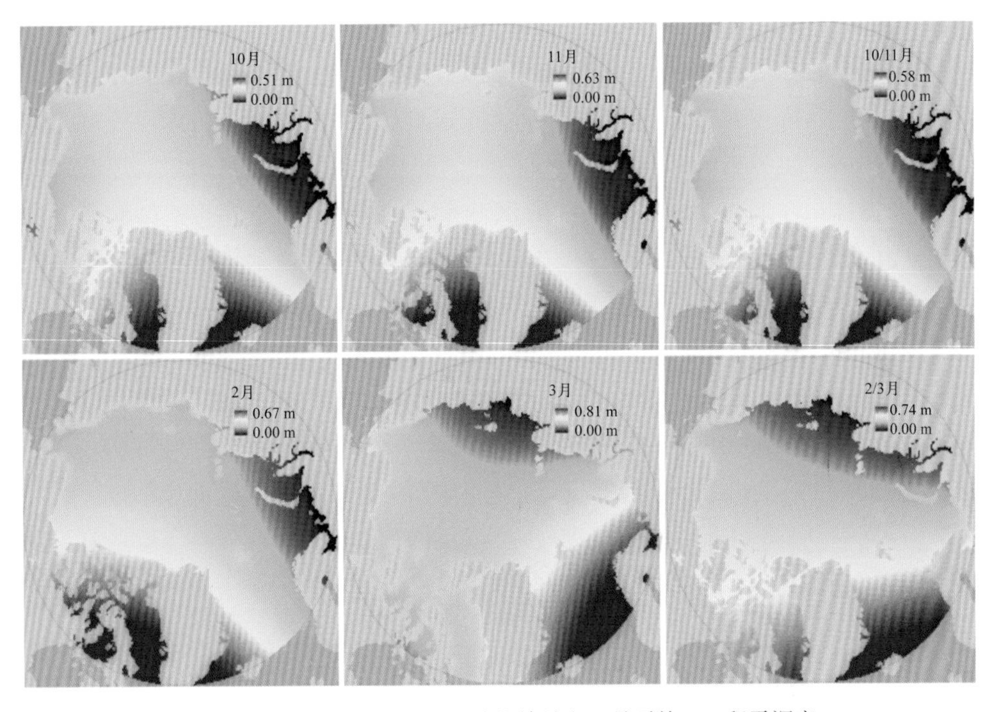


图6.3　北极10—11月及2—3月的单月和双月平均W99积雪深度

W99积雪深度数据的优点在于它是基于实测数据拟合而来，精度相对较高；缺点是W99积雪深度数据只能反映季节变化，没有年际差异，且由于W99积雪深度数据是在北极中央区域多年冰上观测获得的，因而对于一年冰表面积雪深度拟合效果较差，往往会高估实际的积雪深度。

积雪深度的另一个重要数据源是通过被动微波辐射计（SSM/I、AMSR-E、SSMIS等）估算的积雪深度。利用被动微波辐射计估算积雪深度的基本原理是基于积雪深度与归一化垂直极化亮温比的良好的线性关系来反演积雪深度（Markus and Cavalieri, 1998）。

利用被动微波传感器19 GHz和37 GHz垂直极化梯度比计算海冰表面积雪深度的公式为

$$h_s = \alpha + \beta \cdot \mathrm{GR\,(ice)} \tag{6.8}$$

式中，$h_s$是积雪深度；$\alpha$=−2.34和$\beta$=−771是通过对被动微波数据与实测数据间线性回归得到的系数；GR (ice)是垂直极化梯度比，是由19 GHz和37 GHz垂直极化亮温数据经过海冰密集度以及开阔水域的亮温修正计算得到，计算公式如下：

$$\mathrm{GR\,(ice)} = \frac{T_{\mathrm{b,37V}} - T_{\mathrm{b,19V}} - k^{-}(1-C)}{T_{\mathrm{b,37V}} + T_{\mathrm{b,19V}} - k^{+}(1-C)} \tag{6.9}$$

式中，$T_{\mathrm{b,37V}}$和$T_{\mathrm{b,19V}}$分别为被动微波传感器获得的37 GHz和19 GHz频段的垂直极化亮温；$k^{-} = T_{\mathrm{b,37V}} - T_{\mathrm{b,19V}}$，$k^{+} = T_{\mathrm{b,37V}} + T_{\mathrm{b,19V}}$。$T_{\mathrm{b,37V}}$与$T_{\mathrm{b,19V}}$是来自于开阔海域样本的亮度温度平均值，通常取常数，即$T_{\mathrm{b,37V}}$ = 200.5 K，$T_{\mathrm{b,19V}}$ =176.6 K；$C$为海冰密集度，可由NASA Team算法计算得到（Markus and Cavalieri, 2000）。

被动微波积雪深度数据的优点在于可以获得日尺度的大范围积雪深度信息，能够进行季节和年际的变化分析；缺点是被动微波估算的积雪深度易受到积雪的湿度和雪粒径的影响，在海冰融冰期往往会低估实际的积雪深度。同时，由于多年冰的微波信号与积雪的信号相似，对多年冰表面积雪深度的被动微波反演精度通常较差。由于W99积雪深度在多年冰上精度较高，因而可发挥数据间的优势互补，采用一年冰上被动微波积雪深度，多年冰上W99积雪深度融合的策略来估算海冰厚度。

图6.4为2011年3月北极AMSR-E、SSMIS与W99合成的积雪深度。由图可以看出，总体而言，AMSR-E与SSMIS积雪深度具有较小的差异，平均积雪深度差异仅为0.005 m，可以认为海冰厚度卫星测高估算基本不受AMSR-E和SSMIS传感器不同的影响。

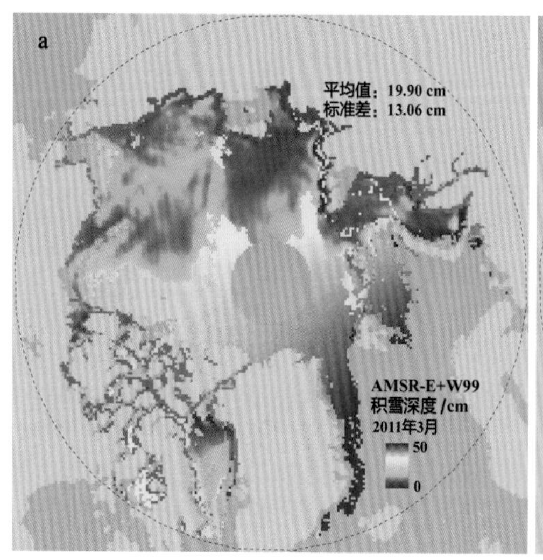


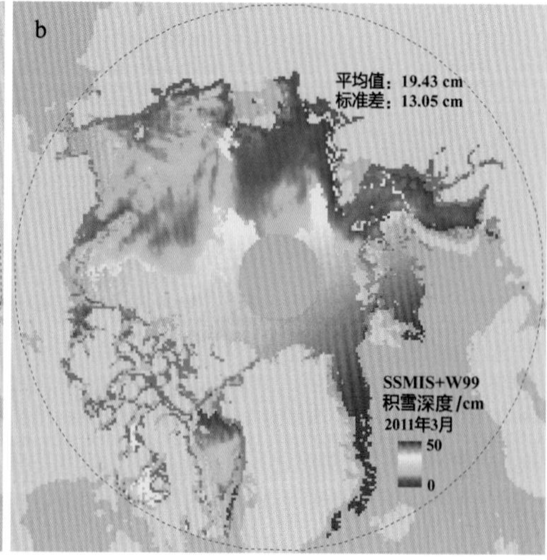


图6.4　2011年3月北极AMSR-E（a）、SSMIS（b）与W99合成的积雪深度

利用卫星高度计估算海冰厚度的精度主要与出水高度的估算算法及其模型参数密切相关。由于估算出水高度或冰间水道的算法不同，采用的估算模型参数来源与取值的差异，不同学者不同研究期海冰厚度估算结果具有较大的差异。

在海冰厚度反演参数选取方面，不同的学者选取不同的反演参数（表6.2），不断尝试提高海冰厚度估算的精度。Laxon等（2003）使用了海冰密度（取915 kg/m$^3$）和海水密度常数（取1 024 kg/m$^3$）以及来源于实测的月度气象资料（以下简称W99）中的积雪密度和积雪深度信息，估算了北极海冰厚度。Kwok和Cunningham（2008）采用欧洲中尺度气候研究中心的积雪数据、调整的W99气象资料中积雪密度及海冰密度常数（取925 kg/m$^3$）估算了北极海冰厚度。Kurtz等（2009）根据不同冰型（一年冰和多年冰）积雪深度的不同，分别使用AMSR-E和W99积雪深度估算了北极海冰厚度。Laxon等（2013）对一年冰和多年冰分别赋予不同的海冰密度和积雪深度取值，一年冰的积雪深度采用W99积雪深度的一半来估算海冰厚度。参数选取和算法改进的研究，提高了卫星测高海冰厚度估算的精度，但同时也造成了不同学者不同研究期海冰厚度估算结果的不可比性。

表6.2 卫星测高海冰厚度估算算法及其不同来源的输入参数

| 算法名称 | 算法输入参数来源或取值 | | | |
|---|---|---|---|---|
| | 海冰密度 / kg · m$^{-3}$ | 积雪深度 / $h_{fs}$ | 积雪密度 / kg · m$^{-3}$ | 海水密度 / kg · m$^{-3}$ |
| Laxon2003 | 915 | $h_{fs}$（W99） | $\rho_s$（W99） | 1 024 |
| Kwok2004 | 928 | $h_{fs}$（W99） | 300 | 1 024 |
| Kwok2008 | 925 | $h_{fs}$（ECMWF） | $\rho_s'$（W99） | 1 024 |
| Kurtz2009 | 915 | FYI: $h_{fs}$（AMSR-E）<br>MYI: $h_{fs}$（W99） | 320 | 1 024 |
| Spreen2009 | FYI: 910<br>MYI: 887 | $h_{fs}$（W99） | 330 | 1 024 |
| Laxon2013 | FYI: 916.7<br>MYI: 882.0 | FYI: 0.5 $h_{fs}$（W99）<br>MYI: $h_{fs}$（W99） | $\rho_s$（W99） | 1 024 |
| Kerns2014 | 900 | $h_{fs}$（W99） | $\rho_s$（W99） | 1 024 |

注：$h_{fs}$（W99）为Warren气象资料中积雪深度数据；$h_{fs}$（ECMWF）为ECMWF积雪深度模型数据；$h_{fs}$（AMSR-E）为AMSR-E积雪深度数据；$\rho_s$（W99）为Warren气象资料中积雪密度数据；$\rho_s'$（W99）为根据文献调整后的Warren气象资料积雪密度数据；FYI为一年冰；MYI为多年冰。

为探求最优的估算算法及其模型参数，有必要在对海冰厚度卫星测高估算的不确定性和敏感性分析的基础上，进行现有估算算法的比较研究，尝试确定最佳的海冰厚度估算结果。图6.5和图6.6为Laxon2003算法（Laxon et al., 2003）、Kurtz2009算法（Kurtz et al., 2009）、Yi2011算法（Yi et al., 2011）和Laxon2013算法（Laxon et al., 2013）4种常见算法估算的北极海冰厚度结果和与观测结果的对比。由图6.5可以看出，4种算法估算结果的总体空间分布较为一致，但不同算法估算的平均海冰厚度差异较大，Laxon2003估算结果要比Kurtz2009算法高0.476 m。4种算法估算结果的差异在一年冰区尤为明显，达到0.713 m，这主要由不同估算算法中积雪深度的来源不同造成的。从研究区重点海域来看，4种算法均表现为格陵兰和挪威海平均海冰厚度大于波弗特海平均海冰厚度，北极中心海域平均海冰厚度居中的特征。4种算法在波弗特海估算结果差异最大，达到0.471 m，其次是北极中心海域（0.435 m）、格陵兰和挪威海（0.402 m）。对应机载测量冰桥（IceBridge）计划航空观测数据空间匹配后的134个观测样本，Laxon2003算法的平均海冰厚度为3.131 m，Kurtz2009算法的结果为3.040 m，Yi2011和Laxon2013算法则为3.107 m和3.057 m，4种算法的平均海冰厚度均高于冰桥计划观测的海冰厚度（3.003 m）。同时，Laxon2013算法估算结果与冰桥计划观测结果相比较其他算法具有最小的平均偏差（0.191 m）和均方根误差（0.252 m），因而是这4种主流算法中的最优算法。算法的比较和优选研究，可为更加准确地估算和分析长时序海冰厚度变化特征提供基础和参考（季青 等，2015）。

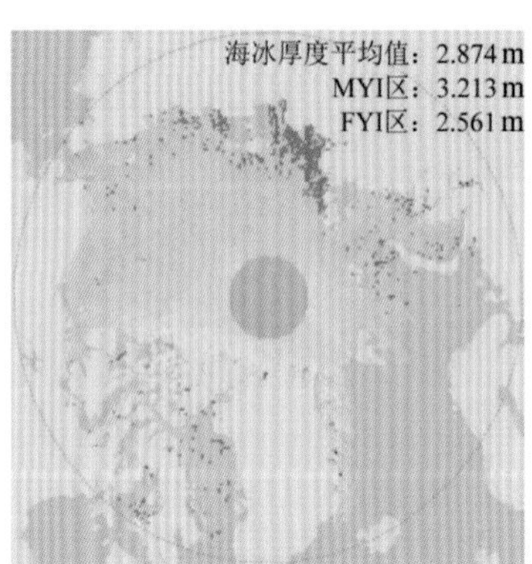


a. Laxon2003算法估算的海冰厚度空间分布



b. Kurtz2009算法估算的海冰厚度空间分布

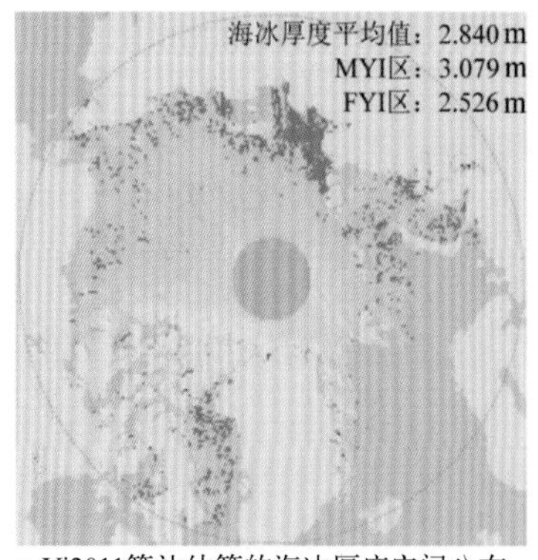

c. Yi2011算法估算的海冰厚度空间分布

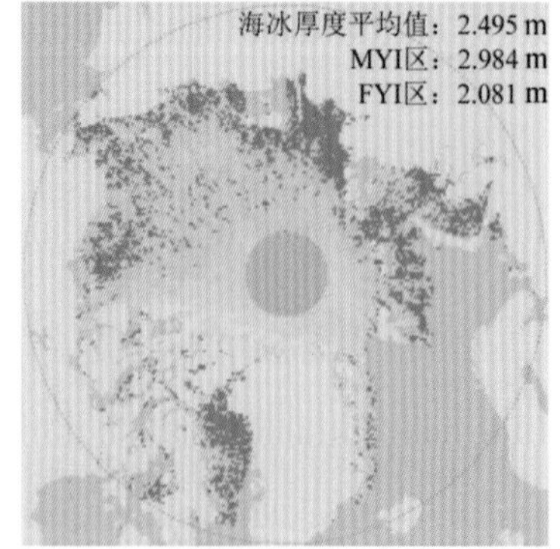


d. Laxon2013算法估算的海冰厚度空间分布

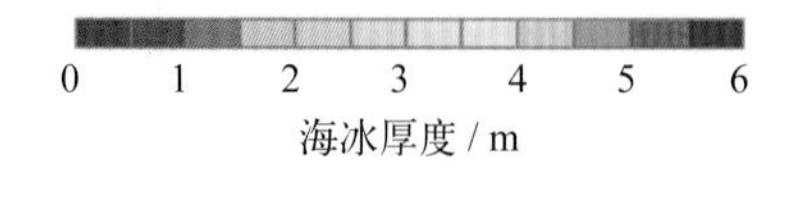


图6.5　4种算法估算的海冰厚度空间分布

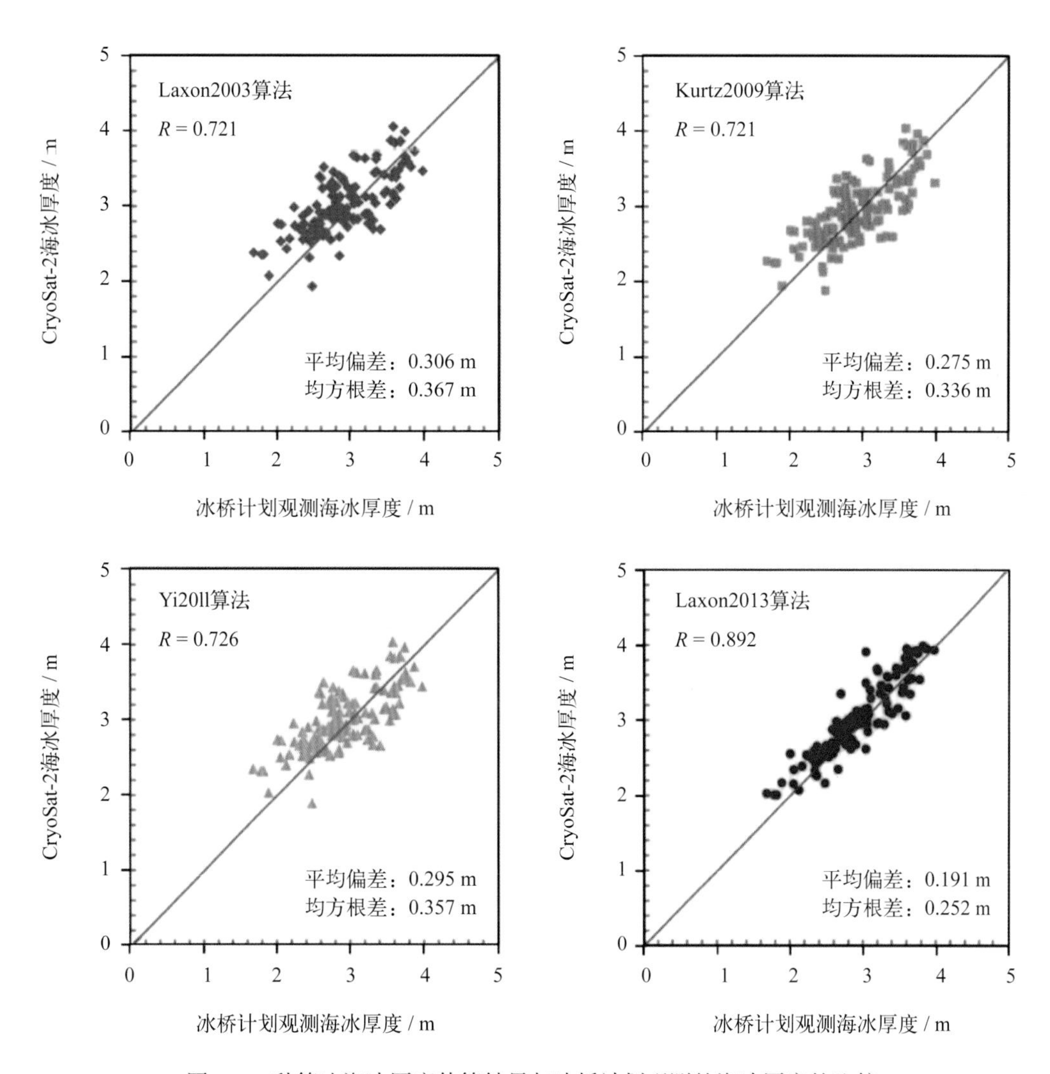


图6.6　4种算法海冰厚度估算结果与冰桥计划观测的海冰厚度的比较

在Laxon2013算法的基础上，可通过改进积雪深度模型，实现对海冰厚度卫星测高估算算法的优化。对不同传感器的被动微波亮温数据交叉定标获得统一长时序数据的基础上，利用网格化的航空测量积雪深度数据与被动微波亮温数据建立回归模型，构建一年冰表面积雪深度反演模型（LPJF），同时利用物质平衡浮标（Ice Mass balance Buoy，IMB）观测的积雪深度数据构建多年冰表面积雪深度模型（LPJM）。采用LPJF模型反演一年冰表面积雪深度，对日尺度积雪深度求平均，得到月均积雪深度序列，再利用多年冰组分将月均一年冰积雪深度与LPJM模型估算的多年冰积雪深度进行合成。利用合成的积雪深度（LPJF+LPJM），结合ICESat和CryoSat-2卫星高度计数据，可以计算获得北极月尺度长时序海冰厚度信息。

### 6.3.2 热力学薄冰冰厚反演

海冰的物理过程主要分为动力学过程和热力学过程。动力学过程主要导致海冰在风、浪、洋流的作用下漂移，而热力学过程则主要控制海冰的增长和消融。海冰增长融化过程中，虽然有多种因素影响，但主要受海-气、冰-气之间的能量交换控制，它们是构成热力学模型的基础（王志联和吴辉碇，1994）。热力学模型将海冰表面的海-冰-气间热量交换的净热通量作为海冰生长和反演海冰厚度的能量基础。

热力学过程主要基于Maykut和Untersteiner（1971）提出的层次模型，即在一个栅格像素内，假设冰厚分布均匀，较少或几乎没有因碰撞造成的变形，未形成冰脊。冰厚的增长，完全由热力学作用产生。

海冰与外界的热交换在此仅考虑冰或水表面与大气的热量交换过程，海冰上表面的热通量交换如图6.7所示，主要的热通量有辐射热通量（来自太阳的短波辐射$F_r$、来自大气的入射长波辐射$F_L^{dn}$、下垫面向外发出的长波辐射$F_L^{up}$），以及湍流热通量（感热通量$F_s$和潜热通量$F_e$），达到冰上表面除上述通量外，还有冰内热传导输送的热量$F_c$，此种热通量来自处于凝固点的海水与海冰上表面的温度差。在热力生长模型中，假设上表面所接收的湍流热通量以及辐射通量与穿过薄冰的冰内热通量相等，雪/冰表面的热平衡方程可表示为

$$(1-\alpha)F_r+F_s+F_e+F_L^{up}+F_L^{dn}+F_c=0 \tag{6.10}$$

式中，$\alpha$表示表面返照率；$F_r$表示入射太阳短波辐射（单位：W/m$^2$），$(1-\alpha)F_r$表示进入雪/冰内部的短波辐射，也就是用于表面热平衡的短波辐射，其值取决于海冰的厚度；$F_L^{up}$和$F_L^{dn}$分别表示大气的入射长波辐射、下垫面向外发出的长波辐射；$F_s$为湍流通量中的感热通量；$F_e$为湍流通量中的潜热通量；$F_c$为穿过冰中，传递到表面的热通量，所有通量皆以指向上表面为正方向。根据Nihashi 和Ohshima（2001）提供的方法，采用欧洲再分析气象数据中的2 m空气温度、2 m露点温度、10 m风速、表面压强和总云量数据，分别获取各辐射通量和湍流通量。以下对公式中各个组成部分的计算做详细说明。

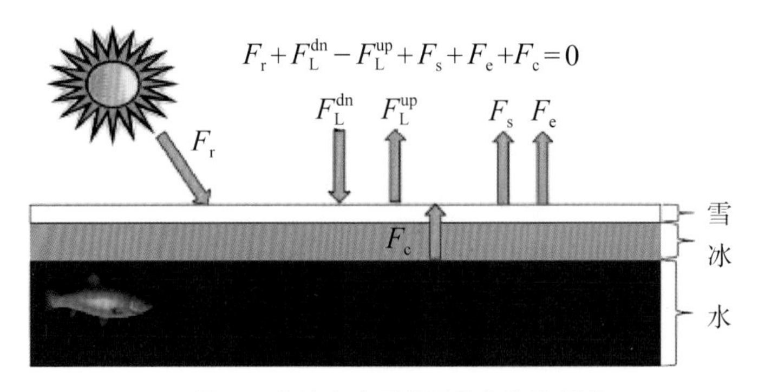


图6.7 海冰上表面热通量交换示意图

1）短波辐射

短波辐射是波长小于3 μm的电磁辐射。短波辐射作为太阳辐射的一个重要分支，在地表能量平衡中起着重要作用。进入海冰的短波辐射被海冰吸收，加热海冰，减缓冰情；穿透海冰进入海水的短波辐射加热海水，减缓海冰的增厚过程。影响进入冰内的短波辐射量的主要因素有太阳高度角、云量云状、海雾、雪盖、盐泡气泡和融池等。需要说明的是，在利用热力学模型提取海冰厚度的实验中，多数学者都会选择晴朗无云的夜晚作为实验时间，以避免短波辐射对厚度提取带来的影响。因此，对于公式（6.10）中短波辐射项（$1-\alpha$）$F_r$可以舍弃掉。

2）长波辐射

地球和环境都会发出长波辐射，它在冰表面热平衡中起到支配作用，对海冰质量变化影响较大。作用在海冰上表面的长波辐射主要包括大气长波辐射和下垫面向大气散射的长波辐射两部分。下垫面长波辐射受到雪盖、融池、盐泡气泡的影响，根据斯蒂芬-玻尔兹曼定律计算可得（$F_L^{\uparrow}=\varepsilon\sigma T_{sw,i}^{4}$），$\varepsilon$是下垫面的发射率，$\sigma$［取$5.670\ 367\times10^{8}$ W/（$m^2\cdot K^4$）］为斯蒂芬-玻尔兹曼常数，$T_{sw,i}$分别为水和冰的表面温度。大气长波辐射受到云量云状、海雾的影响，它是云量和气温的函数，极地地区的长波辐射计算有多种参数化方案，如表6.3所示。

表6.3 极地入射长波辐射参数化方案

| 参数化方案 | 研究区域或方法 | 参考文献 |
| --- | --- | --- |
| $F_L^{dn}=(0.62+0.05\sqrt{e})\cdot\sigma T_a^4$ | 北极资料分析归纳 | Kuzmin（1961） |
| $F_L^{dn}=(0.746+0.006e)\cdot\sigma T_a^4$ | 苏联高纬度地区 | Efimova（1961） |
| $F_L^{dn}=0.785\ 5\cdot\sigma T_a^4$ | 高纬地区，阿拉斯加 | Maykut和Church（1973） |
| $F_L^{dn}=1.24\left(\frac{e_{1/7}}{T_a}\right)\cdot\sigma T_a^4$ | 简化的辐射理论 | Brutsaert（1975） |
| $F_L^{dn}=\sigma T_a^4-85.6$ | 南极，威德尔海 | Guest（1998） |
| $F_L^{dn}=(0.765+0.22C^3)\,\sigma T_a^4$ | 全南极海冰区 | Nihashi和Ohshima（2001） |

3）湍流热通量

极区的冰雪与大气交换是全球气候变化的内在因子，对天气和气候有着重要的作用。而冰雪与大气之间的物质和能量的交换是通过近地面层的湍流运动来实现的。海-气和冰-气间的能量交换是海冰形成和增长的主要热动力，它们是构成海冰热力模式的基础。目前测量湍流通量的最好方法是采用涡动相关法，它是通过测定和计算物理量的脉动和垂直风度脉动的协方差求算湍流通量的方法（王志联和吴辉碇，1994）。但是由于客观条件限制，该方法并不能大面积使用。因此，目前多数湍流热通量获取手段和研究模式中，大气边界层参数化方案都是使用总体输送法等间接计算方法：利用平均风速、温度和湿度梯度观测资料求取湍流量。尽管这些方法的计算精度与涡动相关法相比偏低，但它能使我们用大范围常规气象观测资料来估算陆–气、海–气和冰–气相互作用。总体输送法计算感热通量（$F_s$）和潜热通量（$F_e$）的基本公式为

$$F_s=\rho_a c_a C_H (T_a-T_s)U \tag{6.11}$$

$$F_e=\rho_a R_l C_E (q_a-q_s)U \tag{6.12}$$

式中，$\rho_a$是空气密度；$c_a$为空气比热容；$R_l$为蒸发焓；$C_H$和$C_E$为湍流传导系数；$U$为风速；$q$为比湿；$T_a$为空气温度；$T_s$为表面温度。

湍流热通量的计算主要受到边界层的垂直交换系数、二氧化碳含量、水分循环和云量的影响。

4）冰内热传导通量

在对冰内热传导过程进行计算时，一般将冰分为上、下两层，上层考虑卤水泡的热库效应，下层则主要考虑热扩散，由各界面的热量收支计算冰的增长率。在薄冰中，假设冰内热传递与冰厚为线性变化，冰内热传导表示为

$$F_c=-k_i\frac{\mathrm{d}T}{\mathrm{d}z} \tag{6.13}$$

式中，$k_i$是海冰热传导系数；d$z$为冰厚；d$T$为冰底、冰上表面的温度差。

在冰生长期，表面热传导由冰内到表面，即冰散失热量。冰生长平缓期，随着太阳辐射的增强，进入冰内的短波辐射增加，冰内热通量的方向为冰上表面至冰内。在融冰期，气温高于冰融化温度，冰表面开始融化，此时热通量为0。

利用热力学模型实现对薄冰厚度的提取，除了上文提到的实验时间应尽量选取晴朗无云的夜晚以避免短波辐射的影响外，还需分成两类情况：裸冰和冰上有雪覆盖。关于雪厚度的来源一般分为3种：一是通过冰厚与雪厚关系的经验性模型得到；二是极地科考船走航观测得到的雪厚数据；三是实地考察时测量的雪厚数据。其中，雪厚度的实测数据非常稀少且较难获得，因此本章只介绍经验性雪厚度和船测雪厚度分别覆盖在薄冰上而获取冰厚的情况。

（1）裸冰冰厚模型

裸冰冰厚模型即冰上无雪状态下提取冰厚，本章利用Iwamoto等（2013）文中提到的方法，假设该实验区域海冰上没有积雪覆盖，裸冰冰厚即海冰的实际厚度，记为$H$，其计

算公式为

$$H=\frac{k_i\,(T_w-T_s)}{F_c} \tag{6.14}$$

式中，$k_i$为海冰热传导系数，取常数值2.03 W/(m·K)。$T_w$是海水冰点，取271.35 K。$T_s$是冰表面温度，在此取MYD29产品中冰表面温度值作为输入。通过MODIS裸冰冰厚模型反演得到的冰厚MODIS-hice，简记为MODIS-hi。

（2）经验性雪厚-冰厚模型

不同于裸冰冰厚模型，经验性雪厚-冰厚模型利用冰厚和雪厚之间的经验性关系估算雪厚参数。实验采用Mäkynen等（2013）的方法，考虑冰上有雪覆盖的影响，即在热力学平衡方程不变的情况下，传导热通量$F_c$为

$$F_c=\gamma\,(T_w-T_s) \tag{6.15}$$

$$\gamma=\frac{k_i\,k_s}{k_s\,h_i+k_i\,h_s} \tag{6.16}$$

式中，$T_s$是冰表面温度，取MYD29产品中冰表面温度值作为输入；$T_w$指海水冰点，取271.35 K；$\gamma$是冰/雪的热传导率（Nihashi et al., 2009），可通过冰热传导系数$k_i$、雪热传导系数$k_s$、雪厚$h_s$及真实冰厚$h_i$获得，其中$k_i$取2.03 W/（m·K），$k_s$取0.3 W/（m·K）。

对于$h_i$的反演，需要利用雪厚与冰厚的关系（Worby et al., 1999）。假定两者之间关系为线性关系，即

$$h_s=b_1\,h_i \tag{6.17}$$

Yu和Rothrock（1996）运用反演AVHRR卫星数据海冰厚度$h_i$时提出的关于$h_s$和$h_i$的经验性关系，其分段函数形式为

$$h_s=\begin{cases}0 & \text{当 } h_i<5\text{ cm}\\ 0.05h_i & \text{当 } 5\text{ cm}\leqslant h_i\leqslant 20\text{ cm}\\ 0.1h_i & \text{当 } h_i>20\text{ cm}\end{cases} \tag{6.18}$$

此方程假设$h_i$处某个分段区间，通过$h_i$与$h_s$的线性关系求得公式（6.17）中系数$b_1$。

另外，雪盖冰厚$h_i$可以通过与裸冰冰厚$H$的线性关系获得，关系式为

$$h_i=\frac{k_s}{k_s+b_1k_i}H \tag{6.19}$$

式中，$H$是裸冰冰厚，可通过公式（6.14）获得。$h_i$即MODIS经验性雪厚-冰厚模型反演得到的冰厚MODIS-hsnow model，简记为MODIS-hsm。

（3）船测雪厚-冰厚模型

船测雪厚-冰厚模型运用的公式与经验性雪厚-冰厚模型一样，只是雪厚的获取方式不再是利用与冰厚的函数关系，而是直接代入船测雪厚数据。

上述海冰厚度公式（6.19）可以整理为:

$$h_i = \frac{k_s k_i (T_s - T_w)}{(k_s + h_s / h_i \cdot k_i) F_c} \tag{6.20}$$

式中，$h_s$指船测雪厚，其余参数与经验性雪厚模型一致。另外，当船测雪厚为0 cm时，船测雪厚-冰厚模型退化为裸冰冰厚模型。我们将船测雪厚-冰厚模型的反演结果MODIS-hship snow简记为MODIS-hss。

## 6.3.3 被动微波遥感薄冰冰厚反演

相比于MODIS可见光和热红外数据，被动微波遥感数据具有不受云雾影响的特点，虽然分辨率较低，但可得到连续的全极区每日数据，是获取云雾量很大的两极区域地表特征观测数据的优良数据源。

Hwang等（2007）指出，只考虑裸冰与盐度的关系时，薄冰厚度与表面盐度存在线性关系（图6.8），而不同的表面盐度使得下垫面有不同的微波发射率，虽然冰厚增长导致的冰内体积盐分和辐射计信号无直接关系，但由于冰生长中排盐过程的影响，冰表面的盐度随冰厚减小，根据新冰生成中的不同阶段和表面状况，冰表面盐度有不同状态，微波发射率也明显不同，具体关系如图6.9所示。因此，被动微波遥感数据与海冰薄冰厚度呈负相关，可以构建被动微波遥感数据薄冰冰厚反演模型，得到大范围连续的薄冰冰厚观测数据。

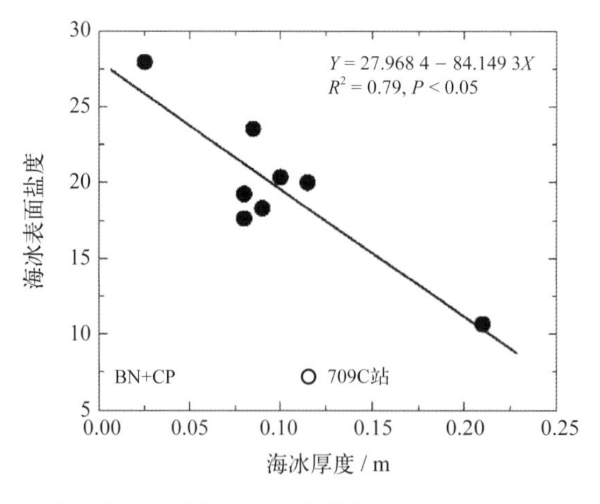


图6.8 海冰表面盐度与海冰厚度散点图（Hwang et al., 2007）

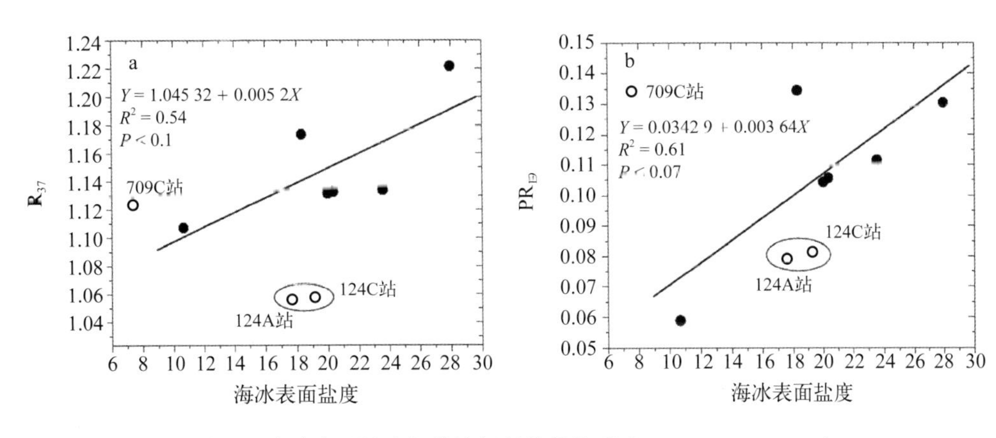


图6.9 海冰表面盐度与微波辐射信号关系（Hwang et al., 2007）

利用被动微波遥感数据反演冰厚，通常是解算它与热力学冰厚建立的函数关系。许多学者将这种关系用在冰间湖的冰厚提取研究中，一些研究所采用的被动微波传感器及其各通道、气象数据的具体使用情况如表6.4所示。

表6.4 被动微波遥感反演薄冰模型信息

| 参考文献 | 研究区域 | 主要数据来源 | 经验公式 |
|---|---|---|---|
| Martin等（2004） | 楚科奇海阿拉斯加沿岸冰间湖 | AVHRR<br>SSM/I（37 GHz）<br>ECMWF | $H = \exp(1/230.47PR_{85} - 243.6) - 1.000\ 8$ |
| Tamura等（2006） | 威尔克斯沿岸冰间湖 | AVHRR<br>SSM/I（37 GHz，85 GHz）<br>ECMWF | 无 |
| Tamura等（2007） | 威德尔海沿岸冰间湖<br>罗斯海沿岸冰间湖<br>默茨冰川冰间湖<br>达恩利角冰间湖 | AVHRR<br>SSM/I（37 GHz，85 GHz）<br>ECMWF ERA-40 | $H = -3.912PR_{85} + 0.301\ 0$<br>（$PR_{85} \geqslant 0.049\ 5, H \in 0.0 \sim 0.1$ m）<br>$H = -9.020PR_{37} + 0.301\ 0$<br>（$PR_{37} \geqslant 0.057\ 1, H \in 0.1 \sim 0.2$ m） |
| Nihashi等（2009） | 鄂霍次克海沿岸冰间湖 | AVHRR<br>AMSR-E（36 GHz）<br>ECMWF | $H = -3.78PR_{36} + 0.50$ |
| Singh等（2011） | 楚科奇海<br>波弗特海 | MODIS（每日数据）<br>AMSR-E（89 GHz）<br>NCEP/NCAR | $H = 13.26\exp(-0.16PR_{89})$ |
| Iwamoto等（2013） | 楚科奇海沿岸冰间湖<br>楚科奇海海冰边缘区 | MODIS<br>AMSR-E（36 GHz，89 GHz）<br>ECMWF（ERA-Interim） | $H = \exp[1/(206PR_{36} - 5.4)] - 1.02$<br>$H = -2.32PR_{36} + 0.307$<br>$H = \exp[1/(218PR_{89} - 3.0)] - 1.03$<br>$H = -3.06PR_{89} + 0.306$ |
| Aulicino等（2014） | 罗斯海<br>威德尔海 | SSM/I（36 GHz，89 GHz）<br>船测数据 | $H = -216.64PR_{19} + 103.85PR_{37,85}$ |

要得到被动微波遥感数据海冰厚度算法，首先需将MODIS表面温度数据MOD29（或者MYD29）和气象数据，采用冰厚热力学生长模型，获取研究区内的热力学冰厚信息。对热力学冰厚做重采样、一致性分析后，计算AMSR-E极化比，对极化比数据进行水汽筛选、密集度筛选、扩大陆地/冰架像元去除海冰混合像元，极化比筛选结果与MODIS重采样后的热力学冰厚对比，最终建立基于被动微波遥感数据的薄冰反演算法。具体流程如图6.10所示。

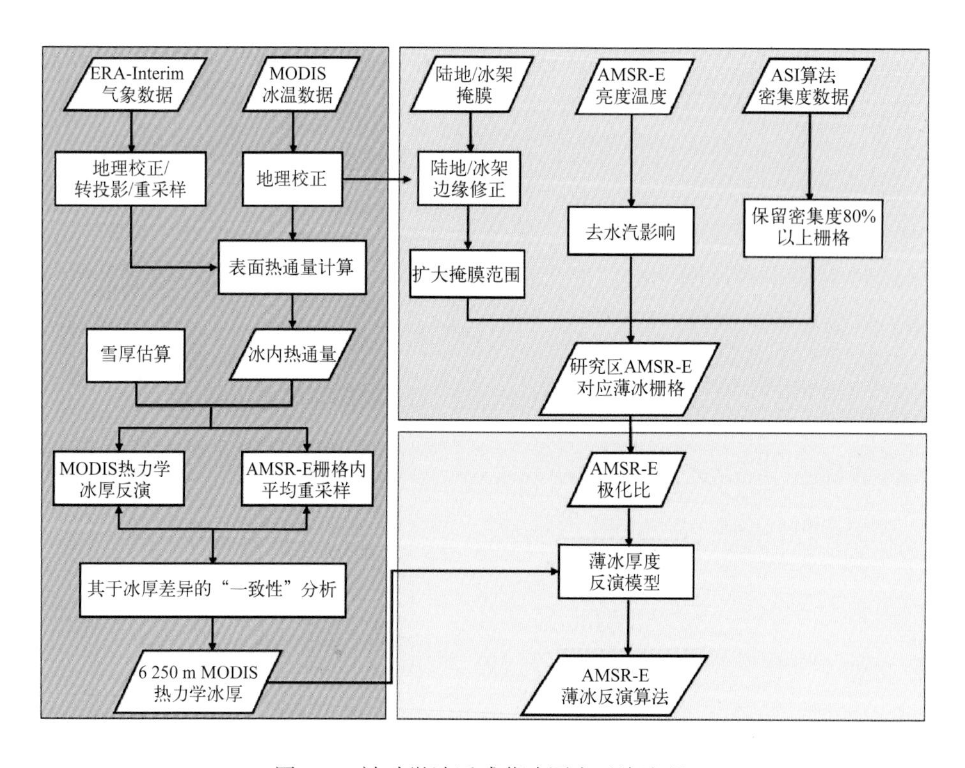


图6.10 被动微波遥感薄冰厚度反演流程

Iwamoto等（2013）将36 GHz和89 GHz通道的极化比数据分别与热力学冰厚建立不同的冰厚拟合模型，以便利用被动微波遥感数据反演连续薄冰厚度。极化比（PR）公式为

$$\mathrm{PR}=\frac{T_{\mathrm{BV}}-T_{\mathrm{BH}}}{T_{\mathrm{BV}}+T_{\mathrm{BH}}} \tag{6.21}$$

式中，$T_{\mathrm{BV}}$、$T_{\mathrm{BH}}$分别为竖直、水平极化方向AMSR-E、AMSR2的亮温。其传感器36 GHz、89 GHz的极化比分辨率为12.5 km、6.25 km。然而，由于$\mathrm{PR}_{89}$波段有时会将冰厚大于0.1 m的固定冰误分类为薄冰，即$\mathrm{PR}_{89}$的值小于0.05，而$\mathrm{PR}_{36}$波段在反演厚度的过程中也显示了类似的假薄冰信号但数量相对较少，因此，最终采用的薄冰厚度反演模型是

Iwamoto等（2013）的模型，计算公式为

$$h_{\mathrm{i}}=\begin{cases}\exp\left[1/(218\mathrm{PR}_{89}-3.0)\right]-1.03 & \mathrm{PR}_{89}\geqslant 0.05\\ \exp\left[1/(206\mathrm{PR}_{36}-5.4)\right]-1.02 & \mathrm{PR}_{89}<0.05\end{cases}\tag{6.22}$$

89 GHz通道在相对温暖的情况下容易受到水汽以及大气中云层液态水的影响，所以利用公式（6.22）中89 GHz通道反演厚度不超过0.1 m的薄冰，36 GHz通道反演超过0.1 m薄冰的方法，能够有效提高反演结果的可信度，该公式能反演厚度达0.2 m的薄冰。

# 6.4 结果验证与产品生成

## 6.4.1 卫星反演海冰厚度结果验证

1）ICESat海冰厚度数据产品

美国国家航空航天局和加州理工学院喷气实验室（NASA-JPL）发布的ICESat海冰厚度数据产品（http://rkwok.jpl.nasa.gov/icesat/download）被众多学者广泛使用。使用IMB观测的海冰厚度数据作为验证数据，比较改进算法的海冰厚度（以下简称LPJF+LPJM ICESat海冰厚度）与NASA-JPL发布的海冰厚度产品对比结果如图6.11所示。NASA-JPL海冰厚度产品、LPJF+LPJM ICESat海冰厚度与IMB观测海冰厚度的相关性相近，但LPJF+LPJM ICESat海冰厚度略好于NASA-JPL海冰厚度产品；两种海冰厚度平均均大于IMB海冰厚度，LPJF+LPJM ICESat海冰厚度与IMB的平均偏差为（BIAS）4.7 cm，约为NASA-JPL海冰厚度偏差的1/3；同时LPJF+LPJM ICESat海冰厚度也具有更小的均方根误差（RMSE）（刘清全，2019）。

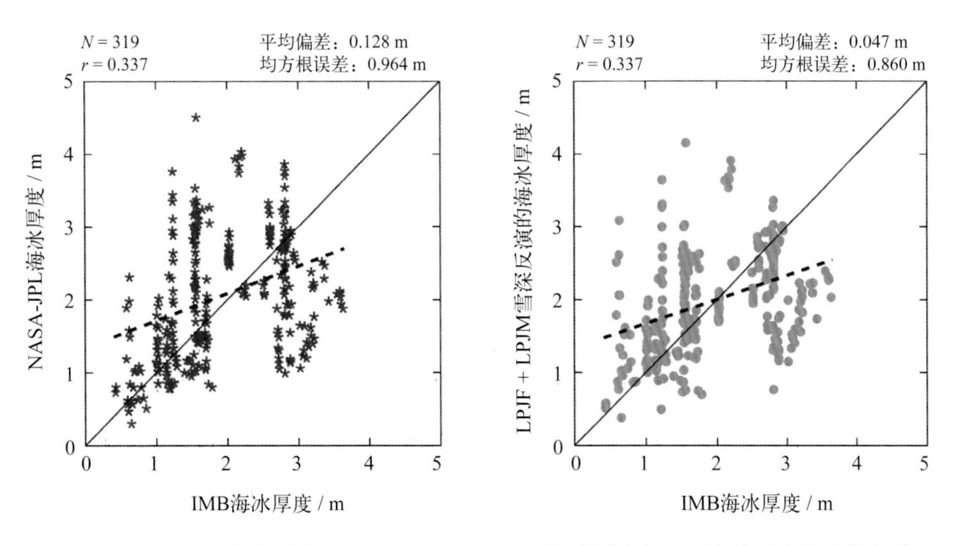


图6.11 NASA-JPL海冰厚度和LPJF + LPJM ICESat海冰厚度与IMB海冰厚度的比较与验证

2）CryoSat-2海冰厚度数据产品

欧洲航天局和德国阿尔弗雷德魏格纳研究所（ESA-AWI）发布了CryoSat-2海冰厚度数据产品（https://www.meereisportal.de/en/seaicemonitoring），被广泛应用于海冰与气候变化研究中。以IMB观测的海冰厚度数据作为验证数据，比较了LPJF+LPJM CryoSat-2海冰厚度与ESA-AWI发布的海冰厚度产品。与ESA-AWI海冰厚度相比，LPJF+LPJM CryoSat-2海冰厚度与IMB海冰厚度具有更好的相关性；两种算法得到的海冰厚度总体上均大于IMB海冰厚度，LPJF+LPJM CryoSat-2海冰厚度与IMB的平均偏差为0.68 m，小于ESA-AWI海冰厚度与IMB的偏差（0.13 m）；LPJF+LPJM CryoSat-2海冰厚度的均方根误差小于ESA-AWI海冰厚度均方根误差约0.06 m；从总体上来看，LPJF+LPJM CryoSat-2海冰厚度值比ESA-AWI海冰厚度值更接近于IMB冰厚值（刘清全，2019）。

基于改进积雪深度模型（LPJF+LPJM）可生成ICESat和CryoSat-2海冰厚度产品如图6.12和图6.13所示。

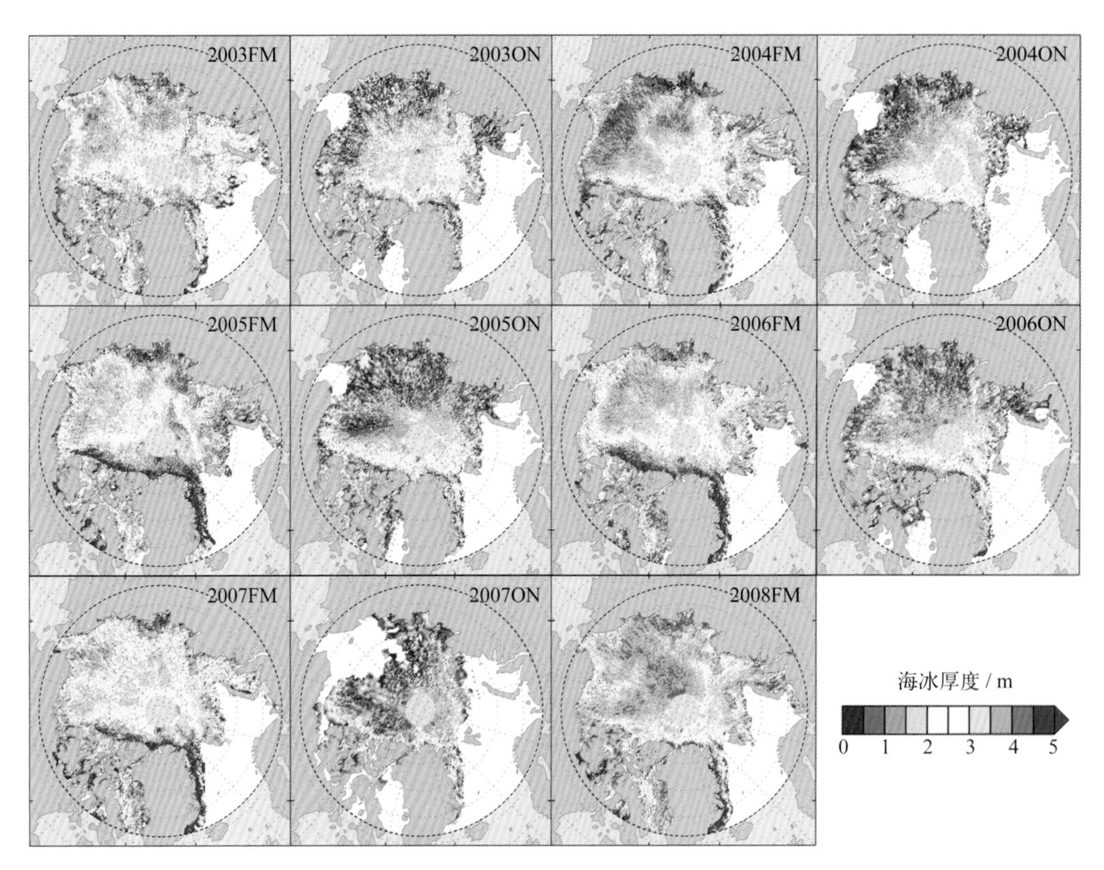


图6.12 基于LPJF+LPJM积雪深度反演的2003—2008年ICESat海冰厚度

FM表示2月和3月，ON表示10月和11月

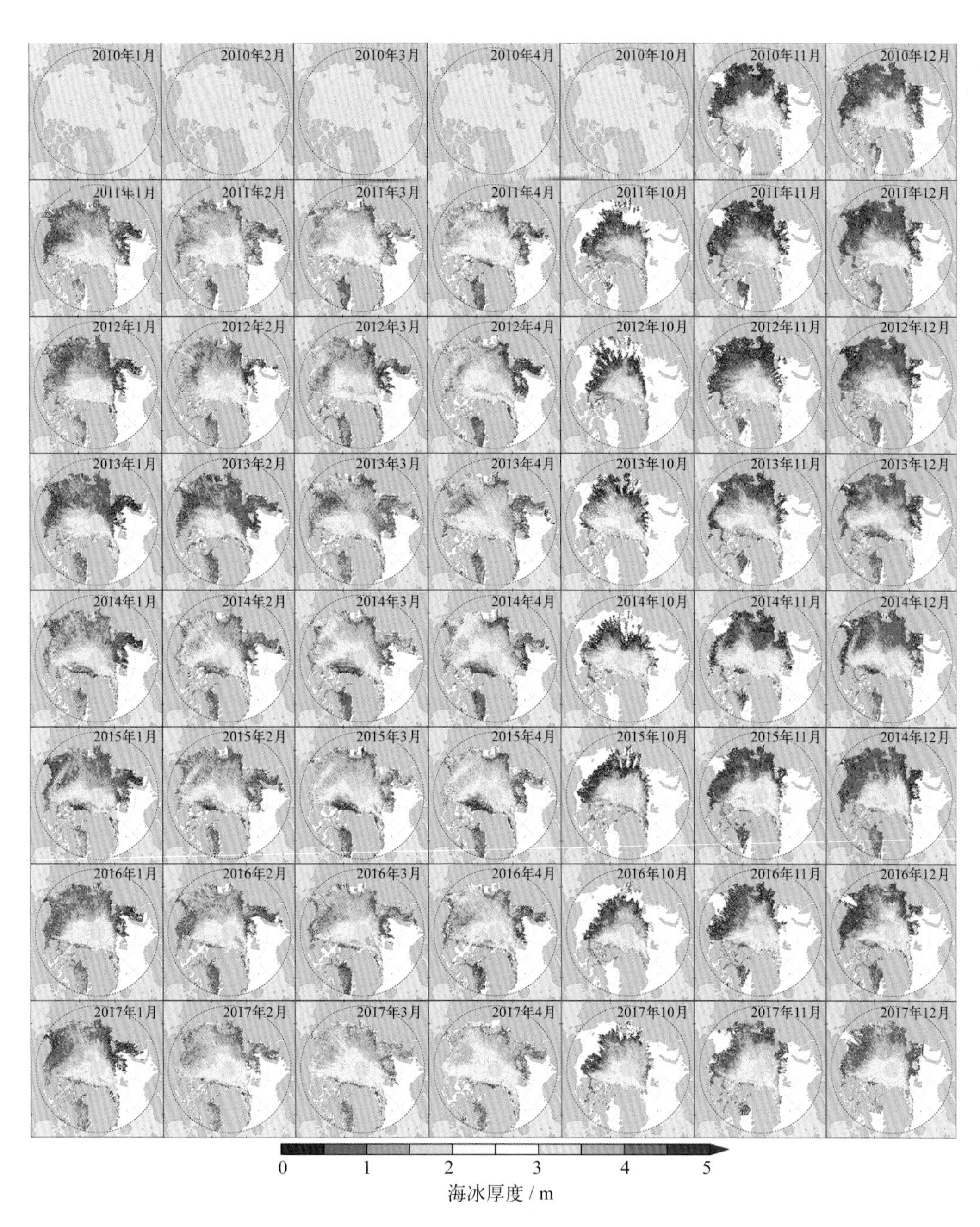


图6.13 基于LPJF+LPJM积雪深度反演的2010—2017年CryoSat-2海冰厚度

3）MODIS海冰厚度数据产品

马雪沂等（2019）利用美国科学考察船“Sikuliaq”号采集的船测冰厚数据（Sea Ice Thickness Observed Aboard on Sikuliaq，SIT-OBS），对比3种不同雪厚参数下的MODIS薄冰厚度热力学反演模型，将反演的影像像素与像素内平均的船测冰厚匹配，评估不同模型的精度和拟合度。

其中，验证数据来源于“Sikuliaq”号科学考察船在2015年10月2日至11月5日在北极波弗特区域进行走航观测得到的海冰参数资料，包括航行点经纬度、记录时间、海冰密集度、海冰冰厚、雪厚数据。数据记录是根据北极船基海冰观测标准化工具ASSIST（Arctic Ship-based Sea Ice Standardization Tool）获得的海冰现场目视观测资料（Hwang et al., 2007）。ASSIST规定，以观测船为中心，记录员对周围半径为1 km范围内的海冰冰情进行目测并记录海冰密集度、海冰类型、海冰厚度、气象条件等信息（国家海洋局极地专项办公室，2014）。船测资料原始记录共5 328条，以薄冰厚度小于50 cm、雪厚小于10 cm为筛选条件，剔除掉异常观测值，最后得到512条薄冰资料。其冰厚最大值为50 cm，平均值为13.53 cm。

整个10月是北极地区海冰结冰时期，上空云雾较多。MODIS受云雾干扰较为严重，晴朗无云且覆盖实验区的可使用MODIS影像只有16景，这导致325个海冰厚度船测值无法找到相同时间、地理位置与之匹配的MODIS影像。另外，该实验中剔除掉了由于公式本身限制导致MODIS反演的海冰厚度出现负值的像素所对应的船测点。根据实验目的，验证实验只讨论0 ~ 0.5 m范围内的海冰厚度，因此，实验中冰厚大于0.5 m的像素点也将进行舍弃。对于裸冰冰厚反演的实验，结果会得到一些冰厚大于0.5 m的非有效值。在这些点上分别加入经验性雪厚、实测雪厚的雪厚参数后，其得到的冰盖雪厚值$h_i$会减小到0 ~ 0.5 m的有效区间。这一变化使得3种MODIS海冰反演厚度分别与SIT-OBS比较时，参与计算的像素个数$N$出现不同，裸冰冰厚模型$N$=37，经验性雪厚−冰厚模型$N$=43，船测雪厚−冰厚模型$N$=40。在确定研究样本后，对3种模型反演结果与同地理位置的船测点进行相关性分析，结果如图6.14所示。

表6.5给出了3种MODIS海冰反演冰厚与船测冰厚的相关系数、平均偏差和均方根误差。MODIS-hi模型与SIT-OBS具有较好的一致性，相关系数为0.72，远高于其他两种反演模型，比较适合作为冰上覆雪很少时反演海冰薄冰厚度实验的精度评估参考。与MODIS-hi相比，图6.14d所示的MODIS-hss与SIT-OBS的拟合线离$y$=$x$更远，95%置信区间范围更宽，即相关性略低，但两者均方根误差都等于0.12 m，且MODIS-hss的平均偏差最低，仅为0.02 m。图6.14c中，以$y$=$x$为分界线，43组有效值点中13组分布在$y$=$x$上方，表明MODIS-hsm相较于SIT-OBS测量值略有高估。结合图6.14a可知，雪厚小于2 cm的船测点在所有实测雪厚数据中占比很大，在冰上覆雪少的情况下，以雪厚−冰厚的经验关系作为雪厚参数的输入，可能会降低反演结果的精度。

结合已往北极波弗特海地区的海冰结冰期的天气状况，该实验确定MODIS海冰反演最优模型时认为应考虑冰上有积雪的情况。因此，虽然MODIS-hi与SIT-OBS相关性及均方根误差结果表现良好，但该模型只适合无降雪的气候条件下使用。表6.5表明MODIS-hsm各个评估参数的精度均低于MODIS-hss的评估结果。此外，相较于MODIS-hi，利用冰厚−雪厚经验性函数得到的MODIS-hsm的精度反而较低，结果最不理想。MODIS-hss模型使用的船测雪厚的数据不仅更符合真实雪厚度，而且适用范围不受雪厚限制，因此被认为是最优反演模型。

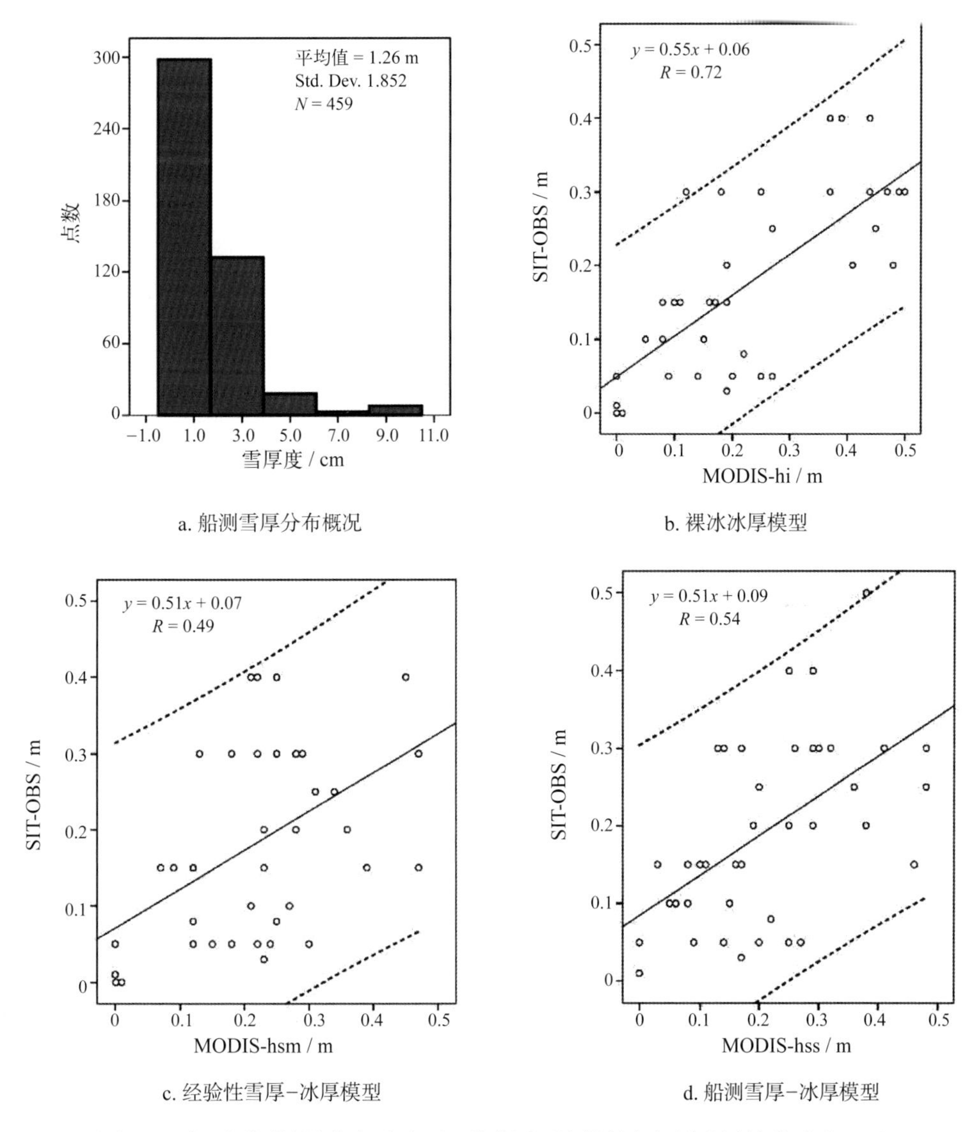


图6.14 船测雪厚统计分布（a）和3种冰厚反演结果与船测冰厚的关系（b-d）
虚线表示95%的置信区间，实线代表各模型冰厚反演值与船测冰厚值的线性关系

表6.5 3种MODIS反演冰厚与SIT-OBS的结果对比

| | MODIS-hi | MODIS-hsm | MODIS-hss |
|---|---|---|---|
| 相关系数 | 0.72 | 0.49 | 0.54 |
| 平均偏差 / m | 0.05 | 0.04 | 0.02 |
| 均方根误差 / m | 0.12 | 0.13 | 0.12 |

注：平均偏差为反演冰厚减船测冰厚结果。

### 6.4.2 被动微波遥感数据反演海冰厚度结果验证

本章利用船测冰厚数据SIT-OBS分别对AMSR2、SMOS日平均产品的冰厚结果进行精度验证。实验筛选出与船测数据资料同时刻、同地理坐标的冰厚值保证一对一匹配进行比较。需要注意的是，该实验在数据采集的过程中并未考虑采样间隔，采集标准是为了获取更多数量的样本以增加实验的鲁棒性。AMSR2和SMOS最终参与计算的样本数分别为147组和270组。

验证结果表明，AMSR2海冰厚度的反演精度可达0.2 m，这与Iwamoto等（2013）的算法结论保持一致，但AMSR2反演得到的薄冰厚度与SIT-OBS的相关性比较差，相关系数为0.24。对于SMOS产品的验证结果表明，两种SMOS产品——SSIT-UB、SSIT-UH的获取算法虽然不同，但在10月份实验区域内获取的冰厚最大值均为35 cm，SSIT-UB的SMOS冰厚产品与船测冰厚的相关性更高。

表6.6给出了两种SMOS厚度产品与船测冰厚数据的相关系数、平均偏差和均方根误差。结果与Kaleschke等（2016）利用航测资料评估SMOS海冰厚度产品时得到的相关系数为0.61（SSIT-UH）和0.58（SSIT-UB）十分接近。另外，Wang等（2016）利用IceBridge航测数据验证波弗特海区域SMOS冰厚产品，结果指出在该区域SMOS卫星对海冰厚度略有高估，偏差为0.26 m，而本章结果中SMOS厚度产品偏差皆为负数，且绝对值仅为0.04 m（SSIT-UH）和0.03 m（SSIT-UB），即略微低估了海冰厚度。其原因可能是Wang等（2016）评估的SMOS厚度极值约1 m，而本章中所提及的实验只关注了0.5 m以下的薄冰。

表6.6 SIT-OBS验证SSIT-UH和SSIT-UB的精度

| | SSIT-UH | SSIT-UB |
|---|---|---|
| 相关系数 | 0.59 | 0.58 |
| 平均偏差 / m | −0.04 | −0.03 |
| 均方根误差 / m | 0.104 77 | 0.104 14 |

### 6.4.3 产品生成

根据MODIS热力学模型，生成关于裸冰的薄冰光学厚度产品。产品时间选取了2015年4月上旬（4月7日）、中旬（4月12日和4月14日）、4月下旬（4月20日），对北极波弗特海的部分地区实现空间分辨率为1 km的TIFF图像格式进行输出。输出的海冰厚度产品采取UTM投影，影像的像素值即冰厚度值。

由于热力学冰厚反演模型本身的限制，导致影像上许多像素点无法通过热力学模型反演得到海冰厚度，即影像上会出现许多非有效像素值。根据冰厚值进行分级：非有效值、0 ~ 10 cm、10 ~ 20 cm、20 ~ 30 cm、30 ~ 40 cm、40 ~ 50 cm、>50 cm，并按冰厚等级进行标色（图6.15）。

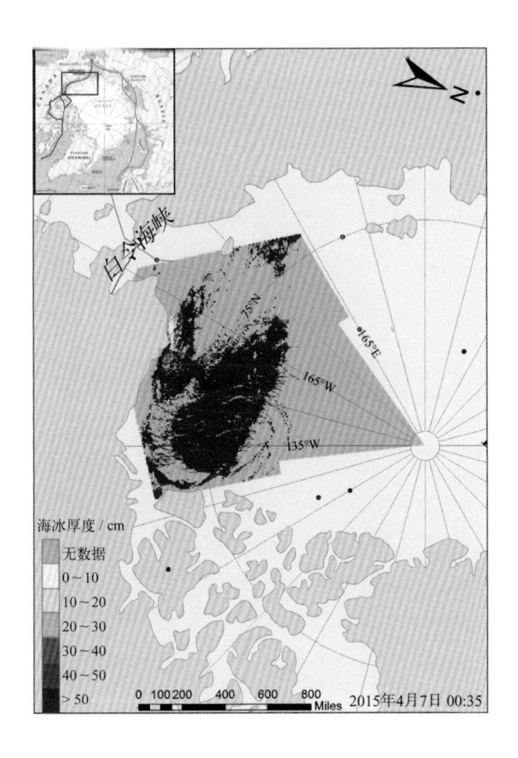


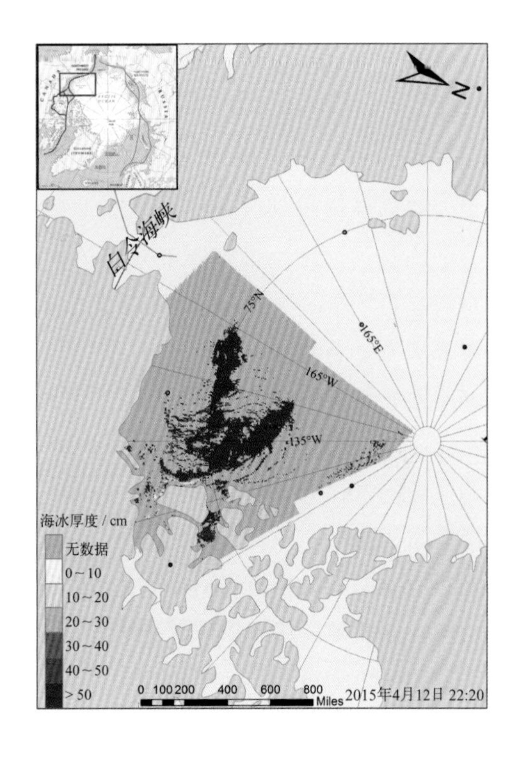


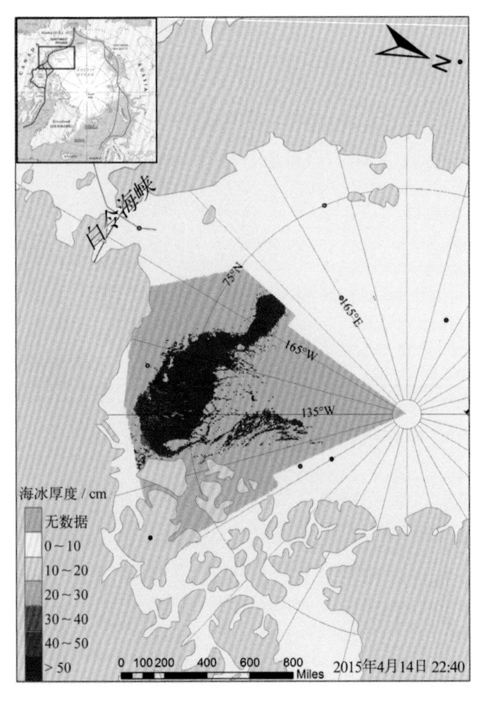


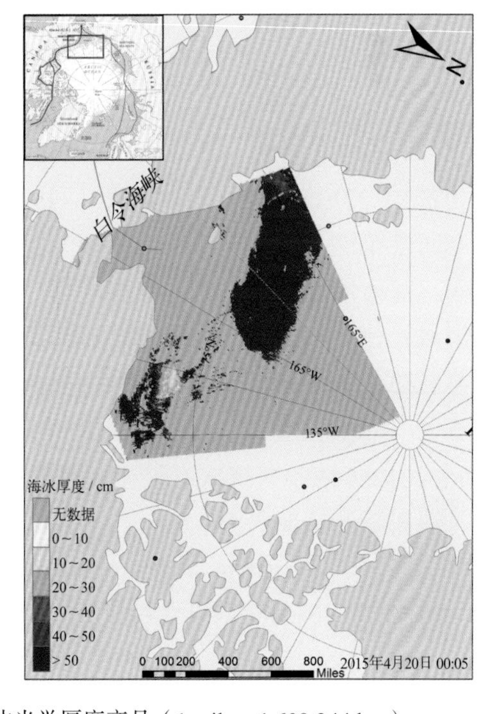


图6.15　2015年4月北极波弗特海部分区域薄冰光学厚度产品（1 mile = 1.609 344 km）

## 6.5 北极海冰厚度变化分析

由6.4.1节ICESat和CryoSat-2北极海冰厚度空间分布（图6.12和图6.13）可以看出，北极较厚的海冰集中在格陵兰岛北部、加拿大北极群岛北部及北极中央海域，其他边缘海域海冰厚度相对较小。

2003—2008年每年2月和3月海冰厚度整体大于10月和11月的海冰厚度，这一现象在加拿大群岛北极海域以及格陵兰岛东部尤为显著。总体上，不同海域多年（2003—2008年）平均海冰厚度由薄到厚的顺序依次为：巴伦支海、东西伯利亚海、拉普捷夫海、楚科奇海、巴芬湾、喀拉海、波弗特海、加拿大北极群岛海域、北极中央海域、格陵兰海与挪威海。各海域在2月和3月及10月和11月的海冰厚度呈现总体变薄的趋势；2004—2006年间，格陵兰海与挪威海海冰厚度呈现明显的变厚趋势，在随后的几年又进入了稳步变薄阶段；巴伦支海10月和11月的海冰厚度在2006—2007年呈现突然减小趋势。该趋势的形成与2007年北极海冰覆盖范围整体减小，使得位于边缘北极海区的巴伦支海的海冰覆盖面积进一步缩减有一定关系；以多年冰为主的北极中央海域，在2003—2008年的2月和3月及10月和11月的海冰厚度呈现逐年变薄的趋势，即在北极中央海域出现多年冰持续变薄，逐渐被一年冰所取代的现象。

2011—2018年每年1月、2月、3月、4月、10月、11月和12月的海冰厚度在空间上存在周期性变化趋势。每年1—4月，海冰厚度整体呈现上升趋势；每年7个月海冰覆盖范围中，10月海冰范围最小；每年10—12月，加拿大群岛北极海域的海冰厚度呈现增加趋势；2014年与2015年1—4月加拿大群岛北极海域的海冰厚度要明显大于其他年份对应月份的海冰厚度，在2013年与2014年10—12月该海域的海冰厚度同样要明显高于其他年份对应月份的海冰厚度。通过统计各海域在2011—2012年、2013—2014年、2015—2016年、2017—2018年平均海冰厚度，可以看出，格陵兰海和挪威海海域海冰厚度较高，且空间差异较大，而拉普捷夫海、巴伦支海、巴芬湾以及加拿大群岛北极海域空间差异较小，海冰厚度较为稳定。格陵兰海和挪威海、北极中央海域的海冰厚度明显高于其他海域；分时段的北极中央海域海冰厚度达（$2.42 \pm 0.61$）m（2015—2016年），格陵兰海和挪威海最大海冰厚度为（$2.38 \pm 0.55$）m。2011—2018年，LPJF+LPJM积雪深度估算的CryoSat-2海冰厚度在结冰期并没有呈现明显的减小趋势，而是具有一定波动。2012/2013年结冰期海冰厚度达到最低值，与2011年结冰期相比，减小了0.17 m。之后，海冰厚度呈现增加趋势，到2014/2015年结冰期海冰厚度达到最高值（1.58 m），与2012/2013年相比增加了17%。2013/2014年至2018年末的结冰期海冰厚度具有减小趋势，约为0.04 m/a。

## 6.6 小结

本章首先对北极海冰研究中的薄冰及厚冰的厚度反演的背景及进展做了概述，介绍了厚度反演过程中常用的卫星测高及遥感数据：ICESat卫星测高数据、CryoSat-2卫星测高数据、AMSR-E亮度温度、SMOS日平均厚度产品数据、MODIS冰温数据，分别阐述了它们的基本概况、数据特点、下载途径和基本处理方法。

海冰厚度卫星测高的基本原理是通过雷达或激光高度计，向海冰发射微波或激光脉冲，通过识别并获得海冰与邻近海水（冰间水道或公开水域）的时间延迟，计算出海冰的出水高度（海冰和上覆雪水上部分高度或海冰水上部分高度），再根据海冰的静力平衡模型，附以必要的参数，估算出海冰的厚度。提取薄冰冰厚主要有两种方法：第一种是利用热红外数据，基于热力生长模型的薄冰冰厚反演算法；第二种为利用被动微波遥感数据，建立其反演薄冰冰厚的模型。

最后，对卫星遥感反演得到的北极海冰厚度做了结果验证，生成北极海冰厚度产品，分析了北极海冰厚度变化的时空特征。

## 参考文献

Ackley S F, 1979. Mass balance aspects of Weddell Sea pack ice[J]. Journal of Glaciology, 24(90): 391−405.

Aulicino G, Fusco G, Kern S, et al., 2014. Estimation of Sea-Ice Thickness in Ross and Weddell Seas from SSM/I Brightness Temperatures[J]. IEEE Transactions on Geoscience and Remote Sensing, 52(7): 4122−4140.

Beaven S G, Lockhart G L, Gogineni S P, 1995. Laboratory measurements of radar backscatter from bare and snow-covered saline ice sheets[J]. International Journal of Remote Sensing, 16(5): 851−876.

Bhatt U S, Walker D A, Walsh J E, et al., 2014. Implications of Arctic Sea Ice Decline for the Earth System[J]. Annual Review of Environment & Resources, 39(1): 57−89.

Brutsaert W, 1975. On a derivable formula for long-wave radiation from clear skies[J]. Water Resource Research, 11(5): 742−744.

Cavalieri D J, 1994. A microwave technique for mapping thin sea ice[J]. Journal of Geophysical Research, 99(C6): 12561−12572.

Comiso J C, 1986. Characteristics of Arctic winter sea ice from satellite multispectral microwave observation[J]. Journal of Geophysical Research, 91(C1): 975−994.

Drucker R, Martin S, Moritz R, 2003. Observations of ice thickness and frazil ice in the St. Lawrence Island polynya from satellite imagery, upward looking sonar, and salinity/temperature moorings[J]. Journal of Geophysical Research, 108(C5): 3149.

Efimova N A, 1961. On methods of calculating monthly values of net long-wave radiation[J]. Meteorol: Gidrol, 10: 28−33.

Groves J E, Stringer W J, 1991. The use of AVHRR thermal infrared imagery to determine sea ice thickness within the Chukchi polynya[J]. Arctic, 44(5): 130−139.

Guest P S, 1998. Surface longwave radiation conditions in the eastern Weddell Sea during winter[J]. Journal of Geophysical Research: Oceans, 103(C13): 30761−30771.

Hall D K, Nghiem S V, Rigor I G, et al., 2015. Uncertainties of Temperature Measurements on Snow-Covered Land and Sea Ice from In Situ and MODIS Data during BROMEX[J]. Journal of Applied Meteorology and Climatology, 54(5): 966−978.

Holland M M, Bitz C M, Tremblay B, 2006. Future abrupt reductions in the summer Arctic sea ice[J]. Geophysical Research Letters, 33(23): L23503.

Huntemann M, Heygster G, Kaleschke L, et al., 2014. Empirical sea ice thickness retrieval during the freeze-up period from SMOS high incident angle observations[J]. Cryosphere, 8: 439−451.

Hwang B, Ehn J, Barber D G, et al., 2007. Investigations of newly formed sea ice in the Cape Bathurst polynya: 2. Microwave emission[J]. Journal of Geophysical Research, 112, C05003, doi:10.1029/2006JC003703.

Iwamoto K, Ohshima K I, Tamura T, et al., 2013. Estimation of thin ice thickness from AMSR-E data in the Chukchi Sea[J]. International Journal of Remote Sensing, 34(1/2): 468−489.

Kaleschke L, Tian-Kunze X, Maaβ N, et al., 2012. Sea ice thickness retrieval from SMOS brightness temperatures during the Arctic freeze-up period[J]. Geophysical Research Letters, 39(5): L05501.

Kaleschke L, Tian-Kunze X, Maaβ N, et al., 2016. SMOS sea ice product: Operational application and validation in the Barents Sea marginal ice zone[J]. Remote Sensing of Environment, 180: 264−273.

Kern S, Spreen G, 2015. Uncertainties in Antarctic sea-ice thickness retrieval from ICESat[J]. Annals of Glaciology, 56(69): 107−119.

Kovacs A, 1996. Sea Ice. Part I. Bulk salinity versus ice floe thickness[R]. USA Cold Regions Research and Engineering Laboratory.

Krinner G, Rinke A, Dethloff K, et al., 2010. Impact of prescribed Arctic sea ice thickness in simulations of the present and future climate[J]. Climate Dynamics, 35(4): 619−633.

Kurtz N T, Galin N, Studinger M, 2014. An improved CryoSat-2 sea ice freeboard and thickness retrieval algorithm through the use of waveform fitting[J]. The Cryosphere Discussions, 8(1): 721−768.

Kurtz N T, Markus T, 2012. Satellite observations of Antarctic sea ice thickness and volume[J]. Journal of Geophysical Research, 117(C8): C08025.

Kurtz N T, Markus T, Cavalieri D J, et al., 2009. Estimation of sea ice thickness distributions through the combination of snow depth and satellite laser altimetry data[J]. Journal of Geophysical Research, 14(C10): C10007.

Kuzmin P P, 1961. Process of Snow Cover Melting[M]. Leningrad: Gidrometeoizdat.

Kwok R, 2010. Satellite remote sensing of sea-ice thickness and kinematics: a review[J]. Annals of Glaciology, 56(200): 1129−1140.

Kwok R, Cunningham G F, 2008. ICESat over Arctic sea ice, estimation of snow depth and ice thickness[J]. Journal of Geophysical Research, 113(C8): C08010.

Kwok R, Kacimi S, 2018. Three years of sea ice freeboard, snow depth, and ice thickness of the Weddell Sea from Operation IceBridge and CryoSat-2[J]. The Cryosphere, 12: 2789−2801.

Kwok R, Zwally H J, Yi D, 2004. ICESat observations of Arctic sea ice: A first look[J]. Geophysical Research Letters, 31(16): L16401.

Laxon S W, Giles K A, Ridout A L, et al., 2013. CryoSat-2 estimates of Arctic sea ice thickness and volume[J]. Geophysical Research Letters, 40(4): 732−737.

Laxon S, Peacock N, Smith D, 2003. High interannual variability of sea ice in the Arctic region[J]. Nature, 425(6961): 947−950.

Mäkynen M, Cheng B, Similä M, 2013. On the accuracy of the thin-ice thickness retrieval using MODIS thermal imagery over the Arctic first-year ice[J]. Annal of Glaciology, 54(62): 87−96.

Markus T, Cavalieri D J, 1998. Snow depth distribution over sea ice in the Southern Ocean from satellite passive microwave data[M]. Antarctic Sea Ice: Physical Processes, Interactions and Variability. Washington DC: American Geophysical Union: 19−39.

Markus T, Cavalieri D J, 2000. An enhancement of the NASA team sea ice algorithm[J]. IEEE Transactions on Geoscience and Remote Sensing, 38(3): 1387−1398.

Martin S, Drucker R, Kwok. R, et al., 2004. Estimation of the thin ice thickness and heat flux for the Chukchi Sea Alaskan coast polynya from special sensor microwave/imager data, 1990–2001[J]. Journal of Geophysical Research, 109(C10): C10012.

Martin S, Drucker R, Kwok R, et al., 2005. Improvements in the estimates of ice thickness and production in the Chukchi Sea polynyas derived from AMSR-E[J]. Geophysical Research Letters, 32, doi:10.1029/2004GL022013.

Massom R A, Comiso J C, 1994. The classification of Arctic sea ice types and the determination of surface temperature using advanced very high resolution radiometer data[J]. Journal of Geophysical Research, 99(C3): 5201−5218.

Maykut G A, Church P E, 1973. Radiation climate of Barrow, Alaska, 1962–66[J]. Journal of Applied Meteorology and Climatology, 12(4): 620−628.

Maykut G A, Untersteiner N, 1971. Some results from a time-dependent thermodynamic model of sea ice[J]. Oceans and Atmospheres, 76(6): 1550−1575.

Nihashi S, Ohshima K I, 2001. Relationship between ice decay and solar heating through open water in the Antarctic sea ice zone[J]. Journal of Geophysical Research: Oceans, 106(C8): 16767−16782.

Nihashi S, Ohshima K I, Tamura T, et al., 2009. Thickness and production of sea ice in the Okhotsk Sea coastal polynyas from AMSR-E[J]. Journal of Geophysical Research, 114: C10025.

Pour H K, Duguay C R, Scott K A, et al., 2017. Improvement of lake ice thickness retrieval from MODIS satellite data using a thermodynamic model[J]. IEEE Transctions on Geoscience and Remote Sensing, 55(10): 5956−5965.

Ricker R, Hendricks S, Kaleschke L, et al., 2017. A weekly Arctic sea-ice thickness data record from merged Cryosat-2 and SMOS satellite data. Cryosphere, 11(4): 1607−1623.

Rothrock D A, Yu Y, Maykut G A, 1999. Thinning of the Arctic sea-ice cover[J]. Geophysical Research Letters, 26(23): 3469−3472.

Screen J A, Simmonds I, 2010. The central role of diminishing sea ice in recent Arctic temperature amplification[J]. Nature, 464(7293): 1334−1337.

Singh R K, Oza S R, Vyas N K, et al., 2011. Estimation of thin ice thickness from the advanced microwave scanning radiometer-EOS for coastal polynyas in the Chukchi and Beaufort seas[J]. IEEE Transactions on Geoscience and Remote Sensing, 49(8): 2993−2998.

Stocker T F, Qin D, Plattner G-K, et al., 2013. IPCC, 2013. Climate change: the physical science basis[R]. Contribution of Working Group I to the Fifth Assessment Report of the Intergovernmental Panel on Climate Change. Cambridge: Cambridge University Press.

Tamura T, Ohshima K I, Enomoto H, et al., 2006. Estimation of thin Sea-ice thickness from NOAA AVHRR data in a polynya off the Wilkes Land coast, East Antarctica[J]. Annals of Glaciology, 44(1): 269−274.

Tamura T, Ohshima K I, Markus T, et al., 2007. Estimation of Thin Ice Thickness and Detection of Fast Ice from SSM/I Data in the Antarctic Ocean[J]. Journal of Atmospheric and Oceanic Technology, 24(10): 1757−1772.

Tamura T, Ohshima K I, Nihashi S, 2008. Mapping of sea ice production for Antarctic coastal polynya[J]. Geophysical Research Letters, 35: L07606.

Tian-Kunze X, Kaleschke L, Maaβ N, et al., 2014. SMOS-derived thin sea ice thickness: Algorithm baseline, product specifications and initial verification[J]. The Cryosphere Disussions, 7(6): 5735−5792.

Toggweiler J R, Russell J, 2008. Ocean circulation in a warming climate[J]. Nature, 451(7176): 286.

Troy B E, Hollinger J P, Lerner R M, et al., 1981. Measurement of the microwave properties of sea ice at 90 GHz and lower frequencies[J]. Journal of Geophysical Research, 86(C5): 4283−4289.

Vihma T, 2014. Effects of Arctic sea ice decline on weather and climate: A review[J]. Surveys in Geophysics, 35(5): 1175−1214.

Wadhams P, 2000. Ice in the Ocean[M]. Amsterdam: Gordon and Breach Science Publishers.

Walsh J E, 1983. The role of sea ice in climatic variability: Theories and evidence[J]. Atmosphere-Ocean, 21(3): 229−242.

Walter B A. 1989. A study of the planetary boundary layer over the polynya downwind of St. Lawrence Island in the Bering Sea using aircraft data[J]. Boundary-Layer Meteorology, 48(3): 255−282.

Wang X, Key J, Kwok R, et al., 2016. Comparison of Arctic sea ice thickness from satellites, aircraft, and piomas data[J]. Remote Sensing, 8(9): 713.

Warren S G, Rigor R G, Untersteiner N, 1999. Snow depth on Arctic sea ice[J]. Journal of Climate, 12(6): 1814−1829.

Webster M A, Rigor I G, Nghiem S V, et al., 2014. Interdecadal changes in snow depth on Arctic sea ice[J]. Journal of Geophysical Research: Oceans, 119(8): 5395−5406.

Wingham D J, Francis C R, Baker S, 2006. CryoSat: A mission to determine the fluctuations in Earth's land and marine ice fields[J]. Advances in Space Research, 37(4): 841−871.

Worby A P, Allison I, Dirita V, 1999. A technique for making ship-based observations of Antarctic sea ice thickness and characteristics[R]. Antarctic CRC Research Report, 14: 1−63.

Wu Q S, Liu H X, Wang L, et al., 2016. Evaluation of AMSR2 soil moisture products over the contiguous United States using in situ data from the international soil moisture network[J]. International Journal of Applied Earth Observation and Geoinformation, 45(Part B): 187−199.

Xie H, Ackley S F, Yi D, 2011. Sea-ice thickness distribution of the Bellingshausen Sea from surface measurements and ICESat altimetry[J]. Deep-Sea Research II, 58(9/10): 1039−1051.

Yi D, Zwally H J, Robbins J W, 2011. ICESat observations of seasonal and interannual variations of sea-ice freeboard and estimated thickness in the Weddell Sea Antarctica （2003–2009）[J]. Annals of Glaciology, 52(9): 43−51.

Yu Y, Rothrock D A, 1996. Thin ice thickness from satellite thermal imagery[J]. Journal of Geophysical Research: Oceans, 101(C11): 25753−25766.

Zhang J, Rothrock D, Steele M, 2000. Recent changes in Arctic sea ice: The interplay between ice dynamics and thermodynamics[J]. Journal of Climate, 13(17): 3099−3114.

Zwally H J, Schutz B, Abdalati W, et al., 2002. ICESat's laser measurements of polar ice, atmosphere, ocean, and land[J]. Journal of Geodynamics, 34(3): 405−445.

Zwally H J, Yi D, Kwok R, 2008. ICESat measurements of sea ice freeboard and estimates of sea ice thickness in the Weddell Sea[J]. Journal of Geophysical Research Oceans, 113(C2): 228−236.

国家海洋局极地专项办公室, 2014. 极地冰冻圈观测技术指南[M]. 北京: 海洋出版社.

季青, 2015. 基于卫星测高技术的北极海冰厚度时空变化研究[D]. 武汉: 武汉大学.

季青, 庞小平, 赵羲, 等, 2015. 基于CryoSat-2数据的海冰厚度估算算法比较[J]. 武汉大学学报: 信息科学版, 40(11): 1467−1472.

李志军, 韩明, 秦建敏, 等, 2005. 冰厚变化的现场监测现状和研究进展[J]. 水科学进展, 16(5): 753−757.

刘清全, 2019. 基于改进积雪深度模型的北极海冰厚度反演及应用[D]. 武汉：武汉大学.

马雪沂, 赵羲, 屈猛, 等, 2019. 北极海冰薄冰厚度遥感反演模型的船测验证[J]. 极地研究, 31(4): 431–440.
王志联, 吴辉碇, 1994. 海冰的热力过程及其与动力过程的耦合模拟[J]. 海洋与湖泊, 25(4): 408–415.
魏立新, 2008. 北极海冰变化及其气候效应研究[D]. 青岛: 中国海洋大学.
袁乐先, 李斐, 张胜凯, 等, 2016. 利用ICESat/GLAS数据研究北极海冰干舷高度[J]. 武汉大学学报: 信息科学版, 41(9): 1176–1182.
张青松, 1986. 南极大陆东部戴维斯站地区海冰观测[J]. 冰川冻土, 8(2): 143–148.

# 第7章

# 北极冰间水道遥感反演研究

## 7.1 研究背景和意义

海冰在风和洋流的作用下运动，大块浮冰开裂形成的狭长的开阔水域即是冰间水道（Wadhams et al., 1985）。冰间水道常见的定义还有:（1）海冰区域可供船舶通航的短时性开阔水域；（2）冰区中数十米到数千米宽、数千米到数百千米长的裂隙；（3）冰区中冰厚小于30 cm的薄冰区或无冰区。不同于冰间湖，冰间水道分布范围广、出现频率高、持续时间短。在北极地区，根据冰间水道成因，可将冰间水道划分为3类：（1）近岸风吹型水道，主要出现在固定冰和浮冰交界处，该区域海底深度较浅，主要受离岸风影响，沿固定冰边缘分布，仅发生在冬季；（2）中心海域开裂型水道，因来自上层风和底层洋流的拖曳力方向不同，海冰受力不均开裂形成，多伴随强烈的天气过程，波弗特海海域常出现此类型水道；（3）海冰边缘区水道，出现在海冰边缘浮冰较破碎的区域，多沿洋流分布，水道变化频繁（图7.1）。

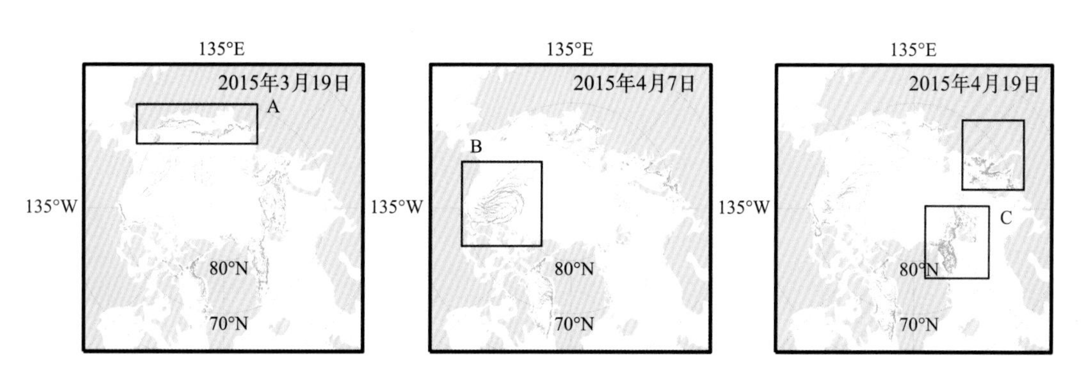


图7.1　不同类型北极冰间水道

A.近岸风吹型水道；B.中心海域开裂型水道；C.海冰边缘区水道


本章作者：张媛媛[1]，程晓[2,1]，刘骥平[3]，惠凤鸣[2,1]

1. 北京师范大学 全球变化与地球系统科学研究院 遥感科学国家重点实验室，北京 100875；

2. 中山大学 测绘科学与技术学院，广东 珠海 519082；

3. 中国科学院大气物理研究所，北京 100029

冰间水道是极地海–冰–气之间能量和物质交换的重要窗口（Lüpkes et al., 2008）。冬季北冰洋向大气传递的感热通量有50%是通过北极冰间水道传输，水道越窄热量传输效率越高。在冬季无云的夜晚全海冰覆盖区，海冰裂开形成水道，冰间水道面积仅占总体面积大约1%就可以使气温升高3.5 K（Maykut, 1982）；冬季冰间水道生成后，强烈的湍流运动使水道内海表面温度降低至冰点，被新生成的薄冰覆盖，因此冰间水道是北极冬季海冰生成工厂。冬季到初春的海冰冻结期，水道越多意味着北极存在的一年冰越多，海洋向大气传输的热量越多，在融化季开始之后，大气和海洋更容易增温，这些薄冰更容易受到天气影响而消融。同时，水道反照率远小于海冰（Perovich et al., 2002; Tschudi et al., 2002），冰间水道有助于短波辐射的吸收，减缓春初海冰生长。冰间水道除了影响北极海冰变化外，还是极地生物的重要活动区，比如角鲸会在冰间水道中换气，沿水道边缘有大量的藻类植物生长。冰间水道作为海冰结构脆弱区，也为船只提供通航通道。

然而因缺乏长时间序列、高精度的全北极冰间水道遥感反演数据，所以关于北极冰间水道对北极海冰变化的分析研究不够充分。北极海冰是全球气候系统中重要的参量，北极地区海冰变化不但对极地区域环境产生了重要的影响，同时也深刻地影响着北半球中高纬度地区乃至全球的环境变化，如近年来北半球中高纬度各种极端天气事件的发生。如何积极主动应对北极海冰变化对北极区域和北半球中低纬度地区乃至全球环境产生的影响，并制定方案合理开发北极自然资源、旅游资源、航道资源等，已成当前国际上研究的热点问题。中长期尺度天气预报可以帮助我们更科学地制定策略，应对夏季海冰消融对环境带来的一系列变化。Zhang等（2018）利用基于卫星遥感数据提取的2003—2015年全北极1—4月逐日冰间水道空间分布数据，采用线性回归模型，以北极冰间水道面积作为指示因子，评估冰间水道对夏季海冰范围的预报能力。结果显示，冬季北极冰间水道对于夏季北极海冰范围，尤其是对融化季初期全北极海冰范围有较强预报能力，其预报能力与现有其他统计模式预报因子预报能力相似或具有可比性；对于北大西洋至西伯利亚海区域，即15°W至135°E扇区，海冰范围预报能力可延长至8月份，且预报精度更高。研究结果证实，北极冰间水道对于提高中长期尺度北极海冰模式模拟精度有十分重要的研究意义。

## 7.2 基于卫星数据的北极冰间水道提取方法和产品

### 7.2.1 北极冰间水道的提取方法

基于不同卫星数据所获得的冰间水道产品各自具有不同的针对性和局限性。根据卫星传感器类型，可以将产品分为基于热红外遥感、被动微波遥感、雷达高度计和合成孔径雷达4类。表7.1为当前基于卫星数据的北极冰间水道提取方法和产品情况。

表7.1　基于卫星数据的北极冰间水道提取方法和产品情况

| 序号 | 传感器 | 参考文献 | 算法 | 简介 | 产品 |
|---|---|---|---|---|---|
| 1 | AVHRR | (Lindsay and Rothrock, 1995) | 经验回归法和阈值分割法 | 数据：CHANNEL 4 (10.3 ~ 11.3 μm)和CHANNEL 5 (11.5 ~ 12.5 μm)；<br>参数：开阔水潜在指数；<br>空间分辨率：2.3 km × 3.1 km | — |
| 2 | MODIS | (Drüe and Heinemann, 2004) | 经验回归法和阈值分割法 | 数据：MODIS CHANNEL 32；<br>参数：开阔水潜在指数；<br>空间分辨率：250 m × 250 m | — |
| 3 | MODIS | (Willmes and Heinemann, 2015b) | 非全局阈值法和模糊云识别法 | 数据：MOD29冰表面温度数据；<br>参数：冰间水道空间分布二值图；<br>空间分辨率：1.5 km × 1.5 km | 2003—2015年1—4月逐日产品，可下载 |
| 4 | MODIS | (Hoffman et al., 2019) | 最适应阈值法和面对水道对象的分割法 | 数据：MODIS 11 μm亮温数据和MOD/MYD35云分布数据；<br>参数：冰间水道空间分布二值图；<br>空间分辨率：1 km × 1 km | 2003—2018年1—4月逐日产品，不可下载 |
| 5 | AMSR-E | (Röhrs and Kaleschke, 2010) | 经验回归法和阈值分割法 | 数据：AMSR-E 19 GHz 和 89 GHz垂直极化亮温数据；<br>参数：薄冰密集度；<br>空间分辨率：6.25 km × 6.25 km | 2002—2011年11月至翌年4月逐日产品，可下载 |
| 6 | AMSR-E | (Ivanova et al., 2016) | 经验回归法、阈值分割法和基于SAR数据的水道指数改进法 | 数据：AMSR-E 19 GHz 和 89 GHz垂直极化亮温数据，ASAR数据；<br>参数：薄冰密集度；<br>空间分辨率：6.25 km × 6.25 km | — |
| 7 | CryoSat-2 | (Wernecke and Kaleschke, 2015) | 最适应阈值法 | 改进算法；<br>空间分辨率：100 km × 100 km | 2011—2015年1—3月逐日产品，可下载 |
| 8 | RADARSAT-1 | (Kwok, 1998) | 基于特征和区域匹配的合成方法 | 数据：RADARSAT拉格朗日坐标系产品；<br>参数：散度、涡度和切变；<br>空间分辨率：12.5 km × 12.5 km | 1996—2008年12—4月3 d合成产品，可下载 |
| 9 | RADARSAT-2 | (Zakhvatkina et al., 2017) | 灰度共生矩阵法 | 数据：HH极化数据入射角信息和HV极化校正后的后向散射系数；<br>参数：冰间水道空间分布二值图；<br>空间分辨率：50 m × 50 m | — |
| 10 | Sentinel-1 | (Murashkin et al., 2018) | 灰度共生矩阵法 | 数据：双极化数据；<br>参数：冰间水道空间分布二值图；<br>空间分辨率：93 m × 87 m | — |

基于热红外遥感数据提取冬季北极冰间水道主要是依据冬季冰间水道温度明显高于周围海冰，可以通过选择合适的温度差提取出冰间水道像元。热红外数据空间分辨率较高，但是易受云的干扰，该数据仅适用于冰表面温度较低的海冰冻结期。利用热红外遥感数据提取北极冰间水道需要解决的关键技术难点主要有3点：（1）如何获得准确的冰/冰间水道表面温度；（2）如何有效地识别云像元并尽可能地剔除云的干扰；（3）如何获得最优温差分割阈值。早期利用AVHRR热红外波段亮温数据，采用劈窗算法经验回归反演获得表面温度（$T_s$），然后采用50 km作为滤波窗口大小提取背景场温度（$T_b$），像元是开阔水的可能性（$\delta_T$），可根据公式（7.1）和公式（7.2）计算出，其中开阔水温度（$T_{ow}$）为−1.8℃。在获得像元是开阔水的可能性后，根据样本点信息，选择合适的阈值对影像进行分割，最终获得冰间水道空间分布情况（Lindsay and Rothrock, 1995）。AVHRR数据空间分辨率较低，Drüe和Heinemann（2004）将上述方法应用在MODIS热红外数据中，根据公式（7.3）反演获得像元是开阔水的潜在可能性（$p_{ow}$）。Willmes和Heinemann（2015a）利用MOD29冰表面温度产品作为输入数据，以51 × 51个像元大小作为滤波窗口大小提取背景场温度，然后采用自适应非全局阈值分割方法针对每一幅影像提取水道空间分布情况，此外通过引入模糊云识别方法可以有效地减少云的干扰，最终生成了2003—2015年每年1—4月逐日1.5 km分辨率全北极冰间水道分布产品。Hoffman等（2019）进一步将冰间水道作为研究对象，对水道进行拆解和合并，进一步减小云边缘区对于水道提取结果的影响。

$$\delta_T = \frac{T_s - T_b}{T_{ow} - T_b}, T_s > T_b \tag{7.1}$$

$$\delta_T = 0, T_s \leqslant T_b \tag{7.2}$$

$$p_{ow} = \begin{cases} 0, & T_s \leqslant T_b \\ (T_s - T_b)/(T_{ow} - T_b), & T_b < T_s < T_{ow} \\ 1, & T_s \geqslant T_{ow} \end{cases} \tag{7.3}$$

被动微波遥感数据受天气影响小，但空间分辨率较低，可保证每日全极地覆盖。因冰和水发射率差异较大，Röhrs和Kaleschke（2010）利用被动微波遥感亮温数据，选择纯水和纯冰像元作为样本点，根据公式（7.4）至公式（7.6）计算出薄冰指数（Thin Ice Concentration, TIC），其中公式（7.4）中物质在不同频率下的发射率比率（$r_\varepsilon$）可以近似为对应的亮度温度比率（$r$），经过公式（7.5）中位数滤波处理后的亮度温度比率异常（$r'$）能够剔除非线性水道信息噪声，公式（7.6）采用经验回归的方法反演TIC，其中采用无冰和100%海冰密集度条件下亮度温度比率异常（$r'_0$）和（$r'_{100}$）作为阈值。最终生成了2003—2015年每年1—4月逐日1.5 km分辨率全北极冰间水道分布产品。现已发布2000—

2011年每年11月至次年4月逐日6.25 km空间分辨率水道指数产品。Ivanova等（2016）发现该产品精度严重依赖于无冰和100%海冰密集度条件下像元样本点的选择，调整后的产品精度明显提高。

$$r_{\varepsilon}=\frac{\varepsilon_{89V}}{\varepsilon_{19V}}\cong\frac{T_{b,89V}}{T_{s}}\cdot\frac{T_{s}}{T_{b,19V}}=\frac{T_{b,89V}}{T_{b,19V}}=r \tag{7.4}$$

$$r'=r-\text{Median}_{w}(r) \tag{7.5}$$

$$\text{TIC}=\begin{cases}1, & r'>r'_{100}\\ 0, & r'<r'_{100}\\ \dfrac{r'-r'_{0}}{r'_{100}-r'_{0}}, & \text{其他}\end{cases} \tag{7.6}$$

雷达高度计向地面发射微波脉冲，然后根据信号从卫星到地面、再由地面返回的时间测算出卫星与地面的距离，其中海面高度作为重要的基准面，直接影响海冰出水高度等信息的测量精度。Wernecke和Kaleschke（2015）通过分析回波波形区分海冰和开阔水，从而统计冰间水道指数。现已发布2011—2015年每年1—3月逐日100 km空间分辨率水道指数产品，但因CryoSat-2地面足印较小，不能够保证每日全北极观测覆盖。

合成孔径雷达数据有较高的空间分辨率，但其单幅影像宽度较窄，不能够保证每日全北极覆盖。早在1998年，Kwok（1998）就利用合成孔径雷达数据，采用拉格朗日坐标系，将北极划分为不同格网，描述各点封闭的拉格朗日格点变形过程，并假定海冰是一个可塑性物质，通过整合3日格网变形数据，提取散度、涡旋和切变信息。现已发布1996—2008年每年12月至翌年4月的每3日整合12.5 km空间分辨率散度、涡旋和切变产品。但因该数据不够直观地展示北极冰间水道空间分布特征，其应用存在较多限制。最近利用灰度共生矩阵提取合成孔径雷达影像特征，并利用支持向量机的方法选择合适参数对特征进行分类（Murashkin et al., 2018; Zakhvatkina et al., 2017），结果显示该方法可以获得空间分辨率极高、识别精度极好的水道空间分布数据，但合成孔径雷达原始数据不易获取，所提取的水道结果时间连续性和空间覆盖度不足，导致至今没有基于合成孔径雷达的长时间序列全北极冰间水道产品出现，但是伴随着科学技术的快速发展，合成孔径雷达在时间连续性缺失、空间覆盖度不足方面的缺点将会被弥补。

总的来说，基于卫星遥感数据反演北极冰间水道，主要的提取方法就是高精度的区分海冰和水像元后，有效地把开阔水类别中的冰间水道提取出来。在综合识别精度、时间序列长度、空间分辨率、重访周期4个评价指标下，选择最优卫星数据作为反演的输入数据，根据卫星数据特征获得北极冰间水道空间分布情况。其中热红外遥感数据观测时间序列长、数据空间分辨率高、重访频率高，但是易受云等天气条件影响，根据反演机理只可以提取海冰冻结期冰间水道分布；被动微波遥感数据受天气影响小，可实现全北极每日覆盖，根据反演机理可以提取全年北极冰间水道；合成孔径雷达数据几乎不受天气影响，空间分辨率极高，但数据在时间连续性和空间覆盖度上存在不足，不过将是未来北极冰间水道空间分布产品的主要数据源。

## 7.2.2 现有全北极尺度北极冰间水道产品介绍

### 7.2.2.1 基于MOD29冰表面温度数据反演的冰间水道空间分布产品

该产品下载网址为：https://doi.pangaea.de/10.1594/PANGAEA.854411。数据以年为单位存储在13个文件夹中，经纬度数据存储在单独文件中。产品存储格式为NetCDF，数据读取方法以Matlab为例：data = ncread(file,' leadMap')。以2015年3月17日数据为例，基于MOD29冰表面温度数据反演的冰间水道空间分布如图7.2所示。

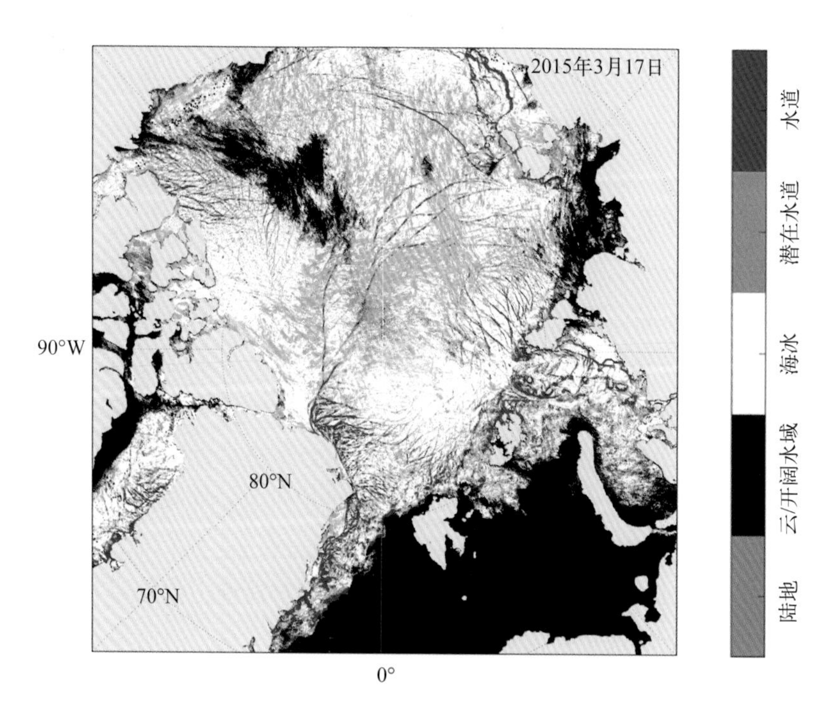


图7.2 基于MOD29冰表面温度数据反演的冰间水道空间分布（2015年3月17日数据）

### 7.2.2.2 基于被动微波遥感数据反演的冰间水道指数空间分布产品

该产品下载网址为：https://icdc.cen.uni-hamburg.de/lead-area-fraction-amsre.html。数据采用极坐标投影，空间分辨率为6.25 km，数据存储格式为NetCDF，数据读取方法以

Matlab为例：data = ncread(file,' lf')，数据内含有经度和纬度参数。以2003年3月4日数据为例，基于被动微波遥感数据反演的冰间水道指数空间分布如图7.3所示。

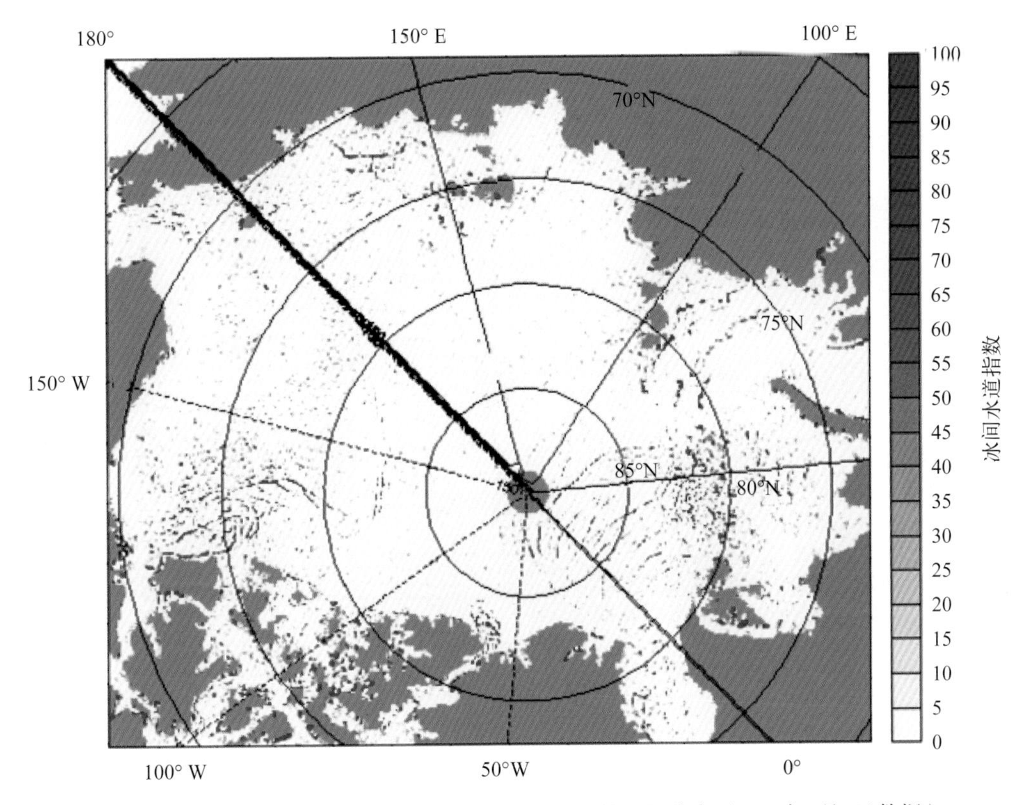


图7.3 基于被动微波遥感数据反演的冰间水道指数空间分布（2003年3月4日数据）

#### 7.2.2.3 基于CryoSat-2雷达测高计反演的冰间水道空间分布产品

该产品下载网址为：https://icdc.cen.uni-hamburg.de/lead-area-fraction-cryosat.html。数据采用极坐标投影，空间分辨率为100 km，数据存储格式为NetCDF，数据读取方法以Matlab为例：data=ncread(file,'lead_fraction')，数据内含有经度和纬度参数。以2013年2月数据为例，基于CryoSat-2雷达测高计反演的冰间水道指数空间分布如图7.4所示。

#### 7.2.2.4 基于RADARSAT-2雷达测高计反演的海冰散度、涡旋和切变数据分布产品

该产品下载网址为：https://rkwok.jpl.nasa.gov/radarsat/。数据空间分辨率为12.5 km，数据存储格式为GeoTIFF，数据读取方法以Matlab为例：data=geotiffread(file)，数据经纬度信息可以利用gettiffinfo函数在SpatialRef等属性中查看。以1999年11月数据为例，基于RADARSAT-2雷达测高计反演的海冰散度分布如图7.5所示。

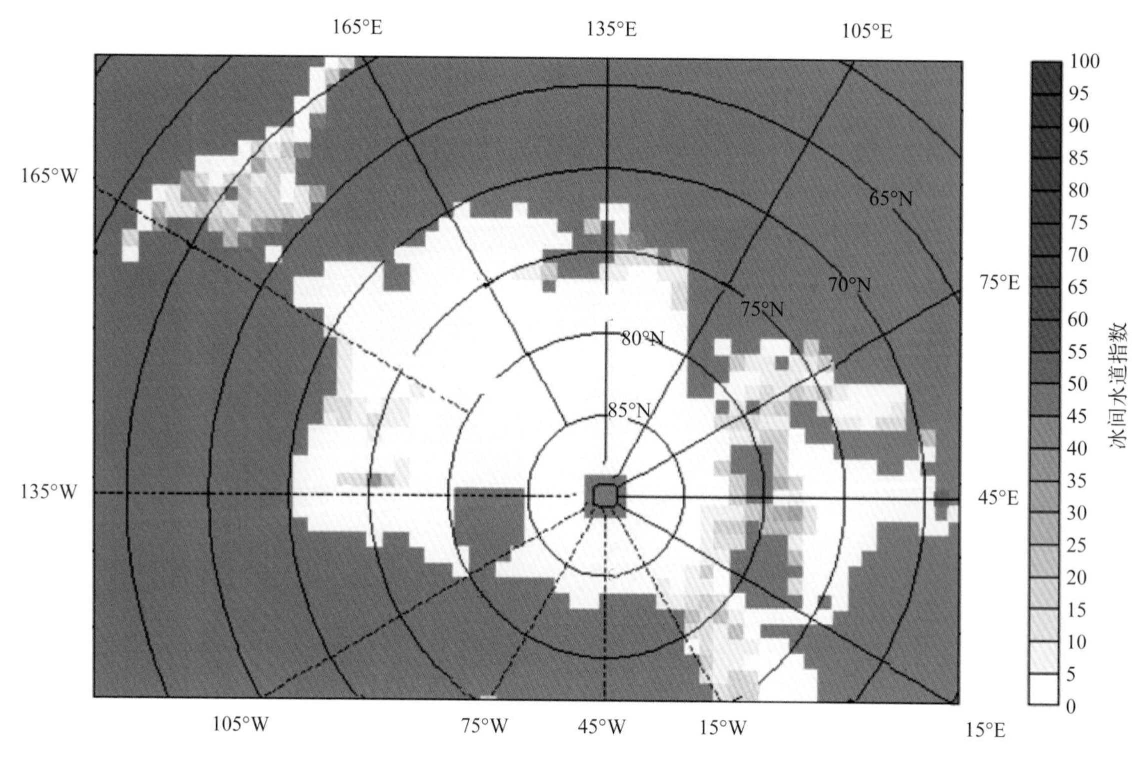


图7.4 基于CryoSat-2雷达测高计反演的冰间水道指数空间分布（2013年2月数据）

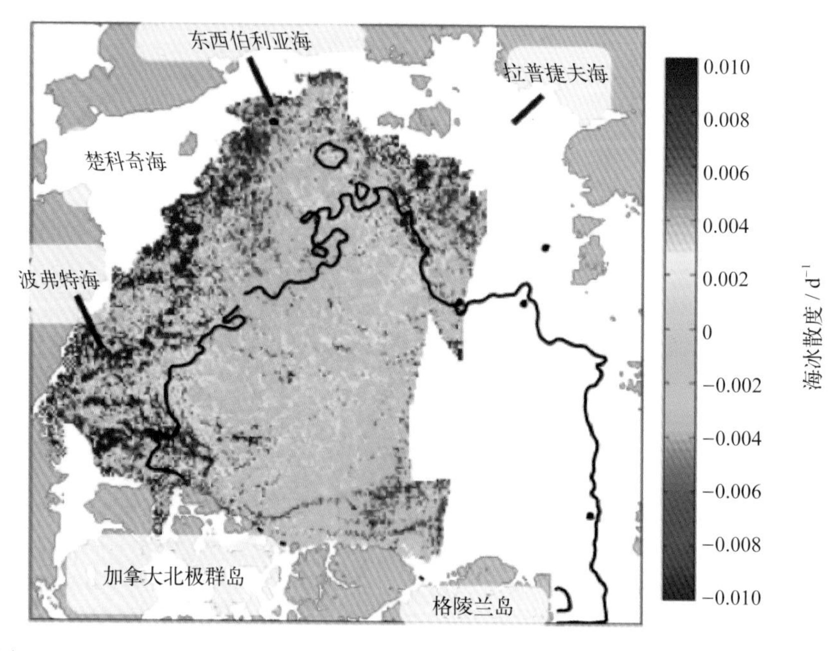


图7.5 基于RADARSAT-2雷达测高计反演的海冰散度分布（1999年11月数据）（Spreen et al., 2017）

## 7.3 北极冰间水道时空变化特征与预报能力评估

因缺乏长时间序列、高精度的全北极冰间水道遥感反演数据，北极冰间水道对北极海冰变化的预报分析研究不够充分，现仅展开部分研究，如北极冰间水道时空变化特征分析和北极冰间水道预报能力评估。

### 7.3.1 北极冰间水道时空变化特征分析

Bröhan和Kaleschke（2014）利用被动微波遥感数据反演了冰间水道指数空间分布，利用霍夫变换方法统计了2002—2011年11月至翌年4月期间北极冰间水道方向和频数分布。研究结果表明，北极冰间水道方向和频数在不同的海域呈不同的分布规律：俄罗斯近岸区域北极冰间水道出现频率较大且沿海岸方向分布；波弗特海海域水道分布与波弗特涡旋密切相关；弗拉姆海峡作为北极的出冰口，水道出现频率较大，方向与洋流方向一致（图7.6）。

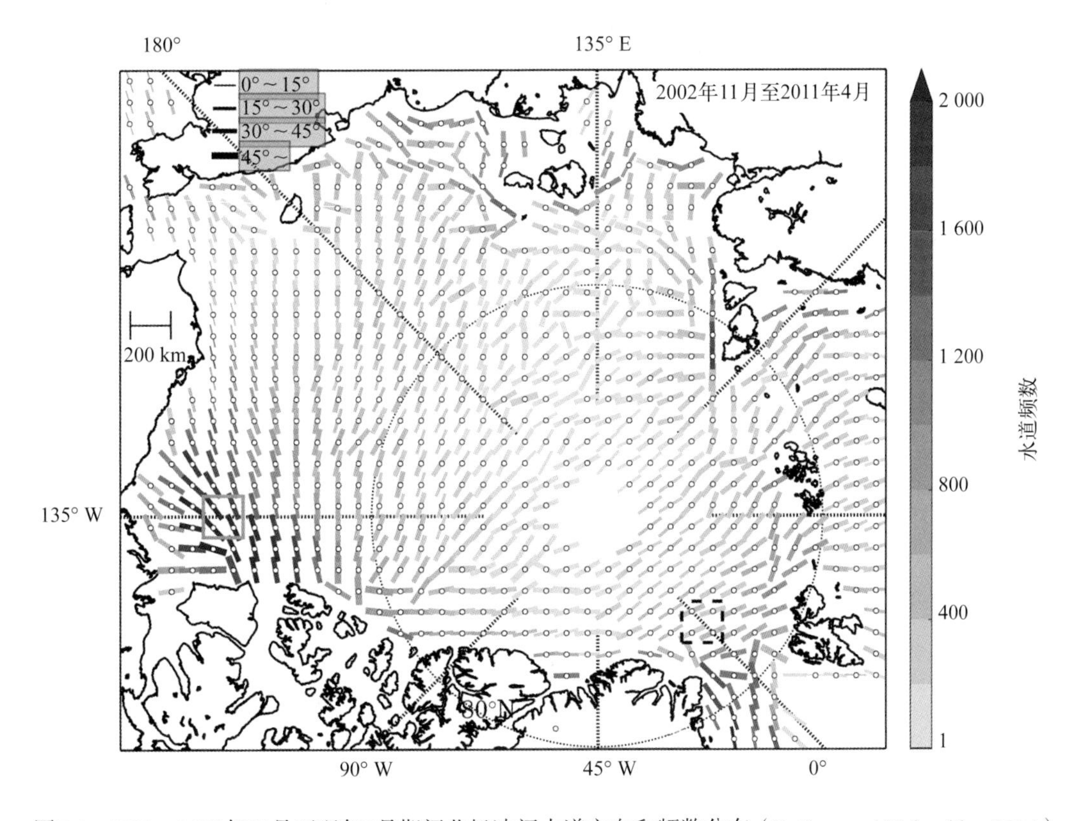


图7.6 2002—2011年11月至翌年4月期间北极冰间水道方向和频数分布（Bröhan and Kaleschke, 2014）
根据被动微波遥感数据反演的冰间水道指数空间分布，以100 km为格网大小，统计格网中冰间水道出现的频数和主要水道方向。图中灰度图例表示冰间水道出现的频数；线表示水道方向；白点表示统计的水道方向非随机分布，而是通过99%置信度检验可以认为该水道主要呈现此方向

Willmes和Heinemann（2015b）利用基于MOD29冰表面温度数据反演的冰间水道空间分布数据，以两条贯穿北极的横断面和4个点为例，绘制出2003—2015年每年1—4月期间横断面处冰间水道出现频率霍夫默勒图，并统计不同海域北极冰间水道出现频率年际变化。截面1横穿波弗特海、北极点和巴伦支海，截面2则为西伯利亚海-格陵兰东侧海域，涵盖了穿极流出冰区域，此外选择了位于波弗特海、维利基茨基海峡、北地群岛岬角和法兰士约瑟夫地群岛的4个关键区域（图7.7）。冰间水道出现频率有明显的空间差异性和年际变化。在海冰边缘区，水道出现频率较高，持续时间较长。全北极冰间水道在2006年、2007年、2010—2013年面积较大，但是该变化主要出现在巴伦支-喀拉海和弗拉姆海峡区域，波弗特海区域水道面积没有出现较大波动。

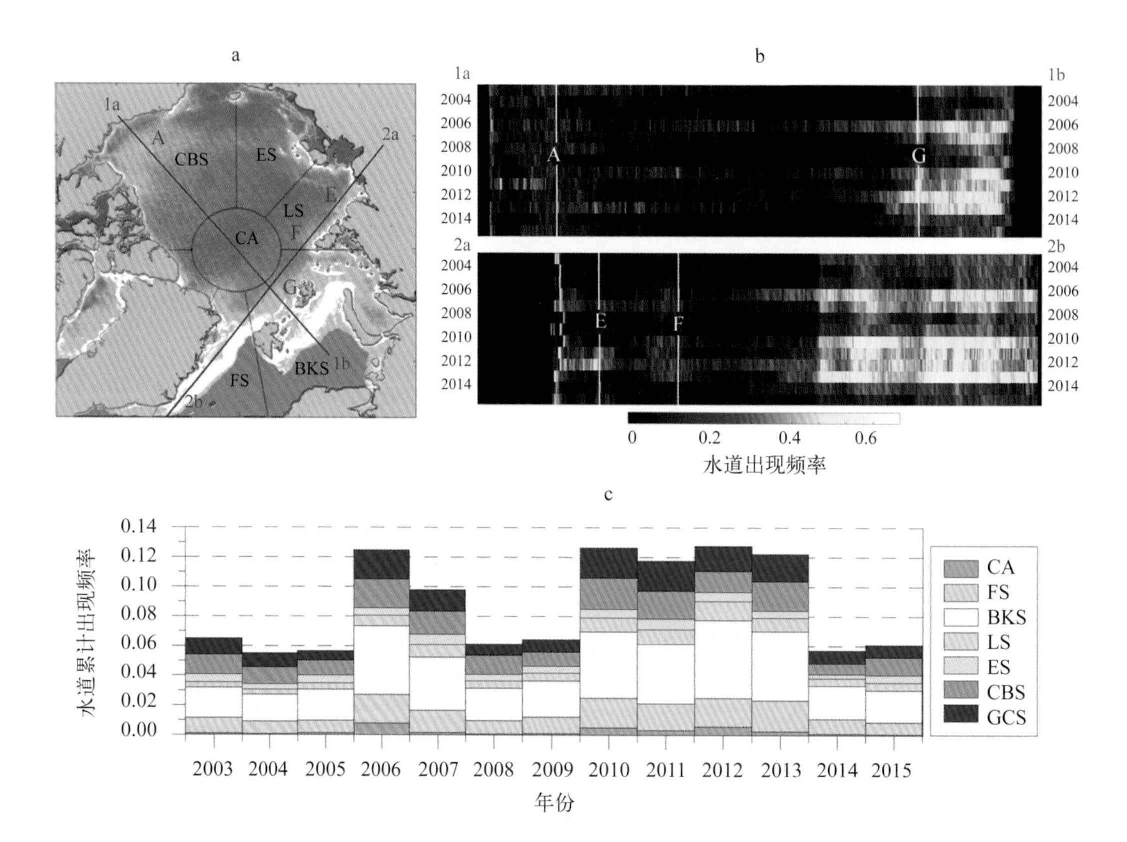


图7.7 基于MOD29冰表面温度数据反演的冰间水道数据（Willmes and Heinemann, 2015b）

a.两个截面1a-1b、2a-2b和4个参考点A、E、F、G空间分布示意图，图中CBS、ES、LS、CA、BKS、FS和GCS分别表示楚科奇海-波弗特海、东西伯利亚海、拉普捷夫海、北冰洋、巴伦支海-喀拉海、弗拉姆海峡和格陵兰-加拿大海域；b.北极冰间水道出现频率霍夫默勒图；c.不同海域北极冰间水道出现频率年际变化

Hoffman等（2019）利用基于MODIS热红外波段数据反演的冰间水道数据，统计全北极不同海域水道分布方向和宽度出现概率分布，如图7.8和图7.9所示。

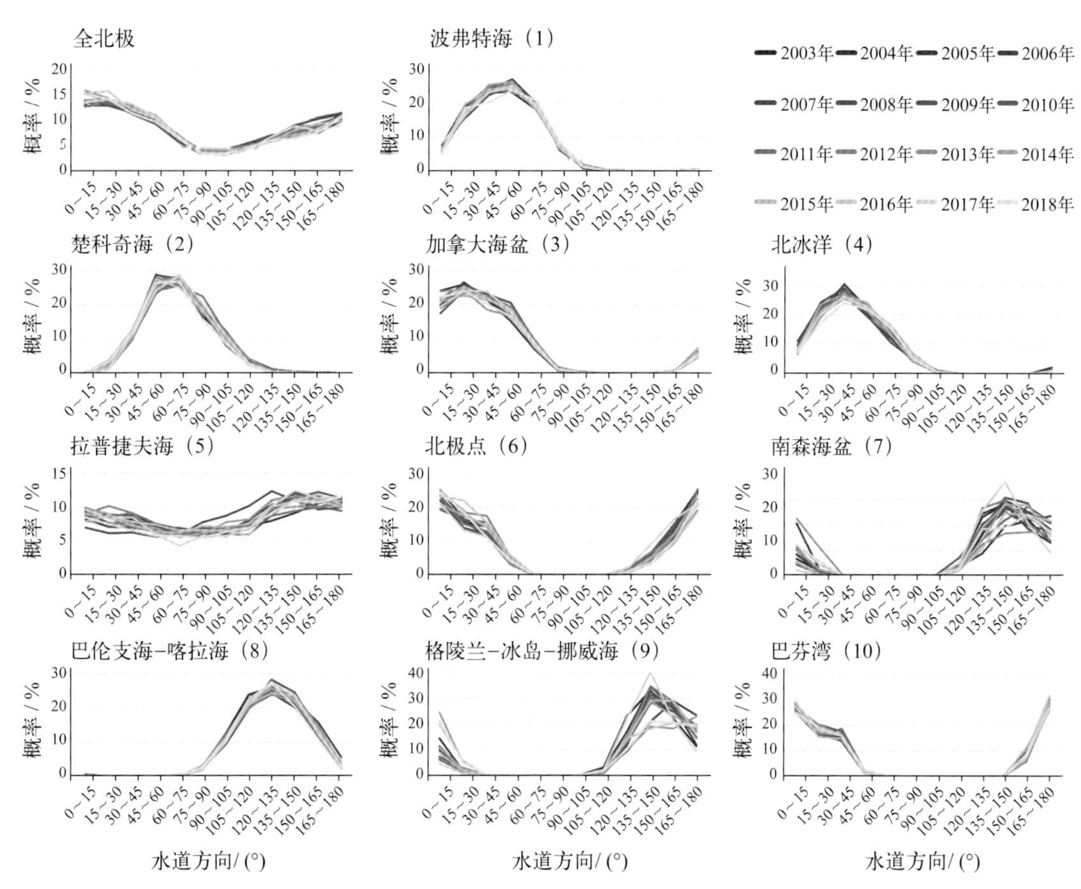


图7.8 基于MODIS热红外波段数据反演2003—2018年全北极和不同海域北极冰间水道方向概率分布（Hoffman et al., 2019）

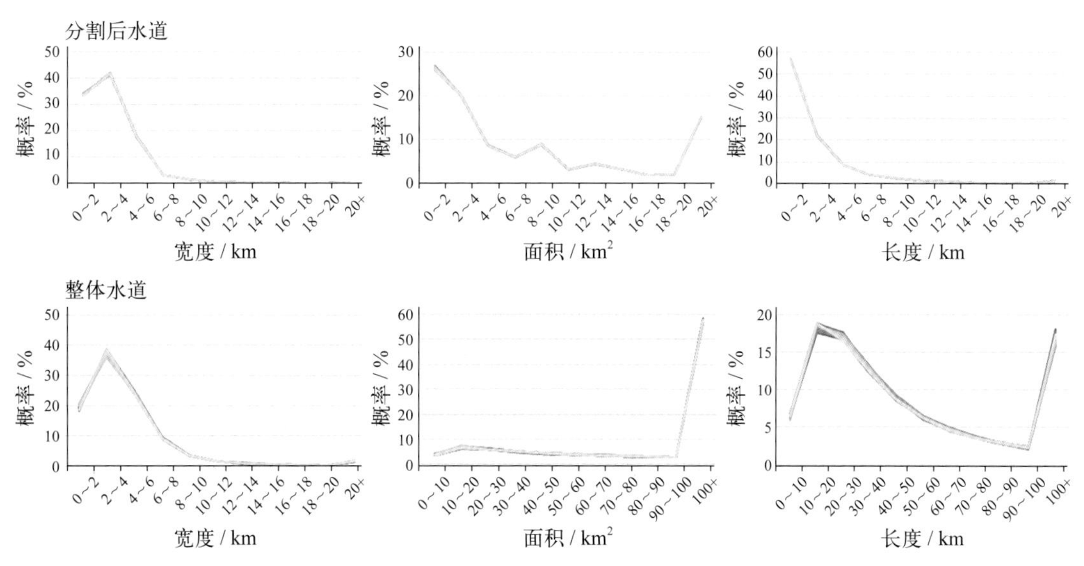


图7.9 基于MODIS热红外波段数据反演的2003—2018年全北极冰间水道宽度、面积和长度概率分布（Hoffman et al., 2019）

Zhang等（2018）基于MOD29冰表面温度数据反演了冰间水道空间分布，统计了2003—2015年全北极冰间水道面积时间序列和水道面积变化趋势空间分布（图7.10）。全北极冰间水道面积存在明显的年际变化，与相同时期的全北极去时间趋势7—9月海冰范围对比，可发现夏季海冰范围似乎与冬季冰间水道面积呈负相关关系；2003—2015年期间全北极冰间水道面积总体上呈现增大趋势，尤其是在45°E ~ 45°W顺时针近岸或海冰边缘海域，而在楚科奇海和巴伦支海南部海域冰间水道面积有95%置信度呈现减小趋势，这部分海域水道面积减小是近年北极海冰范围减小导致的。

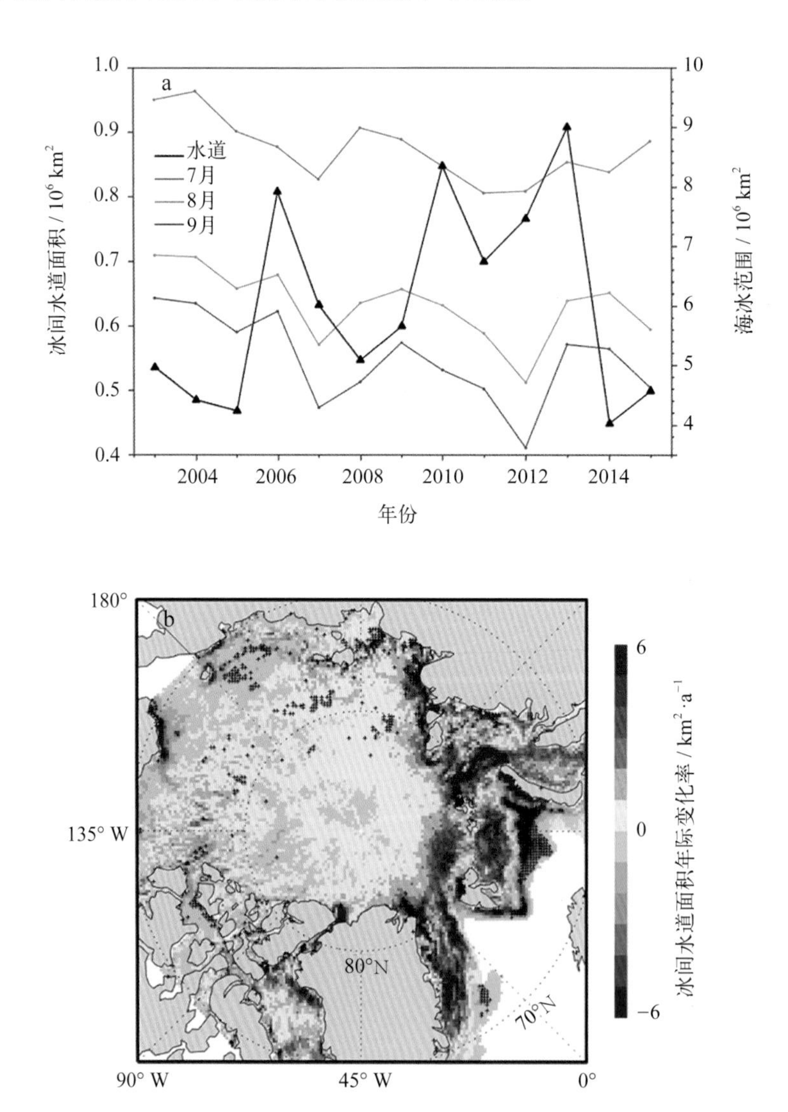


图7.10 基于MOD29冰表面温度数据反演的2003—2015年全北极冰间水道面积时间序列（a）和水道面积变化趋势（b）（Zhang et al., 2018）

总体来说，受限于现有北极冰间水道产品时间序列长度，北极冰间水道时空变化特征分析主要针对水道面积、水道宽度、水道长度、水道方向4个参量展开讨论。研究结果显示，北极冰间水道有明显的空间差异性和年际变化。

### 7.3.2 北极冰间水道预报能力评估

海冰是全球气候系统中重要的参量。在过去的几十年，伴随着全球气候变暖，北极海冰融化过程加剧（Comiso et al., 2008; Ding et al., 2017; Liu et al., 2013; Parkinson and Comiso, 2013），自1979年卫星观测以来，北极年均海冰范围以4.73%/(10 a)的速率逐渐缩小，9月月均海冰范围更是以13.56%/(10 a)的速率迅速减小，同时近年来北极夏季海冰消融速度明显加快。北极地区海冰变化不但对极地区域环境产生了重要的影响，同时也深刻地影响着北半球中高纬度地区乃至全球的环境变化，如近年来北半球中高纬度各种极端天气事件的发生（Budikova, 2009; Liu et al., 2012; Vihma, 2014）。如何积极主动应对北极海冰变化对北极区域和北半球中低纬度地区乃至全球环境产生的影响，并制定方案合理开发北极自然资源、旅游资源、航道资源等，已成为当前国际上研究的热点问题。中长期尺度天气预报可以帮助我们更科学地制定策略，应对夏季海冰消融对环境带来的一系列变化（Eicken, 2013; Stroeve et al., 2014）。

然而当前模式预报结果较实际观测仍存在较大的偏差和不确定性（Hamilton and Stroeve, 2016; Stroeve et al., 2014）。以海冰年鉴（Sea Ice Outlook）为例，仅从9月海冰范围这一数值来看，只有1/3的模式预报结果偏差在$2 \times 10^5$ km$^2$以内，相较而言统计模式与卫星观测值更接近（Blanchard-Wrigglesworth et al., 2015）。

影响统计模式预报精度的主要因素之一是预报因子的选择（Day et al., 2014; Dirkson et al., 2017; Drobot, 2007; Drobot et al., 2006）。表7.2整理了2015—2017年实际观测北极海冰范围（表头括号中数据，单位：$10^6$ km$^2$）和海冰年鉴中统计模式采用的预报因子及模式预报结果。海冰密集度、海冰范围、海冰厚度作为常见预报因子，预报能力较好，但结果与观测仍存在一定偏差。为了提高统计模式预报精度，一些能够影响或反映夏季海冰消融的参数（如融池），可以作为预报因子加入统计模式中，提高模式预报精度，结果已被证实。冰间水道作为极地区域重要的海冰特征之一，当前统计类海冰范围预报模式仍未将它作为参量。

为了探究北极冰间水道对夏季海冰范围的预报能力，基于MOD29冰表面温度数据反演的冰间水道产品，采用如公式（7.7）所示线性回归模型，以北极冰间水道面积（SILA）作为指示因子，评估冰间水道对夏季海冰范围（SIE）的预报能力。

$$\mathrm{SIE} = a + b \cdot \mathrm{SILA} + \varepsilon \tag{7.7}$$

式中，$a$和$b$表示基于最小二乘法线形拟合的截距和斜率；$\varepsilon$表示残差。

表7.2 2015—2017年海冰年鉴中统计模式预报因子和预报结果情况

| 序号 | 代号 | 输入数据 | 2017年(4.8) | 2016年(4.7) | 2015年(4.6) |
|---|---|---|---|---|---|
| 1 | Brettschneider et al. | 海平面压力，气温，海表面温度，北半球几个主要区域的位势高度信息 | 4.52 | 4.24 | — |
| 2 | Cawley | 海冰范围 | 4.23 | 4.27 | 4.35 |
| 3 | CPOM (Schröder et al., 2014) | 模式输入融池面积 | 5.1 | 5.2 | — |
| 4 | Dekker | 积雪覆盖范围，海冰密集度 | 5.4 | 4.1 | 4.6 |
| 5 | Ionita and Grosfeid | 海洋热含量，海表面温度，气温等 | 5.17 | 4.82 | — |
| 6 | John | 海表面温度，气温 | 4.971 | — | — |
| 7 | Kaleschke | 海冰厚度，海冰密度 | 4.17 | 4.4 | 3.6 |
| 8 | Kondrashov | 海冰范围 | 4.54 | 4.8 | — |
| 9 | Lamont (Yuan et al., 2016) | 海冰密集度，海表面温度，气温，300 hPa位势高度，300 hPa位势高度垂向风速 | 4.9 | 4.55 | 5.18 |
| 10 | McGill (Williams et al., 2016) | 海冰范围，北极涛动 | 3.95 | — | — |
| 11 | Meier (NSIDC) | 海冰范围 | 4.58 | 4.65 | 4.88 |
| 12 | NMEFC (Li&Li) | 海冰范围，海冰密集度 | 4.69 | 4.05 | 5.48 |
| 13 | Petty | 海冰密集度 | 4.74 | 4.37 | — |
| 14 | Slater/Barrett NSIDC | 海冰密集度 | 4.77 | 4.39 | 5.36 |
| 15 | Utokyo (Kimura et al., 2013) | 海冰厚度，海冰漂移速度 | 4.79 | 4.65 | — |
| 16 | Zhan (Zhan and Davies, 2017) | 大气表观反射率，9月海冰范围 | 5.46 | 4.38 | — |

注：表头括号中的数据为实际观测海冰范围，单位：$10^6$ $km^2$；—表示未提交预报结果。

在讨论北极冰间水道对夏季海冰范围的预报能力之前，需先明确北极冰间水道与北极海冰范围显著相关的区域分布情况以及对应的水道时间。图7.11为不同时间段平均水道面积与7月、8月和9月海冰范围相关性空间分布，以图7.11a为例，图中黑色阴影区域表示2003—2015年逐年1月1日至1月30日时间段内每个格网内日均水道面积与7月月均海冰范围达到95%置信度显著负相关，随着累计天数的增加，图7.11b中黑色阴影区域明显扩大，图7.11c中黑色阴影区域进一步扩大，之后显著负相关区域变化很小。北极冰间水道面积对7月海冰范围显著影响的区域主要集中在拉普捷夫海–喀拉海–巴伦支海–中央海域区域，伴随着海冰的消融，北极冰间水道面积对8月、9月海冰范围的影响主要集中在拉普捷夫海–喀拉海区域。最终选择图7.11d中黑色阴影范围作为研究区，进一步讨论时间段选择对于北极冰间水道预报能力的影响。图7.12为研究区内北极冰间水道面积与夏季海冰范围相关性的时间序列。由图可见，对于与7月海冰范围的相关性，北极冰间水道面积与海冰范围呈负相关，且随着累计天数的增加，负相关关系加强，在2月中旬即可达到99%置信度显著相关，这一强负相关关系可以一直持续到4月底；而对于与8月、9月海冰范围的相关性，北极冰间水道面积与海冰范围虽也呈负相关，但是该关系不够显著。最终选择研究区内1—4月时间段内北极冰间水道面积作为预报因子，根据公式（7.7）预报北极海冰范围。结果显示，北极冰间水道的预报能力与现有其他统计模式预报因子预报能力相似或具有可比性；因北极冰间水道面积对北极海冰范围主要影响区域集中在北大西洋至西伯利亚海区域，即150W°～135°E逆时针扇区，仅针对该区域重复之前研究步骤，结果显示北极冰间水道面积和北极海冰范围相关性加强，尤其是对于与8月海冰范围的相关性，相关性强度可以达到95%置信度显著负相关（图7.13）。研究结果证实北极冰间水道可以作为预报因子改善统计模式预报精度，对北极冰间水道展开更细致的研究将有助于提高中长期尺度北极海冰模式模拟精度。

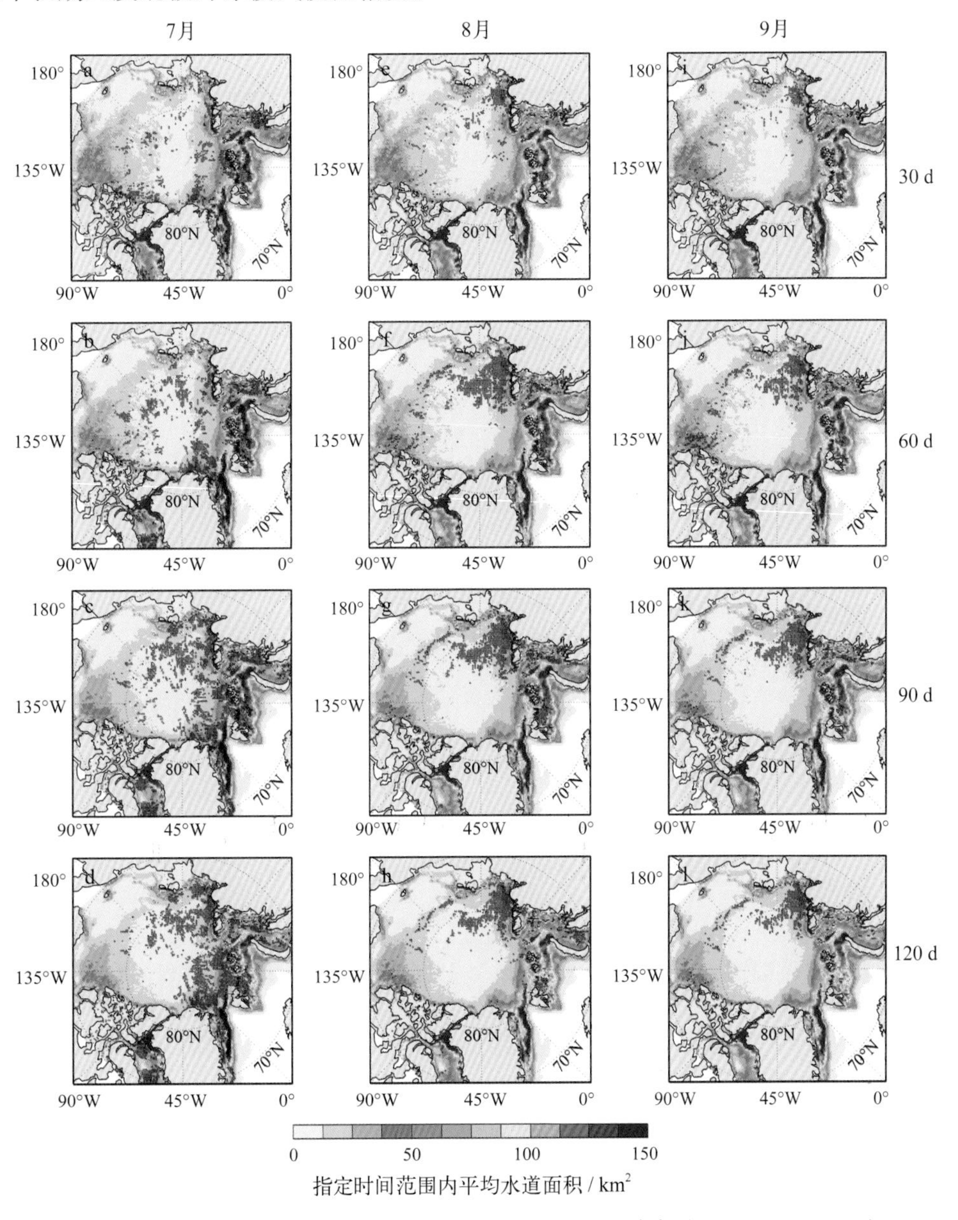


图7.11 北极冰间水道面积与夏季海冰范围相关性空间分布（Zhang et al., 2018）

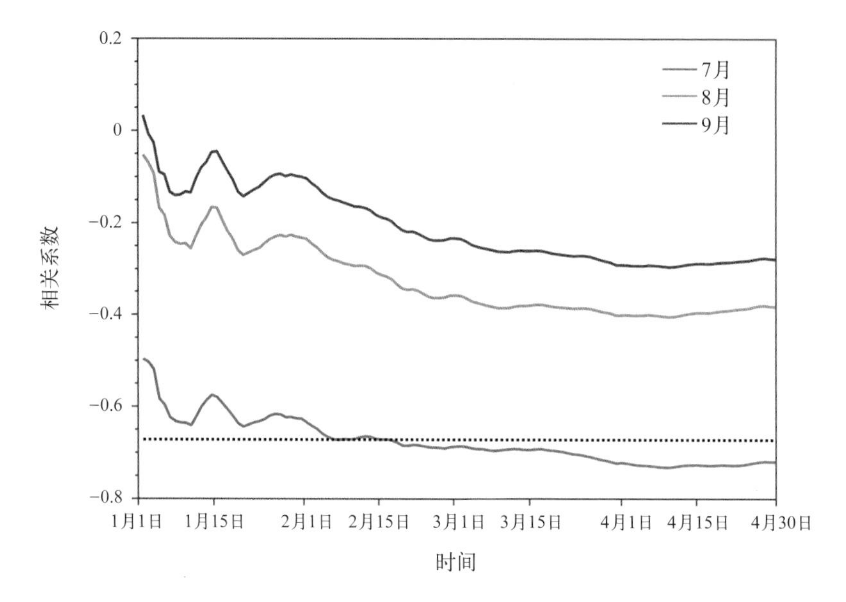


图7.12　北极冰间水道面积与夏季海冰范围相关性时间序列（Zhang et al., 2018）
图中黑色虚线表示达99%置信度

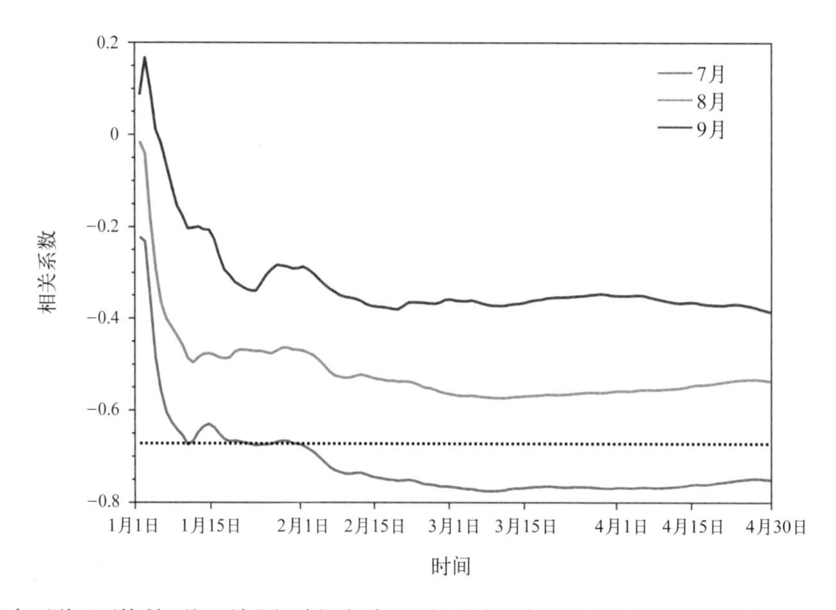


图7.13　北大西洋至西伯利亚海区域北极冰间水道面积与夏季海冰范围相关性时间序列（Zhang et al., 2018）
图中黑色虚线表示达99%置信度

图7.11从上至下表示以1月1日为起始累计日期，累计30 d、60 d、90 d和120 d的冰间水道面积与不同月份海冰范围的相关性；从左列至右列表示不同累计时间段内水道面积与7月、8月、9月海冰范围的相关性；图中黑色点区域表示达到95%置信度，认为该格网水道面积和月均海冰范围显著负相关。

## 7.4 小结

本章首先介绍了北极冰间水道的研究背景和研究意义，表明北极冰间水道作为极地海–冰–气热量和水–气交换的重要窗口，对于极地环境变化有着重要的影响；又综述了基于卫星遥感数据的北极冰间水道提取方法和现有水道产品；最后介绍了现有基于卫星遥感数据提取的水道产品展开的时空变化特征分析和冰间水道预报能力评估研究，受限于水道数据的时间序列长度和空间分辨率，现阶段对北极冰间水道分析研究不够充分。在这里，我们对北极冰间水道研究可能存在的问题做出总结，并对未来研究方向做出展望：

（1）现阶段北极冰间水道产品存在空间分辨率较低、时间序列短，产品精度易受天气条件影响，仅用单一数据源进行产品反演等问题。随着科学技术的发展，基于多源遥感数据融合算法可以弥补上述不足，未来将引领北极冰间水道提取算法。

（2）现阶段对北极冰间水道分析研究不够充分，发展多尺度卫星同步观测将会更有助于我们理解北极冰间水道的变化机制及其对极地环境的影响。

## 参考文献

Blanchard-Wrigglesworth E, Cullather R, Wang W, et al., 2015. Model forecast skill and sensitivity to initial conditions in the seasonal Sea Ice Outlook[J]. Geophysical Research Letters, 42(19): 8042−8048.

Bröhan D, Kaleschke L, 2014. A nine-year climatology of Arctic sea ice lead orientation and frequency from AMSR-E[J]. Remote Sensing, 6(2): 1451−1475.

Budikova D, 2009. Role of Arctic sea ice in global atmospheric circulation: A review[J]. Global and Planetary Change, 68(3): 149−163.

Comiso J C, Parkinson C L, Gersten R, et al., 2008. Accelerated decline in the Arctic sea ice cover[J]. Geophysical Research Letters, 35(1): L01703.

Day J, Hawkins E, Tietsche S, 2014. Will Arctic sea ice thickness initialization improve seasonal forecast skill?[J]. Geophysical Research Letters, 41(21): 7566−7575.

Ding Q H, Schweiger A, L'heureux M, et al., 2017. Influence of high-latitude atmospheric circulation changes on summertime Arctic sea ice[J]. Nature Climate Change, 7(4): 289−295.

Dirkson A, Merryfield W J, Monahan A, 2017. Impacts of sea ice thickness initialization on seasonal Arctic sea ice predictions[J]. Journal of Climate, 30(3): 1001−1017.

Drobot S D, 2007. Using remote sensing data to develop seasonal outlooks for Arctic regional sea-ice minimum extent[J]. Remote Sensing of Environment, 111(2/3): 136−147.

Drobot S D, Maslanik J A, Fowler C, 2006. A long-range forecast of Arctic summer sea-ice minimum extent[J]. Geophysical Research Letters, 33(10): L10501.

Drüe C, Heinemann G, 2004. High-resolution maps of the sea-ice concentration from MODIS satellite data[J]. Geophysical Research Letters, 31(20): L20403.

Eicken H, 2013. Ocean science: Arctic sea ice needs better forecasts[J]. Nature, 497(7450): 431−433.

Hamilton L C, Stroeve J, 2016. 400 predictions: the SEARCH Sea Ice Outlook 2008–2015[J]. Polar Geography, 39(4): 274−287.

Hoffman J P, Ackerman S A, Liu Y, et al., 2019. The detection and characterization of Arctic sea ice leads with satellite imagers[J]. Remote Sensing, 11(5): 521.

Ivanova N, Rampal P, Bouillon S, 2016. Error assessment of satellite-derived lead fraction in the Arctic[J]. The Cryosphere, 10(2): 585−595.

Kimura N, Nishimura A, Tanaka Y, et al., 2013. Influence of winter sea-ice motion on summer ice cover in the Arctic[J]. Polar Research, 32(1): 20193.

Kwok R, 1998. The RADARSAT geophysical processor system[M]. Analysis of SAR Data of the Polar oceans: Recent Advances. Berlin Heidelberg: Springer: 235−257.

Lindsay R, Rothrock D, 1995. Arctic sea ice leads from advanced very high resolution radiometer images[J]. Journal of Geophysical Research: Oceans, 100(C3): 4533−4544.

Liu J, Curry J A, Wang H, et al., 2012. Impact of declining Arctic sea ice on winter snowfall[J]. Proceedings of the National Academy of Sciences, 109(11): 4074−4079.

Liu J, Song M, Horton R M, et al., 2013. Reducing spread in climate model projections of a September ice-free Arctic[J]. Proceedings of the National Academy of Sciences, 110(31): 12571−12576.

Lüpkes C, Vihma T, Birnbaum G, et al, 2008. Influence of leads in sea ice on the temperature of the atmospheric boundary layer during polar night[J]. Geophysical Research Letters, 35(3): L03805.

Maykut G A, 1982. Large-scale heat exchange and ice production in the central Arctic[J]. Journal of Geophysical Research: Oceans, 87(C10): 7971−7984.

Murashkin D, Spreen G, Huntemann M, et al., 2018. Method for detection of leads from Sentinel-1 SAR images[J]. Annals of Glaciology, 59(76part2): 124−136.

Parkinson C L, Comiso J C, 2013. On the 2012 record low Arctic sea ice cover: Combined impact of preconditioning and an August storm[J]. Geophysical Research Letters, 40(7): 1356−1361.

Perovich D, Grenfell T, Light B, et al., 2002. Seasonal evolution of the albedo of multiyear Arctic sea ice[J]. Journal of Geophysical Research: Oceans, 107(C10). 20-1−20-13.

Röhrs J, Kaleschke L, 2010. An algorithm to detect sea ice leads using AMSR-E passive microwave imagery[J]. The Cryosphere Discussions, 4(1): 183−206.

Schröder D, Feltham D L, Flocco D, et al., 2014. September Arctic sea-ice minimum predicted by spring melt-pond fraction[J]. Nature Climate Change, 4(5): 353.

Spreen G, Kwok R, Menemenlis D, et al., 2017. Sea-ice deformation in a coupled ocean–sea-ice model and in satellite remote sensing data[J]. The Cryosphere, 11(4): 1553.

Stroeve J, Hamilton L C, Bitz C M, et al., 2014. Predicting September sea ice: Ensemble skill of the SEARCH sea ice outlook 2008–2013[J]. Geophysical Research Letters, 41(7): 2411−2418.

Tschudi M, Curry J, Maslanik J, 2002. Characterization of springtime leads in the Beaufort/Chukchi Seas from airborne and satellite observations during FIRE/SHEBA[J]. Journal of Geophysical Research: Oceans, 107(C10): SHE9-1−SHE9-14.

Vihma T, 2014. Effects of Arctic sea ice decline on weather and climate: a review[J]. Surveys in Geophysics, 35(5): 1175−1214.

Wadhams P, Mclaren A S, Weintraub R, 1985. Ice thickness distribution in Davis Strait in February from submarine sonar profiles[J]. Journal of Geophysical Research: Oceans, 90(C1): 1069−1077.

Wernecke A, Kaleschke L, 2015. Lead detection in Arctic sea ice from CryoSat-2: quality assessment, lead area fraction and width distribution[J]. The Cryosphere, 9(5): 1955−1968.

Williams J, Tremblay B, Newton R, et al., 2016. Dynamic preconditioning of the minimum September sea-ice extent[J]. Journal of Climate, 29(16): 5879−5891.

Willmes S, Heinemann G, 2015a. Pan-Arctic lead detection from MODIS thermal infrared imagery[J]. Annals of Glaciology, 56(69): 29−37.

Willmes S, Heinemann G, 2015b. Sea-ice wintertime lead frequencies and regional characteristics in the Arctic, 2003–2015[J]. Remote Sensing, 8(1): 4.

Yuan X, Chen D, Li C, et al., 2016. Arctic sea ice seasonal prediction by a linear Markov model[J]. Journal of Climate, 29(22): 8151−8173.

Zakhvatkina N, Korosov A, Muckenhuber S, et al., 2017. Operational algorithm for ice–water classification on dual-polarized RADARSAT-2 images[J]. The Cryospher Discussions, 11(1): 33−46.

Zhan Y, Davies R, 2017. September Arctic sea ice extent indicated by June reflected solar radiation[J]. Journal of Geophysical Research: Atmospheres, 122(4): 2194−2202.

Zhang Y, Cheng X, Liu J, et al., 2018. The potential of sea ice leads as a predictor for summer Arctic sea ice extent[J]. The Cryosphere, 12(12): 3747−3757.

# 第 8 章

# 北极海冰冰面融池遥感反演研究

## 8.1 融池发育

融池是指在海冰或冰川表面聚集的融水，通常出现在春季和夏季。由于融池会直接影响冰表面的反照率，进而影响太阳辐射的吸收，因此融池对于海冰的融化与退缩具有重要意义。观测表明，融池的反照率要远低于裸冰及被积雪覆盖的冰（Perovich et al., 2002; Perovich and Polashenski, 2012; Tschudi et al., 2001; Webster et al., 2015）。对于成熟的融池，其反照率一般低于0.3，季节性海冰的融池其反照率甚至可以低至0.2（Perovich et al., 2007; Perovich and Polashenski, 2012; Tschudi et al., 2008）。融池的低反照率促进了海冰对太阳辐射的吸收，从而进一步加剧雪、冰的融化，形成正反馈（Curry et al., 1995; Perovich et al., 2007; Perovich and Tucker, 1997）。

一般来说，随着太阳辐射的积累，融池最早于每年的春季末期从中纬度区域逐渐发育。融池的深度与面积主要受海冰表面地形以及海冰内部结构的影响。多种观测已表明融池的发育需要经历以下4个阶段（图8.1）。第一阶段，融化初期，融池在不可渗透的海冰表面呈现快速的横向发育。该阶段融池处于海平面以上，其体积主要受到融化速率以及融水通过自由流动至裂隙处的流失等影响。海冰表面的地形起伏很大程度决定了融池发育的初期状态（Anderson and Drobot, 2001; Perovich and Polashenski, 2012）。由于多年冰和一年冰表面地形的差异，融池在这两类海冰上的发育存在明显差别。因表面的不规则地形，多年冰更易形成面积覆盖低但更深的融池，而一年冰表面的平整地形则使其更易形成面积覆盖广但较浅的融池（Eicken et al., 2004; Sturm et al., 2002; Yackel et al., 2000; Polashenski et al., 2012）。第一阶段融池的存在使得海冰反照率开始大幅度降低，迅速下降的反照率极大地促进了太阳辐射的吸收，因此第一阶段的融池分布对于北极季节性能

本章作者：丁一凡[1]，程晓[2]，刘骥平[3]，惠凤鸣[2]

1. 北京师范大学 全球变化与地球科学研究院 遥感科学国家重点实验室，北京 100875；

2. 中山大学 测绘科学与技术学院，广东 珠海 519082；

3. 中国科学院大气物理研究所，北京 100029

量平衡至关重要（Polashenski et al., 2012）。第二阶段，大部分融池在该阶段由于融水的流失会逐步下降到海平面附近，而该阶段融池在一年冰上的面积比例会降低，但在多年冰上的面积比例下降并不明显。该阶段融水的流失有两个层面因素：一是融水经自由流动至裂隙处流失；二是融水经可渗透的海冰内部逐渐流失（Eicken et al., 2004）。第三阶段，融池保持在海平面附近，且该阶段海冰处于高渗透状态。尽管该阶段融水一般不再在海平面以上累积，但一年冰和多年冰的融池覆盖都在该阶段达到最大。该阶段的融池发育主要与融池的侧边融化，以及海冰出水高度的改变相关（Polashenski et al., 2012）。由于融化机制的原因，海冰表面的地形起伏在该阶段更大程度决定了融池的生长。第四阶段，由于温度降低及降雪覆盖的影响，融池在该阶段会出现再冻结（Grenfell and Perovich, 2004; Polashenski et al., 2012）。至此，本年度的融池发育已基本结束。

由于表面地形的原因，融水在多年冰上较难水平自由流动，而其凹凸的地形起伏使得融池向深度向逐渐发育，并形成深度较深但覆盖面积较低的形态。平整光滑的一年冰表面使得融水可以在海冰表面水平自由移动，从而更易形成面积覆盖大但深度浅的融池形态。融池在多年冰和一年冰上的发育存在明显差别。一般融池面积覆盖率（Melt Pond Fraction，MPF）在多年冰上可达到30%～40%，而在一年冰上最高可达到70%，甚至达到90%（Yackel et al., 2000; Sturm et al., 2002; Eicken et al., 2004; Perovich and Polashenski, 2012; Polashenski et al., 2012）。

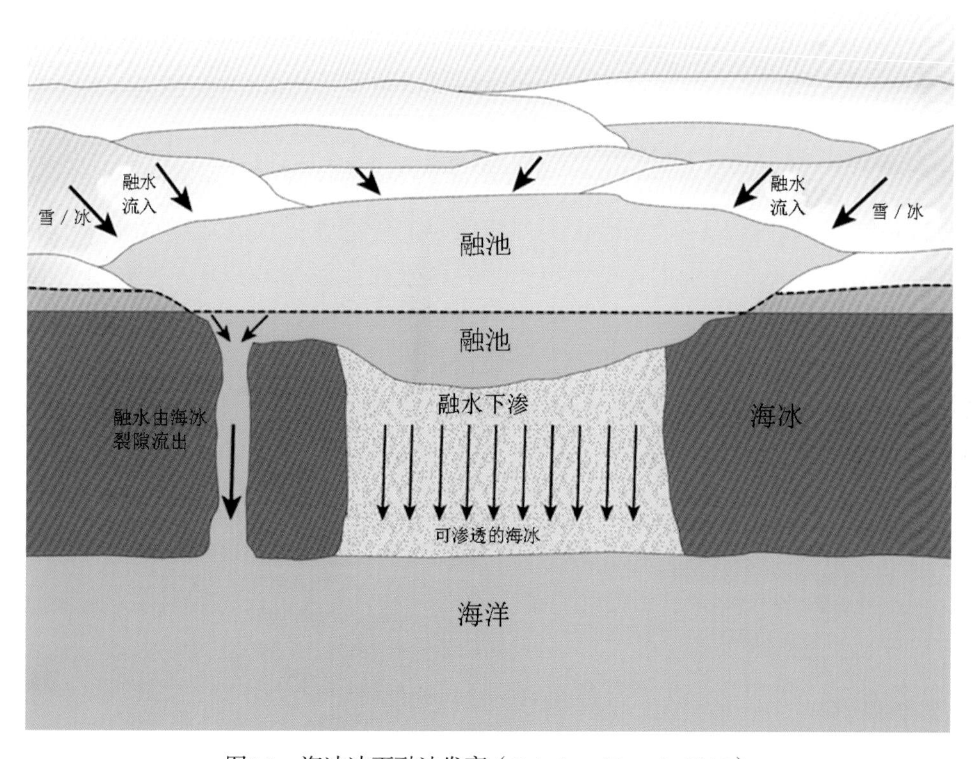


图8.1 海冰冰面融池发育（Polashenski et al., 2012）

## 8.2 研究意义

近年来，观测显示融池在北极夏季广泛分布，其低反照率的特征促进了北极海冰对太阳辐射的吸收，从而直接加剧了北极海冰的融化与退缩，以及多年冰类型的转变，并影响北极整个区域的能量平衡。研究显示，北极季节性海冰在6月和7月期间的太阳辐射吸收高达1 235 MJ/m$^2$，大约是多年冰的1.4倍（Perovich and Polashenski, 2012）。融池的存在促进了多年冰向季节性海冰的转变，更有研究指出若北极多年冰覆盖率减小为10%，则太阳辐射吸收将增加50%以上（Boé et al., 2009）。

此外，融池的存在同样促进了太阳光的穿透，从而有助于海冰底部生物的光合作用，对北极初级生产力具有重要影响（Arrigo et al., 2012; Palmer et al., 2014）。研究显示，季节性海冰的平均透光率约为0.11，而多年冰的平均透光率约为0.04（Nicolaus et al., 2012）。受融池分布影响的北极初级生产力，也将逐渐影响北极海洋生态系统的稳定。

卫星观测显示，北极海冰正加剧退缩且多年冰的融化强度也在逐渐增大，北极海冰的动态变化一方面影响北极及周边地区的生态系统稳定，甚至全球的物质能量平衡；另一方面也影响了人类在北极的科研、航运等系列活动。因此，若能对北极海冰分布进行评估与预测，将对研究北极未来环境变化及保障人类在北极的正常活动具有重要意义。已有研究表明北极海冰冰面融池可以作为预测海冰范围的重要因子之一（Schröder et al., 2014; Liu et al., 2015）。Schröder等（2014）曾在*Nature Climate Change*发文指出根据模式预测的结果显示，5月北极海冰冰面融池可以很好地预测9月北极海冰最小范围。而随后Liu等（2015）根据2000—2011年德国汉堡大学发布的卫星反演的融池产品，指出从5月初累计至6月末的融池分布可以很好地预测9月北极海冰最小范围。尽管模式与遥感观测的结论存在一定差异，但都表明了北极海冰冰面融池对海冰范围的预报能力。考虑到目前大部分模式对于北极海冰的预报都存在较大偏差，尤其是对2000年以后的海冰范围预报存在很大不确定性，因此若能获得长时间的融池产品，并将其运用到海冰分布的动态分析、海冰范围预报等层面，必将极大地促进当下北极海冰变化的研究。

综上所述，融池是影响夏季北极海冰对太阳辐射吸收的重要因素，也会直接或间接地影响整个北极的能量平衡。其分布不仅仅会直接影响北极海冰的融化与退缩，而且会影响海冰透光率、海洋热量平衡等多个层面，从而影响北极周边陆地及北冰洋的生态系统稳定。此外，融池作为海冰预报的重要因子之一，对其进行长时间尺度的监测分析，可以有效提高北极海冰的预报能力。当下，由于全球变暖加剧、北极放大效应、人类活动等多重影响，北极海冰正在经历巨大的变化，该变化不仅会影响北极地区的物质与能量平衡，而且会影响全球气候系统的稳定。而融池作为影响北极海冰变化的重要因子之一，对其进行系统的监测与分析，对于当下的北极气候研究具有重要价值。目前，国际上现有的融池产品仅覆盖了2000—2011年，较短时间序列的融池产品很难获得其自身长时间的时空变化趋势，更难以准确地分析其对北极海冰变化的影响。因此，本章将由此出发，优化融池反演算法，获得2000年至今的融池面积覆盖率产品。基于长时间连续的融池产品对北极海冰冰面融池进行长期的监测，分析融池多年来的时空变化规律，融池与北极海冰范围的关系，并基于此进一步完善近年来海冰的动态变化分析，提高海冰预报能力。

## 8.3 研究进展

### 8.3.1 融池的发育机制

基于融池实地观测的早期研究给出了较清晰的融池形成机理及发育阶段的描述，大部分集中在融池不同发育阶段的时期定义、发育过程中反照率变化的分析以及融池在不同类型海冰上的发育特征等。早期关于融池的实地观测已证明其对海冰反照率降低存在直接影响（Perovich et al., 2002; Tschudi et al., 2001），并且明确指出对于不同类型的季节性海冰及多年冰，融池发育阶段的反照率变化也存在明显差异（Hanesiak et al., 2001; Grenfell and Perovich, 2004）。图8.2为季节性海冰和多年冰上的融池各阶段反照率变化。基于对阿拉斯加巴罗海域为期4年（2000年，2001年，2008年，2009年）的实地观测（Grenfell and Perovich, 2004; Polashenski et al., 2012），前人分析了北极近岸海域的海冰和季节性海冰的特征（Perovich and Polashenski, 2012）。实验基于长度为200 m的基线，每间隔2.5 m获取未形变的季节性海冰的光谱和反照率等信息。对比Perovich等（2007）量测的多年冰反照率，发现在融化初期，被积雪覆盖的多年冰和季节性海冰具有类似的反照率，而当积雪开始融化，即融池形成的初期，季节性海冰的反照率快速下降，而多年冰反照率下降速率要低于季节性海冰且存在波动，该差异主要是由于不同类型海冰的积雪覆盖程度不同所导致。在融水下渗之前的阶段，受融池影响的季节性海冰的反照率可低至约0.3，而多年冰的反照率约为0.5（Perovich et al., 2007; Perovich and Polashenski, 2012）。此外，研究显示在融化开始阶段，融池的面积覆盖率峰值仅可持续几天，之后会发生融水下渗。这一研究结果也与Polashenski等（2012）的研究结果类似，研究认为融池在发生下渗之前的阶段并不能维持很久。由于融水下渗，海冰表面融池的覆盖程度会降低，该变化在季节性海冰上更为显著（Perovich and Polashenski, 2012）。

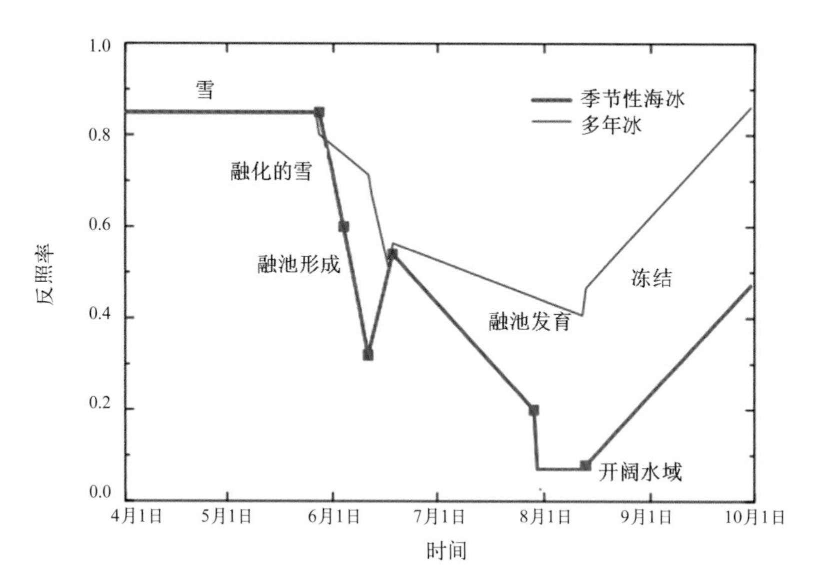


图8.2　季节性海冰和多年冰融池各阶段反照率变化
（Perovich et al, 2007; Perovich and Polashenski, 2012）

融水的流失是融池发育阶段的重点，也是融池实地观测的主要内容，观测显示融池内融水的下渗是绝大部分海冰必然经历的过程，且由于海冰内部结构的差异及表面地形决定的融水分布差异，融水下渗的速率存在较大变率（Eicken et al., 2002）。融水的渗透概念及渗透类型的转化早期被应用到理论分析中（Golden et al., 1998），随后被模式（Petrich et al., 2006）及相关观测实验证实，如对南极海冰的融化观测（Golden, 2001）、基于X光射线的地形监测（Pringle et al., 2009; Golden et al., 2007），以及实地冰上钻孔监测等（Freitag and Eicken, 2003; Eicken et al., 2004; Kawamura et al., 2006）。目前，主要认为有两种融水流失方式：一是通过融池表面融水的自由流动，经由裂隙、冰间水道、动物的呼吸窗口等较大的缺口处直接流失（Golden, 2001; Eicken et al., 2002），该类型的融水流失发生在融池渗透阶段的早期；二是由于海冰内部孔隙的扩大与连通，融水经由海冰内部逐渐下渗（Polashenski et al., 2012）。对于第二种类型的融水流失，更大程度取决于海冰内孔隙的连通，研究表明，对于一年冰而言，由于孔隙连通较少，因此容易形成多孔隙低连通的现象，从而影响融水下渗（Golden, 2001）。此外研究表明，孔隙的连通与孔隙的覆盖比例有很大关系，且往往存在某临界值，即当海冰孔隙到达该值时，孔隙将会快速连通，从而大幅促进融水的下渗（Golden et al., 1998）。但关于融水经由海冰内部下渗尚存在较多不确定性，主要在于融水流入海冰内部后是否会发生再冻结堵塞孔隙或者会进一步融化孔隙内壁存在争议（Polashenski et al., 2012）。Polashenski等（2012）利用激光雷达及其他相关仪器观测了楚科奇海域的海冰地形起伏及融池覆盖率，并设计新的实验量测融水经过裂隙、水道等缺口流失的量，从而观测融水的流失速率及侧面形态。研究发现，当融池形成初期，其面积覆盖率可在4 ~ 6 d内快速增加至峰值约50%。随后由于融水下渗的原因，融池面积覆盖率可在5 ~ 7 d下降至最低值，且反照率也轻微回升，约从0.32上升至0.54（Perovich and Polashenski, 2012）。之后融池进入相对稳定的发育期，其面积覆盖率也逐渐增大。观测显示融池稳定发育阶段的海冰反照率约以0.008 3/d的速率下降，并最终降至约0.2（Perovich et al., 2007; Perovich and Polashenski, 2012）。

此后，由于温度降低及新降雪覆盖，融池会发生再冻结。研究表明，不同类型海冰上融池的再冻结速率不同，由于对新增降雪的承载能力不同，多年冰在再冻结阶段的反照率快速上升，而一年冰则较为缓慢（Perovich et al., 2007; Perovich and Polashenski, 2012）。北极北冰洋地表热量收支计划（Surface Heat Budget of the Arctic Ocean, SHEBA）项目对融池的面积覆盖率进行了详细的观测，结果显示，由于冷空气及降雪的原因，融池的面积覆盖率在7月末或8月初开始出现减小的趋势（Perovich et al., 2002; Tschudi et al., 2001），但由于融池形成初期的条件差异，融池的发育也呈现明显的地域差异（Anderson and Drobot, 2001）。

## 8.3.2 融池的观测及反演

早期关于北极融池的观测已大量开展，包括实地的野外量测（Eicken et al., 1994; Maykut et al., 1992; Perovich and Tucker, 1997; Tucker et al., 1999），机载的量测（El Naggar et al., 1998; Perovich et al., 2002; Tschudi et al., 1997, 2001; Yackel et al., 2000）以及基于高分辨率遥感影像的观测等（Fetterer and Untersteiner, 1998）。此后，随着遥感技术的发展，Yackel和Barber (2000)利用合成孔径雷达提取了一年冰上冰面融池的面积，Howell等（2005）利用一种新的技术基于QuikSCAT区分了融池与其他海冰类型。基于多源遥感影像，Markus等（2003）与Tschudi等（2001，2003，2005）分别提取了巴芬湾、波弗特海、楚科奇海海域小范围的冰面融池面积覆盖率。

Tschudi等（2008）对波弗特海（图8.3）和楚科奇海海域的海冰进行了详细的观测。该实验将地物划分为融池、裸冰、被积雪覆盖的冰和开阔水域4种类型，并在3个波段上观测了以上4类地物的光谱反射率。观测过程中，数据的提取基于100 m的实验基线，每间隔5 m获取1组观测值，用于评估小范围的反照率变化。尽管反照率各个时期和区域存在较大的差异，但最终实验数据是基于不同海冰类型上观测的均值，考虑了融池发育的不同类型及阶段。研究假设以上4种地物类型的面积覆盖率总和为100%，并基于不同地物的光谱反射率在不同MODIS波段上进行求解，认为各类地物的反射率与面积覆盖率的乘积总和等价于该格网内MODIS的光谱反射率值。研究发现融池的面积覆盖率在高纬度近岸区域及固定冰区较高，在浮冰区较低。融池在高纬度地区覆盖率高的原因来源于较大的海冰密集度及较厚的海冰厚度，使得融水可以更多得在融池内留存而较少流失。同时研究发现在6—7月期间，融池面积覆盖率迅速增加与两个因素相关：一是温暖的气候环境；二是低云覆盖的晴朗天气造成海冰对太阳辐射的大量吸收。该研究的实地观测数据对于后续融池产品的生产具有重要意义，德国汉堡大学发布的融池产品（Rösel et al., 2012）及本章研发的融池产品均参考了Tschudi等（2008）相关数据及方法。

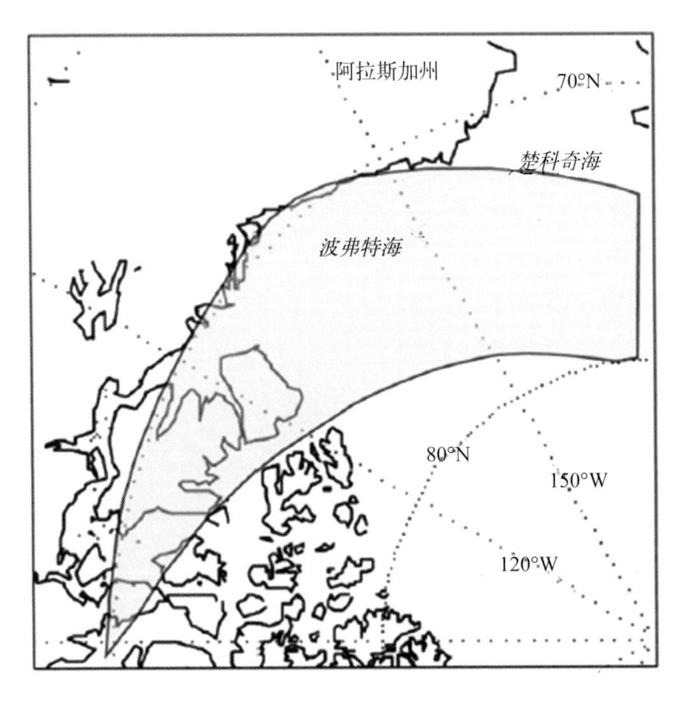


图8.3　实验观测的融池覆盖区域（Tschudi et al., 2008）

近年来，先进的计算机处理方式及高分辨率的遥感影像使得对融池的监测及反演能力逐步增强。基于机载X波段高分辨率（约0.3 m）雷达影像，Kim等（2013）利用计算机视觉的处理原理自动检测了融池的形态及大小，并对楚科奇海北部小范围的融池分布进行了评估。Webster等（2015）利用分辨率为1 m的全色机载遥感影像和实地观测数据，将波弗特海和楚科奇海域的小范围海冰类型进行了划分，包括薄冰、融池、开阔水域等。研究显示一年冰上的融池面积覆盖率最高可达53%，而多年冰上的融池面积比例最高约为38%，且较一年冰上的融池早形成约3周。此外，基于先进微波扫描辐射计（Advanced Microwave Scanning Radiometer–EOS，AMSR-E）海冰密集度和6.9 GHz、89 GHz亮温数据，Tanaka等（2016）提取了融池的面积覆盖率，与MODIS的融池反演结果进行对比，其误差小于5%，但该研究提取的8月初期的融池面积覆盖率较MODIS反演结果高约10%。此外，Tanaka等（2016）对融池的反演有较高要求：一是该方法仅适用于海冰密集度高于95%区域；二是适用于夏季末期；三是要求大气空气湿度较低。

尽管已有较多研究涉及高分辨率遥感影像的融池反演，但受限于影像的获取及算法的苛刻要求，目前长时间尺度的融池产品的生产主要基于MODIS影像和中分辨率成像光谱仪（Medium Resolution Imaging Spectrometer，MERIS）影像。Rösel等（2012）利用MODIS 3个波段的光谱反射率数据提取了2000—2011年5—9月的全北极冰面融池面积覆盖率产品。该产品为全球第一套覆盖范围广，时间尺度长的融池产品。该研究参考了此前实验（Tschudi et al., 2008）获得的不同地物类型的光谱反射率，并引入了人工神经网络批量获取2000—2011年的MPF产品，但该研究仅考虑了3种地物类型，忽略了裸冰，且该研究采用固定的地物反射率来进行不同时期全北极的融池反演，因此对后续产品准确性有较大影响。研究发现在海冰经历明显退缩的2007年和2011年，融池的面积覆盖率在6月中旬和末期（6月25日后）达到最大，且融池在6—8月期间80°～88°N范围有明显的增加（Rösel et al., 2012）。此外，综合分析2000—2011年的该融池产品，发现海冰融化周期有延长的趋势（Rösel and Kaleschke, 2011）。Zege等（2015）回避了单一反照率的先验知识，基于MERIS Level 1B数据将像元划分为裸冰和融池，在迭代过程中不断改正地物光谱反射率的值，获得了2002—2011年北极部分海域的融池面积覆盖率产品及反照率产品，但该产品对较深的融池检测效果欠佳。基于MODIS发布的融池产品（Rösel et al., 2012）与该产品MPF的分布基本类似，但在部分海域该产品略低约10%，推测是由于云层覆盖的影响（Istomina et al., 2015）。

### 8.3.3 融池的模拟

早期，基于模糊层（Mushy-layer）理论Taylor和Feltham（2004）设计了一维的海冰模式，该模式将融池作为液相考虑在了两种辐射方案中。Lüthje等（2006）基于生物细胞原理模拟了融池在水平方向的发育以及垂直方向的渗透过程，由此来估算海冰表面地形的变化。Skyllingstad等（2009）提出了不同的方案，该方案中融水可以在多孔的平整海冰表面自由流动。此后Scott和Feltham（2010）结合了先前的参数化方案设计了三维模型，该方案优化了积雪表面地形的物理特征以及融水在侧面和垂直方向上的传输。之后，融池的物理过程描述被添加进入洛斯阿拉莫斯海冰模式（Los Alamos Sea Ice Model，CICE），并基于海冰厚度分布评估了海冰表面地形对融池发育的影响（Flocco and Feltham, 2007; Flocco et al., 2012）。

CCSM（Community Climate System Model）系列模式是一种耦合的全球气候模型，其组件包括大气模型、陆面模型、海洋模型和海冰模型等。CCSM由美国国家大气研究中心进行维护。相对于CCSM3（版本3）模式，CCSM4（版本4）模式基于5种海冰厚度类型改进融池参数化方案，并且该方案考虑了复杂的辐射传输，可以模拟不同地物类型的吸收和散射（Holland et al., 2011）。而以往的参数化方案，只考虑了海冰的辐射传输

（Pedersen et al., 2009），忽略了淡水对海洋通量的影响。CCSM4中融池的参数化方案是基于海冰表面的融化率、积雪的融化率、降水以及融水相对于降水的流失率，估算融池的体积，从而反算融池的覆盖面积及深度（Holland et al., 2011）。此外，该方案认为融池体积减小的主要原因在于空气温度降低，并设定当空气温度低于−2℃时，融池将快速再冻结。

目前，融池的模拟主要基于CICE海冰模式，该模式的组成包括：（1）热力学成分，用来计算雪和冰在垂直传导上的增长、与降雪相关的辐射和瞬时通量；（2）海冰动力学成分，用来预测海冰的速度场；（3）传输的成分，用来描述海冰密集度、海冰体积等不同状态下的传导；（4）海冰成脊的参数化方案，用来表示不同海冰厚度种类下的能量平衡和应力速率（Hunke and Lipscomb, 2015）。在原来的CICE模式版本4.1中，融池的参数化方案没有考虑复杂的物理过程，例如融水的收集等，而且反照率是依赖于海冰和雪的温度、厚度以及太阳辐射的光谱分布来反演的（Hunke and Lipscomb, 2010）。改进后的融池参数化方案结合了多重散射辐射，并且基于不同的海冰厚度类型对融池进行模拟（Hunke et al., 2013）。该参数化方案充分考虑了融水的收集、降水对融池的贡献、融水通过海冰内部和侧面的流失、雪水渗透以及融水再冻结等主要过程。该方案认为融池的增长因素包括积雪和海冰的融水增加和降雨两方面，融池的退缩因素则是海冰表面温度的降低。该方案基于不同的海冰厚度种类，将融池当作示踪物，即融池的模拟是在不同的海冰厚度类型下进行的。方案首先模拟融池的融水体积，之后根据融池面积与深度的关系，依次反算融池的深度与面积（Hunke et al., 2013）。相较于之前的融池参数化方案，该方案的改进在于融池的模拟是在同一类海冰厚度上进行，即假设融水是由同一类厚度的形变海冰流动至同一类未形变的海冰。此前，Flocco等（2012）同样基于不同的海冰厚度种类对融池进行模拟，但原理是融水经由厚度大的海冰流出，最终在厚度最小的海冰处被收集。该方案对海冰厚度的种类划分非常敏感，当增大海冰厚度种类后，融池的模拟存在较大差异。Hunke等（2013）与Flocco等（2012）参数化方案最大的区别在于考虑融池的面积比例时如何定义海冰表面的地形起伏。

Popović和Abbot（2017）利用简单的“0−D”模型来模拟融池的发育，该模型定义了4个参数来控制融池在裸冰上的生长，分别评价融池在裸冰、融化海冰、海冰底部的生长强度以及加速融化状态下的强度。但该方案要求了融池模拟的前提：海冰处于高渗透状态，且生成的融水可以快速流入海洋；融池处于海平面水平且与海洋相连通；整个浮冰达到流体静力学平衡等。相对于此前的融池参数化方案，该方案主要考虑融池在垂直方向的生长，而此前研究（Skyllingstad et al., 2009）侧重于模拟融池在可渗透海冰侧面向的融化。该参数化方案（Popović and Abbot, 2017）认为所有的融化均发生在海冰表面或底部，而忽略了海冰内部的融化。在该参数化方案中，海冰表面地形的改变是影响融池覆盖的主要因素，而融池的生长分为两种方式：一是海冰出水高度的下沉；二是海冰表面地形引起的加速融化。研究发现，融池的增长速率对裸冰的反照率变化更为敏感，且融池在平滑的海冰上增长缓慢。而对比多年冰的融池发育，一年冰上的融池对于海冰出水高度的下沉更敏感（Popović and Abbot, 2017）。

由于融水下渗对于融池的发育至关重要，Polashenski等（2012）基于热含量模拟了盐水下渗的模型。该模型假设了一个独立隔绝的圆柱形盐水管道，并由环状细胞代表不规则的厚度，在模式运行过程中始终保持固定的体积。该盐水管道的中心由液态的盐水初始化，周围的环状细胞则基于此前实验获得的温度和盐度初始化。该参数化方案考虑了不同的融水流失类型，一是薄片状短暂的流失；二是急速的融水流失，并针对这两种类型分别计算融水的流失速率。研究发现，当下渗通道的直径低于某临界值时，通道很容易关闭，从而降低了融水的流失，并造成负反馈，即海冰的导热率超越了能量传递，若能量传递超过了导热率，那么通道则会扩大，形成正反馈（Polashenski et al., 2012）。但就目前结果而言，判断哪种类型的渗透导致融水的流失，仍需要更多的数据。

### 8.3.4 融池对北极生态环境的影响

融池对北极生态环境的影响主要体现在融池的透光性对北极浮游植物的作用，从而间接影响北极初级生产力及整个食物链结构（Boetius et al., 2013）。2011年在北极楚科奇海深度约50 m处观测到了显著的藻类植物暴发，研究者认为该暴发与融池有直接关系（Arrigo et al., 2012, 2014）。Palmer等（2014）基于一维的生态模型评估了融池的变化对冰下藻类植物的影响。结果显示，融池覆盖率为10%的一年冰就可以使足够的光穿透，促进藻类植物的生长。当融池覆盖率增加至20%，则可以使冰下净初级生产力增加26%，而该模拟结果与2011年观测得到的冰下藻类暴发相吻合。但研究显示，此后持续增加的融池覆盖率并不会导致藻类植物的明显生长。与裸冰对比，融池覆盖率约30%的薄冰可以促进光的穿透达40%以上（Frey et al., 2011; Arrigo et al., 2012）。近年来，观测表明部分多年冰已开始向一年冰转变，而由于一年冰的透光率约是多年冰的3倍（Nicolaus et al., 2012），海冰类型的转变将对冰下藻类植物的生长带来更多直接影响。

### 8.3.5 融池对北极海冰的影响

融池作为影响北极海冰反照率的主要因子之一，近年来已被研究证实可以用于预测夏季北极海冰最小范围。Schröder等（2014）基于与CICE耦合的新的融池模式评估了近35年（1979—2013年）融池的时空发育，发现春季融池的分布与9月北极海冰范围有很强的关系。研究显示，自5月1日累积至5月31日的融池面积与SSM/I观测的9月海冰范围相关系数高达−0.8。且模拟显示融池自5月开始发育，1979—2013年面积覆盖率均值在7月中旬达到最大，约为18%，8月中旬后融池少有覆盖。该研究利用去趋势后的海冰范围与预测误差，分析了融池对9月海冰范围的预报能力，结果显示5月初累积至6月25日的融池面积覆盖率对9月海冰的预报能力为0.41（1为准确预报）。此后，Liu等（2015）利用德国汉堡大学发布的2000—2011年MODIS反演的融池产品（Rösel et al., 2012）再次分析了融池对海冰范围的预报能力。尽管该研究与模式模拟的研究（Schröder et al., 2014）均证明融池对海冰最小范围有很好的预报能力，但基于遥感反演的融池产品显示，5月融池的面积覆盖率与9月海冰范围的相关性很弱，且不能预报海冰最小范围。该结论与模式模拟的结果也存在较大偏差。Liu等（2015）认为融池需从5月初累积至6月末才可以与9月海冰范围呈现较强的相关性，相关系数约为−0.8。从预报结果来看，该时段累积的融池面积覆盖率，可以很好地预报2007年北极海冰最小范围。基于模式模拟和遥感观测的融池结果对北极海冰范围的预报差异，有待进一步的分析，推测其原因可能在于近年来融化季延长（Blanchard-Wrigglesworth et al., 2011; Day et al., 2014），而仅仅采用5月期间的融池结果已无法很好地预测近年来剧烈变化的海冰范围。

### 8.3.6 融池研究主要问题

现有研究已证明融池对北极海冰分布及海冰范围变化具有重要意义，且会影响北极冰下浮游植物的生长，进而影响北极初级生产力及北冰洋食物链结构。但目前融池产品（Rösel et al., 2012；Zege et al., 2015）很不完善，一是目前的融池产品终止于2011年，2012年以后北极海冰的加剧变化，对北极乃至全球的气候环境都产生了直接或间接的影响，并影响北极科研和航运工作。因此，需要长期且完善的融池产品来分析近年来及未来融池对北极海冰及周边环境的影响。二是目前融池的遥感反演基于预先设定且固定的地物反射率，而在融化季地物的反射率在不同时间地点不同状态下有很大差异，因此目前的反演方法会直接对融池产品的准确度产生影响。

此外，目前模式中的融池参数化方案均不能很好地模拟融池的实际变化，且往往存在很多限制，如模拟的时间、海冰的状态等，因此结合融池的遥感产品对融池参数化方案进行改进也具有重要研究意义。本章基于遥感影像生成2000年至今的全北极海冰冰面融池产品，分析2000年至今融池的时空变化规律，融池在不同海冰类型上的发育及其与北极海冰范围的关系和预报能力等。

## 8.4 融池反演方法

本章将利用MODIS反射率数据及多源实测融池数据，直接基于多层神经网络获得2000年至今的融池面积覆盖率产品（Ding et al., 2020）。

### 8.4.1 卫星数据

本章利用MODIS Terra地表反射率数据（MOD09A1）来获取MPF产品。该数据分辨率为500 m，时间间隔为8 d。由于MOD09A1选择了低视角、云层遮挡少的数据，因此具具有较好的数据质量（Vermote et al., 2015）。

德国汉堡大学的Rösel等（2012）利用MODIS的3个波段（1，2，3）数据反演了2000—2011年融池产品，本章在此基础上额外添加了一个近红外波段来反演融池产品，将整体带宽增加至1 000 nm以上，从而获得更敏感的地物相变信息。具体而言，本章将利用两个可见光波段（波段1，带宽620 ~ 670 nm；波段3，带宽459 ~ 479 nm），以及两个近红外波段（波段2，带宽841 ~ 876 nm；波段5，带宽1 230 ~ 1 250 nm）。该数据将作为神经网络的输入数据。

### 8.4.2 实测融池数据

近年来，有较多的融池实地观测在北极开展。本章将利用6组不同源的融池实测数据作为真值进行神经网络的训练。

第一组数据源于美国华盛顿大学开展的跨北极探险（Healy Oden Trans-Arctic Expedition，HOTRAX）观测计划（Perovich et al., 2009），融池观测覆盖了2005年8—9月77° ~ 79°N，84° ~ 87°N范围。数据分辨率约为57 m × 70 m；第二组数据源于中国大连理工大学（DLUT）在北极科考中获得的融池观测数据（Lu et al., 2010; Huang et al., 2016），该数据覆盖了2008年8月和2010年10月84° ~ 86°N范围，数据分辨率约为98 m × 67 m；第三组数据源于德国RV破冰船在Trans-Polar ARK-XXXVI/3计划中获得的融池观测数据（Nicolaus et al., 2012，简称为TransArc），数据覆盖了2011年8—9月84° ~ 87°N范围，数据分辨率约为10 km × 10 km；第四组数据源于中国极地研究中心在北极科学考察中获得的融池观测数据（Lei et al., 2017, 简称为PRIC-Lei），该数据覆盖了2011—2016年每年8月84° ~ 87°N区域，数据分辨率为1 km × 1 km；第五组数据源于美国国家冰雪数据中心（NSIDC）2000—2011年提取，原始数据分辨率为1 m的融池数据（Fetterer et al., 2008），该数据覆盖了北极多个海域，时间为2000—2001年5—9月，处理后的融池分辨率为500 m × 500 m；第六组数据为挪威极地研究所（Norwegian Polar Institute, NPI）2012年8月实测的融池数据（Divine et al., 2015, 2016），该数据覆盖了80° ~ 82°N范围，数据分辨率为60 m × 40 m。

此外，考虑到融池产品独立验证的需要，本章还利用了Webster等（2015）提供的2000—2014年分布在北极波弗特海和楚科奇海多年冰和一年冰上的融池数据（简称Webster），覆盖范围约为69° ~ 82°N，其数据分辨率为8 ~ 25 km。图8.4展示了各个数据的分布。

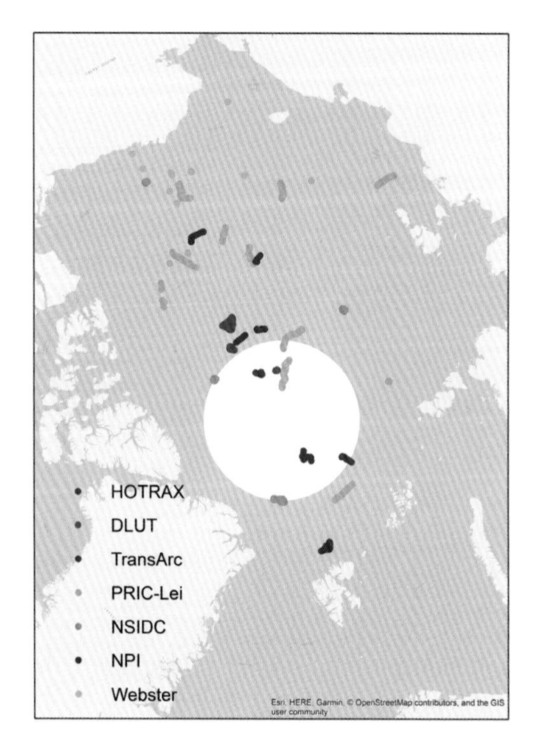


图8.4　实测融池数据分布（底图由Esri, HERE, Garmin, © OpenStreetMap贡献者及GIS用户社群提供，Ding et al., 2019）

## 8.4.3　神经网络训练

利用神经网络反演融池的方法在此前已被部分研究应用，结果表明，神经网络可以获得输入MODIS波段数据与MPF的较好的对应关系。本文采用的反演方法流程如图8.5所示。

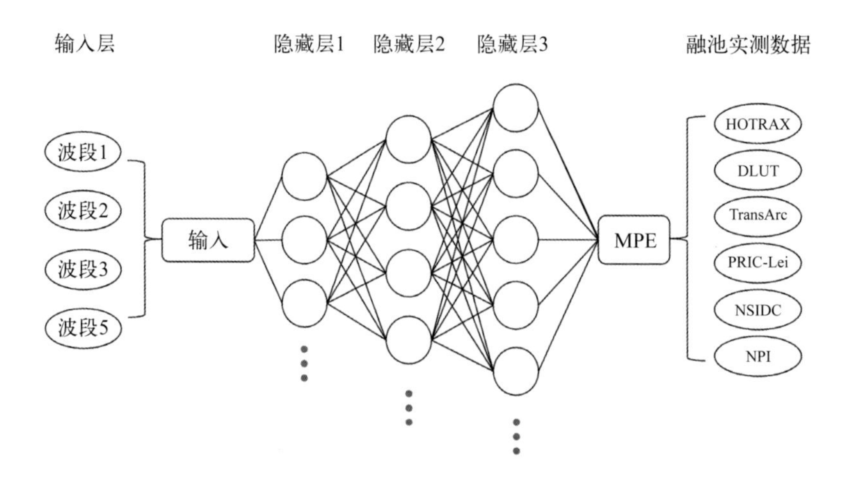


图8.5　神经网络反演融池方法流程（Ding et al., 2019）

该网络包含了4个输入层，3个隐藏层以及1个输出层。在网络训练中，本章将500 m分辨率的MODIS波段信息作为输入，将以上6个实测融池数据作为输出从而获得训练网络（Ding et al., 2019）。在实际产品生成中，本章将MODIS数据重采样至12.5 km分辨率，获得12.5 km尺度下的MPF产品。更新的融池数据集产品采用了更多的MODIS波段及实地观测数据（Ding et al., 2020）。

## 8.5 产品验证

图8.6展示了本章的MPF产品和德国汉堡大学发布的2000—2011年融池产品与实测数据的验证对比。结果显示，本章产品与实测数据的相关性较德国汉堡大学与实测数据相关性更高且更稳定。对于HOTRAX、TransArc两组验证结果一般的数据，问题在于该数据本身具有较少的样本点用于神经网络的训练。此外，本章产品的均方根误差也具有较好且稳定的验证结果。

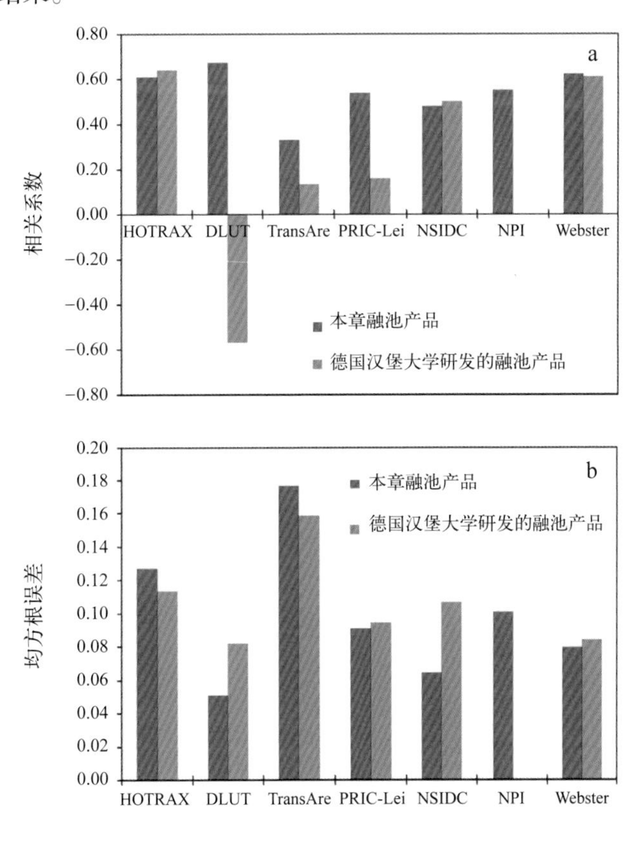


图8.6 本章MPF产品／德国汉堡大学MPF产品与实测数据的验证对比（Ding et al., 2019）

经过与Webster等（2015）数据的独立验证，发现本章产品的相关性为0.62，略大于德国汉堡大学产品与该实测数据的相关性（0.61），且在均方根误差的表现上，本章产品的结果也优于德国汉堡大学产品（Ding et al., 2019）。

## 8.6 融池时空变化分析

图8.7展示了融池5—9月的变化趋势。研究显示，融池在5—9月期间呈现不对称的增长与减小趋势。融池在5月初的面积占比（MPF）约为8%，发育到5月底增长到约12%。在6月融池发育速率最快，6月末MPF高达23%。进入7月后，融池开始稳定发育，并在7月中下旬MPF达到26%。此后，由于降温降雪的作用，融池开始再冻结，MPF逐渐下降，并在9月降低至14%（Ding et al., 2019）。此外，研究发现融池在再冻结阶段的MPF变率要高于其在生长阶段的变率。部分原因可能是由于温度降低的过程中，融池会有冻结与融化的混合过程，导致出现更大的变率（Rösel and Kaleschke, 2011; Rösel et al., 2012; Istomina et al., 2015）。总体而言，本章的融池产品与德国汉堡大学此前发布的融池产品存在类似的发育趋势，但本章研究的MPF下降时间比德国汉堡大学推迟了约半个月。由于7月间融池应当处于稳定发育的阶段，因此德国汉堡大学产品中出现的7月初融池开始减少（Liu et al., 2015）很大概率是由于其产品在7月间准确度下降所导致。此外，近年来观测与模式表明，北极的融化季节开始延长，该现象与融池MPF持续保持在较高的水平有一定关联。

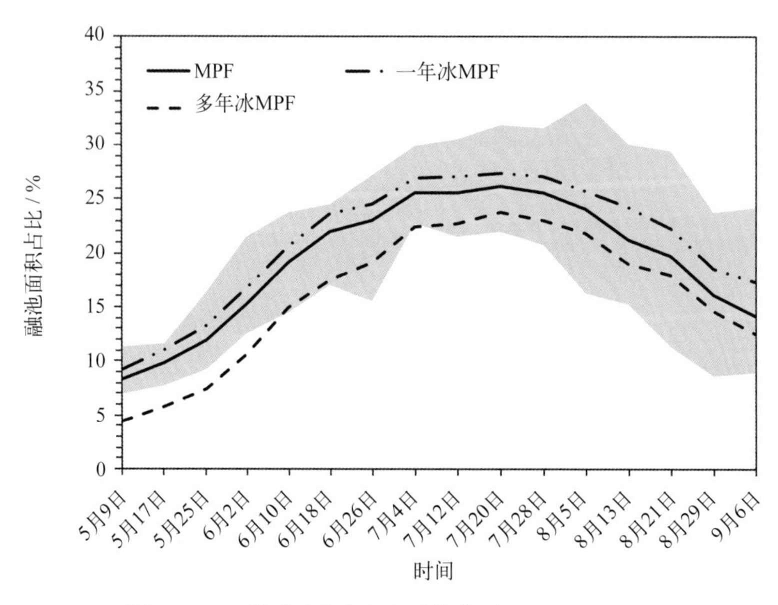


图8.7　5—9月融池发育与衰退趋势（Ding et al., 2019）

为了更好地了解融池的发育，本章进一步将融池划分在一年冰和多年冰两种海冰类型上进行分析。研究显示融池在一年冰和多年冰上的发育趋势类似，但融池在一年冰上的MPF要高于其在多年冰上的覆盖，二者差值约5%。融池在一年冰上的覆盖最高达

27.5%，而在多年冰上最高达23.8%（Ding et al., 2019）。如图8.8所示，5月期间融池在一年冰上的发育速率要高于其在多年冰上的发育，而6月期间，融池在多年冰上的发育速率却略高于其在一年冰上的发育（Ding et al., 2019）。Popović和Abbot（2017）基于模式分析发现融池在平缓的冰表面其发育速率较低，原因是研究发现出水高度与海冰表面的粗糙程度成比例，而这又会影响海冰的融化。7月期间，融池在一年冰和多年冰上的发育速率都较低，间接表明融池在该阶段的发育主要为深度上的发育。

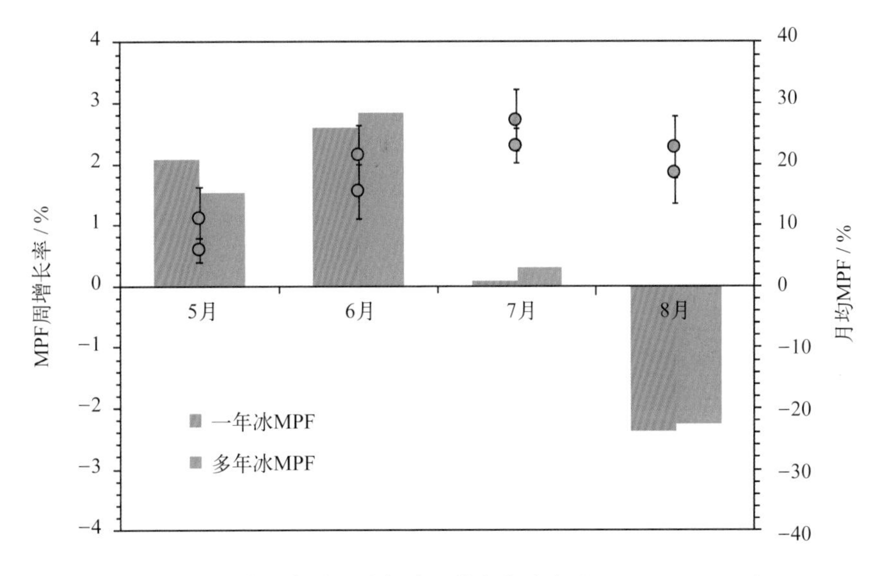


图8.8 融池在一年冰和多年冰上的发育速率（Ding et al., 2019）

从融池在2000—2017年间的年际趋势（图8.9a）可见，融池呈现轻微的增长趋势，但这一趋势并不显著。Zhang等（2018）曾基于模式的分析发现融池在1979—2016年呈现不显著的下降趋势。可能原因为：近年来海冰融化加剧，海冰厚度大大减少，因此海冰对融水的承载能力下降，导致融水流失。研究发现，融池在2007年以后的变率要明显大于其在2007年之前的变率，2012年（海冰范围最低年份）融池达到年均异常最高（4%），而在2007年（海冰范围次低年份）融池的年均异常值也较高（Ding et al., 2019）。对比融池在一年冰和多年冰上的年际变化（图8.9b），发现在大部分年份，二者都呈现同样的变化趋势，而在2008年和2015年呈现相反的变化趋势。进一步分析融池的年际变化趋势，发现2000—2017年期间融池并非在整个融化季都呈现增长的趋势，而是在7月后期才呈现增长的年际变化。该发现也同样表明了北极海冰近年来融化周期在逐渐延长。对比融池在一年冰和多年冰上的年际变化，发现显著的融池增长主要集中在一年冰上（Ding et al., 2019）。

根据融池的空间变化趋势来看（图8.10），2000—2017年融化加剧的区域主要集中在楚科奇海、波弗特海和喀拉海。且融池在7—9月的年际增长要显著高于其在整个融化季的增长趋势（Ding et al., 2019）。

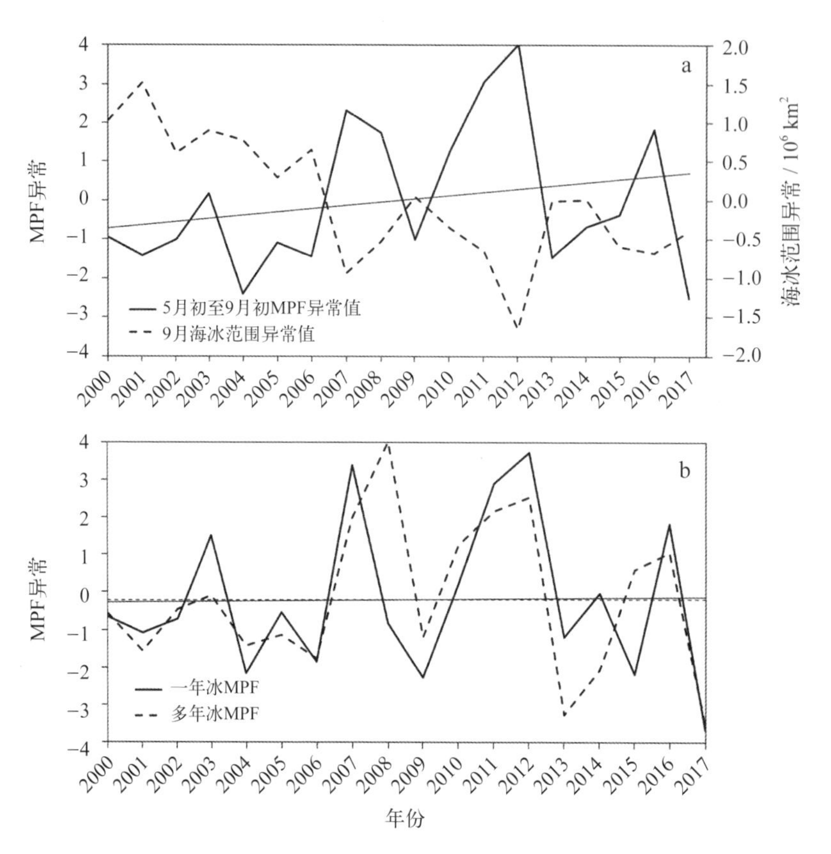


图8.9　2000—2017年融池年际变化（Ding et al., 2019）
a. 5月初至9月初MPF异常及9月海冰范围异常；b. 5月初至9月初一年冰和多年冰MPF异常

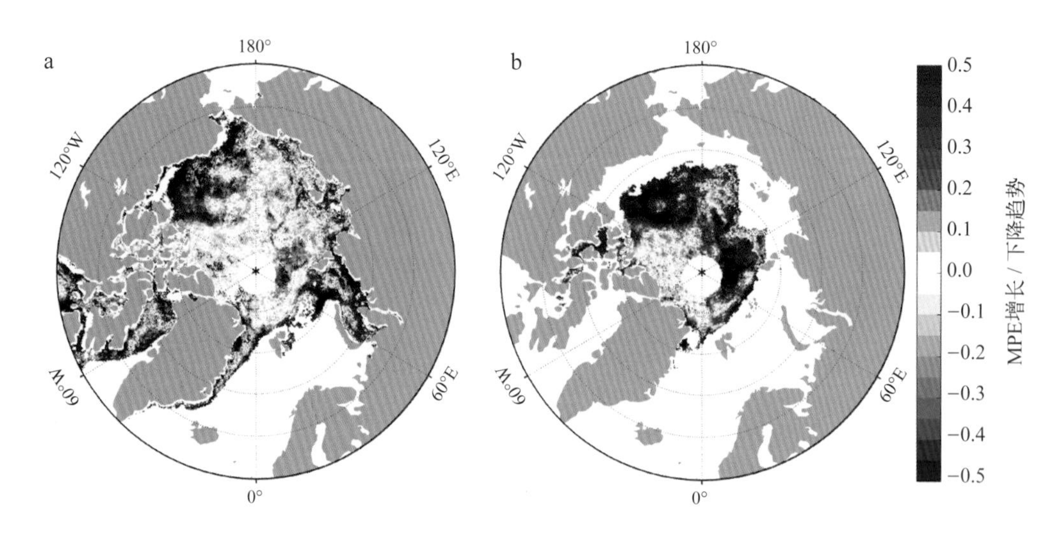


图8.10　2000—2017年融池的空间变化趋势（Ding et al., 2019）
a. 5月9日至9月6日；b.7月20日至9月6日

详细对比2004年和2012年融池的时空发育（图8.11和图8.12），结果显示在融化季前3周，2004年融池的范围在15%～25%，MPF主要出现在波弗特海、楚科奇海、喀拉海和巴伦支海的边缘，以及巴芬湾部分区域。融池在2004年的增长缓慢，在融化季第4周增长的融池主要出现波弗特海、楚科奇海和东西伯利亚海，以及北极东部海域边缘。在6月末期，较高的MPF主要出现在波弗特海的大部分边缘，且明显高于其他海域。2004年融池在7—8月发育也主要集中在波弗特海、楚科奇海的边缘地区（Ding et al., 2019）。而在2012年，融池的前期发育与2004年类似，但融池的增长从北极的东部海域开始逐渐向波弗特海、楚科奇海和北极中央海域扩展，相对于2004年较高的融池主要集中在边缘海域，2012年较高的融池占据波弗特海、楚科奇海及东西伯利亚海的主要区域。研究显示，2004年MPF基本在20%以内，而2012年MPF则大部分高达20%，且一直延续到8月（Ding et al., 2019）。

总体而言，融池的2004年、2012年以及2000—2017年平均MPF为（16.8 ± 5.9）%、（23.2 ± 6.8）%、（19.2 ± 5.8）%，2012年融池5—9月的每间隔8 d的MPF都高于2000—2017年的平均值，2012年融池发育最快的时期也比2000—2017年的平均时间提前了近1周（Ding et al., 2019）。

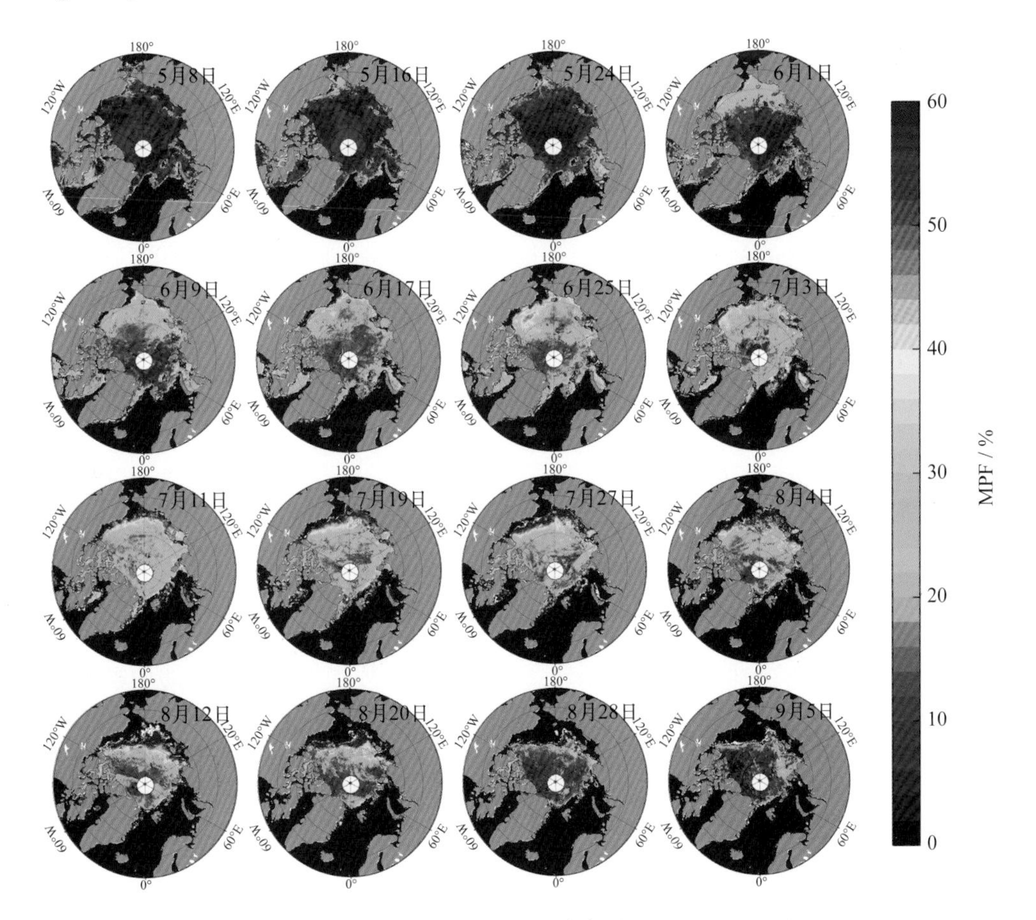


图8.11 2004年融池5—9月时空分布（Ding et al., 2019）

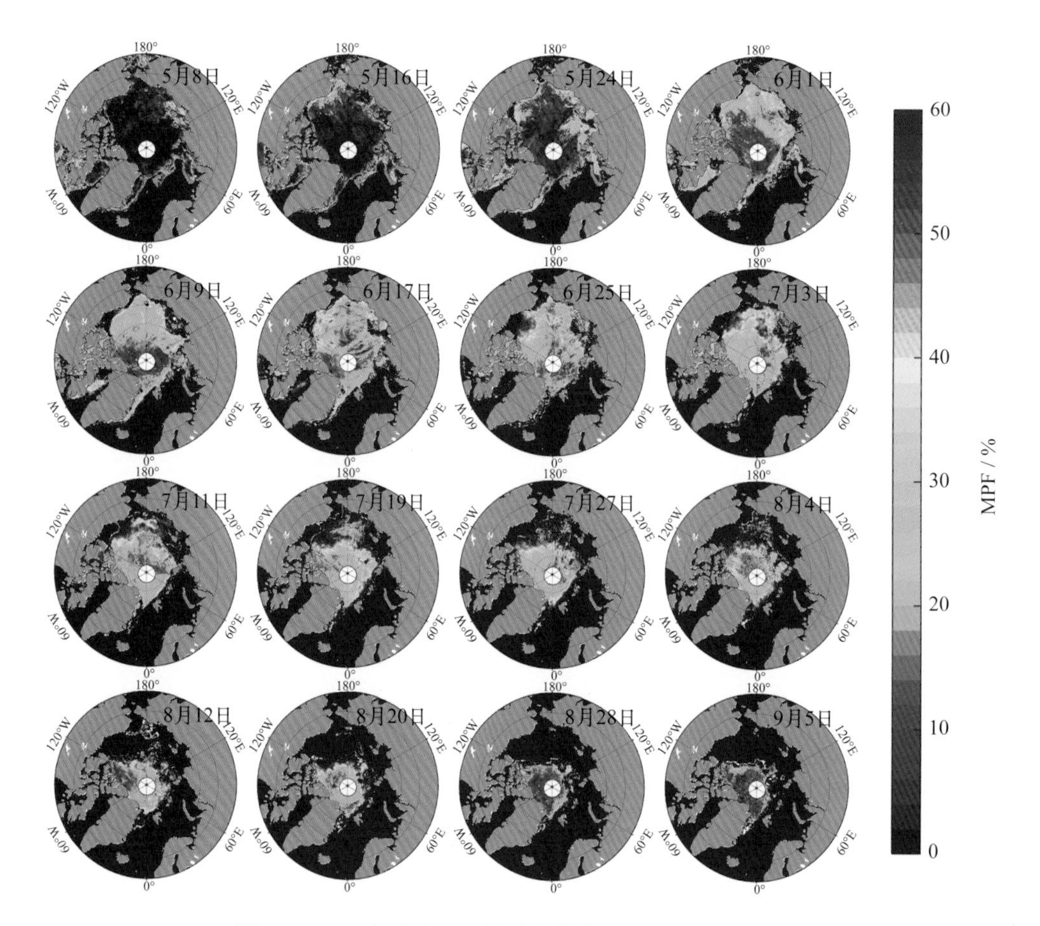


图8.12　2012年融池5—9月时空分布（Ding et al., 2019）

## 8.7　小结

融池可以极大地降低海冰的反照率，因此对北极海冰的融化与退缩有直接影响。并进一步影响北极的能量与物质平衡，影响极地生态系统。本章介绍了融池国内外的研究进展，主要问题在于目前国际上缺乏长时间连续且覆盖全北极的融池产品。此前，德国汉堡大学发布的产品只覆盖了2000—2011年时段。

本章利用MODIS反射率数据，多源实测融池数据训练神经网络，最终获得稳定的关系用于融池产品的生产。该方法避免了此前基于固定的地物种类及固定的地物反射率提取融池的问题，较好地提高了融池产品的准确度。本文获得了2000年至今的覆盖全北极的融池产品，且经过验证，发现本文的融池产品较之前国际上发布的融池产品与实测数据对比有更好的相关性与稳定度，认为本章的融池产品具有很好的数据质量。更新的融池产品进一步优化了融池提取方法（Ding et al., 2020）。

2000—2017年的年均融池呈现轻微的增长趋势，且2007年之后的融池变率明显增加。融池的年际增长集中在8—9月阶段，推测融池对近年来海冰融化周期延长有直接影响。融池在一年冰上的分布要高于其在多年冰上的分布。融池的空间增长主要集中在波弗特海、楚科奇海及喀拉海海域。

目前，融池的模式模拟仍然存在很多问题，与真实的观测有较大差异，若将融池的遥感反演产品与模式模拟相结合，会对融池模拟有很大提升。此外，目前的海冰模式对北极海冰范围的模拟有很大误差，且尚未将融池同化进入模式。考虑到融池对北极海冰范围具有很好的预报能力，若将融池同化进海冰模式中，或将对海冰模式的预报有很大帮助。

## 参考文献

Anderson M R, Drobot S D, 2001. Spatial and temporal variability in snowmelt onset over Arctic sea ice[J]. Annals of Glaciology, 33(1): 74−78.

Arrigo K R, Perovich D K, Pickart R S, et al., 2012. Massive phytoplankton blooms under Arctic sea ice[J]. Science, 336 (6087): 1408.

Arrigo K R, Perovich D K, Pickart R S, et al., 2014. Phytoplankton blooms beneath the sea ice in the Chukchi Sea[J]. Deep-Sea Research Part II: Topical Studies in Oceanography, 105: 1−16.

Blanchard-Wrigglesworth E, Armour K, Bitz C, et al., 2011. Persistence and inherent predictability of Arctic sea ice in a GCM ensemble and observations[J]. Journal of Climate, 24(1): 231−250.

Boé J, Hall A, Qu X, 2009. September sea-ice cover in the Arctic Ocean projected to vanish by 2100[J]. Natural Geoscience, 2(5): 341−343.

Boetius A, Albrecht S, Bakker K, et al., 2013. Export of algal biomass from the melting Arctic sea ice[J]. Science, 339(6126): 1430−1432.

Curry J A, Schramm J L, Ebert E E, 1995. Sea ice-albedo climate feedback mechanism[J]. Journal of Climate, 8(2): 240−247.

Day J J, Tietsche S, Hawkins E, 2014. Pan-Arctic and regional sea ice predictability: initialization month dependence[J]. Journal of Climate, 27(12): 4371−4390.

Ding Y, Cheng X, Liu J, et al., 2019. Investigation of spatiotemporal variability of melt pond fraction and its relationship with sea ice extent during 2000–2017 using a new data[J]. The Cryosphere Discussion, doi.org/10.5194/tc-2019−208.

Ding Y F, Cheng X, Liu J P, et al., 2020. Retrieval of melt pond fraction over Arctic sea ice during 2000–2019 using an ensemble-based deep neural network[J]. Remote Sensing, 12(17): 2746.

Divine D V, Granskog M A, Hudson S R, et al,. 2015. Regional melt-pond fraction and albedo of thin Arctic first-year drift ice in late summer[J]. The Cryosphere, 9(1): 255−268.

Divine D V, Pedersen C A , Karlsen T I, et al., 2016. Photogrammetric retrieval and analysis of small scale sea ice topography during summer melt[J]. Cold Regionsence & Technology, 129: 77–84.

El Naggar S, Garrity C, Ramseier R O, 1998. The modelling of sea ice melt-water ponds for the high Arctic using an Airborne line scan camera, and applied to the Satellite Special Sensor Microwave/Imager (SSM/I)[J]. International Journal of Remote Sensing, 19(12): 2373–2394.

Eicken H, Grenfell T C, Perovich D K, et al., 2004. Hydraulic controls of summer Arctic pack ice albedo[J]. Journal of Geophysical Research: Oceans, 109(C8): C08007.

Eicken H, Krouse H R, Kadko D, et al., 2002. Tracer studies of pathways and rates of meltwater transport through Arctic summer sea ice[J]. Journal of Geophysical Research, 107(C10): 8046.

Eicken H, Martin T, Reimnitz E, 1994. Sea ice conditions along the cruise track[M]. The Expedition Arctic '93. Leg ARK-IV/4 of RV Polarstern 1993Ber. Polarforsch, 149: 42–47.

Fetterer F, Untersteiner N, 1998. Observations of melt ponds on Arctic sea ice[J]. Journal of Geophysical Research Oceans, 103(C11): 24821–24835.

Fetterer F, Wilds S, Sloan J, 2008. Arctic Sea Ice Melt ponds Statistics and Maps, 1999–2001, Version 1[D]. NSIDC: National Snow and Ice Data Center.

Flocco D, Feltham D L, 2007. A continuum model of melt pond evolution on Arctic sea ice[J]. Journal of Geophysical Research: Oceans, 112(C8): C08016.

Flocco D, Schroeder D, Feltham D L, et al., 2012. Impact of melt ponds on Arctic sea ice simulations from 1990 to 2007[J]. Journal of Geophysical Research Oceans, 117(C9): C08016.

Freitag J, Eicken H, 2003. Meltwater circulation and permeability of Arctic summer sea ice derived from hydrological field experiments[J]. Journal of Glaciology, 49(166): 349–358.

Frey K E, Perovich D K, Light B, 2011. The spatial distribution of solar radiation under a melting Arctic sea ice cover[J]. Geophysical Research Letters, 38(22): 22501.

Grenfell T C, Perovich D K, 2004. The seasonal evolution of albedo in a snow-ice-land-ocean environment[J]. Journal of Geophysical Research Oceans, 109(C1): C01001.

Golden K M, 2001. Brine percolation and the transport properties of sea ice[J]. Annals of Glaciology, 33(1): 93–113.

Golden K M, Ackley S F, Lytle V I, 1998. The percolation phase transition in sea ice[J]. Science, 282(5397): 2238–2241.

Golden K M, Eicken H, Heaton A L, et al., 2007. Thermal evolution of permeability and microstructure in sea ice[J]. Geophysical Research Letters, 34(16): 271–289.

Hanesiak J M, Barber D G, De Abreu R A, et al., 2001. Local and regional albedo observations of arctic first-year sea ice during melt ponding[J]. Journal of Geophysical Research Oceans, 106(C1):1005–1016.

Howell S E L, Yackel J J, De Abreu R, et al., 2005. On the utility of SeaWinds/QuikSCAT data for the estimation of the thermodynamic state of first-year sea ice[J]. IEEE Transactions on Geoscience and Remote Sensing, 43(6):1338–1350.

Huang W, Lu P, Lei R, et al., 2016. Melt pond distribution and geometry in high Arctic sea ice derived from aerial investigations[J]. Annals of Glaciology, 57(73):105−118.

Hunke E C, Lipscomb W H, 2010. CICE: the Los Alamos Sea Ice Model Documentation and Software User's Manual Version 4.1 LA-CC-06-012[S]. T-3 Fluid Dynamics Group, Los Alamos National Laboratory.

Hunke E C, Lipscomb W H, 2015. CICE: the Los Alamos Sea Ice Model Documentation and Software User's Manual Version 5.1 LA-CC-06-012[S]. T-3 Fluid Dynamics Group, Los Alamos National Laboratory.

Hunke E C, Hebert D A, Lecomte O, 2013. Level-ice melt ponds in the Los Alamos sea ice model, CICE[J]. Ocean Modelling, 71: 26−42.

Holland M M, Bailey D A, Briegleb B P, et al., 2011. Improved sea ice shortwave radiation physics in CCSM4: The impact of melt ponds and aerosols on Arctic sea ice[J]. Journal of Climate, 25(5):1413−1430.

Istomina L, Heygster G, Huntemann M, et al., 2015. Melt pond fraction and spectral sea ice albedo retrieval from MERIS data–Part 2: Case studies and trends of sea ice albedo and melt ponds in the Arctic for years 2002–2011[J]. The Cryosphere, 9(4):1567−1578.

Kawamura T, Ishikawa M, Takatsuka T, et al., 2006. Measurements of permeability in sea ice[C]. Proceedings on the 18th IAHR International Symposium on Ice (2006). Sapporo, Japan.

Kim D J, Hwang B, Chung K H, et al., 2013. Melt pond mapping with high-resolution SAR: The first view[J]. Proceedings of the IEEE, 101(3):748−758.

Lei R, Tian-Kunze X, Li B, et al., 2017. Characterization of summer Arctic sea ice morphology in the 135°–175°W sector using multi-scale methods[J]. Cold Regions ence & Technology, 133(Complete):108−120.

Liu J P, Song M R, Horton R M, et al. 2015. Revisiting the potential of melt ponds fraction as a predictor for the seasonal Arctic sea ice extent minimum[J]. Environmental Research Letters, 10(5): 054017.

Lu P, Li Z, Cheng B, et al., 2010. Sea ice surface features in Arctic summer 2008: Aerial observations[J]. Remote Sensing of Environment, 114(4):693−699.

Lüthje M, Feltham D L, Taylor P D, et al., 2006. Modeling the summertime evolution of sea-ice melt ponds[J]. Journal of Geophysical Research, 111(C2):C02001.

Markus T, Cavalieri D J, Tschudi M A, et al., 2003. Comparison of aerial video and Landsat 7 data over ponded sea ice[J]. Remote Sensing of Environment, 86(4):458−469.

Maykut G A, Grenfell T C, Weeks W F. 1992. On estimating spatial and temporal variations in the properties of ice in the polar oceans[J]. Journal of Marine Systems, 3(1/2):41−72.

Nicolaus M, Katlein C, Maslanik J, et al. 2012. Changes in Arctic sea ice result in increasing light transmittance and absorption[J]. Geophysical Research Letters, 39(24): L24501.

Palmer M A, Saenz B T, Arrigo K R, 2014. Impacts of sea ice retreat, thinning, and melt-pond proliferation on the summer phytoplankton bloom in the Chukchi Sea, Arctic Ocean[J]. Deep-Sea Research Part II:

Topical Studies in Oceanography, 105: 85−104.

Pedersen C A, Roeckner E, Mikael Lüthje, et al., 2009. A new sea ice albedo scheme including melt ponds for ECHAM5 general circulation model[J]. Journal of Geophysical Research Atmospheres, 114(D8): D08101.

Perovich D K, Grenfell T C, Light B, et al, 2009. Transpolar observations of the morphological properties of Arctic sea ice[J]. Journal of Geophysical Research: Oceans, 114(C1): C00A04.

Perovich D K, Nghiem S V, Markus T, et al., 2007. Seasonal evolution and interannual variability of the local solar energy absorbed by the Arctic sea ice–ocean system[J]. Journal of Geophysical Research Oceans, 112(C3): C03005.

Perovich D K, Polashenski C, 2012. Albedo evolution of seasonal Arctic sea ice[J]. Geophysical Research Letters, 39(8): 8501.

Perovich D K, Tucker W B, 1997. Arctic sea-ice conditions and the distribution of solar radiation during summer[J]. Annals of Glaciology, 25: 445−450.

Perovich D K, Tucker W B, Ligett K A, 2002. Aerial observations of the evolution of ice surface conditions during summer[J]. Journal of Geophysical Research: Oceans, 107(C10):SHE 24-1−SHE 24-14.

Petrich C, Langhorne P J, Sun Z F, 2006. Modelling the interrelationships between permeability, effective porosity and total porosity in sea ice[J]. Cold Regions ence & Technology, 44(2): 131−144.

Polashenski C, Perovich D, Courville Z, 2012. The mechanisms of sea ice melt pond formation and evolution[J]. Journal of Geophysical Research Oceans, 117(C1): C01001.

Popović P, Abbot D, 2017. A simple model for the evolution of melt pond coverage on permeable Arctic sea ice[J]. Cryosphere, 11(3): 1−25.

Pringle D J, Miner J E, Eicken H, et al, 2009. Pore space percolation in sea ice single crystals[J]. Journal of Geophysical Research Oceans, 114(C12): C12017.

Rösel A, Kaleschke L, 2011. Comparison of different retrieval techniques for melt ponds on Arctic sea ice from Landsat and MODIS satellite data[J]. Annals of Glaciology, 52(57): 185−191.

Rösel A, Kaleschke L, Birnbaum G, 2012. Melt ponds on Arctic sea ice determined from MODIS satellite data using an artificial neural network[J]. Cryosphere, 6(2): 431−446.

Schröder D, Feltham D L, Flocco D, et al., 2014. September Arctic sea-ice minimum predicted by spring melt-pond fraction[J]. Nature Climate Change, 4(5): 353−357.

Scott F, Feltham D L, 2010. A model of the three-dimensional evolution of arctic melt ponds on first-year and multiyear sea ice[J]. Journal of Geophysical Research Atmospheres, 115(C12): C12019.

Skyllingstad E D, Paulson C A, Perovich D K, 2009. Simulation of melt pond evolution on level ice[J]. Journal of Geophysical Research, 114(C12): C12019.

Sturm M, Holmgren J, Perovich D K, 2002. Winter snow cover on the sea ice of the Arctic Ocean at the Surface Heat Budget of the Arctic Ocean (SHEBA): Temporal evolution and spatial variability[J].

Journal of Geophysical Research Oceans, 107(C10):SHE 23-1−SHE 23-17.

Tanaka Y, Tateyama K, Kameda T, et al, 2016. Estimation of melt pond fraction over high - concentration Arctic sea ice using AMSR-E passive microwave data[J]. Journal of Geophysical Research: Oceans, 121(9): 7056−7072.

Taylor P D, Feltham D L, 2004. A model of melt pond evolution on sea ice[J]. Journal of Geophysical Research, 109(C12): C12007.

Tschudi M A, Curry J A, Maslanik J A, 1997. Determination of areal surface-feature coverage in the Beaufort Sea using aircraft video data[J]. Annals of Glaciology, 25: 434−438.

Tschudi M A, Curry J A, Maslanik J A, 2001. Airborne observations of summertime surface features and their effect on surface albedo during FIRE/SHEBA[J]. Journal of Geophysical Research Atmospheres, 106(D14): 15335−15344.

Tschudi M A, Maslanik J A, Perovich D K, 2003. Beaufort Sea ice melt pond coverage from MODIS observations[C]. 7th Conference on Polar Meteorology and Oceanography. Hyannis, MA, USA.

Tschudi M A, Maslanik J A, Perovich D K, 2005. Melt pond coverage on Arctic sea ice from MODIS[C]. 8th Conference on Polar Meteorology and Oceanography. San Diego, CA, USA.

Tschudi M A, Maslanik J A, Perovich D K, 2008. Derivation of melt pond coverage on Arctic sea ice using MODIS observations[J]. Remote Sensing of Environment, 112(5): 2605−2614.

Tucker W B, Gow A J, Meese D A, et al., 1999. Physical characteristics of summer sea ice across the Arctic Ocean[J]. Journal of Geophysical Research Oceans, 104(C1): 1489−1504.

Vermote E, 2015. MOD09A1 MODIS/Terra Surface Reflectance 8-Day L3 Global 500m SIN Grid V006[DB/OL]. https://doi.org/10.5067/MODIS/MOD09A1.006.

Webster M A, Rigor I G, Perovich D K, et al., 2015. Seasonal evolution of melt ponds on Arctic sea ice[J]. Journal of Geophysical Research Oceans, 120(9): 5968−5982.

Yackel J J, Barber D G, 2000. Melt ponds on sea ice in the Canadian Archipelago: 2. On the use of RADARSAT-1 synthetic aperture radar for geophysical inversion[J]. Journal of Geophysical Research: Oceans, 105(C9): 22061.

Yackel J J, Barber D G, Hanesiak J M, 2000. Melt ponds on sea ice in the Canadian Archipelago: 1. Variability in morphological and radiative properties[J]. Journal of Geophysical Research: Oceans, 105(C9): 22049.

Zege E, Malinka A, Katsev I, et al., 2015. Algorithm to retrieve the melt pond fraction and the spectral albedo of Arctic summer ice from satellite optical data[J]. Remote Sensing of Environment, 163: 153−164.

Zhang J L, Schweiger A, Webster M, et al., 2018. Melt pond conditions on declining Arctic sea ice over 1979–2016: Model development, validation, and results[J]. Journal of Geophysical Research: Oceans, 123: 7983−8003.

# 第 9 章

# 北极冰区航行风险量化与通航能力变化研究

受“北极放大效应”影响，北极海冰正在以前所未有的速度不断融化。近年来，北极海冰覆盖面积历史低值被不断刷新，相较于20世纪80年代初，已经有超过一半的海冰在夏天消失（Comiso and Hall, 2014; Comiso et al., 2008; Stroeve et al., 2007），5年以上冰龄的多年冰覆盖面积甚至减少近90%（Pörtner et al., 2019）。依此趋势，北极可能会在可预见的未来出现无冰的夏季。北极海冰的快速消融使得北极航道的通航潜力不断增加，相比传统的苏伊士运河与巴拿马运河航线，船舶经由北极航道不仅可以缩短中欧（美）经贸往来的航行距离，节约航运时间和费用，减少船舶二氧化碳等的排放量，而且可以避免航经传统航道沿线高危险区域所带来的潜在经济和政治风险。同时，北极地区有丰富的石油、天然气和矿产等资源，航道的开通使得这些资源有望得到开发，通过北极东北航道进口天然气、原油等资源可促进我国能源供给渠道的多样化。开发可靠的冰区航行风险量化模型与准确掌握海冰快速消融背景下北极各航道通航能力的历史、现状与未来潜在变化趋势，对北极地区保护和航道开发至关重要，相关问题也受到了国内外学界乃至社会各界的广泛关注。本章对北极冰区航行风险量化模型的发展过程、北极航道通航能力历史变化规律认识与航道未来通航潜力预测的相关研究进展进行了系统回顾，并基于遥感观测数据对2010—2017年北极东北航道的通航能力变化进行了分析。

## 9.1 北极航道通航能力变化研究现状

### 9.1.1 北极航道概述

北极航道主要位于北冰洋海域，指航经北冰洋海盆，连接北大西洋和北太平洋的海上航线。北极航道按所处地理方位可划分为3条：中央航道、西北航道和东北航道（图9.1）。

本章作者：曹云锋[1]，于萌[1]，陈诗怡[2,3]，惠凤鸣[2,3]，程晓[2,3]

1. 北京林业大学 林学院，北京 100083；
2. 中山大学 测绘科学与技术学院，广东 珠海 519082；
3. 北京师范大学 全球变化与地球系统科学研究院 遥感科学国家重点实验室，北京 100875

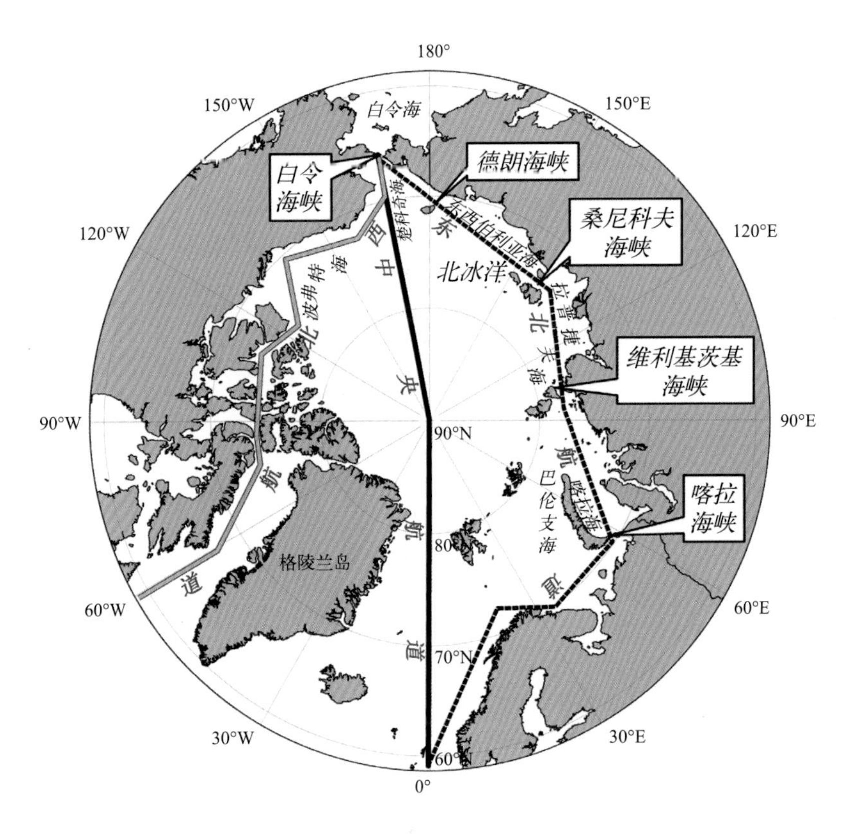


图9.1 北极航道示意图（Chen et al., 2019）

中央航道是指穿越北极点附近的北冰洋公海水域，连接亚洲和欧洲距离最短的海上航行通道。这条路线现在基本仍是假设性的，因为它的开通需要一个基本上无冰的北冰洋。目前，北冰洋中心区域仍然常年被坚硬的多年冰覆盖，破冰能力较低的船舶难以通过中央航道。但随着海冰快速消融，很多基于模式的研究预测指出，到2050年前后，PC6级破冰船舶将可以畅行中央航道，普通商船航行该航道的可能性也会增加（Melia et al., 2016; Smith and Stephenson, 2013; Theocharis et al., 2018）。

西北航道以白令海峡为起点，沿美国阿拉斯加北部海岸，穿过加拿大北极群岛海域，到达加拿大北部纽芬兰-拉布拉多省的圣约翰市。多年冰、冰丘及众多岛屿分布的复杂地理环境使得船舶在西北航道航行相对困难（Buixadé Farré et al., 2014），且目前通航期较短（Yang, 2012）。目前，该区域已初步进行了一些干散货和邮轮运输的试航，根据预测，到2025年西北航道将有望实现定期航行，但目前相比于东北航道，西北航道的使用频率仍然很低。

东北航道同样以白令海峡为起点，沿着挪威和俄罗斯海岸，途经东西伯利亚海、拉普捷夫海、喀拉海和巴伦支海，至荷兰鹿特丹。相比于西北航道，东北航道更易于航行，目前东北航道的海冰比西北航道融化更快，冰情更好，且沿途拥有更为完善的航行基础设施，如沿途历史悠久的港口和俄罗斯提供的破冰船队（Buixadé Farré et al., 2014）。因此，短期内开通实现商业航运的可能性更大。

### 9.1.2 研究背景

受北极海冰快速消融影响，北极冰区通航潜力正在不断提升。作为地球系统的三大冷源之一，北极地区的气候十分敏感，其近年来的剧烈变化受到了国际学术界的广泛关注。尽管近期全球暖化出现了一定程度的减缓迹象（Easterling and Wehner, 2009; Kosaka and Xie, 2013; Wei et al., 2015），北极地区的气候变化却呈现加剧趋势：一方面，北极地区的近地表气温正在以全球平均两倍以上的速度急剧升高，被称为“北极放大”（Arctic Amplification, AA）现象（Cao and Liang, 2018; Cohen et al., 2014; Graversen et al., 2008; Screen and Simmonds, 2010）；另一方面，随着气温快速升高，北极夏秋季海冰覆盖面积急剧减少，海冰厚度不断降低（图9.2），相较于20世纪80年代初，已经有超过一半的海冰在夏季消失（Comiso and Hall, 2014; Comiso et al., 2008; Stroeve et al., 2007），5年以上冰龄的多年冰覆盖面积甚至减少近90%（Pörtner et al. 2019）。随着海冰覆盖范围的不断减小，北极地区开阔水域的面积持续增加（李海丽和柯长青，2017），同时北极大部分区域开放水域的覆盖时间也在不断延长（Barnhart et al., 2015）。海冰的持续减少为北极航运业的发展提供了很大可能性。观测证据显示，2010—2017年间北极东北航道的普通商船通航期平均已延迟到第（297 ± 4）天（10月24日左右），且年际波动整体平稳（Chen et al., 2019）。

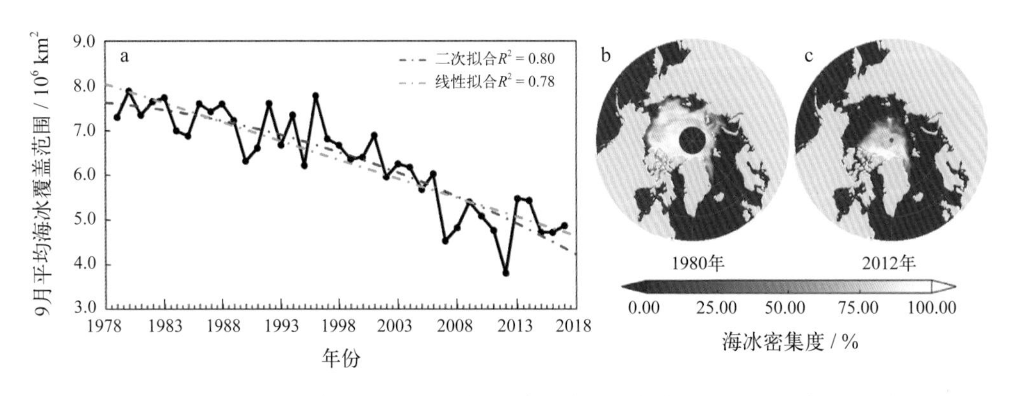


图9.2 1979—2017年北极地区9月份海冰覆盖面积变化（a）及1980年（b）与2012年（c）海冰密集度空间分布

### 9.1.3 研究意义

北极航道的开发不但有很高的经济、政治价值，且有助于缓解国际航运规模不断增长给传统航道带来的压力。在海运贸易方面，北极航道对中欧、中美（北美洲）经济外贸往来提供了更经济合理的选择。东北航道是我国“冰上丝绸之路”重要的海上通道，相比通过苏伊士运河航道与地中海的传统航线，东北航道不仅可以缩短航行距离、节约航运时间、减少航运费用且环境友好（减少船舶二氧化碳等排放量），并且可以避免船舶经过马六甲海峡、苏伊士运河和索马里海域等高危险区域所带来的经济和政治风险（Buixadé Farré et al., 2014; 高世龙 等, 2018）；西北航道的开通相比传统的巴拿马运河航道同样能够在航行距离、时间、成本等方面带来很大的效益；在能源运输方面，北极地区尚存有丰富的石油、天然气和矿产等资源，2008年，美国地质调查局（USGS）发布报告，指出北极圈以内区域可开采的石油和天然气储量，分别占世界未开发石油的13%和剩余天然气储量的30%。由于全球对原材料和矿物的需求，北极航线开通使得这些资源有望得到开发。我国可以通过北极东北航道进口天然气、北极圈内原油、矿物等，促进能源供给的多元化发展。此外，北极航道的开通还将会成为国际航运业的重要补充，一定程度缓解传统航道面临的巨大压力。相关研究表明，到21世纪中期，国际海洋航运业可能出现2.4 ~ 12倍的潜在规模增长（Sardain et al., 2019），使得已经接近满负荷使用的传统赤道航线面临前所未有的挑战，北极航线的开通将有助于缓解传统航道由于运量增加而可能出现的严重拥堵问题，这也催生了北极航道开发的现实需求。

全面掌握气候变化背景下北极航道通航能力的变化情况有助于我国及早布局、科学制定“冰上丝绸之路”建设战略。随着北极地区海冰覆盖的持续减少、海冰厚度的持续变薄，将会有越来越多的船舶开始进入北极海域开展区域资源开发、旅游等航运活动，或执行从东北亚至欧洲的跨极过境运输活动。充分认识北极各航道通航能力的现状与历史变化规律，科学预测不同升温情景下的北极航道未来通航潜力变化趋势是支撑我国科学制定北极航道开发策略，实现保护和利用北极发展目标的关键前提和重要战略需求。构建科学的技术方案，综合利用多源高质量数据开展包括不同等级船舶在北极冰区航行的风险量化、船舶的安全航速设计、可通航路径规划及航道通航季参数提取等能够直接反映北极航道通航能力的系列关键特征提取与历史变化规律研究，并对不同升温情景下北极航道通航关键特征的未来变化趋势进行预测，不仅能够实现当前北极航道通航能力变化特征认识瓶颈的突破，也有助于航运企业分析和规划航运期与走航路线，促进天然气、石油、矿物等资源的海上安全运输，对于我国政府科学制定“冰上丝绸之路”建设战略和未来航运企业的各种船舶在北极冰区的业务化航运活动均具有重要参考价值。

### 9.1.4 国内外研究现状

北极海冰快速融化引起的航道通航能力潜在提升，加之俄罗斯联邦关税局对北方航道过境费的下调，促进北极航道的航运竞争优势大幅提高（Gritsenko and Kiiski, 2015），也使得北极航道的开发问题逐渐成为学界乃至社会关注的热点，国内外许多组织与机构开始针对北极航道的未来变化情况、航道的经济潜力及其航运发展可能引起的生态环境影响等方面进行深入调查和研究。各国学者从海冰变化、气象条件以及经济效益、政治风险等各方面对北极航道的开发潜力、航行风险与通航能力变化展开了大量研究。

目前，对北极航道历史变化规律的研究仅停留在对沿线某种海冰参量变化特征的认识分析水平，真正能够直接反映航道通航能力的诸如通航季变化、航道位置偏移等关键特征变化研究鲜有开展，导致北极航道通航能力变化规律的认识不足。船舶在特定冰区航行时，海冰冰情与船舶的破冰能力是影响航行风险量化的两个最为关键的物理因素，其中海冰冰情主要以海冰密集度、海冰厚度两个参量及其衍生的诸如海冰覆盖范围、海冰冰龄等的描述为主。由于海冰密集度是目前可获取观测资料中时空完整度较高的海冰参量，其他观测参量（如海冰厚度、粗糙度等）十分稀缺，现有研究多利用单一海冰密集度参量对航道沿线的海冰冰情变化进行分析，实现对北极航道通航能力变化特征的间接认识。Lei等（2015）对1979—2012年间北极东北航道沿线海冰冰情的长时间序列变化进行了分析，发现北极东北航道沿线区域海冰空间分布的年际变化很大，海上航线的实际可通行周期短于预期。Pizzolato等（2016）利用1990—2015年间加拿大北极航区船舶航行报告数据与遥感观测海冰密集度数据，对加拿大北极地区不同海域海冰覆盖与船舶航运强度的变化情况及两者间关系进行了分析，表明船舶航运的活跃程度与海冰密集度显著负相关，多年冰的变化对航运活动的影响远高于季节性海冰。李振华（2017）利用2006—2015年北极海冰密度数据，提取并分析了“永盛”轮首航北极东北航道时所经航线的通航窗口、水域通航情况和海冰密集度等冰情要素的变化情况，较好地反映了北极东北航道的实际通航情况，确定了北极东北航道的通航条件。王相宜等（2017）基于海冰类型和海冰密集度数据把航海环境划分为4个等级，生成北极航道通航环境图，并分析2005—2015年北极东北航道途经4个海域的通航能力变化，发现目前楚科奇海、巴伦支海及喀拉海在北极夏季已基本无冰，可安全航行。Chen等（2019）利用美国国家冰雪数据中心发布的逐日海冰密集度数据和经过重建处理的逐日SMOS海冰厚度数据，在对北极冰区航行风险进行逐日评估的基础上，对北极海域2010—2017年通航季后期普通商船在东北航道的通航能力时空变化特征进行了分析，研究发现2010年以来普通商船在东北航道的通航结束期平均为（297 ± 4）天（10月24日前后），其整体保持平稳，东北航道通航能力主要受东西伯利亚海、新西伯利亚群岛附近海域和北地群岛周边3个海域的冰情影响较大，这3个海域是分析东北航道整体通航情况的关键区域。该研究在冰区航行风险量化与可通航路径规划的基础上，首次基于观测对北极航道通航季关键参量进行了提取，但由于数据源不完整（缺少北极融化季数据）且覆盖时间较短，研究仅对2010年以来普通商船在东北航道的通航结束期的变化进行了研究，无法全面认识整个通航季的变化及航道空间位置的偏移情况。综上，现有针对北极航道通航能力历史变化特征的研究往往缺少直接针对航道通航能力关键特征（如航道通航季、可通航路径等）的提取与变化规律的分析，导致对北极航道通航能力的历史变化规律认识不足。

气候模式预测北极航道未来通航潜力的相关结论整体相对保守，且不同研究之间存在很大差异。由于长时序、大范围海冰厚度观测数据的缺乏，目前更多的有关北极航道通航风险量化及通航能力变化的研究工作多基于大气环流模式的输出数据开展。2011年，Stephenson等（2011）将CCSM3（Community Climate System Model 3.0）模式输出数据应用于ATAM模型，首次开展了气候变化背景下北极海陆运输系统未来变化趋势的预测研究工作。该研究指出，到21世纪中期（2045—2059年），Type A（PC6）级破冰船在7—9月间将能够畅行于北极东北航道与中央航道，但在西北航道上的可通航率约为82%，仍无法达到完全通航。Smith和Stephenson（2013）利用7个大气环流模式所模拟的不同气候变化情景下未来北极地区的海冰密集度和厚度的数据，对PC6级破冰船和普通商船两种类型船舶未来在北极地区的通航能力变化进行了分析，研究发现到21世纪中期（2040—2059年），无论在中等强度碳排放（RCP4.5）还是高强度碳排放（RCP8.5）情景下，PC6级破冰船都将能够完全通行北极中央航道，普通商船不但能够实现东北航道和西北航道的安全航行，且航线逐步向中央航线靠近，不过研究只关注了夏末通航高峰期北极航道的通航能力潜在变化情况，并未就通航季的整体变化进行分析。Stephenson等（2013b）基于CCSM4.0（Community Climate System Model 4.0）模式对3种碳排放情景（RCP4.5/6.0/8.5）下，21世纪早期（2011—2030年）、中期（2046—2065年）、后期（2080—2099年）3阶段不同类型船舶（PC3/PC6/OW）的通航能力变化进行了预测研究，指出到21世纪后期，PC3、PC6和OW 3种船舶在北极地区的可航行范围将从20世纪末的54%、36%、23%增加至95%、78%、49%，增加幅度都接近或超过1倍以上，3种船舶7—10月在东北航道上通航期的长度也将分别增加至120 d、113 d、103 d。Melia等（2016）利用基于PIOMAS再分析海冰厚度数据标定后的5种大气环流模式对低（RCP2.6）、中（RCP4.5）、高（RCP8.5）3种碳排放情景下北极地区通航能力的未来变化情况进行了预测研究并指出，到21世纪中期普通商船有望直接航经北极中央航道，东北航道的航行时间相比于传统苏伊士运河航道将缩短10 d左右，到21世纪末期高排放情景下，普通商船在北极地区的航行季节将延长至4—8个月左右。Khon等（2017）分别基于遥感观测数据和CMIP5气候模式数据对北极东北航道的通航能力的现状及其未来趋势进行了研究，指出气候模式能够很好地模拟北极通航季的平均时间及其变化趋势，但认为在中等碳排放情景下（RCP4.5）未来几十年北极东北航道通航季的扩张趋势将会逐渐减弱，到21世纪末期，RCP4.5和RCP8.5两种碳排放情景下普通商船在东北航道的通航期将分别增加至4个月和6.5个月，这一结论与Melia等（2016）的研究结论基本一致。但值得注意的是，Smith和Stephenson（2013）基于模式的研究中显示2006—2015年间普通商船在东北航道航行区域仅限于航经几个关键海峡的大陆沿岸区域，西北航道仍无法航行，且其他基于模式的相关研究均指向相似的结论（Khon et al., 2017; Melia et al., 2016;

Stephenson et al., 2013b），但基于船舶自动识别系统（Automatic Identification System, AIS）的监测数据显示2010—2014年间普通商船已经在东北航道更靠北的区域活动，甚至无需航经几个关键海峡，西北航道也已经有货轮和邮轮穿梭航行（Eguiluz et al., 2016），表明基于模式的研究结论可能存在整体相对保守的问题。鉴于模式对北极海冰变化的预测整体相对保守的问题已被大量研究工作证实（Cornwall, 2016; Flanner et al., 2011; Melia et al., 2015; Stroeve et al., 2007, 2012），Smith和Stephenson（2013）在其研究中也意识到基于模式数据所得到的北极航道通航能力未来变化趋势的预测结论可能存在一定程度的低估问题。

此外，不同模式对北极冰区通航潜力的预测结果也存在很大的差异，如图9.3a和图9.3b所示，中等排放强度（RCP4.5）下CCSM4.0模式与ACCESS1.0（Australian Community Climate and Earth System Simulator 1.0）模式所预测的2020—2029年时段内3种类型船舶（OW、PC3、PC6）的90 d安全航行区域范围差异非常大，CCSM4.0模式的预测结果相对保守，而ACCESS 1.0模式的预测结果则激进很多，且从船舶类型角度分析，船舶的破冰能力越强，模式所预测其安全航行范围的差异越大，这可能与模式对较厚冰的预测不确定性较大有关。针对不同模式所预测北极航道通航能力变化的差异性问题，Stephenson和Smith（2015）曾选取10个CMIP5模式所模拟得到的RCP4.5和RCP8.5两种碳排放情景下的海冰数据，对PC6级破船与普通商船在21世纪早期（2011—2035年）和中期（2036—2060年）两个阶段的通航能力进行了量化分析后，对比了不同模式的分析结果，进一步证实了模式之间的差异非常大，模式的选择往往很大程度上会影响针对北极航道未来通航潜力的预测结论（图9.3c），因而需慎重看待不同模式所预测北极航道未来通航潜力变化的结论。事实上，虽然随着北极夏季海冰覆盖的持续减少，北极航道通航季也将会持续延长，但海冰的年内波动仍旧十分剧烈且不容忽视，航道的运输活动可能由于局部狭窄通道被海冰阻塞而受到影响，更小的时间和空间尺度上的海冰与北极天气预报将变得更加重要（Gascard et al., 2017）。

北极航道的通航潜力同样受经济、环境效益与政治、环境风险等因素的综合博弈影响，有关其开通后可能产生的综合效应仍然存在争议。Liu和Kronbak（2010）在考虑极地船舶建造成本、破冰船费用、燃油价格、航行速度等主要因素的基础上探讨了北极东北航道作为亚欧经贸替代交通路线的潜力，指出北极航道会缩短航行距离，通航期的延长会降低航运费用，但与传统航线相比，其竞争力受破冰船费用影响相对较大。Lasserre（2014）通过对1991—2013年发表的相关成果进行分析后，选择航速、燃料价格、关税等因素并额外考虑市场因素的影响，建立从鹿特丹到横滨和上海的模拟航运场景，采用敏感性分析的方法对北方海航道（The Northern Sea Route，NSR）和西北航道（Northwest Passage，NWP）线路整年的航运成本进行评估，发现燃料成本对北极航道盈利能力的影响很小，而船舶平均航速与负载系数更为关键。Wan等（2018）在此基础上利用中远航

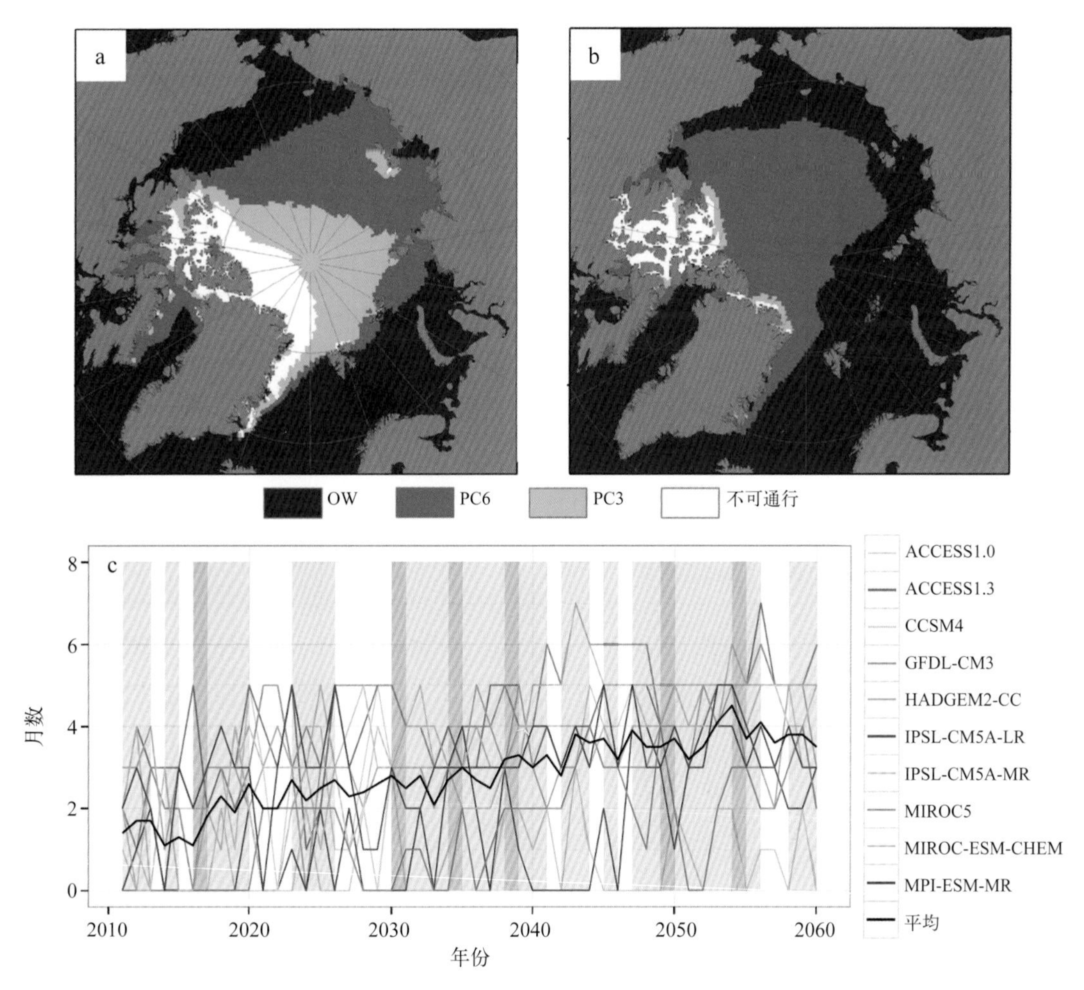


图9.3 中等排放强度（RCP4.5）下，CCSM4.0（a）模式与ACCESS1.0（b）模式所预测2020—2029年时段内3种类型船舶（OW、PC3、PC6）的90 d安全航行区域覆盖范围，以及10种不同模式所预测2010—2060年普通商船在北极地区的可通航月份变化（c）（Stephenson and Smith, 2015; Stephenson and Pincus, 2017）

运公司（China COSCO Shipping）提供的最新数据，增加停靠港口数量并提高NSR的负载系数，重新模拟计算了上海到鹿特丹的航运成本，同时考虑了未来在北极水域航行时，排放限制区（Emission Control Areas）的设定（对船舶排放标准提出更高要求）对使用北极航道的盈利影响及其潜在的竞争力下降。研究结果表明，距离的缩短并不一定能显著缩短运输时间，进而节约成本，沿途港口停靠数量的增加和负载系数的提高，更有可能带来利润的提升，另外北极航道的偶然性使用并没有太多利润空间，航道的长期连续使用所产生综合效益才能有效提升其潜在经济竞争力。Buixadé Farré等（2014）从北极地区领土争议、法律法规、船舶制造技术、北极海域基础设施、海冰条件等方面对北极航道通航潜力进行评估并指出，在气候变化和政策开放的影响下，北极航道通航潜力将逐步提高。经济效益提升的同时，北极航道大规模投入使用带来的潜在环境影响同样不可忽视。理论上，航行距离的缩短会减少航运过程产生的二氧化碳排放量，对全球环境具有一定的潜在正面影响，但考虑到北极地区环境的敏感性和脆弱性，其对北极地区环境造成的影响可能更值得关注。Guy和Lasserre（2016）研究了在气候变化背景下，北极海域的海上交通运输活动增加对北极航道海上运输能力及航运风险在经济和可行性方面的影响，指出航道开通后海上交通流量的增加会迫使船只减速以降低风险，过境时间也将增加，进而增加运输成本和环境成本，这可能会一定程度降低穿越北极水域的优势。Yumashev等（2017）在关注经济效益的同时，也对航道开发可能引起的二氧化碳的排放问题进行了分析。对比了RCP8.5和RCP4.5两种温室气体浓度排放情景下北极航道的开发利用对全球升温的反馈作用，其通过估算指出两种排放情景下到2200年北极航道开发所产生的环境损失会抵消经济收益的约33%和25%，但其影响呈现显著的空间异质性特征，其中最大的损失将发生在非洲和印度，东北亚和欧洲将可能获得巨大收益。随着北极开放水域的不断扩大和人类活动的日益增加，北极地区的陆地与海洋生态系统会面临不同程度的风险（Yang et al., 2018）。研究表明，航行船次的大幅增加使得北极地区大气中污染性气体与颗粒的含量不断增多（Kivekäs et al., 2014; Marelle et al., 2016），航道沿线区域的哺乳动物脆弱性大幅度增加（Hauser et al., 2018），且未来随着北极航运业的不断发展，潜在的生物入侵过程将会进一步增加北极沿海地区的海洋生境和生态系统面临的环境风险（Chan et al., 2013; Miller et al., 2014），这些潜在的风险会给航道开发的综合效益带来重要影响。此外，北极地区丰富的石油、天然气等矿产资源受到国际共同关注，会进一步提升北极航道开发潜力，但该地区大面积海域存在的行政管辖权争议对北极航运的潜在政治影响也不可忽视（Buixadé Farré et al., 2014）。总体而言，政治、经济、环境保护等多方面因素对北极航道的开发都存在不同程度的影响，认识北极航运的发展对沿线城市发展、经济活动、人口迁移、环境变化等可能带来的影响也十分重要。

## 9.2 北极航道通航能力变化研究方法

### 9.2.1 冰区航行风险量化

影响北极航道通航潜力的因素众多，诸如燃油价格、运输目的地、保险费及航运法案等社会因素和海雾、风速等自然因素都有可能对北极航道的选择及航行风险存在一定影响。在目前的研究中，主要考虑海冰冰情与船舶的破冰能力两大主要因素对航行风险的影响，物流、经济和地缘政治因素等可能带来的风险未予以考虑。其中海冰冰情主要包括海冰密集度和海冰厚度两大主要因素，船舶的破冰能力则主要参考国际主流的船舶分类体系。

#### 9.2.1.1 “区域-日期”航行安全控制机制

为了保障船舶在北极冰区的航行安全，加拿大政府在早期制定的《北极航运污染防治条例》（Arctic Shipping Pollution Prevention Regulations, ASPPR）中，专门制定了“区域-日期”航行安全控制（Zone-Date Shipping Safety Control, ZDS）机制，对不同类型的船舶在加拿大北部冰区航行的安全时段进行约束。ZDS机制基于20世纪70年代早期至80年代末的历史海冰冰情资料将加拿大北极地区按照冰情差异划分为16个不同的地理区域（图9.4），并针对14种不同类型的船舶依据其破冰能力强弱设定了在特定地理区域安全航行的起始与终止日期（Kubat et al., 2005）。图9.4中16个区域也反映了冰情严峻程度的分级，如区域1在16个地理区域中冰情最为严峻，只有少数具有高等级破冰能力的船舶可以在融化季驶入，而区域16则冰情相对最好，各种类型的船舶可以不分时段甚至全年在该区域航行。ZDS机制的制订虽然便于进行安全航行控制，但该方案的制订方法相对粗糙，且静态的区域划分管理方法无法适应动态的海冰变化情况，特别是在近40年海冰急剧减少的背景下，该方法的适用性更加存疑。

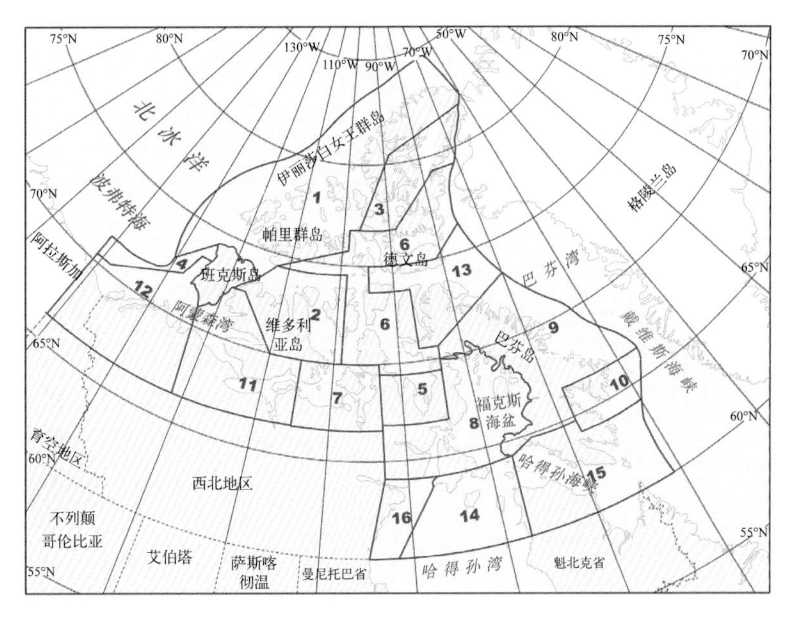


图9.4 加拿大北极冰区“区域-日期”航行安全控制机制所划定的16个地理区域分布（Tansport Canada, 1998）

### 9.2.1.2 基于AIRSS系统的冰区通航风险量化

为了对北极冰区航行进行更加精细管理，加拿大交通运输部在1998年布的ASPPR中引入了北极冰区航行系统标准（Arctic Ice Regime Shipping System Standard, AIRSS），并在该系统中引入了一整套综合考虑海冰冰情与船舶破冰能力的冰区航行量化评估模型——北极航行可达性模型（Arctic Transport Accessibility Model, ATAM），旨在替换相对粗糙的“区域/日期”航行安全控制机制，结合同期的海冰冰情资料对特定区域的航行风险进行更加精确的量化分析，进而辅助航运管理人员进行船舶航行活动的决策制订（Tansport Canada, 1998），并于2018年推出了最新版本（Tansport Canada, 2018）。ATAM模型2011年首次被公开应用于气候变化背景下北极海陆运输系统未来变化特征的定量研究工作（Stephenson et al., 2011），随后被成功应用于系列北极航道通航能力变化的研究（Aksenov et al., 2017; Chen et al., 2019; Melia et al., 2016; Smith and Stephenson, 2013; Stephenson et al., 2013a, 2015）。ATAM模型利用一个由海冰类型和船舶类型确定的海冰乘数（Ice Multipliers，IM）查找表（表9.1），通过海冰密集度数据来加权计算某复杂冰情区域内特定船舶的通航指数（Ice Numeral，IN），以量化该类型船舶在此区域的通航能力（Aksenov et al., 2017）。针对特定船舶类型，其不同厚度的单一类型海冰覆盖区域IM值（$IM_{V,T}$）可通过表9.1查询获得（Smith and Stephenson, 2013）。IM值为一个非0整数，范围为−4～2，其数值大小表征航行风险等级，IM负值表示通航风险较高，不适合该类型船舶航行，正值则表示可以通航，且数值越高表示航行风险越低。

表9.1 ATAM模型冰乘数（IMs）查找表（Tansport Canada, 1998）

| 船舶类型 | 开阔水域（OW） | 灰冰（G） | 灰白冰（GW） | 一年薄冰（第1阶段） | 一年薄冰（第2阶段） | 一年中厚度冰（MFY） | 一年厚冰（TFY） | 两年冰（SY） | 多年冰（MY） |
|---|---|---|---|---|---|---|---|---|---|
| CAC 3 | 2 | 2 | 2 | 2 | 2 | 2 | 2 | 1 | −1 |
| CAC 4 | 2 | 2 | 2 | 2 | 2 | 2 | 1 | −2 | −3 |
| Type A | 2 | 2 | 2 | 2 | 2 | 1 | −1 | −3 | −4 |
| Type B | 2 | 2 | 1 | 1 | 1 | −1 | −2 | −4 | −4 |
| Type C | 2 | 2 | 1 | 1 | −1 | −2 | −3 | −4 | −4 |
| Type D | 2 | 2 | 1 | −1 | −1 | −2 | −3 | −4 | −4 |
| Type E | 2 | 1 | −1 | −1 | −1 | −2 | −3 | −4 | −4 |

表9.1中纵向代表了AIRSS系统中引入的系列船舶类型。AIRSS系统中考虑的船舶类型和国际海事组织（International Maritime Organization，IMO）规定的船舶分类不同，其船舶类型分类是按照加拿大的船舶类型分类的，将船分为破冰能力较强的加拿大北极类型（Canadian Arctic Category，CAC）船舶（CAC 3和CAC 4）和破冰能力较弱的类型船舶（Type A至Type E）（Stephenson et al., 2013a）。根据相关研究（Jensen, 2007），AIRSS算法中的CAC 3船舶类型在名义上等同于IMO中的PC3船舶类型，Type A等同于IMO中的PC6船舶类型，Type B等同于PC7船舶类型，Type E是能够通过开放水域的船舶类型，在此定义为普通商船（Smith and Stephenson, 2013; Stephenson et al., 2013a）。

表9.1中横向代表了AIRSS系统中采用的海冰分类体系。海冰类型由海冰的发展阶段（海冰年龄）确定，而根据研究，海冰的年龄和海冰厚度具有很高的相关性，这是因为随着海冰年龄增大，厚度也会增大（Maslanik et al., 2007; Tschudi et al., 2016），因此可以利用海冰厚度来划分海冰的类型。海冰发育初期为新冰，厚度在10 cm以下；初冰可分为灰冰和灰白冰，灰冰厚度在10～15 cm之间，灰白冰厚度为15～30 cm；初冰继续生长形成一年冰，一年冰分为一年薄冰（白冰）、一年中厚度冰、一年厚冰。白冰第一个阶段厚度为30～50 cm，第二个阶段厚度为50～70 cm，一年中厚度冰厚度在70～120 cm之间，一年厚冰厚度在120 cm以上；两年冰是指海冰经过了一个完整的夏季，而多年冰至少经历了两个夏季，其厚度均在2 m以上（Tansport Canada, 1998）。此类划分方法中，未考虑年龄层可能存在的厚度变化或者季节性冻融循环而导致的厚度变化（Stephenson et al., 2013a）。相关研究在使用AIRSS系统的ATAM模型时，将AIRSS系统提供的海冰类型和船舶类型决定IM值的查找表进一步调整为海冰厚度与船舶类型决定的IM值查找表（Smith and Stephenson, 2013; Stephenson et al., 2011, 2013a）。

基于IM值与海冰密集度数据的通航指数IN值计算过程如下：

$$IN_V = \sum C_T \times IM_{V,T} \qquad (9.1)$$

式中，$C_T$是指某区域内T类型海冰的密集度；$IM_{V,T}$是指V类型船在T类型海冰覆盖区域航行的IM值。IN值则为复杂海况下，特定船舶航行的风险量化结果。

相比于静态的“区域/日期”航行安全控制机制，ATAM模型有了较大的改进，其综合考虑了船舶的破冰能力与海冰厚度、海冰密集度两个重要参量，且能够针对实际的冰情进行航行风险的量化。但由于该模型基于加拿大自身的船级分类系统设计，不具有更大范围的国际通用能力。

#### 9.2.1.3 基于POLARIS系统的冰区通航风险量化

2016年，国际海事组织海洋安全委员会发布了最新的《极地规则》（Polar Code），在该文件中，国际海事组织综合吸收了加拿大北极冰区航行系统（AIRSS）与俄罗斯冰区航行通行证的管理理念，并引入其他海上交通沿海管理机构的管理经验，开发了一套统一方法来对冰区通航机制进行评估，被命名为极地运行限制风险评估系统（Polar Operational Limit Assessment Risk Indexing System, POLARIS）。POLARIS的原理是结合授予船舶的冰级，评估各类冰况给船舶带来的风险。POLARIS采用世界气象组织（World Meteorological Organization，WMO）命名规则以及与极地船舶证书（Polar Ship Certificate）的船舶定级策略，并根据冰级授予不同等级船舶冰区航行风险指数（RIVs）。基于历史或实时获取的海冰冰情数据，风险指数可用于评估不同冰级船舶在某一给定冰域中的综合航行风险。

类似于ATAM模型的海冰乘数的设计思想，POLARIS系统设计的船舶航行的风险量化值（Risk Value, RV）同样由船舶类型与海冰类型共同确定。RV取值范围为−6～3，其数值大小表征特定船舶在某种海冰类型覆盖区域航行时的风险等级，RV负值表示通航风险较高，不适合该类型船舶航行，正值则表示可以通航，且数值越高表示航行风险越低。针对特定复杂冰情区域，某种船舶的综合通航风险（Risk Index Outcome，RIO）可以通过加权计算不同海冰类型的风险量化值生成。针对特定船舶类型，其在某种类型海冰覆盖区域的RV值（$RV_{V,T}$）可通过表9.2查询获得。

表9.2　POLARIS系统的船舶RV值查找表（IMO，2016）

| 船舶分级 | | 开阔水域 | 新冰(0~10 cm) | 灰冰(10~15 cm) | 灰白冰(15~30 cm) | 一年薄冰（1阶段）(30~50 cm) | 一年薄冰（第2阶段）(50~70 cm) | 一年中度冰(第1阶段)(70~95 cm) | 一年中厚冰(第2阶段)(95~120 cm) | 一年厚冰(第1阶段)(120~200 cm) | 两年冰(120~200 cm) | 多年冰（较薄）(250~300 cm) | 多年冰（较厚）（大于300 cm） |
|---|---|---|---|---|---|---|---|---|---|---|---|---|---|
| A | PC1 | 3 | 3 | 3 | 3 | 2 | 2 | 2 | 2 | 2 | 2 | 1 | 1 |
| | PC2 | 3 | 3 | 3 | 3 | 2 | 2 | 2 | 2 | 2 | 1 | 1 | 0 |
| | PC3 | 3 | 3 | 3 | 3 | 2 | 2 | 2 | 2 | 2 | 1 | 0 | −1 |
| | PC4 | 3 | 3 | 3 | 3 | 2 | 2 | 2 | 2 | 1 | 0 | −1 | −2 |
| | PC5 | 3 | 3 | 3 | 3 | 2 | 2 | 1 | 1 | 0 | −1 | −2 | −2 |
| B | PC6 | 3 | 2 | 2 | 2 | 2 | 1 | 1 | 0 | −1 | −2 | −3 | −3 |
| | PC7 | 3 | 2 | 2 | 2 | 1 | 1 | 1 | −1 | −2 | −3 | −3 | −3 |
| C | 1A Super | 3 | 2 | 2 | 2 | 2 | 1 | 0 | −1 | −2 | −3 | −4 | −4 |
| | 1A | 3 | 2 | 2 | 2 | 1 | 0 | −1 | −2 | −3 | −4 | −4 | −4 |
| | 1B | 3 | 2 | 2 | 1 | 0 | −1 | −2 | −3 | −3 | −4 | −5 | −5 |
| | 1C | 3 | 2 | 1 | 0 | −1 | −2 | −2 | −3 | −4 | −4 | −5 | −6 |
| | No Ice | 3 | 1 | 0 | −1 | −2 | −3 | −3 | −3 | −4 | −5 | −6 | −6 |

表9.2中纵向代表了POLARIS系统中引入的系列船舶类型。《极地规则》引入了船舶分类的概念，其目的是将船舶按需求进行统一的等级划分，将船舶划分为A、B、C船舶类别，并为船舶在冰区的航行能力提供一个综合性指标。A类船舶指设计破冰能力至少能安全航行在一年新冰（即冰厚大于70 cm）安全航行的船舶，一般而言，A类船舶的设计和建造目的主要用于在相对恶劣的极地冰条件下运行。船舶尺寸最低与国际船级社PC5级破冰船的安全设计标准。B类船舶指设计可运行于一年薄冰（冰厚大于30 cm）但不包括在A类型中的船舶。通常情况下，B类船舶设计在季节性极地冰况下独立作业或在破冰船

协助下作业。其设计标准不低于国际船级社PC7级破冰船的安全设计标准。C类船舶则涵盖了在极地水域内运行的所有其他船舶，这些船舶可航行于开阔水域或极薄海冰覆盖条件，主要包括芬兰-瑞典船级分类中的IA Super、1A、1B、1C 4种类型船舶以及仅能航行于开放水域的普通商船。

表9.2中横向代表了POLARIS系统中采用的海冰分类体系，相比于ATAM模型中的9级海冰类型，POLARIS系统中海冰类型增加到了12级，划分更加精细。

基于RV值与海冰密集度数据的综合通航风险RIO计算过程为

$$\mathrm{RIO_V} = \sum \mathrm{C_T} \times \mathrm{RV_{V,T}} \tag{9.2}$$

式中，$\mathrm{C_T}$是指某区域内T类型海冰的密集度，$\mathrm{RV_{V,T}}$是指V类型船在T类型海冰覆盖区域航行的RV值。RIO值则为复杂冰况下，特定船舶航行的风险量化结果。

对比加拿大AIRSS系统与国际海事组织POLARIS系统所推出冰区航行风险评估方案，后者不但纳入了更全面的船级类型，且海冰类型的划分更加丰富，风险量化等级也进一步细化，这些改进不但有助于该风险评估方案的国际广泛应用，也能够针对特定冰情进行更加翔实、准确的航行风险评估。但POLARIS系统在冰区航行风险量化中考虑的因素仍主要以海冰厚度和密集度为主，并未考虑其他冰情（海冰粗糙度、冰间水道等）、海况（水深、风速、海雾等）等因素对船舶冰区航行风险的潜在影响，综合考虑实际影响船舶航行安全的更多潜在因素的精细化风险量化模型将是未来研究的重要发展方向。

### 9.2.2 冰区通航路径规划

基于量化的冰区航行风险数据，可进一步对船舶在特定区域的安全航速进行设计，并针对不同船舶类型规划其指定起始与终止位置的可通行路径。针对航道整体通航能力评估，通常设定航道的起讫点，然后直接基于通航风险量化成果或设计的安全航速进行最短通航路径、最快通航路径的规划（Chen et al., 2019; Smith and Stephenson, 2013）。两种方法都以经典的Dijkstra最短路径分析算法为基础进行可通航线路的规划设计（Ahuja et al., 1990）。

基于通航风险量化成果的最短通航路径规划算法设计大致如下：从搜索路径的起点出发，对每个搜索像元的八邻域空间进行分析，搜索IN值大于0的像元，定义为可通航像元，对于每个可通航像元逐一计算起始位置至当前像元的距离值，其距离值等于起始位置到搜索像元的距离加上可通航像元自身的距离值（搜索像元垂直与水平方向的4个像元距离为1，4个斜对角方向距离设为1.414）。依次迭代搜索，最终生成最短可通航航线。算法结束后，若存在航线，终点的像元会记录到此像元的距离和航线，若无，则到终点像元的距离为无限大。算法中搜索像元到直角方向和其余4个斜角方向的距离不同，是考虑斜角方向航行距离比直角方向航行距离要更长，使算法更合理。图9.5为利用测试数据基于POLARIS系统生成的北极冰区通航风险量化与可通航最短路径规划的典型案例。

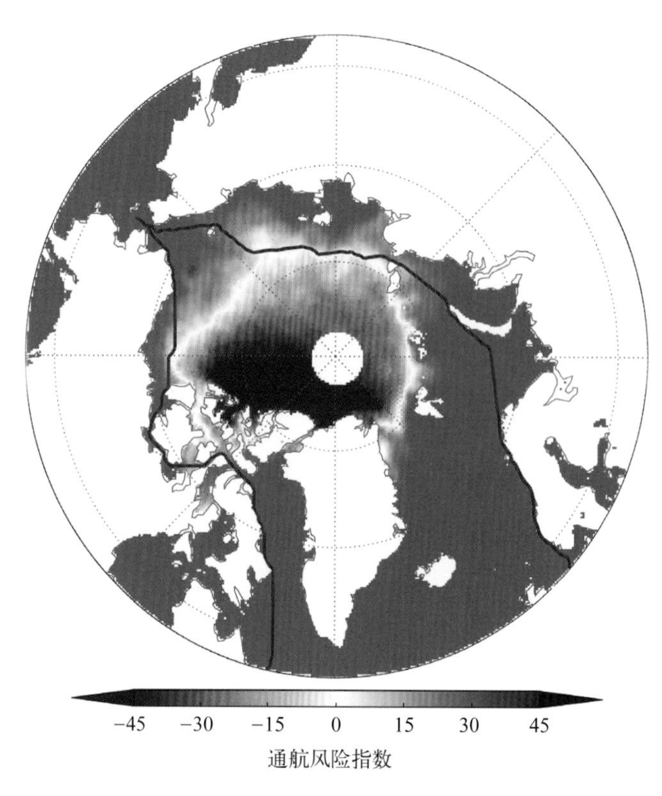


图9.5　北极冰区通航风险量化制图与最短航行路径规划

此外，通航风险量化结果可进一步通过表9.3中的IN-SS查找表转换为安全航速量化结果，将Dijkstra最短路径分析算法应用于航速量化矩阵，可生成指定起讫点之间的最快通航路径。基于POLARIS系统RIO风险指数获得的安全航速查找表目前未见公开发表的记录，需要进一步开展研究予以解决。

表9.3　基于ATAM模型的通航指数–安全航速（IN-SS）查找表（Aksenov et al., 2017)

| 通航指数 | 安全航速 / n mile · $h^{-1}$ | 通航指数 | 安全航速 / n mile · $h^{-1}$ |
|---|---|---|---|
| $<0$ | 0 | 17 | 8 |
| 0 ~ 8 | 4 | 18 | 9 |
| 9 ~ 13 | 5 | 19 | 10 |
| 14 ~ 15 | 6 | 20 | 11 |
| 16 | 7 | | |

注：1 n mile = 1 852 m。

### 9.2.3 航道通航关键期判定

航道通航关键期包括通航起始日期、通航结束日期和通航季长度3个关键参量，全部以天为计数单位，其中通航起始和结束都为一年第一天开始计数的天数。由于北极海冰覆盖范围通常在3月份达到年内最高值，海冰厚度在4月份达到最高值，为了得到不同船舶类型完整的通航周期，研究通常选取每年的4月份到次年的3月作为当年通航季关键期的研究时段（Chen et al., 2019; Melia et al., 2016）。

确定通航季研究的时段后，选择通航时段第一天进行最短通航路径规划，并逐日向后迭代分析，如果连续*n*天存在可通航路径，则将*n*天中的第一天判定为该通航季的起始日期。对于通航结束日期的判定，采用与起始日期类似的方法，但迭代搜索过程可自研究时段的最后一天始，逐日向前迭代分析，同样的，如果连续*n*天存在可通航路径，将*n*天中最后一天判定为该通航季的结束日期。通航起始日到通航结束日的时间长度为通航季长度。

## 9.3 基于遥感观测的2010—2017年北极东北航道通航能力变化研究

### 9.3.1 研究区域与数据

目标区域为北极东北航道沿途附近海域，包括楚科奇海、东西伯利亚海、拉普捷夫海、喀拉海以及北冰洋部分海域等。重点关注东北航道沿途的3个重要海峡：德朗海峡、桑尼科夫海峡和维利基茨基海峡附近海域及整个东北航道普通商船通航能力的时空变化。

海冰密集度产品为美国国家冰雪数据中心（National Snow and Ice Data Center, NSIDC）发布的逐日海冰密集度数据（Cavalieri et al., 1996）。该数据集基于系列微波遥感传感器（SMMR，SSM/I，SSMIS）提供的亮度温度数据，利用NASA Team算法反演生成，空间分辨率为25 km，时间分辨率为逐日，时间覆盖范围为1978年10月至今，NASA Team算法计算海冰密集度时，先分别反演一年冰、多年冰的海冰密集度，随后求和得到总的密集度（Cavalieri et al., 1984）。该数据集已被广泛应用于长时间序列的海冰变化研究（Cao and Liang, 2018; Cao et al., 2017; Ding et al., 2017; Parkinson, 2014），且取得了很好的研究成果。SMOS（Soil Moisture and Ocean Salinity）被动微波逐日海冰厚度数据由德国汉堡大学发布（Tian-Kunze et al., 2014），该数据空间覆盖范围为50°~90°N，空间分辨率为12.5 km。受SMOS传感器所采用的1.4 GHz频率的L波段微波穿透能力所限，其厚冰（厚度大于1 m）区域数据的不确定性较高，但其亮温数据对海冰厚度小于0.5 m的海冰很敏感，因此对薄冰的探测准确性很高（Huntemann et al., 2014; Ricker et al., 2017）。相关的量化评价研究也表明，SMOS海冰厚度数据在薄冰区域的偏差相对较小（Wang et al., 2016）。SMOS数据覆盖时间为每年10月至次年4月的海冰冻结季（Tian-Kunze et al., 2014），而4月份北极东北航道尚未进入通航季节，研究仅使用每年第288天（闰年为第289天，每年10月15日）至年终的部分SMOS海冰厚度数据对通航结束季北极东北航道的通航能力变化进行研究（表9.4）。

表9.4　SMOS海冰厚度数据2010—2017年秋、冬季时间覆盖

| 年份 | SMOS秋、冬季数据 | 年份 | SMOS秋、冬季数据 |
| --- | --- | --- | --- |
| 2010 | 第288 ~ 360天 | 2014 | 第288 ~ 365天 |
| 2011 | 第288 ~ 365天 | 2015 | 第288 ~ 365天 |
| 2012 | 第289 ~ 366天 | 2016 | 第272 ~ 366天 |
| 2013 | 第288 ~ 365天 | 2017 | 第274 ~ 365天 |

### 9.3.2　SMOS 海冰厚度数据重建

原始SMOS海冰厚度数据存在一些异常值，为了改进SMOS数据质量，提升后续通航风险量化结果的可靠性，对原始SMOS海冰厚度数据进行了时间序列重建处理，具体重建过程如下：

首先，对原始海冰厚度时序进行异常值的判别与剔除。采用的方法为假设实验数据的总体服从正态分布，测定值中与平均值的偏差超过两倍标准差的测定值就标定为异常值，其显著性水平满足$p<0.05$。基于以上原理，利用滑动窗口对海冰厚度时间序列数据进行检验，当该窗口中心值与窗口内各时序均值之差大于窗口内的各时序值标准差的两倍时，判定该像元为异常值（Seo，2006）。滑动窗口过小，窗口内样本的统计量（均值与标准差）不具有显著代表性，无法正确检验出异常值，因此选用时序4邻域（连续9 d）作为异常值检测滑动窗口。

然后，利用S-G滤波算法对异常值剔除后的海冰厚度时序数据进行滤波处理。S-G滤波算法是一种利用最小二乘卷积拟合方法来平滑和计算一组相邻值的函数。在平滑的过程中，边缘点不参与拟合，参与拟合的点只是较为集中的大多数点，以便于剔除过于偏离的值（张焕雪 等，2015）。算法中两个参数控制滤波的效果，一个是滤波窗口的大小，二是平滑多项式的次数，较大的窗口大小和较低的次数可以得到更平滑的结果（曹云锋 等，2010）。

利用上面所介绍SMOS海冰厚度数据重建方法对原始SMOS时序数据进行异常值检测

与S-G平滑的结果如图9.6所示。由图可见，通过时序数据重建处理，不但能有效识别和剔除原始SMOS海冰厚度数据中存在的异常值，而且通过S-G滤波处理可对原始海冰厚度数据进行适度平滑，有效提升了海冰厚度数据的质量，为后续船舶通航能力的量化与变化分析提供了有效的数据保障。

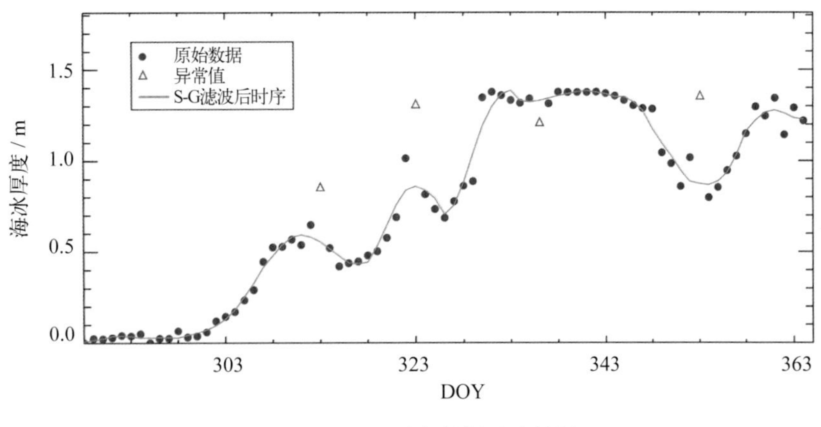


图9.6 SMOS时序数据重建结果

## 9.3.3 北极冰区通航风险评估与变化分析

为了定量分析2010—2017年北极东北航道通航能力时空变化，本章研究使用了加拿大北极冰区航行系统所提供的ATAM模型对通航风险进行量化。ATAM模型设定影响船舶在冰区航行风险的主要因子是海冰冰情和船舶的破冰能力，并被成功应用于多项关于北极通航能力变化的研究之中。

由于SMOS海冰厚度产品在海冰较厚（大于1 m）时存在很大的不确定性，但针对薄冰（小于0.5 m）的反演精度较高（Huntemann et al., 2014; Ricker et al., 2017），而PC6级破冰船的破冰厚度已达到1.2 m，本章研究将仅针对普通商船（AIRSS系统中的E型船舶）在北极东北航道的通航能力时空变化进行量化研究，以下为基于ATAM模型的普通商船通航指数量化算法介绍。

针对普通商船，其不同厚度的纯海冰覆盖区域IM值（$IM_{\mathrm{OW,T}}$）查找表的定义为（Smith and Stephenson, 2013）：

$$IM_{\mathrm{OW,T}} = \begin{cases} 2, T = 0\ \mathrm{m} \\ 1, 0\ \mathrm{m} < T < 0.15\ \mathrm{m} \\ -1, 0.15\ \mathrm{m} \leqslant T < 0.70\ \mathrm{m} \\ -2, 0.70\ \mathrm{m} \leqslant T < 1.20\ \mathrm{m} \\ -3, 1.20\ \mathrm{m} \leqslant T < 1.51\ \mathrm{m} \\ -4, 1.51\ \mathrm{m} \leqslant T \end{cases} \tag{9.3}$$

根据以上IM值的定义，普通商船可安全航行的最大海冰厚度为0.15 m，超过此厚度，普通商船的航行风险将随着海冰厚度的增加逐渐升高，相应IM值则逐渐降低。

基于IM值与海冰密集度数据的通航指数$IN_{OW}$计算过程为

$$IN_{OW} = \sum C_T \times IM_{OW,T} \tag{9.4}$$

式中，$C_T$是指某区域内T类型（厚度）海冰的密集度；$IM_{OW,T}$是指普通商船在T类型海冰覆盖区域航行的IM值。由于10%的海冰密集度阈值是冰与开放水域的区分阈值，用来定义海冰的边缘线（Peng et al., 2013），海冰密集度小于10%的区域将被视为为开放水域，IN值直接设定为2，船舶在该区域航行风险极低。

利用上文所述通航风险量化方法，将重建后的SMOS逐日海冰厚度数据与NSIDC发布的逐日海冰密集度数据输入式（9.3）与式（9.4），可对普通商船2010—2017年每年秋冬季在北极地区的航行风险进行逐日制图，并搜索从白令海峡至喀拉海峡的最短通航路径。图9.7为2010—2017年每年10月15日（DOY: 288/289）北极地区通航风险空间分布及最短通航路径。

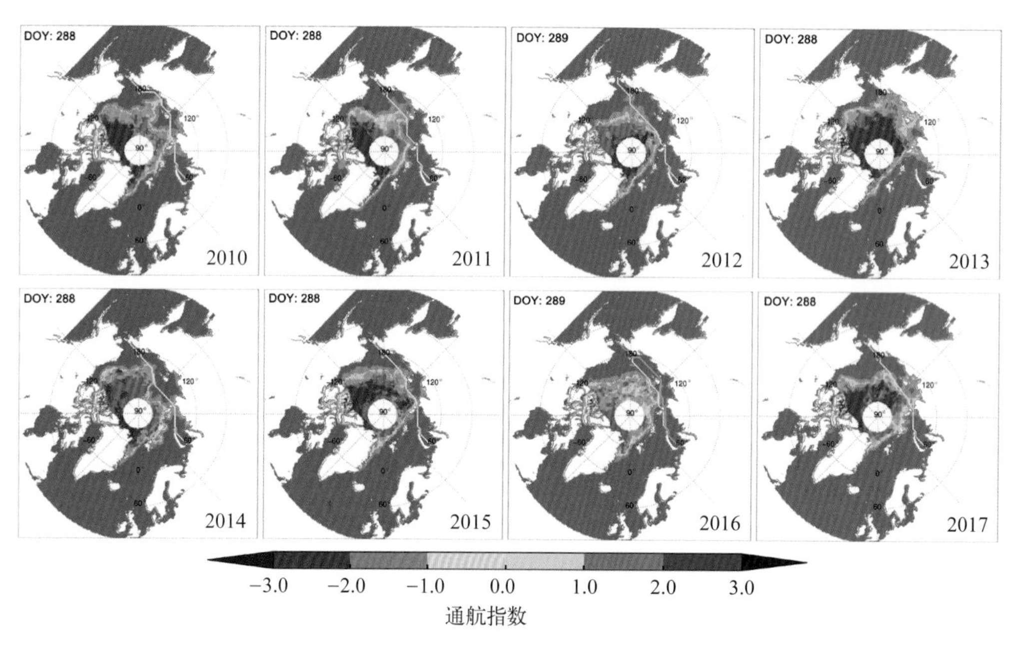


图9.7　2010—2017年每年10月15日普通商船通航指数空间分布及最短航行路径

分析图9.7中各年份观测起始日（10月15日）北极地区通航指数空间分布的变化特征，2010—2012年，随着海冰密集度的持续减少和海冰厚度的不断变薄，海冰覆盖区域的通航指数持续增大，航行风险不断减小，普通商船的最短航行路径（图9.7中黄色线）也不断向北极中心区域靠近。2012年10月15日的北极东北航道通航情况是8年中最好的，普通商船的航行路径可以不通过德朗海峡和桑尼科夫海峡，而是沿着远离俄罗斯海岸、靠近中央航线的海域航行。但到了2013年，由于北极海冰的大幅恢复，北极地区的航行风险突然剧烈增大，10月15日普通商船已无法安全通航。随后，北极地区通航指数再次进入缓慢增大过程，至2016年甚至出现了IN值等于2的航路（图9.7中绿色线），表明北极东北航道在2016年截至10月15日仍存在海冰密集度小于10%（开放水域覆盖）的安全航道。

### 9.3.4 东北航道关键海峡通航能力变化分析

研究进一步分析了北极东北航道沿途3个重要海峡（德朗海峡、桑尼科夫海峡和维利基茨基海峡）2010—2017年间通航能力的时空变化。德朗海峡位于俄罗斯东北部的弗兰格尔岛和西伯利亚大陆之间，是东西伯利亚海和楚科奇海之间唯一的海峡，北极东北航道的必经之路（Coachman and Rankin, 1968）；桑尼科夫海峡连接拉普捷夫海和东西伯利亚海，受离岸风影响较为严重，因此船舶自西向东航行时较为容易，但相反方向航行则会变得困难；维利基茨基海峡位于俄罗斯泰梅尔半岛北端同北地群岛中的布尔什维克岛之间，连接喀拉海与拉普捷夫海，长约104 km，最狭处55 km，深32 ~ 210 m，全年覆盖浮冰，夏季多浓雾，属东北航道上的艰险航段（Kucheiko et al., 2017）。关键海峡通航指数IN值的计算，通过计算海峡覆盖区域内的平均IN值得到。普通商船2010—2017年秋冬季在3个海峡的通航指数逐日变化如图9.8所示。图中横坐标从每年10月15日（儒略日第288天）开始至该年底，纵坐标为各海峡区域平均通航指数。

综合3个海峡平均通航指数的总体变化过程，随着秋冬季海冰的逐渐冻结，厚度的不断增加，各海峡的通航指数均逐渐由正转负，且不断减小，表征船舶在该区域的航行风险逐渐增大。

德朗海峡的通航指数小于0（通航风险高）出现的时间明显晚于其他两个海峡，通航期相对较长。但该海峡通航指数的年际间变化较大，且与北极整体的海冰冰情变化不一致。2012年，北极海冰覆盖出现极低记录，但德朗海峡通航指数较其他年份却较早的由正转负，结束通航。甚至海冰大幅度恢复的2013年，其通航结束时间都晚于2012年。

相比其他两个海峡，桑尼科夫海峡的通航指数较早由正转负，且下降速度最快，年际波动也最小。桑尼科夫海峡冬季通航指数整体出现接近−4的低值，为3个海峡中最低，表明其海冰冬季冻结厚度相较于其他两海峡较大。但该海峡通航指数年际间变化较小，历年间通航指数的曲线重合度较高。

维利基茨基海峡通航指数的年际间变化很大，2013年通航指数从10月中旬有观测数据开始就已经为负，普通商船无法通航。而2012年、2016年海冰冰情较好，这两年通航指数从10月中旬开始仍存在近10天的开放水域（IN=2）。由于该区域内海冰的年际间波动剧烈、冰情复杂，其对整个航道的通航情况影响较大（李新情 等, 2015）。同时其并不像另外两个海峡，表现出随着时间的推移通航指数持续下降的显著特征，也表明该海域通航情况的复杂性。因此，该海峡的通航能力评估需要参考实时的海冰冰情数据才能获得较准确的结论。

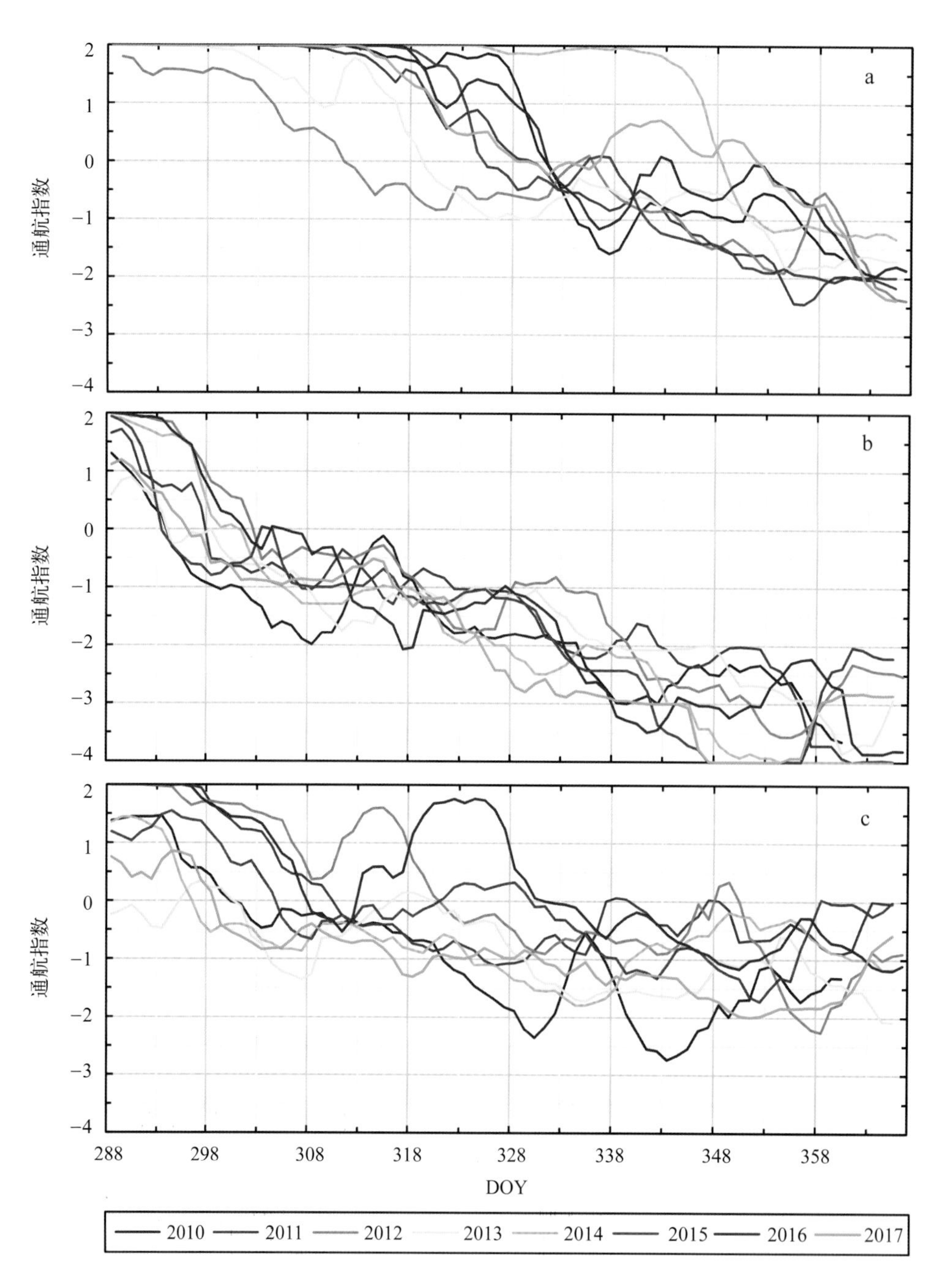


图9.8　2010—2017年普通商船在德朗海峡（a）、桑尼科夫海峡（b）和维利基茨基海峡（c）通航风险的逐日变化

### 9.3.5 东北航道关键海峡通航结束日期年际变化

对于关键通航日期的判定，直接利用海峡覆盖范围内的平均IN值是否大于0来判定显然不尽合理。因此，在海峡通航结束日期判定时，评估某海峡是否可以通航的依据为：海峡覆盖范围内是否存在一条可完整穿行的通路，如果存在，就判定为该海峡可通航，否则即便该海峡平均IN值大于0，仍判定为不可通航。海峡的通航结束日期判定：自当年存在有效观测（第288天，闰年为第289天）开始，连续3 d都不能通航的第一天为该年该海峡的通航结束日期。利用上述关键海峡通航结束日期的判定方法，对2010—2017年普通商船分别在3个海峡的通航结束日期进行了提取（图9.9），并对其年际变化进行了分析。

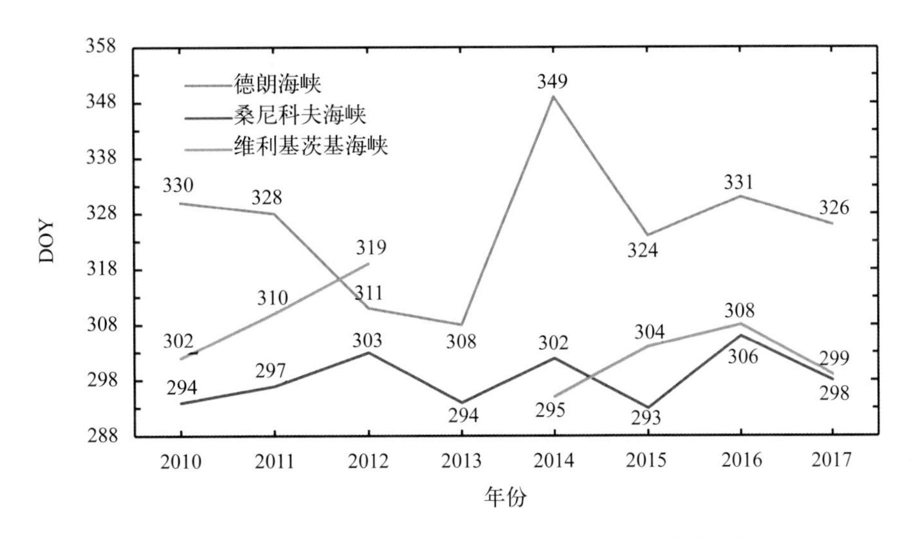


图9.9 2010—2017年普通商船在3个关键海峡通航结束日期年际变化

分析图9.9中各海峡通航结束期变化，德朗海峡由于受与北太平洋相连的楚科奇海暖水影响，海冰冻结过程较慢，因而其通航期结束期相较于其他两个海峡较晚，8年平均通航结束日期为第（326 ± 13）天。2012年北极海冰覆盖出现极低记录，德朗海峡却较早结束通航。分析海冰冰情资料发现，2012年第312天德朗海峡海域便开始出现了厚度为0.2 ~ 0.3 m，海冰密集度大于60%的海冰覆盖，而普通商船的破冰能力仅为0.15 m，2010—2011年同期德朗海峡的海冰密集度却几乎为0。2013年，随着北极海冰的大幅度恢复，德朗海峡通航结束日期提前到第308天，为8年中通航结束日期最早。2014年虽然北极整体海冰覆盖度较高，但东北航道沿线的东西伯利亚海至拉普捷夫海一带海冰覆盖较2013年显著减少，海冰冰情较好，通航结束日期为8年中最晚，推迟到第349天。总体而言，德朗海峡通航结束日期与通航指数的变化特征相似，其年际变化很大（8年标准差为12 d，极端年份相差达41 d），且与北极海冰冰情的整体变化特征不太一致。

桑尼科夫海峡的通航结束日期是3个海峡中相对较早，也是年际波动最稳定的，8年均值为（298 ± 5）天，为3个海峡中通航结束期出现最早的。2010—2012年间，随着海冰的持续减少，该海峡通航结束日期不断推迟。2013年海冰大幅恢复，通航结束日期也提前至第294天。随后，通航结束日期在波动中呈微弱推迟趋势。

维利基茨基海峡受不同区域海冰的漂流与堆积影响较大，冰情变化很快，相对复杂。由图9.9可见，其各年间通航结束日期变化很不稳定：2012年晚于其他两个海峡，2013年和2014年又早于其他两个海峡。2013年，北极海冰大幅恢复，10月中旬该海域已出现厚度在0.15 m以上，密集度大于50%的海冰，导致现有数据无法探测到普通商船在该海峡的通航结束日期。此后的2014—2016年，随着海冰覆盖的持续萎缩，维利基茨基海峡的通航结束日期也不断推迟，至2017年，又出现了一定幅度的提前。整体而言，除去2013年，维利基茨基海峡通航结束日期7年平均为第（305 ± 8）天，其通航结束日期与北极海冰总体变化特征相似。

北极的海冰遥感观测数据显示，2010—2012年9月份北极海冰覆盖范围不断减小，到2012年达到历史最低记录，2013—2014年北极海冰覆盖范围大幅增加，之后又逐渐减小。由图9.9可知，2013年3个海峡普通商船的通航结束日期均早于其他年份，维利基茨基海峡通航结束日期甚至早于SMOS数据观测初始日期，与北极海冰总体变化特征一致，但2012年的德朗海峡、2014年的德朗海峡与桑尼科夫海峡都与北极海冰覆盖的整体变化趋势存在差异。以上结果凸显了北极东北航道通航能力变化的复杂性：北极地区年度总体的海冰冰情能够一定程度决定当年航道的通航情况，但不同海峡、海域又各有特点，东北航道总体通航能力的强弱、通航季节的长短不一定与当年整体海冰冰情一致。

### 9.3.6 普通商船东北航道通航能力时空变化

针对东北航道的整体通航能力，利用逐日北极地区通航指数图搜索从航道起点白令海峡至终点喀拉海峡的安全通航路径。选择这一段航线是因为这段航线的冰情较为复杂，是影响船舶航行安全的重要航段，喀拉海峡西侧多为全年通航。利用Dijkstra最短路径分析算法分析普通商船在北极东北航道上安全航行的最短路径（Ahuja et al., 1990），若当天的通航指数图上存在一条按上述最短航线生成算法得到的航线，则表示东北航道该天可以通行，否则，表示航道上至少有一段航线不能通航，整条航道该天不能通航。东北航道的最晚通航期定义为：自当年存在有效观测（第288天，闰年为第289天）开始，连续3 d都不存在可通航路径的第一天为当年东北航道的通航结束日期。利用上述东北航道最短通航路径与通航结束日期的判定方法，对2010—2017年北极东北航道的通航结束日期进行了提取，并制作了各年通航结束日期通航指数空间分布（图9.10）。

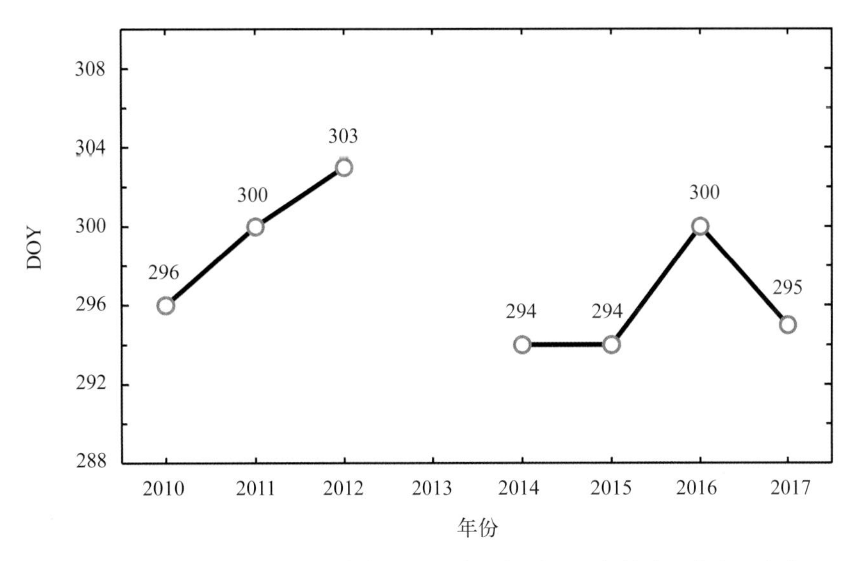


图9.10 2010—2017年普通商船在北极东北航道的通航结束日期年际变化

图9.10为普通商船在北极东北航道通航结束日期的年际变化曲线，除去无法进行有效判定的2013年，2010—2017年北极东北航道普通商船通航结束期平均为第（297 ± 4）天（10月24日左右），其年际波动与北极海冰覆盖整体变化特征基本一致：2010—2012年，北极海冰覆盖面积持续减小，并于2012年达到历史极低记录，普通商船的通航结束日期也同步不断推迟，于2012年达到8年中最迟的第303天；2013年北极海冰大幅度恢复，东北航道通航结束日期也大幅提前，甚至超过SMOS数据可探测范围（通航结束期早于第288天），提前幅度超过25 d；随后，随着海冰覆盖面积在2014—2016年间的不断减小，普通商船的通航结束日期也逐渐推迟，直至2016年推迟到第300天，2016年与2017年是北极海冰覆盖范围的并列历史第二低，但2017年由于拉普捷夫海附近海域海冰的较早冻结，东北航道通航结束日期提前到了第295天。总体而言，在2010—2017年的8年间，北极东北航道的普通商船通航结束日期年际间波动较大，但并未表现出显著的推迟或提前趋势，这与同一时间内北极地区海冰覆盖面积（Cao and Liang, 2018）、海冰厚度以及海冰体积（Kwok, 2018）的变化特征比较一致。

## 9.3.7 通航结束期北极冰区通航风险评估与变化分析

为了进一步分析每年通航结束期北极东北航道沿途航行风险的空间分布特征，制作了各年东北航道通航结束日前一天的普通商船通航指数空间分布及其最短可通航路径（图9.11），其中2013年由于通航结束日期早于可观测时间，选取了观测初始日（第288天）的通航指数图与其他年份进行比较。对比分析各年通航指数空间分布发现，东北航道的通航结束日期在多数年份里受控于东西伯利亚海、新西伯利亚群岛附近海域（包括桑尼科夫海峡）和北地群岛附近海域（包括维利基茨基海峡）的冰情变化。

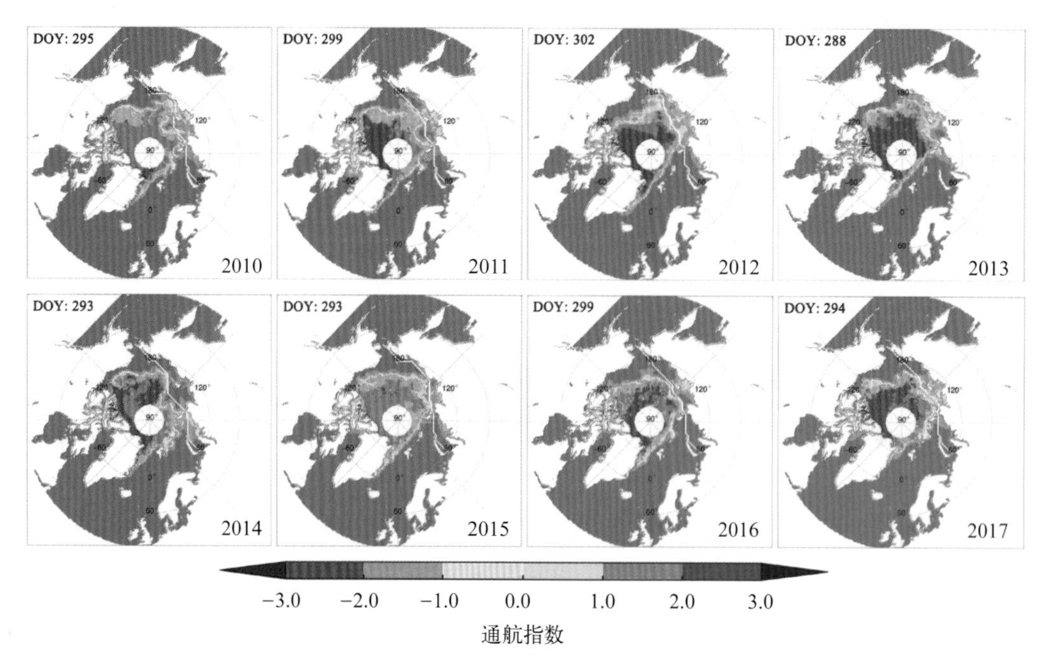


图9.11 2010—2017年通航结束日前一天普通商船通航指数空间分布及东北航道最短可通航路径

由图9.11可见，影响2010年与2011年北极东北航道通航结束期的关键海域比较相似，均为东西伯利亚海西侧和北地群岛东侧附近海域。2012年通航结束的关键海域与其他年份都不同，是由于东西伯利亚海东侧靠近德朗海峡附近的海冰冻结，导致通航季结束。2013年第288天北极东北航道已经不能通航，从图中可以看到是东西伯利亚海西侧和北地群岛东侧海域的海冰冻结，导致该区域通航受阻。2014年北极东北航道的通航情况比2013年要好很多，特别是在东西伯利亚海和拉普捷夫海仍存在大面积的可通航海域，但是受北地群岛附近较早冻结的薄冰影响，整个航路结束了通航。2015年与2016年虽然通航结束期相差近1周时间，但两年的通航结束都是由新西伯利亚群岛附近海域的海冰冻结所致，但由于冻结海冰厚度比较薄（普遍小于0.15 m），其通航风险并不大。2017年通航结束则主要是由拉普捷夫海与北地群岛东侧海域的海冰冻结所致。

## 9.3.8 讨论

海冰冰情与船舶的破冰能力是影响冰区通航能力的两个关键因素（Smith and Stephenson, 2013; Stephenson et al., 2013b），其中尤以海冰厚度参量最为关键。但长期以来，由于海冰厚度参量的大面积观测与反演困难，基于观测的北极航道通航能力量化研究未得到有效的开展。仅依靠海冰密集度参量，设定简单阈值对特定海域的通航能力进行度量存在很大的不确定性（李新情 等, 2015）。气候模式的输出数据具有很好的时空连续性，且能够对未来不同升温情景下北极地区的通航能力进行预测，因此，目前国际上主流的研究工作多基于模式数据开展（Aksenov et al., 2017; Buixadé Farré et al., 2014; Smith and Stephenson, 2013; Stephenson et al., 2013a, 2013b, 2011）。但由于气候模式对诸如海冰的年际变化、长期变化趋势等仍存在不同程度的模拟偏差（Flanner et al., 2011; Smith and Stephenson, 2013; Stroeve et al., 2007），相关研究结果无法真实反映北极航道的通航能力变化。

SMOS海冰厚度数据虽然在厚冰区域的不确定性较高，但其对厚度小于0.5 m的薄冰探测准确性很高。根据ATAM模型，普通商船的破冰能力仅为0.15 m。因此，利用SMOS数据对普通商船的通航能力进行量化研究，能够保证相关量化成果的可靠性。本章研究还利用S-G滤波算法对原始SMOS数据进行了时序重建处理，进一步提升了数据质量，为普通商船在冰区的航行风险的量化提供了数据保障。

ATAM通航可行性模型已被引入业务化运行的加拿大北极冰区航行系统（Tansport Canada, 1998），且成功应用于多项针对北极通航能力变化的研究（Aksenov et al., 2017; Buixadé Farré et al., 2014; Smith and Stephenson, 2013; Stephenson et al., 2013a, 2013b, 2011），产生了很多优秀的研究成果。利用ATAM模型进行北极地区通航风险的量化能够综合考虑海冰冰情（包括海冰密集度与厚度参量）与船舶的破冰能力，一定程度上避免简单阈值方法导致的潜在不确定性风险，提高研究结果的可靠性。

虽然受海冰快速消融的影响，北极东北航道的通航潜力有了很大提升，普通商船的通航结束期已经推迟到10月的下旬，但2010—2017年的8年间北极东北航道上普通商船的通航能力并没有显著的增加趋势，且存在着很大的不确定性。航道的整体通航能力受到沿线多个海域冰情的综合影响，某一区域海冰的较早冻结都可能导致整个航道通航结束。针对东北航道3个关键海峡通航能力变化的对比分析，也表明三者的年内与年际变化均存在显著差异，这也使得北极东北航道整体通航能力的年际间波动较大，变化特征比较复杂。因而，高质量、准实时的海冰参量观测与反演对于北极东北航道通航能力的准确量化与航行保障十分重要。

## 9.4 小结

北极地区海冰的快速消融使得连接亚洲和欧洲的重要海上通道——北极东北航道的通航潜力不断增加。准确掌握海冰快速消融背景下东北航道通航能力的变化特征对航道开发具有重要价值。

本章首先对北极航道通航能力研究的背景、意义、北极冰区航行风险评估模型的发展过程和北极航道通航能力变化的国内外研究现状进行了系统回顾，并指出北极冰区航行风险评估模型从早期静态的“区域/日期”航行安全控制机制到近期国际海事组织融合各国管理经验推出的精细且具广泛适用性的POLARIS系统，取得了很大进展，未来应同时考虑发展融合实时冰情、海况及船况的综合风险评估模型和高时空分辨率的海冰遥感观测能力，以支撑冰区航行风险的快速、准确量化。现有研究对北极航道通航能力的整体认识仍然不足，体现在航道通航能力的历史变化研究仍停留在对沿线海冰范围等参量变化分析的间接认识水平，鲜有针对航道通航能力关键特征的分析；基于气候模式资料的北极航道通航未来潜力预测整体保守且差异较大；北极航道开通潜在经济、生态环境与政治风险与效益评估仍然存在争议。融合多源历史数据构建航道通航关键特征的提取与分析方案，有望系统揭示北极航道通航能力的历史变化规律；利用长时序遥感观测数据对模式资料进行修正，进一步对航道通航潜力进行预测可一定程度提高预测的可靠性；而评估北极航道开通的潜在综合效益与风险，有助于科学制订北极地区的保护与开发策略。

之后本章研究利用美国国家冰雪数据中心发布的逐日海冰密集度数据和经过重建处理、质量得到有效提升的逐日SMOS海冰厚度数据，基于加拿大北极冰区航行系统（AIRSS）的通航可行性模型（ATAM）对北极地区通航季后期普通商船的航行风险进行了逐日量化制图。进一步对东北航道2010—2017年间通航能力的时空变化进行了分析。研究发现，随着北极东北航道通航能力的逐渐提升，普通商船自2010年以来（除去2013年）在东北航道的通航结束期平均已达第（297 ± 4）天（10月24日前后）。但值得注意的是，2010—2017年间东北航道上普通商船的通航能力并没有显著增加趋势。沿途3个重要海峡——德朗海峡、桑尼科夫海峡和维利基茨基海峡的通航能力变化差异都十分显著，且对航道整体通航能力的影响各不相同：德朗海峡的通航指数的年际间变化较大，但由于其通航结束期出现时间较晚，对航道的整体通航能力影响较小；桑尼科夫海峡年际波动最小，同时通航结束期也出现最早，因而对航道通航能力长期变化趋势影响最大；维利基茨基海峡通航能力年内、年际间变化都非常大，通航能力经常短时间内出现大幅度反复，对航道短期通航能力的影响十分关键，因而实时冰情的掌握对航道整体通航能力的准确评估十分重要。

东北航道通航结束期主要受东西伯利亚海、新西伯利亚群岛附近海域（包括桑尼科夫海峡）和北地群岛附近海域（包括维利基茨基海峡）3个区域冰情的影响较大，3个海域附近较早冻结的薄冰往往是导致整个航道通航结束的关键。鉴于北极东北航道通航能力变化的复杂性，高质量、准实时的海冰观测数据对于航道通航风险的准确量化十分必要。

# 参考文献

Ahuja K R, Mehlhorn K, Orlin B J, et al., 1990. Faster algorithms for the shortest path problem[J]. Journal of the ACM, 37(2): 213−223.

Aksenov Y, Popova E E, Yool A, et al., 2017. On the future navigability of Arctic sea routes: High-resolution projections of the Arctic Ocean and sea ice[J]. Marine Policy, 75: 300−317.

Barnhart K R, Miller C R, Overeem I, et al., 2015. Mapping the future expansion of Arctic open water[J]. Nature Climate Change, 6(3): 280.

Buixadé Farré A, Stephenson S R, Chen L, et al., 2014. Commercial Arctic shipping through the Northeast Passage: routes, resources, governance, technology, and infrastructure[J]. Polar Geography, 37(4): 298−324.

Cao Y, Liang S, 2018. Recent advances in driving mechanisms of the Arctic amplification: A review[J]. Chinese Science Bulletin, 63(26): 2757−2774.

Cao Y, Liang S, Chen X, et al., 2017. Enhanced wintertime greenhouse effect reinforcing Arctic amplification and initial sea-ice melting[J]. Scientific Reports, 7(1): 8462.

Cavalieri D, Parkinson C, Gloersen P, et al., 1996. Sea Ice Concentrations from Nimbus-7 SMMR and DMSP SSMI-SSMIS Passive Microwave Data[DB]. Boulder, Colorado USA: NASA DAAC at the National Snow and Ice Data Center.

Cavalieri D J, Gloersen P, Campbell W J, 1984. Determination of sea ice parameters with the Nimbus 7 SMMR[J]. Journal of Geophysical Research, 89(D4): 5355−5369.

Chan T F, Bailey A S, Wiley J C, et al., 2013. Relative risk assessment for ballast-mediated invasions at Canadian Arctic ports[J]. Biol Invasions, 15(2): 295−308.

Chen S, Cao Y, Hui F, et al., 2019. Observed spatial-temporal changes in the autumn navigability of the Arctic Northeast Route from 2010 to 2017[J]. Chinese Science Bulletin, 64(14): 1515−1525.

Coachman L K, Rankin D A, 1968. Currents in Long Strait, Arctic Ocean[J]. Arctic, 21(1): 27−38.

Cohen J, Screen J A, Furtado J C, et al., 2014. Recent Arctic amplification and extreme mid-latitude weather[J]. Nature Geoscience, 7(9): 627−637.

Comiso J C, Hall D K, 2014. Climate trends in the Arctic as observed from space[J]. Wiley Interdisciplinary Reviews: Climate Change, 5(3): 389−409.

Comiso J C, Parkinson C L, Gersten R, et al., 2008. Accelerated decline in the Arctic sea ice cover[J]. Geophysical Research Letters, 35(1): L01703.

Cornwall W, 2016. Sea ice shrinks in step with carbon emissions[J]. Science, 354(6312): 533−534.

Ding Q, Schweiger A, L'Heureux M, et al., 2017. Influence of high-latitude atmospheric circulation changes on summertime Arctic sea ice[J]. Nature Climate Change, 7(4): 289−295.

Easterling D R, Wehner M F, 2009. Is the climate warming or cooling?[J]. Geophysical Research Letters,

36(8): L08706.

Eguiluz V M, Fernandez-Gracia J, Irigoien X, et al., 2016. A quantitative assessment of Arctic shipping in 2010–2014[J]. Scientific Report, 6: 30682.

Flanner M G, Shell K M, Barlage M, et al., 2011. Radiative forcing and albedo feedback from the Northern Hemisphere cryosphere between 1979 and 2008[J]. Nature Geoscience, 4(3): 151–155.

Gascard J C, Riemann-Campe K, Gerdes R, et al., 2017. Future sea ice conditions and weather forecasts in the Arctic: Implications for Arctic shipping[J]. Ambio, 46(S3): 355–367.

Graversen R G, Mauritsen T, Tjernstrom M, et al., 2008. Vertical structure of recent Arctic warming[J]. Nature, 451(7174): 53–56.

Gritsenko D, Kiiski T, 2015. A review of Russian ice-breaking tariff policy on the northern sea route 1991–2014[J]. Polar Record, 52(2): 144–158.

Guy E, Lasserre F, 2016. Commercial shipping in the Arctic: new perspectives, challenges and regulations[J]. Polar Record, 52(3): 294–304.

Hauser D D W, Laidre K L, Stern H L, 2018. Vulnerability of Arctic marine mammals to vessel traffic in the increasingly ice-free Northwest Passage and Northern Sea Route[J]. Proc Natl Acad Sci U S A, 115(29): 7617–7622.

Huntemann M, Heygster G, Kaleschke L, et al., 2014. Empirical sea ice thickness retrieval during the freeze-up period from SMOS high incident angle observations[J]. The Cryosphere, 8(2): 439–451.

Jensen Ø, 2007. The IMO Guidelines for Ships Operating in Arctic Ice-Covered Waters[R]. Norway: Fridtj of Nansen Institute.

Khon V C, Mokhov I I, Semenov V A, 2017. Transit navigation through Northern Sea Route from satellite data and CMIP5 simulations[J]. Environmental Research Letters, 12(2): 024010.

Kivekäs N, Massling A, Grythe H, et al., 2014. Contribution of ship traffic to aerosol particle concentrations downwind of a major shipping lane[J]. Atmospheric Chemistry and Physics, 14(16): 8255–8267.

Kosaka Y, Xie S P, 2013. Recent global-warming hiatus tied to equatorial Pacific surface cooling[J]. Nature, 501(7467): 403–407.

Kubat I, Anne C, Gorman B, et al., 2005. A methodology to evaluate Canada’s Arctic shipping regulations[J]. Proceedings 18th International Conference on Port and Ocean Engineering under Arctic Conditions, 2: 693–703.

Kucheiko A A, Ivanov A Y, Davydov A A, et al., 2017. Iceberg drifting and distribution in the Vilkitsky Strait studied by detailed satellite radar and optical images[J]. Izvestiya, Atmospheric and Oceanic Physics, 52(9): 1031–1040.

Kwok R, 2018. Arctic sea ice thickness, volume, and multiyear ice coverage: losses and coupled variability (1958–2018)[J]. Environmental Research Letters, 13(10): 105005.

Lasserre F, 2014. Case studies of shipping along Arctic routes. Analysis and profitability perspectives for the container sector[J]. Transportation Research Part A: Policy and Practice, 66(1): 144−161.

Lei R, Xie H, Wang J, et al., 2015. Changes in sea ice conditions along the Arctic Northeast Passage from 1979 to 2012[J]. Cold Regions Science and Technology, 119: 132−144.

Liu M, Kronbak J, 2010. The potential economic viability of using the Northern Sea Route (NSR) as an alternative route between Asia and Europe[J]. Journal of Transport Geography, 18(3): 434−444.

Marelle L,Thomas J L, Raut J-C, et al., 2016. Air quality and radiative impacts of Arctic shipping emissions in the summertime in northern Norway: from the local to the regional scale[J]. Atmospheric Chemistry and Physics, 16(4): 2359−2379.

Maslanik J A, Fowler C, Stroeve J, et al., 2007. A younger, thinner Arctic ice cover: Increased potential for rapid, extensive sea-ice loss[J]. Geophysical Research Letters, 34(24): 497−507.

Melia N, Haines K, Hawkins E, 2015. Improved Arctic sea ice thickness projections using bias-corrected CMIP5 simulations[J]. The Cryosphere, 9(6): 2237−2251.

Melia N, Haines K, Hawkins E, 2016. Sea ice decline and 21st century trans-Arctic shipping routes[J]. Geophysical Research Letters, 43(18): 9720−9728.

Miller A W, Ruiz G M, 2014. Arctic shipping and marine invaders[J]. Nature Climate Change, 4(6): 413−416.

Parkinson C L, 2014. Spatially mapped reductions in the length of the Arctic sea ice season[J]. Geophysical Research Letters, 41(12): 4316−4322.

Peng G, Meier W N, Scott D J, et al., 2013. A long-term and reproducible passive microwave sea ice concentration data record for climate studies and monitoring[J]. Earth System Science Data, 5(2): 311−318.

Pizzolato L, Howell S E L, Dawson J, et al., 2016. The influence of declining sea ice on shipping activity in the Canadian Arctic[J]. Geophysical Research Letters, 43(23): 12146−12154.

Pörtner O H, Roberts C D, Masson-Delmotte V, et al. 2019. Summary for Policymakers[R]. IPCC Special Report on the Ocean and Cryosphere in a Changing Climate. IPCC.

Ricker R, Hendricks S, Kaleschke L, et al., 2017. A weekly Arctic sea-ice thickness data record from merged CryoSat-2 and SMOS satellite data[J]. The Cryosphere, 11(4): 1607−1623.

Sardain A, Sardain E, Leung B, 2019. Global forecasts of shipping traffic and biological invasions to 2050[J]. Nature Sustainability, 2: 274−282.

Screen J A, Simmonds I, 2010. The central role of diminishing sea ice in recent Arctic temperature amplification[J]. Nature, 464(7293): 1334−1337.

Seo S, 2006. A review and comparison of methods for detecting outliers in univariate data sets[D]. Pittsburgh: University of Pittsburgh.

Smith L C, Stephenson S R, 2013. New Trans-Arctic shipping routes navigable by midcentury[J].

Proceedings of the National Academy of Sciences, 110(13): E1191−E1195.

Stephenson S R, Brigham L W, Smith L C, 2013a. Marine accessibility along Russia's Northern Sea Route[J]. Polar Geography, 37(2): 111−133.

Stephenson S R, Pincus R, 2017. Challenges of sea-ice prediction for Arctic marine policy and planning[J]. Journal of Borderlands Studies, 33(2): 255−272.

Stephenson S R, Smith L C, 2015. Influence of climate model variability on projected Arctic shipping futures[J]. Earth's Future, 3(11): 331−343.

Stephenson S R, Smith L C, Agnew J A, 2011. Divergent long-term trajectories of human access to the Arctic[J]. Nature Climate Change, 1(3): 156−160.

Stephenson S R, Smith L C, Lawson B W, et al., 2013b. Projected 21st-century changes to Arctic marine access[J]. Climatic Change, 118(3/4): 885−899.

Stroeve J, Holland M M, Meier W, et al., 2007. Arctic sea ice decline: Faster than forecast[J]. Geophysical Research Letters, 34(9): L09501.

Stroeve J C, Kattsov V, Barrett A, et al., 2012. Trends in Arctic sea ice extent from CMIP5, CMIP3 and observations[J]. Geophysical Research Letters, 39(16): L16502.

Tansport Canada, 1998. Arctic ice regime shipping system (AIRSS) standards[R]. Ottawa: Tansport Canada.

Tansport Canada, 2018. Arctic Ice Regime Shipping System (AIRSS) Standards (Secode Edition)[R]. Ottawa: Tansport Canada.

Theocharis D, Pettit S, Rodrigues V S, et al., 2018. Arctic shipping: A systematic literature review of comparative studies[J]. Journal of Transport Geography, 69: 112−128.

Tian-Kunze X, Kaleschke L, Maaβ N, et al., 2014. SMOS-derived thin sea ice thickness: algorithm baseline, product specifications and initial verification[J]. The Cryosphere, 8(3): 997−1018.

Tschudi M, Stroeve J, Stewart J, 2016. Relating the age of Arctic sea ice to its thickness, as measured during NASA's ICESat and IceBridge campaigns[J]. Remote Sensing, 8(6): 457.

Wan Z, Ge J, Chen J, 2018. Energy-saving potential and an economic feasibility analysis for an Arctic route between Shanghai and Rotterdam: Case study from China's largest container sea freight operator[J]. Sustainability, 10(4): 921.

Wang X, Key J, Kwok R, et al., 2016. Comparison of Arctic sea ice thickness from satellites, aircraft, and PIOMAS data[J]. Remote Sensing, 8(9): 713.

Wei M, Qiao F, Deng J, 2015. A quantitative definition of global warming hiatus and 50-year prediction of global mean surface temperature[J]. Journal of the Atmospheric Sciences, 72(8): 3281−3289.

Yang H, Ma M, Thompson R J, et al., 2018. Transport expansion threatens the Arctic[J]. Science, 359(6376): 646−647.

Yang M, 2012. Research on the application of sea ice information navigating in the Arctic Northwest

Route[D]. Dalian: Dalian Maritime University.

Yumashev D, van Hussen K, Gille J, et al., 2017. Towards a balanced view of Arctic shipping: estimating economic impacts of emissions from increased traffic on the Northern Sea Route[J]. Climatic Change, 143(1/2): 143−155.

曹云锋, 王正兴, 邓芳萍, 2010. 3种滤波算法对NDVI高质量数据保真性研究[J]. 遥感技术与应用, 25(1): 118−125.

高世龙，刘加钊，张晓, 2018. 冰上丝绸之路背景下商船北极航行的经济性评析[J]. 对外经贸实务(1): 26−29.

李海丽, 柯长青, 2017. 1982—2016年北极开阔水域变化[J]. 海洋学报, 39(12): 109−121.

李新情, 慈天宇, 罗斯瀚, 2015. 北极东北航道维利基茨基海峡海冰时空变化及适航性分析[J]. 极地研究, 27(3): 282−288.

李振华, 2017. 基于冰情分析的北极东北航道通航条件研究[D]. 大连: 大连海事大学.

王相宜, 周春霞, 刘帅斌, 2017. 2005—2015年北极东北航道可通航性研究[J]. 华东交通大学学报, 34(6): 72−81.

张焕雪, 曹新, 李强子, 2015. 基于多时相环境星NDVI时间序列的农作物分类研究[J]. 遥感技术与应用, 30(2): 304−311.